三峡工程成库以来
阶段性气候效应评估

（2012—2021 年）

巢清尘　姚金忠　高　荣　著
王　海　陈鲜艳　李　帅

气象出版社
China Meteorological Press

内容简介

本书面向长江经济带建设和长江大保护的国家战略需求，围绕三峡水库蓄水产生的下垫面变化的气候效应，利用多源观测资料开展长江三峡成库以来气候要素时空分布特点分析和气象灾害发生规律及变化特征分析。从三峡地区的气候特征、三峡地区天气气候事件、三峡水库局地气候效应、水库气候效应的模拟评估、三峡地区重大异常气候事件成因几个方面介绍三峡工程成库以来阶段性气候效应的评估结果，揭示极端天气气候事件多发频发背景下三峡成库以来对周边气候环境的可能影响，为三峡库区的自然生态资源有效保护和开发利用提供科学依据。

图书在版编目（CIP）数据

三峡工程成库以来阶段性气候效应评估 ： 2012—
2021 年 / 巢清尘等著. -- 北京 ： 气象出版社，2024.3
ISBN 978-7-5029-8175-4

Ⅰ．①三… Ⅱ．①巢… Ⅲ．①三峡—气候效应—评估
Ⅳ．①P468.271.9

中国国家版本馆 CIP 数据核字(2024)第 063381 号

Sanxia Gongcheng Chengku YiLai Jieduanxing Qihou Xiaoying Pinggu（2012—2021 Nian）

三峡工程成库以来阶段性气候效应评估(2012—2021 年)

巢清尘　姚金忠　高　荣　王　海　陈鲜艳　李　帅　著

出版发行：气象出版社		
地　　址：北京市海淀区中关村南大街 46 号	邮政编码：100081	
电　　话：010-68407112（总编室）　010-68408042（发行部）		
网　　址：http://www.qxcbs.com	E-mail：qxcbs@cma.gov.cn	
责任编辑：邵　华　宋　祎	终　　审：吴晓鹏	
责任校对：张硕杰	责任技编：赵相宁	
封面设计：艺点设计		
印　　刷：北京建宏印刷有限公司		
开　　本：787 mm×1092 mm　1/16	印　　张：23.25	
字　　数：596 千字		
版　　次：2024 年 3 月第 1 版	印　　次：2024 年 3 月第 1 次印刷	
定　　价：188.00 元		

《三峡工程成库以来阶段性气候效应评估（2012—2021年)》

编写专家委员会

(1)编委会

巢清尘　国家气候中心　主任

姚金忠　中国长江三峡集团有限公司流域枢纽运行管理中心　主任

高　荣　国家气候中心　副主任

王　海　中国长江三峡集团有限公司流域枢纽运行管理中心　副主任

陈鲜艳　国家气候中心　首席

李　帅　中国长江三峡集团有限公司流域枢纽运行管理中心　副主任专业师

(2)编写专家组

组　长：

陈鲜艳　国家气候中心

副组长：

张　强　国家气候中心

李　帅　中国长江三峡集团有限公司流域枢纽运行管理中心

成　员：

陈　峪　国家气候中心

叶殿秀　国家气候中心

常　蕊　国家气候中心

孙林海　国家气候中心

(3)编写专家组办公室

张　强　陈鲜艳　李　威　黄子立　龚文婷

(4)编写专家

第一章

领衔专家　陈鲜艳　张　强

执笔专家　陈鲜艳　张　强　陈　峪　邹旭恺　刘　敏　龚文婷　李　威　王秋玲
　　　　　邢　龙

第二章

领衔专家 　陈　峪　邹旭恺

执笔专家 　陈　峪　邹旭恺　曾红玲　艾婉秀　陈鲜艳　赵珊珊　崔　童　曹瑞

第三章

领衔专家 　叶殿秀　赵珊珊

执笔专家 　叶殿秀　赵珊珊　王　凌　赵　琳　石　帅　张天宇　王　荣　朱文丽

第四章

领衔专家 　陈鲜艳　肖风劲

执笔专家 　陈鲜艳　肖风劲　姜允迪　石　帅　王秋玲　黄大鹏　王　蕾　张天宇
　　　　　刘　敏

第五章

领衔专家 　常　蕊　陈鲜艳

执笔专家 　常　蕊　陈鲜艳　艾　泽　张　强　肖　潺　李　威　赵珊珊　龚文婷

第六章

领衔专家 　艾婉秀　孙林海

执笔专家 　艾婉秀　孙林海　李修仓　刘　敏　夏　羽　李　帅　周　兵　张颖娴
　　　　　李　多

(5)编辑统稿专家

张　强　陈鲜艳　高　荣　肖　潺　黄子立　崔　童

前　言

　　长江三峡地区位于中国腹地,西起重庆江津,东至湖北宜昌,灾害性天气频发,最为典型的是夏季暴雨洪涝、高温、伏旱,秋季连阴雨以及强对流天气。受全球气候变暖影响三峡地区整体有增温趋势,冬季升温最为显著,特别是近年来,夏季高温事件增加、极端低温事件减少,冷暖变化频繁。三峡工程从论证到建设的整个过程都处在国内与国际社会的高度关注和争议中。多年来国家气候中心通过持续开展长江三峡局地气候监测,基于1951—2010年观测数据积累了长序列的观测资料,并于2012—2013年受中国长江三峡集团有限公司委托,组织多部门的科学家就三峡工程建设和水库蓄水对周边气候的可能影响进行了科学客观评估。在2014年出版了《三峡工程气候效应综合评估报告》,初步认为三峡水库对气候的影响范围有限,一般在水库周边约20 km,将大范围旱涝灾害与三峡水利工程建设相关联是缺乏科学依据的。

　　本书是《三峡工程气候效应综合评估报告》的延续和深入,围绕三峡水库175 m蓄水产生周边气候效应问题,针对三峡水库175 m蓄水以后库区气候特点和时空变化规律,特别在随着全球气温屡破新高、极端天气频繁发生的背景下对三峡工程成库以来阶段性气候效应开展的第二次评估。利用高密度地面和立体剖面观测资料开展了长江三峡成库以来气候要素时空分布特点分析和气象灾害发生规律及变化特征分析,基于气象站网逐日观测数据和小时观测数据以及多源融合精细网格同化数据开展了水库蓄水气候影响效应分析,改进数值模式参数和模拟技术、水分再循环模型等方法定量评估了水库蓄水气候影响和水分收支情况,综合评估三峡工程成库气候特征以及对周边气候环境的可能影响。并对长江流域降水异常偏多、高温异常和旱涝急转等极端天气气候事件开展了成因机理分析。

　　本书是在中国长江三峡集团有限公司项目(0704182)、科技部重点研发计划(2023YFC3206001)、中国气象局创新发展专项(CXFZ2024J071)和国家自然科学基金项目(52109024)资助和支持下完成的,在编写过程中得到了中国气象局国家气候中心、中国长江三峡集团有限公司流域枢纽运行管理中心、重庆市气象局、湖北省气象局等单位的大力支持,相关技术工作得到了李泽椿、丁一汇、王浩、沈学顺等院士专家的指导,特此表示感谢。

著　者

2024年1月4日

摘　要

　　长江三峡地区四季分明,与东部平原地区相比,具有冬暖、春早、夏热、秋凉的特点。1961—2020 年,三峡地区年平均、最高、最低气温均呈显著上升趋势,其中最高和最低气温的升温幅度高于平均气温。四季中,平均气温和平均最高气温在春、秋、冬三季均显著升高,而夏季升温不显著;平均最低气温在四季均显著升高。

　　1961—2020 年,长江三峡地区年和四季降水量总体变化趋势不明显,但存在一定程度的年代际差异,其中,21 世纪 00 年代降水量最少,21 世纪 10 年代降水量最多,其余年代降水量接近常年。年降水日数达 155.4 d。1961—2020 年,长江三峡地区年和四季降水日数均有减少趋势,其中年降水日数和秋季降水日数减少趋势显著,但 21 世纪 10 年代降水日数又有所增加。

　　通过对三峡水库蓄水前后 4 个时期(初步设计阶段,1961—1990 年;三峡工程建设阶段,1991—2002 年;三峡水库初期蓄水阶段,2003—2009 年;175 m 蓄水阶段,2010—2020 年)基本气候特征的对比发现,气温(平均气温、最高气温、最低气温)均是初期蓄水阶段最高,初步设计阶段最低;年降水量在 175 m 蓄水阶段降水量最多、初期蓄水阶段最少;年降水日数在三峡工程初步设计阶段最多、初期蓄水阶段最少。

　　不同库段四季气温随海拔高度变化分析表明,在相同海拔高度,库首、库中和库尾均是 7 月气温最高、1 月最低、4 月和 10 月接近,随着海拔高度的升高,各代表月气温呈下降趋势,立体变化特征总体具有较好的一致性,但在不同库段及不同时段变化特征有所不同。在库首区域,气温随高度下降速率在 0.51~0.65 ℃/100 m,海拔高度 800~900 m 高度 4 个代表月都存在明显的逆温层;在库中地区,气温随高度下降速率在 0.47~0.73 ℃/100 m,与库首不同,没有统一高度的逆温层存在,但在海拔 400~700 m 高度存在一个气温稳定层,1 月逆温层出现在 400 m 左右高度,4 月、7 月和 10 月逆温层出现在 200 m 左右的近地层;在库尾地区,气温随高度下降速率明显小于库首和库中,在 0.42~0.49 ℃/100 m,逆温层出现在海拔 400~500 m高度。四季气温随海拔高度变化空间差异分析表明,在大部分高度层,各代表月气温总体上以库首最低、库中其次、库尾最高,但在相同季节不同库段气温随高度变化有所不同。1 月,库首在 700~900 m 高度、库中在 400 m 左右有明显的逆温层存在;4 月,库首、库中、库尾逆温层分别出现在 900 m 左右、近地层和 400 m 左右、500 m 左右,在 900 m 高度以上,库首和库中气温接近;7 月和 10 月相似,库首在近地面和 900 m 左右均有逆温层存在,库中在近地面有一个逆温层,库尾逆温层则出现在高度 400 m 左右。

　　不同库段四季降水随海拔高度变化分析表明,在相同海拔高度,总体上 1 月降水量最少、7月最多、4 月和 10 月接近,体现出三峡地区降水季节变化特征与我国气候大背景的一致性;但在不同库段及不同季节,降水的立体变化特征异同并存,表现出三峡地区的局地性特征。在库首区域,不同季节降水量随海拔高度呈现出较为相似的变化特征,在较低海拔区域降水量随海拔高度变化没有明显的趋向性,海拔 300 m 以上区域,降水量总体呈"(海拔 300～800 m 高度)增—(海拔 800～900 m)减—(海拔 900～1000 m)增—(海拔 1000 m 以上)减"变化。在库中区域,不同季节代表月降水量随海拔高度的变化特征差异较明显,海拔 400 m 以下,1 月、4月和 10 月降水量随海拔高度呈波动减少,7 月则随高度升高先减后增;海拔 400～900 m 高度,各月降水量总体上"增—减—增"变化,但拐点海拔高度不同;900 m 以上区域,7 月降水量随海拔升高而减少,其余代表月降水量则随高度升高而增加。在库尾地区,不同季节降水量随海拔高度的变化较为一致,总体呈"(海拔 400 m 以下)增—(海拔 400～500 m)减—(海拔 500～7000 m)增"的变化态势。四季降水量随海拔高度变化空间差异分析表明,冬季(1 月)库首、库中和库尾降水量的立体变化特征较为一致,春季(4 月)3 个库段降水量立体变化特征异同并存,夏季(7 月)库首和库中降水量立体变化特征较为相似,秋季(10 月)3 个库段降水量的立体变化则表现出较为明显的差异性。

长江三峡地区大部高温日数均在 15～40 d。工程建设阶段三峡地区高温日数空间分布总体上变化不大。初期蓄水阶段和 175 m 蓄水阶段,三峡地区高温日数明显增多,高值范围明显南扩。1961—2020 年,三峡地区大部年高温日数呈增多趋势,其中中北部增多趋势明显,增多速率为 2～5 d/10 a;大部地区极端高温过程持续时间较长。175 m 蓄水阶段年均高温日数为32.6 d,为 4 个阶段中最多时段。长江三峡区域性暴雨过程平均每年发生 10.7 次,多年平均开始日期为 5 月 1 日;结束日期为 9 月 24 日,年初次区域性暴雨过程开始日期呈提前趋势,末次过程的结束日期呈推后趋势,区域性暴雨过程发生期变长。175 m 蓄水阶段年均区域性暴雨过程频次为 11.0 次,也为 4 个阶段中最多时段。三峡地区雨涝过程主要发生在 5—10 月,6—8 月较多。雨涝过程持续时间较长,以 3～16 d 为主。雨涝过程的平均强度为 41.6 mm/d,严重雨涝过程的平均强度为 52.9 mm/d。近 60 年,三峡地区年雨涝站率、雨涝持续时间和强度的长期变化趋势均不显著。在三峡工程的不同阶段,雨涝和严重雨涝过程的站率均呈减少态势,持续时间与强度的阶段性变化特征相反,并且年严重雨涝频次、站率和过程强度在 175 m蓄水阶段较初期蓄水阶段均显著减小。

长江三峡地区 4—10 月小时强降水发生频次呈东南部和西北部多、东北部少的分布特征。东南部和西北部普遍在 4 次以上,东北部一般为 2～3 次。4—10 月小时强降水累计量呈东南部和西北部多、东北部和西南部少的分布态势,东南部和西北部普遍在 120 mm 以上,东北部和西南部普遍在 100 mm 以下。最大小时雨量高值区主要分布在东部和东南部地区,一般在70～90 mm。1981—2020 年,4—10 月三峡地区平均月小时强降水频数和强降水量均为单峰型分布,也都主要出现在夏季,6—8 月强降水累计频数和强降水累计量均占 4—10 月强降水总频数的 75%,峰值也均出现在 7 月,10 月很少出现小时强降水;破纪录小时强降水主要出现在 6—9 月,其中 7—8 月较为集中,出现站数占总站数的 2/3。4—10 月,三峡地区强降水发生频次和累计量几乎呈完全一致的日变化,为双峰型分布,主峰出现在 01—08 时,次峰出现在17—20 时,13 时较少发生强降水;绝大多数站点最大小时降水出现在 15 时至次日 02 时,其中18 时和 22 时出现站数最多。从线性变化趋势来看,1981—2020 年,三峡地区平均小时强降水频次没有变化趋势,空间上存在明显的区域性差异,总体呈东增、西减的分布特征;强降水累计量也没有变化趋势,空间上东部和南部呈增多趋势,其余大部地区呈减少趋势;最大小时降水量有增大趋势,但没有通过显著性检验。空间上,北部和西部偏西地区年最大小时降水量以增多趋势为主,中南部和西部偏东地区以减少为主,但绝大多数均没有通过检验。1981—2020年三峡地区平均年小时强降水频次、强降水累计量、最大小时降水量均没有出现突变现象。Morlet 小波功率谱分析结果表明,强降水累计没有明显的变化周期,强降水频次存在最大小时降水量存在 7 年左右的显著变化周期。

基于国家气象站的观测资料分析显示,受蓄水水位变化大的地区对气温的调节作用较其他地区更加明显,蓄水后冬春季的增温效应为 0.26 ℃,夏秋季的降温效应为 −0.05 ℃。TERRA 卫星影像显示,坝区附近的地表温度冬季增温 0.22 ℃,夏季平均降温幅度最大,达到 −0.75 ℃,同样呈现出冬暖夏凉趋势。MODIS 卫星遥感监测显示,三峡地区地表温度在近 20 年总体呈现微降趋势,春季上升、秋季上升,但年尺度上变化相对稳定。多源数据的分析结果均表明,三峡水库蓄水对水域附近的地表温度、气温均产生了季节性的影响,对夏季有降温和冬季有增温的局地气候效应。

观测资料分析显示,蓄水后降水量和降水日数均增多,其中坝区附近夏季降水日增加了 12.2%,尤其以暴雨量增加更为明显,增加了 39.7%,降水强度增加。水库蓄水后,坝区附近的短时强降水多发区由蓄水前的宜昌城区附近转移到了蓄水后的三峡坝区附近,区域年均频次增加,总体表现为极端短时强降水事件呈增长趋势。MODIS 卫星资料分析显示,水库蓄水期(2003—2011 年)和蓄水后(2012—2019 年)年降水量较前期略有增多。

分析受水库蓄水效应影响的近库区和远库区观测资料发现,近库区、远库区的气温日变化趋势一致,但近库区受到河谷地形影响和城市热岛效应等综合因素的影响气温最高。但受水体的调节作用,不同位置间小时尺度气温日变化表现出了明显差异,主要体现在日最高温出现时间和最低温出现时间以及日较差幅度。随着距离水域的越远和地形越高,受到水域的影响越小,日较差越大,近库区海拔低,距离水域近,日较差小。

水库蓄水在坝区周边的影响大于库区整体影响,夏季响应大于冬季响应,并呈现出明显的日变化特征,白天响应大于夜间响应。近库区站点的气温日较差与远库区的站点相比,年平均日较差减少 12%,夏季减小 14%,冬季减小 17%。

受水库蓄水影响,三峡地区日最高气温平均降低 0.4~0.7 ℃,夏季比冬季明显;日最低气温平均升高 0.1~0.5 ℃,冬季比夏季明显。坝区附近因水域更大,夏季坝区水体对局地的降温作用可达 1.1 ℃,冬季对日最低气温局地的增温作用约为 0.1 ℃。

三峡地区降水日变化比较复杂。蓄水后,库区湿度增大,但夏季和白天水面上空相对比较稳定,而冬季和夜间水面上空气层变得不稳定,因此近水库区的降水量比远水库区的降水量多,夜雨的量值更大,持续时间更长。与夜间相比,夏季坝区附近午后降水量减少约 28%,冬季减少 49%。

基于高温干旱年景(2013 年)与低温洪涝年景(2020 年)下冬季、夏季典型月(1 月、7 月)的敏感性数值试验,对不同年份、不同季节敏感性试验与参考试验气象要素差值进行统计分析发现:水体表面 2 m 高处的气温均呈现降低的变化特征,且影响范围主要在水库附近。高温干旱年景降温程度大于低温洪涝年景,夏季降温程度大于冬季,且白天降温程度更明显,夜间降温较弱,水库蓄水导致气温日较差变小。近地面降温最明显,降温程度随高度增加而减小,夏季引起的气温变化的垂直高度更高。低温洪涝年景较高温干旱年景的降温变化范围更大,但均局限在水库附近范围内。

水体表面 10 m 高处的风速均呈现增大的变化特征,夏季风速的增加程度强于冬季,白天风速增加程度弱于夜间,水库蓄水导致风速日较差增大。近地面风速增大最明显,风速增大程度随高度增加而减小,夏季风速变化的垂直高度更高,但均局限在水库附近范围内。

水体表面 2 m 高处的相对湿度均呈现增大的变化特征,增湿强度冬季大于夏季,白天相对湿度增加程度较夜间明显,水库运行导致相对湿度的日较差变小。高温干旱年变化幅度大于低温洪涝年,但影响的空间范围均在水体附近。

通过对比分析三峡周边典型旱涝年的大气环流型态,三峡地区的典型旱涝年 500 hPa 环流基本呈相反分布,其中涝年副热带高压(简称副高)偏强、偏西,副热带反气旋式距平风场明显,夏季风正常偏弱,全国降水呈"南北少中间多"分布;旱年副高偏弱、偏东,副热带气旋式距平风场明显,夏季风偏强,全国降水呈"南北多中间少"形态分布。

2020 年 6—7 月,我国长江中下游地区异常降水偏多,其关键因素是西太平洋副热带高压持续异常偏强且位置偏西。在前期(前冬和春季)海温为厄尔尼诺(El Nino)型分布,且其强度从冬至夏呈减弱趋势时,太平洋副高的主体强而位置偏南,且热带辐合带偏弱,与 1998 年长江流域洪水时海温与副高的一致。2020 年前冬至春季赤道中东太平洋 ENSO 监测指数呈现出由中部型 El Nino 逐渐减弱,并向拉尼娜(La Nina)型转变,在 1998 年夏季长江流域大洪水时也有相应的海温模态表现。西太平洋副热带高压(简称西太副高)南侧的偏东气流以及西侧偏南气流能够将西北太平洋和孟加拉湾及北印度洋的水汽向我国东部地区输送,这为长江流域降水异常偏多提供了有利的水汽条件。中纬度的大气环流以西高东低为主,经向环流发展,冷空气持续不断由脊前槽后向长江流域输送,如此的高低纬配置有利于冷暖空气在江淮流域一带交汇,形成了多次大范围暴雨过程。

2022 年夏季三峡地区平均气温为 1961 年以来历史同期最高,平均高温日数为 1961 年以来历史同期最多,大部地区高温日数有 40~60 d。夏季三峡地区高温总体表现为 2 个突出阶段,并在 8 月中旬末达到高温的顶峰期。三峡地区单日平均最高气温超过 40 ℃的共有 12 d,几乎所有监测站点都达到或超过极端高温阈值,其中有 15 个站 39 次打破历史纪录,重庆北碚日最高气温达到 45.0 ℃。全球变暖是极端高温发生的大背景,而大气环流异常是高温发生的直接原因。受高、中、低层环流异常的共同作用,我国西南东部以东的大部地区都为下沉气流,强大的下沉气流和反气旋式环流,使得大气更加稳定,副高持续偏强且西伸稳定,导致我国南方大部地区高温天气持续。2006 年、2013 年与 2022 年三峡地区均为高温典型年,且处于三峡工程建成后蓄水的不同阶段,分析显示这 3 年高空 500 hPa 距平环流形势非常接近。东亚地区自北向南基本呈现"正—负—正"距平分布,虽然正距平中心位置略有不同,但中低纬度的正距平带很清晰,20°N 以南地区转为负距平或弱的正距平控制,这样的环流配置结构,导致中高纬地区以纬向环流为主,西风带环流较为平直,冷空气活动偏北。在低纬地区,西太平洋副热带高压均表现为面积偏大、强度偏强、西伸脊点偏西,2022 年副高偏强偏西的特征明显强于 2013 年和 2006 年,因此高温强度更大。同时这 3 年的夏季伊朗高压也明显强盛,西亚至我国青藏高原与我国东部的正距平带连成一片,在这样的大气环流条件下,我国南方大部地区受副热带高压和大陆高压的影响,南方地区上空整体盛行下沉气流,天空晴朗少云,白天在太阳辐射的影响下,近地面加热强烈,造成了较大范围的持续性高温天气。由此说明,三峡地区夏季气温尤其是高温事件主要还是归因于大气环流条件,与三峡工程的建设无明显关系。

目　录

第 1 章

总　论

1.1　引言

2020 年 11 月,水利部、国家发展改革委联合公布三峡工程完成整体竣工验收,三峡工程建设任务全面完成,防洪、发电、航运、水资源利用等综合效益全面发挥。自三峡工程建设起,气象部门服务保障这一"国之重器"已近三十载。2006 年川渝发生历史罕见大旱,2011 年长江流域发生大范围旱涝急转极端气候等事件都曾引发公众对长江三峡工程气候影响的质疑。基于持续多年长江三峡的气候监测国家级气象站资料,国家气候中心于 2012—2013 年首次科学评估了三峡工程建设和蓄水对周边气候的可能影响,取得了较为良好的效果。三峡水库建成蓄水后,长江上游水位提高、水面加宽,库区局地气候的时空分布发生一定的变化,这种变化将直接影响库区的农业、生态、环境和交通等气象条件。因此,在三峡水库运行期间实时监测库区极端天气气候事件,进行有针对性的气象观测,分析三峡地区蓄水前后的局地气候变化规律,对库区的气候环境以及重要天气气候事件进行分析和评估,适时开展阶段性气候效应评估,为库区的自然生态资源开发利用和有效保护提供科学依据。

但是 2012—2013 年开展长江三峡评估时期 175 m 试验性蓄水刚刚开始,评估主要是基于2011 年前的气象数据开展。至 2020 年长江三峡水库已经连续 11 年完成了 175 m 试验性蓄水任务。过去 10 年来,全球气候背景发生新的变化,极端天气气候事件频发多发。在全球变化背景下基于最新的资料和技术进一步分析库区蓄水以来的气候新特点,对 2012 年以来长江三峡工程气候效应再次开展阶段性评估,可以为三峡工程安全运行以及为长江经济带高质量发展提供科学支撑。

与此同时,三峡水库蓄水以来气候监测已经更加精细,库区气候环境的监测手段和监测技术不断改进,卫星、雷达、地面自动站等观测手段也被应用于三峡地区及周边地区,海量存储和云计算也使得小时数据和分钟数据得以应用,多源融合同化数据的研发和应用等技术的发展,使得气候监测的时空精细化监测水平得以大大提高。

本书面向长江经济带建设和长江大保护的国家战略需求,围绕三峡水库蓄水产生的下垫面变化的气候效应,利用多源观测资料开展长江三峡成库以来气候要素时空分布特点分析和气象灾害发生规律及变化特征分析,基于高密度气象站观测网数据、卫星遥感数据和多源融合精细网格化同化数据开展水库蓄水气候影响效应分析,并引进数值模式模拟技术和水分再循环模型定量评估气候影响范围和气候效应强度,揭示极端天气气候事件多发频发背景下三峡成库以来对周边气候环境的可能影响。

1.2 水库气候效应的研究进展

　　水库是因建造坝、闸、堤、堰等水利工程拦蓄河川径流而形成的水体。水库可以用于供水、灌溉、发电、防洪、航运、旅游以及改善环境等。所有水库在建设前都要进行价值评估以确定水库是否值得建设,这类分析常常忽视了大坝或水库建设所带来的环境效应。有些环境效应,诸如大坝或水库建设中混凝土使用所产生的温室气体是相对容易估算的,但是其对自然环境的影响及其社会和文化效应确实比较难以评估和权衡,而这又是这类工程建设中不可回避的问题。在生态文明发展需求引领下,随着全球水资源和能源的需求增加,以及水库数量和规模的激增,其产生的环境效应及社会影响也逐渐被认识。

　　水库的环境效应涉及到气候变化、小气候、生物、湖沼、地震活动等领域。水库的环境效应在水库及其上游、大坝以下以及水库本身之外各有不同。在水库及其上游,水面增加导致年蒸发量的加大在有些气候区可超过 2000 mm;水库建设还导致河流生态系统的破碎化,如大坝的建设阻挡了上下游水生生物的洄游;大坝建设还导致水库沉积物增加,影响水库库容、降低水力发电能力,减少灌溉供水量。在大坝以下,由于大坝阻挡导致下游沉积物减少,会影响河岸线和海岸侵蚀;水库建设导致水温变化对下游水生生物也会产生影响;此外水库的环境效应还包括诸如疾病、移民以及依赖于洪水泛滥的生态和农业。

　　水库的气候效应一般是指水库(含天然湖泊、建造拦河坝形成的人工湖泊等)形成后对库区周围包括气温、风、湿度和降水量等在内的气候改变。水库的气候效应主要体现在地表下垫面由原来陆地改变为水体,所带来的热力性质、辐射平衡、热量平衡和表面粗糙度等诸方面的差异对库区及周围的局地小气候所产生的影响。首先裸地或植被地表改为水面之后,将显著改变表面的反射率和表面糙率,进而影响区域热循环和风速,同时,由于水域面积的增大,实际蒸发量也将增大,大气中的水分相应增加。其次,下垫面由热容量小的陆地变为热容量大的水体后,会引起区域温度的变化。一般来说,夏季水面温度低于陆面温度,水库为吸热体,能量从周边向库区的交换得以加强;而冬季由于水面温度高于陆面温度,水库为热源,能量从库区向周边的交换得以加强。库区与周边能量交换的加强,将使得大气层结构的不稳定性增加,进而可能会引起降水的变化,使水库周围降水的地理分布发生改变。

1.2.1 国外水库对气候的影响

　　研究表明,作为影响区域气候变化的主要气候强迫因子,下垫面变化所引起的区域温度和降水等气候要素的变化与温室气体产生的效果相当,甚至更大,造成的气候变化的作用机制不可忽略(Pielke,2005;Feddema et al.,2005;Sr et al.,2007)。

　　西班牙山区河流水库:Astorga(1994)研究了在西班牙山区河流上建立水库可能引起的气候变化,注意到降水、温度和雾天的显著变化,认为库区存在局部尺度的小气候变化。García(1994)研究了水库对气候的影响,验证了大坝建设后多雾多雨、气温下降的现象,认为变化只发生在距离水体不超 12 km 的局部尺度上。Clark 等(1995)采用一维模式发现下垫面水分的增加能够促进对流,使得降水量在一定程度上有所增加。Beljaars 等(1996)用欧洲中心模式模拟分析下垫面土壤水分变化对降水的可能影响,研究发现下垫面土壤水分的增加会导致模拟产生更多降水。

阿斯旺水库:Moussa 等(2001)通过对比分析阿斯旺大坝库区建坝前后的气象数据发现,建坝后的阿斯旺城气温略有降低,而相对湿度略有增加。

伊泰普水库:Stivari 等(2005)利用观测资料与数值模拟分析了伊泰普水库对当地气候和环流的影响,结果表明,伊泰普水库在河谷—山地环流的综合作用下加强了湖风环流,同时水库还使得湖区白天温度降低,夜间温度升高,缩小了局地气温日较差,但降雨并未发现明显变化。

Hossain(2009)通过分析覆盖有 633 个大型水坝的 92 个降水站点的经验分位数,证实了大型水库对库区极端降水存在影响,在大坝建成后,第 99 百分位的降水量平均每年增加 4%,中亚地区的极端降水量增加幅度超过其他地区,推测在干旱/半干旱地区,大型水坝可能比其他地方更能改变极端降水模式。

Volta 水库:Knoche 等(2013)用区域大气模型来追踪加纳 Volta 水库蒸发对于区域降水的贡献,结果表明,当地雨季降水有 6% 来源于库区蒸发。

北美大型水库:Degu 等(2011)利用再分析资料分析了北美 92 座大型水库对库区及周边地区降水模式的影响,结果发现在地中海和半干旱气候区的降水受水库影响较大,而对于湿润气候区的影响并不明显。在水库岸线边缘与远离大坝区域间还观测到对流有效势能、比湿和表面蒸发具有明显的空间梯度,CAPE 与极端降水百分位数之间的相关性越来越强。

智利大型水库:Pizarro 等(2013)通过分析智利 12 个大型水体附近的 50 个降水站点,发现临近水体的站点高强度降水确实受到了水库影响,且位于干旱地区的站点受到的影响更为明显。

巴西 Sobradinho 水库:Ekhtiari 等(2017)利用 COSMO-CLM 区域气候模式分析位于巴西东北部的 Sobradinho 水库对区域气候的影响,发现库区白天气温产生了冷却效应,同时还增加了库区湿度。

Winchester 等(2017)为了确定人造水库对降水的潜在影响,设计以草地、落叶林和裸土作为下垫面输入条件替换原有的湖泊,模拟三场次不同强度的降水事件对下垫面变化的响应,结果表明湖泊的建立可能会改变局部降水。

1.2.2 国内水库对气候的影响

国内学者对于水库的区域气候效应也开展了大量的研究工作。目前,大量的研究主要集中于三峡、龙羊峡、刘家峡、三门峡、二滩、克孜尔、安康、小浪底、丰满、密云、红山、青铜峡水库等一系列大中型水库(黄亚,2019)。

刘家峡和龙羊峡水库:尚可政等(1997)以黄河上游刘家峡和龙羊峡水库库区周边建库前后气象资料的对比分析发现,刘家峡和龙羊峡建库以后库区气温夏季下降,冬季气温升高。戴升等(2009)通过统计分析 1968—2007 年龙羊峡水库上游流域的水文要素变化特征,发现近40 年流域的径流量呈下降趋势且在水库蓄水后下降趋势有所增加。

三门峡水库:秦金虎等(2007)根据黄河三门峡水库 8 年气象观测资料统计分析发现,水库运行后夏季气温降低、冬季气温升高、气温日较差减小,湿度增大。

小浪底水库:张姣姣等(2010)对小浪底水库库区 12 个气象观测站点数据分析后发现,库区及周边的雷暴气候特征受水库蓄水面积的影响。王岭岭(2012)通过分析孟津县 1971—2010 年气象数据,发现小浪底水库蓄水以后,孟津县年平均气温显著上升,降水量和蒸发量有所减少。而何欣燕(2015)分析发现小浪底库区气温较建坝前降低了约 0.12 ℃,白于山区域和吕梁山西部降雨增加约 0.5 mm。

二滩水电站水库:陈国春(2007)和陈永琼等(2010)通过对库区观测的气象资料进行统计分析发现,在二滩水电站水库蓄水后,库区周边气温降低、蒸发量和风速减少、湿度增大、降水增多。

克孜尔水库:樊静等(2009)通过分析拜城站 1959—2006 年降水数据发现,在新疆克孜尔水库蓄水后,库区降水显著增加。

安康水库:王娜(2010)发现与陕西安康水库蓄水前相比,库区蓄水后的年降水量、极端降水发生概率、暴雨日数以及蒸散量均有所减少,平均气温有所升高,冬季升温幅度最大。

青铜峡水库:王志红等(2014)分析青铜峡水库上游流域 1959—2007 年的气象数据发现,与青铜峡水库蓄水前相比,蓄水后库区气温普遍升高,而降水在秋季显著减少,冬季显著增加。

红山水库:杨晶等(2014)通过对比分析红山水库建库前后气象数据发现,在蓄水后库区降水和相对湿度略有减少,蒸发和气温略有增加,但以上气候要素变化趋势并不明显。

福建省大型水库:廖顺宝等(2014)基于福建省 12 个大型水库观测数据分析发现,与库区周边相比,库区平均气温降低约 0.10 ℃,相对湿度降低约 2.28%,库区产生的小气候效应总体幅度较小。

密云水库:郑祚芳等(2017)对密云水库 5 年的气象资料进行分析发现,库区较附近的平原区气温更低、降水量偏大以及湿度偏大,其影响范围在 10 km 以内,且气候效应主要作用在夏季。

丰满水库:路振刚等(2017)对比分析了位于松花江上游的丰满水库建库后近 50 年来气候要素变化发现,丰满水库年均气温呈明显上升趋势,冬季的平均温度升高显著;库区内年均降水量和年均相对湿度略有减少。

三峡水库:三峡水利工程作为与干旱、洪涝抗争的重要大型水利工程,其可能的区域环境效应已引起了国家政府以及众多学者的广泛关注。近些年,大量学者利用统计分析以及数值模拟等途径对三峡水利工程的可能区域气候效应开展了大量的研究,并且证实了三峡水利工程对库区气温、风速、降水以及蒸发等气候要素具有一定的影响,其区域气候效应的影响范围主要集中在河道两岸高山之间,但目前对于库区气候效应的定量结果还难以给出(王国庆等,2009)。

多数研究普遍认为三峡水库蓄水对库区夏季具有弱降温效应,冬季有增温效应。张强等(2005)在对比分析三峡水库蓄水前后的站点气温资料发现,水库周边白天气温降低、夜间气温升高,气温日较差缩小,气温增温幅度大于降温幅度,且夏季夜间增温幅度略大于冬季;陈鲜艳等(2009,2013)通过对比分析水库蓄水前后的库区及周边气象站点资料结合数值模式模拟结果,进一步证实了水库蓄水后对库区附近气温具有调节作用,提出三峡水库蓄水对周边气候产生的影响主要在 20 km 以内;韩庆忠等(2012)、袁马强等(2014)、周英(2016)以及符坤等(2018)等利用周边气象站点资料分析指出库区气温日较差较蓄水前有所减小,并对夏季和冬季气温分别起着降温和增温的作用。何欣燕(2015)基于观测气象数据分析发现,三峡地区气温较建库前降低约 0.1 ℃。高蕾等(2014)和 Song 等(2017)通过对地温遥感卫星资料的分析发现,水库蓄水后地温同样产生了夏天降温和冬天增温的效应,且水体对地温的影响随着距水体距离的增加而减小,其影响范围在 8 km 以内。孙晨等(2018)在分析了 CRU、ERA-Interim以及 JAR-55 等 3 种再分析资料中的气温后发现,库区气温变化趋势由蓄水前的显著上升转为轻微下降。

对于水库蓄水对降水造成的影响众多学者则表达了不同的看法。张有芑(1994)认为长江流域上空 95% 的水汽是来自于流域外部,而在三峡水库蓄水后蒸发量对水汽的贡献增加十分有限,因此,三峡建库对流域年降水量的影响是极微小的。Wu 等(2006)利用 mm5 对三峡水库蓄水后的库区气候进行了模拟分析,研究发现三峡水库使得库区降水略有减少,但在库区西北地区降水略有增加。何欣燕(2015)发现三峡地区降水在大巴山以南与秦岭山脉之间增加约 0.6 mm,而长沙和南昌区域减少约为 0.6~0.7 mm。严少敏等(2012)通过将三峡水库与 35座世界最大体积水库类比分析认为,三峡水库有较大概率增加库区年降水总量,但从全球大型水库对降水的影响来看,仍有 3/35 水库库区年降水总量出现减少。袁久坤等(2015)对三峡地区腹地 14 个站点降水观测资料分析发现,蓄水后近 11 年来库区腹地降水偏少,但降水变化趋势与西南地区年代际变化一致。Li 等(2017)采用经验正交函数(EOF)对比分析 1984—2003年和 2004—2013 年两个时期的观测降水,结果发现,三峡水库运行前后两个时期降水量差异很小,水库水位抬升至 175 m 时可能使得库区降水量略有减少。而李博等(2014)通过对 TR毫米-3B42 卫星降水产品的分析发现,库区降水变化主要体现在降水空间分布格局的改变,降水在库区西北部有所增加,而在东南部有所减少,但区域平均降水无明显变化。同时,还发现降水变化具有较强的季节性,秋季和冬季库区多数地区降水有所增加,而春季和夏季库区多数地区降水有所减少。同样,王苗等(2017)通过分析 1961—2012 年水库蓄水关键区的站点降水数据后也发现,降水变化主要体现在空间分布格局的改变。谢萍等(2018)基于坝区秭归站的历史降雨数据和库区水位数据进行小波分析发现,三峡大坝蓄水过程对库区降雨具有小时间尺度的影响。孙晨等(2018)基于 CRU、ERA-Interim 以及 JAR-55 等 3 种再分析资料分析发现,蓄水后库区年平均、春季以及夏季降水无明显变化,而秋季降水则在蓄水后呈明显的上升趋势,冬季降水明显下降。

人类活动和气候变化导致三峡地区及长江上游流域水文气候产生新的变化,这对流域防洪、抗旱及水资源综合利用与管理带来新的挑战。通过大量研究,三峡水库对于区域气候的影响的认知和共识越来越多。全球变暖使得大气持水能力将以 7%/℃ 的速度增加,未来洪水发生的频率可能会越来越高(Milly et al.,2002),大型水库水面蒸发率也将增强,可能导致库区内更高的降水强度以及降水频次(Pielke,2001;Pizarro et al.,2013)。与此同时,水库能够影响中尺度范围内局部地区的降水模式,这意味着极端降水模式将随之发生改变(Pizarro et al.,2013;Winchester et al.,2017)。极端降水模式的改变将会破坏大坝设计洪水频率关系中的平稳性假设,导致原有的设计洪水方案无法满足防洪设计标准,进而增加大坝的防洪风险(Milly et al.,2008);若遇持续的枯水期则会导致入库径流量锐减,对水库蓄水、发电、水环境以及航运均造成不利影响。极端水文事件的改变将对三峡工程的防洪、发电、航运等诸多功能的发挥带来不确定性的风险,同时,由极端水文事件引发的次生灾害,如泥石流、滑坡等也将对三峡大坝的安全运营造成影响。

1.3 第一次阶段性气候效应评估回顾(2003—2012年)

1.3.1 1961—2010年三峡地区气候变化

1. 气温总体呈现上升趋势

三峡地区原有独特的地理条件形成了独特的气候环境,1961年以来,三峡地区年平均气温整体呈升温趋势,最近10年较20世纪60年代升高了0.4℃。三峡地区气温变化的趋势与西南地区、长江上游乃至整个长江流域基本一致,2004年三峡地区蓄水后这种趋势没有明显变化(图1.3.1、图1.3.2)。

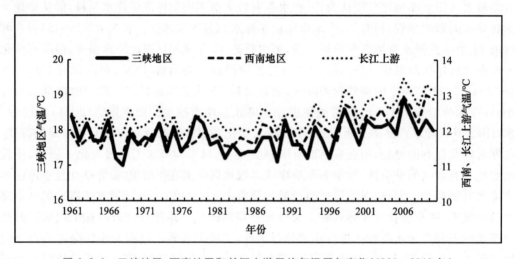

图1.3.1 三峡地区、西南地区和长江上游平均气温历年变化(1961—2010年)

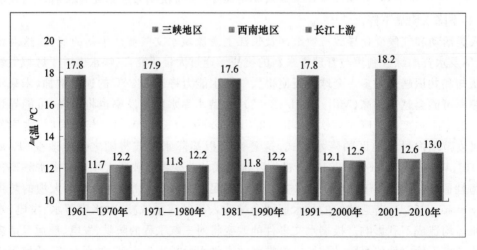

图1.3.2 三峡地区、西南地区和长江上游平均气温年代际变化(20世纪60年代以来)

2. 降水量具有年代际变化特征

1961—2010 年，三峡地区年降水量呈现出年代际变化特征。20 世纪 70 年代到 80 年代为多雨时期，60 年代和 90 年代降水略少；21 世纪以来三峡地区转为少雨期，是近 50 年来降水量最少的 10 年，年降水量由原来的 1100 多 mm 减少到 1000 多 mm，减少了 10%左右。三峡地区降水的变化趋势也是与西南地区、长江上游乃至整个长江流域基本一致的（图 1.3.3、图 1.3.4）。

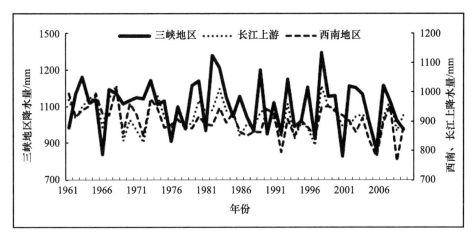

图 1.3.3　三峡地区、西南地区和长江上游历年平均降水变化（1961—2010 年）

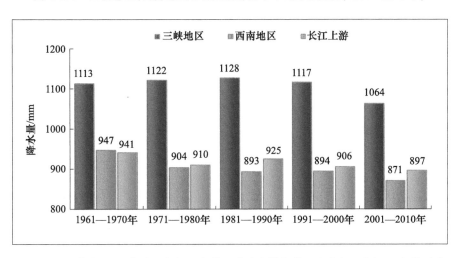

图 1.3.4　三峡地区、西南地区和长江上游平均降水量年代际变化（20 世纪 60 年代以来）

1.3.2　初期蓄水对气温和降水的影响

1. 三峡水库蓄水后产生夏季降温和冬季增温效应

通过对靠近水库和远离水库气象站的监测数据进行对比分析，近库区和远库区的年平均气温变化趋势一致，但在 2003 年以后两地气温差值增大，比 2003 年前的差值增加了 0.3 ℃。蓄水后近库区夏季升温幅度小于远库区，两地气温差值减小 0.1 ℃左右；冬季近库区增温幅度略大于远库区，两地气温差增大了 0.4 ℃左右。蓄水后使库区产生了冬季增温、夏季降温的局地气候效应。

2. 三峡水库蓄水后附近地区降水没有明显变化

分析表明,近库区和远库区年降水量的变化在三峡水库蓄水前后基本一致(图 1.3.5)。两地降水量的比值可以认为是去除了大尺度气候变化影响的一个分析指标。近 50 年来,两地降水比值没有呈现明显增加或减少的变化趋势,蓄水后降水比值的波动仍处于正常的变化范围内,表明三峡水库蓄水后附近地区降水没有明显变化。

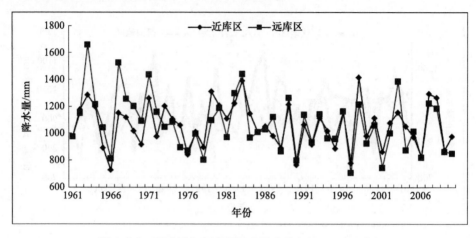

图 1.3.5　近库区与远库区降水量变化(1961—2010 年)

数值模拟结果表明:不同季节,水库蓄水仅对附近 2 km 范围内的气温有明显影响;水库蓄水导致附近地区降水减少程度因季节有所差异,其中,在冬季水库 10 km 区域降水仅减少 1%～2%;夏季水库 10 km 区域的降水减少程度小于 5%。总的来说,三峡水利工程对附近气候影响的范围不超过 20 km。

1.3.3　长江流域出现旱涝灾害的主因

1. 21 世纪初的 10 年长江流域进入年代际变化的少雨期

进入 21 世纪后,西南地区和长江中下流域先后发生严重干旱,其中包括 2006 年川渝大旱、2007 年重庆遭遇特大暴雨袭击、2009/2010 年西南地区干旱以及 2011 年长江中下游冬春严重干旱等。这些旱灾的发生与我国大尺度的旱涝转换规律和降水演变特征有关。据统计,20 世纪 80 年代前后长江流域经历了一个多雨时期,从 1999 年开始转为少雨期,近十几年来,长江流域年降水量减少了 10%～12%,长江流域的干旱是正在这种大的少雨气候背景下发生的。

2. 大尺度大气和海洋异常是造成大范围旱涝的主因

大气中的水分循环包括外循环和内循环,外循环即按地球自转规律水汽随大气环流进行输送的循环,内循环即局部区域内大气局地环流中的水分循环。就自然降雨而言,外循环的水汽对各地降雨的影响占 95%,内循环的水汽对各地降雨的影响占 5%左右。三峡水库蓄水虽使附近水汽的内循环产生一定变化,但这种水汽内循环相对于外循环是微不足道的,不能导致比它面积大很多倍的区域性旱涝灾害的发生。实际上,长江流域近几年发生的干旱和洪涝等气象灾害主要是由海洋温度和青藏高原积雪的变化造成大范围大气环流和大气下垫面热力异常所引发的。

参考文献

陈国春,2007. 雅砻江二滩水电站水库对局地气候影响分析[J]. 四川水力发电,26(Z2):78-80.

陈鲜艳,宋连春,郭占峰,等,2013. 长江三峡库区和上游气候变化特点及其影响[J]. 长江流域资源与环境,22(11):1466-1471.

陈鲜艳,张强,叶殿秀,等,2009. 三峡库区局地气候变化[J]. 长江流域资源与环境,18(1):47-51.

陈永琼,李卓檀,杜成勋,等,2010. 二滩水电站水库对局地气候影响分析[J]. 攀枝花科技与信息(3):49-53.

戴升,李林,2009. 龙羊峡水库蓄水前后上游流域气候变化及影响分析[C]//中国气象学会年会气候变化分会场.

樊静,李元鹏,等,2009. 欧加理·克孜尔水库上游流域蓄水前后降水变化特征[J]. 沙漠与绿洲气象,3(5):25-29.

符坤,张六一,任强,2018. 蓄水前后三峡库区气候时空变化特征[J]. 环境影响评价,40(3):82-86.

高蕾,陈海山,孙善磊,2014. 基于MODIS卫星资料研究三峡工程对库区地表温度的影响[J]. 气候变化研究进展,10(3):226-234.

韩庆忠,向锋,马力,等,2012. 三峡库首典型区 2001—2010 年局地气象因子变化趋势分析[J]. 土壤,44(6):1029-1034.

何欣燕,2015. 中国内陆特大型水坝对区域气候的影响分析[D]. 成都:电子科技大学.

黄亚,2019. 三峡水库区域水文气候效应及其未来趋势预测[D]. 南宁:广西大学.

李博,唐世浩,2014. 基于TRMM卫星资料分析三峡蓄水前后的局地降水变化[J]. 长江流域资源与环境,23(5):617-625.

廖顺宝,杨旭,陈世强,2014. 基于时空观测样本的水库库区小气候效应分析——以福建省大型水库为例[J]. 福建师范大学学报(自然科学版),30(5):38-43.

路振刚,李龙波,王永峰,等,2017. 丰满水库运行对局地气候的影响回顾[J]. 水利水电技术,48(4):35-41.

秦金虎,秦金学,王云璋,等,2007. 水利水保工程对局地温度、湿度影响及其计算方法[J]. 水土保持研究,14(2):203-206.

尚可政,杨德保,王式功,等,1997. 黄河上游水电工程对局地气候的影响[J]. 干旱区地理,20(1):57-64.

孙晨,刘敏,2018. 再分析资料在三峡库区气候效应研究中的应用[J]. 长江流域资源与环境,27(9):1998-2013.

王国庆,张建云,贺瑞敏,等,2009. 三峡工程对区域气候影响有多大[J]. 中国三峡(11):30-35.

王岭岭,2012. 黄河小浪底水库对孟津气候的影响研究[D]. 郑州:河南农业大学.

王苗,周月华,任永建,等,2017. 三峡水库蓄水关键区降水时空变化特征[J]. 气象与环境科学,40(1):40-46.

王娜,2010. 安康水库蓄水前后上游气候变化特征[J]. 气象科技,38(5):649-654.

王志红,田磊,李艳春,等,2014. 青铜峡水库蓄水前后其上游流域气候变化对比分析[J]. 宁夏工程技术,13(3):241-245.

谢萍,张双喜,汪海洪,等,2018. 三峡蓄水与降雨量的多尺度效应分析[J]. 工程勘察,46(12):41-46.

严少敏,吴光,2012. 中国三峡水库对上下游地区降水影响的概率研究[J]. 广西科学,19(2):129-133.

杨晶,李喜仓,白美兰,2014. 大型水库工程建设对局地气候影响分析——以红山水库为例[J]. 内蒙古水利(4):14-16.

袁久坤,周英,伍亚光,2015. 三峡库区腹心地带蓄水前后降水变化特征分析[J]. 中国科技纵横(21):215-216,218.

袁马强,杨凤婷,祝传栋,2014. 水库对其周边气候环境的影响研究[J]. 科技视界(11):42-44.

张姣姣,介玉娥,陈兴周,等,2010. 小浪底水库蓄水前后雷暴气候变化特征分析[J]. 气象与环境科学,33(1):52-56.

张强,万素琴,毛以伟,等,2005. 三峡库区复杂地形下的气温变化特征[J]. 气候变化研究进展,1(4):164-167.

张树奎,鲁子爱,张楠,2013. 三峡水库蓄水对库区降水量的影响分析[J]. 水电能源科学,31(5):21-23,62.

张有芷,1994. 兴建三峡水库对长江流域降水影响研究概述[J]. 人民长江(7):32-34,63.

郑祚芳,任国玉,王耀庭,等,2017. 大型人工湖气候效应观测研究——以密云水库为例[J]. 地理科学,37(12):1933-1941.

周英,2016. 三峡库区"腹心"地带蓄水前后气温变化特征[J]. 气象科技,44(5):783-787.

ASTORGA A,1994. Posibles cambios climáticos debidos a los embalses construidos en las cabeceras de los ríos de montaña[J]. Serie Geográfica(4):45-54.

BELJAARS A C M,VITERBO P,MILLER M J,et al,1996. The Anomalous Rainfall over the United States during July 1993:Sensitivity to Land Surface Parameterization and Soil Moisture Anomalies[J]. Monthly Weather Review,124(3):362-383.

CLARK C A,ARRITT P W,1995. Numerical Simulations of the Effect of Soil Moisture and Vegetation Cover on the Development of Deep Convection[J]. Journal of Applied Meteorology,34(9):2029-2045.

DEGU A M,HOSSAIN F,NIYOGI D,et al,2011. The influence of large dams on surrounding climate and precipitation patterns[J]. Geophysical Research Letters,38(4):L04405.

EKHTIARI N,GROSSMAN-CLARKE S,KOCH H,et al,2017. Effects of the Lake Sobradinho Reservoir (Northeastern Brazil) on the Regional Climate[J]. Climate,5(3):50.

FEDDEMA J J,OLESON K W,BONAN G B,et al,2005. The Importance of Land-Cover Change in Simulating Future Climates[J]. Science,310(5754):1674-1678.

GARCÍA J,1994. El impacto climatico de los embalses cantábricos[J]. Serie Geográfica(4):33-42.

HOSSAIN F,2009. Empirical Relationship between Large Dams and the Alteration in Extreme Precipitation[J]. Natural Hazards Review,11(3):97-101.

KNOCHE H R,KUNSTMANN H,2013. Tracking atmospheric water pathways by direct e-vaporation tagging:A case study for West Africa[J]. Journal of Geophysical Research:Atmospheres,118(22):12,312-345,358.

LI Y,ZHOU W,CHEN X,et al,2017. Influences of the Three Gorges Dam in China on Precipitation over Surrounding Regions[J]. Journal of Meteorological Research,31(4):767-773.

MILLY P C D,BETANCOURT J,FALKENMARK M,et al,2008. Stationarity Is Dead:Whither Water Management? [J]. Science,319(5863):573.

MILLY P C D,WETHERALD R T,DUNNE K A,et al,2002. Increasing risk of great floods in a changing climate[J]. Nature,415(6871):514-517.

MOUSSA A,SOLIMAN M,AZIZ M,2001. Environmental Evaluation For High Aswan Dam Since Its Construction Until Present:Sixth International Water Technology Conference,Alexandria,Egypt[C]. IWTC 2001.

PIELKE R A,2005. Land Use and Climate Change[J]. Science,310(5754):1625-1626.

PIELKE R A,2001. Influence of the spatial distribution of vegetation and soils on the prediction of cumulus Convective rainfall[J]. Reviews of Geophysics,39(2):151-177.

PIZARRO R,GARCIA-CHEVESICH P,VALDES R,et al,2013. Inland water bodies in Chile can locally increase rainfall intensity[J]. Journal of Hydrology(481):56-63.

SONG Z,LIANG S L,FENG L,et al,2017. Temperature changes in Three Gorges Reservoir Area and linkage with Three Gorges Project[J]. Journal of Geophysical Research(122):4866-4879.

SR R A P,ADEGOKE J,BELTRáN-PRZEKURAT A,et al,2007. An overview of regional land-use and land-cover impacts on rainfall[J]. Tellus Series B-chemical and Physical Meteorology,59(3):587-601.

STIVARI S M S,DE OLIVEIRA A P,SOARES J,2005. On the Climate Impact of the Local Circulation in the Itaipu Lake Area[J]. Climatic Change,72(1):103-121.

WINCHESTER J,MAHMOOD R,RODGERS W,et al,2017. A Model-Based Assessment of Potential Impacts of Man-Made Reservoirs on Precipitation[J]. Earth Interactions,21(9):1-31.

WU L,ZHANG Q,JIANG Z,2006. Three Gorges Dam affects regional precipitation[J]. Geophysical Research Letters,331(13)338-345.

第 2 章

三峡地区的气候特征

2.1 引言

气温、降水、相对湿度、风速等是反映一地气候状况的主要气候要素,分析三峡地区 1961—2020 年主要气候要素不同时间尺度(季、年及不同水位期)的多年平均状况、空间分布、年际和年代际变化及其长期变化趋势,气候变暖背景下三峡地区气候变化与大气候背景地区(西南地区、长江上游)的相似性和差异性分析,对三峡水库建设以来不同阶段气候要素的变化进行对比分析,三峡地区不同海拔高度立体气候分析,为多方位认识三峡地区气候特征提供较为详尽的基础信息。

气温要素包括平均气温、最高气温、最低气温,降水要素包括降水量、降水日数(日降水量大于等于 0.1 mm),湿度为平均相对湿度,风为平均风速。

气象站点为长江三峡地区 33 个国家气象观测站、西南地区 383 个国家气象观测站、长江上游地区 264 个国家气象观测站。

在无特殊说明的情况下,三峡地区年、季、月平均值均指的是常年平均气候值(1991—2020 年平均),多年平均指的是 1961—2020 年平均,气候变化趋势采用线性倾向估计法。三峡地区地处我国西南地区及长江上游末端,故选取西南地区和长江上游作为背景区域,利用差值法进行异同性分析。

年内水库不同水位期时段分别为消落期(1 月 1 日—6 月 10 日)、汛期(6 月 11 日—9 月 10 日)、蓄水期(9 月 11 日—10 月 31 日)和高水位期(11 月 1 日—12 月 31 日)。四季分别是指春季(3 月 1 日—5 月 31 日)、夏季(6 月 1 日—8 月 31 日)、秋季(9 月 1 日—11 月 30 日)、冬季(12 月 1 日—2 月 28 日)、

三峡水库蓄水前后划分为 4 个时段,分别为初步设计阶段(1961—1990 年,时段 1)、三峡工程建设阶段(1991—2002 年,时段 2)、三峡初期蓄水阶段(2003—2009 年,时段 3)和 175 m 蓄水阶段(2010—2020 年,时段 4)。

2.2 气温

三峡地区年平均气温 17.2 ℃,呈西部北部高、东南部低的分布特征。三峡地区年平均气

温在 20 世纪 80 年代最低(16.9 ℃),进入 21 世纪,气温明显升高,其中 2001—2010 年平均气温最高(17.6 ℃)。1961—2020 年,三峡地区年平均气温呈上升趋势,升温幅度为 0.09 ℃/10a;春、秋、冬三季平均气温也均有升高趋势,夏季平均气温没有明显变化趋势。

三峡地区年平均最高气温 21.7 ℃,呈北部西部高的分布特征。三峡地区年平均最高气温在 20 世纪 80 年代最低(21.2 ℃),2001—2010 年最高(22.3 ℃)。1961—2020 年,三峡地区年平均最高气温呈显著上升趋势,升温幅度为 0.14 ℃/10a;春、秋、冬三季平均最高气温均显著升高,而夏季升温不显著。

三峡地区年平均最低气温 14.0 ℃,呈西高东低分布特征。三峡地区年平均最低气温在 20 世纪 60 年代最低(13.7 ℃),2001—2010 年最高(14.4 ℃)。1961—2020 年,三峡地区年平均最低气温呈显著上升趋势,升温幅度为 0.14 ℃/10a;四季平均最低气温均显著升高,春、秋、冬季均通过了 0.01 信度水平检验,夏季通过了 0.05 信度水平检验。

与大气候背景场相比,三峡地区年平均气温、年平均最高气温和年平均最低气温均高于同时期的西南地区和长江上游。1961—2020 年,3 个地区年平均气温、年平均最高气温、年平均最低气温均显著升高,但三峡地区的升温幅度低于同时期的西南地区和长江上游。对比三峡蓄水前后 4 个时段的气温(年平均气温、年平均最高气温、年平均最低气温),均是初期蓄水阶段最高,初步设计阶段最低。

2.2.1　年气温变化特征

1. 空间分布特征

1961—2020 年,长江三峡地区年平均气温呈西部、北部高东南部低的分布特征,各地年平均气温在 13.9 ℃(湖北五峰)～18.6 ℃(重庆綦江)(图 2.2.1)。年平均最高气温呈北部西部高的分布特征,各地年平均最高气温在 19.4 ℃(湖北五峰)～23.3 ℃(重庆云阳)。年平均最低气温呈西高东低分布,各地年平均最低气温在 10.2 ℃(湖北五峰)～15.8 ℃(重庆沙坪坝)。

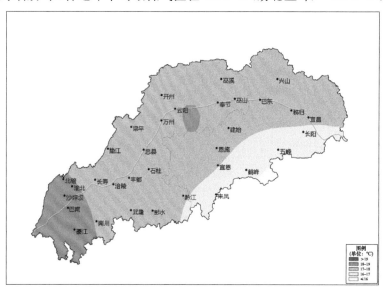

图 2.2.1　长江三峡地区年平均气温空间分布图(1961—2020 年平均)

2. 年代际变化特征及长期趋势

(1)平均气温

1961—2020 年,长江三峡地区年平均气温 17.2 ℃;年平均最高气温 18.3 ℃,出现在 2006 年;年平均最低气温 16.5 ℃,出现在 1989 年。从逐年代来看,长江三峡地区年平均气温呈"先降低后升高"的变化特征,在 20 世纪 80 年代平均气温最低,为 16.9 ℃;进入 21 世纪,平均气温明显升高,在 2001—2010 年最高,为 17.6 ℃(图 2.2.2)。

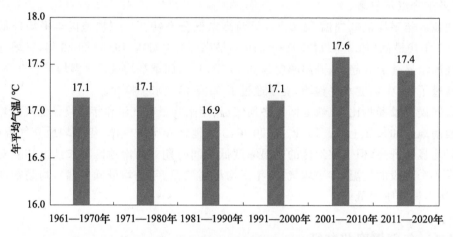

图 2.2.2 1961—2020 年长江三峡地区年平均气温年代际变化

近 60 年,长江三峡地区年平均气温呈显著上升趋势(通过 0.01 信度水平检验)(陈鲜艳等,2013;张天宇等,2010),升温幅度为每 10 年 0.09 ℃(图 2.2.3)。从趋势空间分布图看,近 60 年,长江三峡地区除秭归、巴南、綦江、巫山、云阳、石柱这 6 个站平均气温呈下降趋势外,其余站点均呈上升趋势。有 1/3 的站点升温幅度在 0.1 ℃/10a 以上,且均通过了 0.01 信度水平检验,其中北部的万州、巫溪、奉节升温幅度超过 0.2 ℃/10a;秭归、巴南和綦江降温幅度较大,可能与秭归站在 20 世纪 90 年代后期迁站以及巴南和綦江 21 世纪 00 年代后期迁站有较大关系(图 2.2.4)。

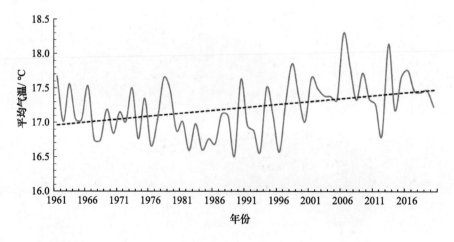

图 2.2.3 1961—2020 年长江三峡地区年平均气温历年变化

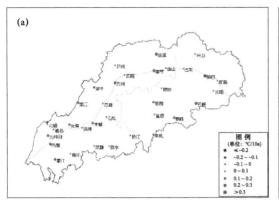
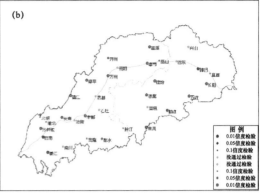

图 2.2.4　1961—2020 年长江三峡地区年平均气温趋势分布图(a)及趋势检验图(b)

(2)最高气温

1961—2020 年,长江三峡地区多年平均最高气温 21.7 ℃;最大值 23.4 ℃,出现在 2013 年,最小值 20.5 ℃,出现在 1989 年。从逐年代来看,长江三峡地区年平均最高气温也是呈"先降低后升高"的变化特征,在 20 世纪 80 年代平均最高气温值最小,为 21.2 ℃;进入 21 世纪,最高气温明显升高,在 2001—2010 年最高,为 22.3 ℃(图 2.2.5)。

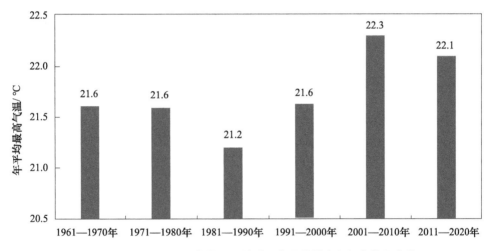

图 2.2.5　1961—2020 年长江三峡地区年平均最高气温年代际变化

近 60 年,长江三峡地区年平均最高气温呈显著上升趋势(通过 0.01 信度水平检验),升温幅度为 0.14 ℃/10a(图 2.2.6)。从平均最高气温趋势空间分布图看,近 60 年,长江三峡地区除秭归、巴南、綦江、巫山、涪陵这 5 个站平均最高气温呈下降趋势外,其余站点均呈上升趋势。除东部库首和西南部地区外,有 20 个站点升温幅度都在 0.1 ℃/10a 以上,其中有 17 个站点通过了 0.01 信度水平检验,3 个站点通过了 0.05 信度水平检验;沿江及以北的长寿、万州、梁平、巫溪、奉节和南部的五峰和建始升温幅度超过 0.2 ℃/10a(图 2.2.7)。

(3)最低气温

1961—2020 年,长江三峡地区多年平均最低气温 14.0 ℃;最大值 15.0 ℃,出现在 2006 年;最小值 13.4 ℃,出现在 1962 年。从逐年代来看,长江三峡地区年平均最低气温呈"先低后高"的变化特征,在 20 世纪 60 年代平均最低气温值最小,为 13.74 ℃;进入 21 世纪,最低气温明显升高,在 2001—2010 年最高,为 14.42 ℃(图 2.2.8)。

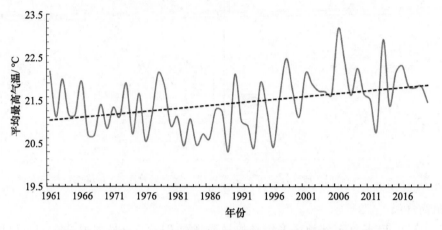

图 2.2.6 1961—2020 年长江三峡地区年平均最高气温历年变化

 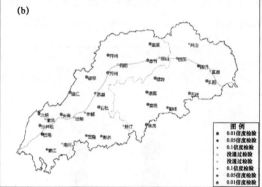

图 2.2.7 1961—2020 年长江三峡地区年平均最高气温趋势分布图(a)及趋势检验图(b)

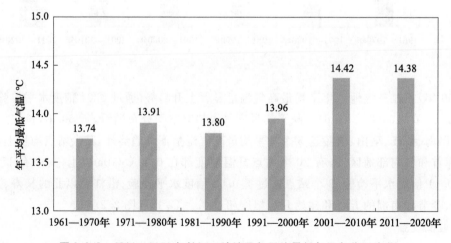

图 2.2.8 1961—2020 年长江三峡地区年平均最低气温年代际变化

近 60 年,长江三峡地区年平均最低气温呈显著上升趋势(通过了 0.01 信度水平检验),升温幅度为 0.14 ℃/10a(图 2.2.9)。从平均最低气温趋势空间分布图看,近 60 年,长江三峡地区除秭归、巴南、綦江、巫山这 4 个站平均最低气温呈下降趋势外,其余站点均呈上升趋势。超过 2/3 的站点升温幅度都在 0.1 ℃/10a 以上,且都通过了 0.01 信度水平检验,其中沿江及以北的开州、沙坪坝、万州、巫溪、奉节和东南部的鹤峰和五峰升温幅度超过 0.2 ℃/10a(图 2.2.10)。

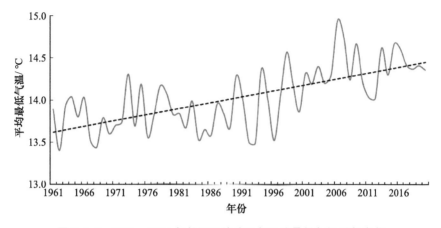

图 2.2.9　1961—2020 年长江三峡地区年平均最低气温历年变化

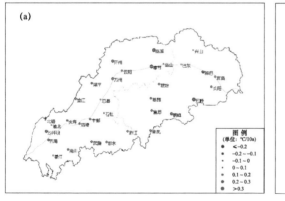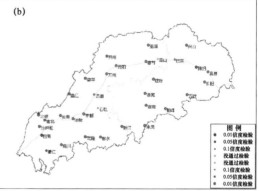

图 2.2.10　1961—2020 年长江三峡地区年平均最低气温趋势分布图(a)及趋势检验图(b)

2.2.2　四季气温变化特征

1. 空间分布特征

长江三峡地区四季平均气温均呈西部北部高、东南部低的分布特征(图 2.2.11)。春季平均气温在 13.8 ℃(湖北五峰)～18.6 ℃(重庆綦江),夏季在 23.3 ℃(湖北五峰)～28.0 ℃(重庆开州),秋季在 14.6 ℃(湖北五峰)～19.2 ℃(重庆云阳),冬季在 3.9 ℃(湖北五峰)～9.1 ℃(重庆綦江)。

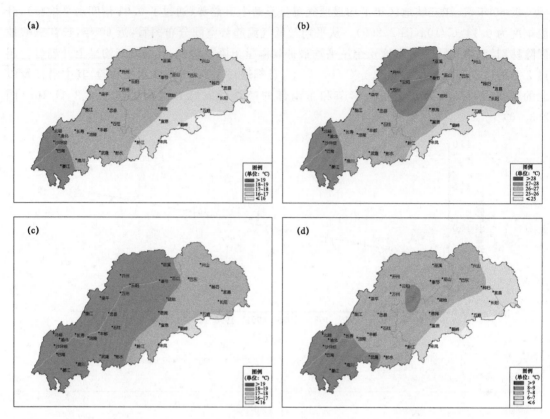

图 2.2.11　长江三峡地区春(a)、夏(b)、秋(c)、冬(d)四季平均气温空间分布图(1961—2020年平均)

2. 历年变化及趋势特征

1961—2020年,长江三峡地区多年平均春季平均气温17.1℃,最高18.4℃(2013年),最低15.4℃(1996年);夏季平均气温26.5℃,最高28.3℃(2006年),最低25.1℃(1993年);秋季平均气温17.9℃,最高19.3℃(2006年),最低16.4℃(1981年);冬季平均气温7.4℃,最高8.7℃(1978/1979年),最低5.6℃(1976/1977年)(图2.2.12)。

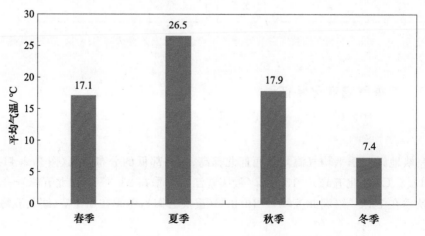

图 2.2.12　1961—2020年长江三峡地区四季平均气温

从各个年代看(表 2.2.1),春季和夏季,长江三峡地区都是在 20 世纪 80 年代平均气温最低,2011—2020 年最高;秋季,长江三峡地区 20 世纪 80 年代平均气温最低,2001—2010 年平均气温最高;冬季,长江三峡地区 20 世纪 60 年代平均气温最低,2001—2010 年平均气温最高。

表 2.2.1　1961—2020 年长江三峡地区四季平均气温年代际变化

年代	春季	夏季	秋季	冬季
1961—1970 年/℃	17.02	26.62	17.82	6.99
1971—1980 年/℃	16.86	26.60	17.71	7.25
1981—1990 年/℃	16.65	26.12	17.65	7.03
1991—2000 年/℃	16.85	26.18	17.82	7.49
2001—2010 年/℃	17.41	26.56	18.35	7.66
2011—2020 年/℃	17.52	26.70	17.89	7.65
气候倾向率/(℃/10a)	0.12 **	0.003	0.08 *	0.15 ***

注:* 表示通过 0.1 的显著水平检验,** 表示通过 0.05 的显著水平检验,*** 表示通过 0.01 的显著水平检验(下同)。

1961—2020 年,长江三峡地区春季平均气温显著升高(通过了 0.05 信度水平检验),升温幅度为 0.12 ℃/10a;夏季平均气温没有明显变化趋势;秋季平均气温显著升高(通过了 0.1 信度水平检验),升温幅度为 0.08 ℃/10a;冬季平均气温显著升高(通过了 0.01 信度水平检验),升温幅度为 0.15 ℃/10a(图 2.2.13,表 2.2.1)。

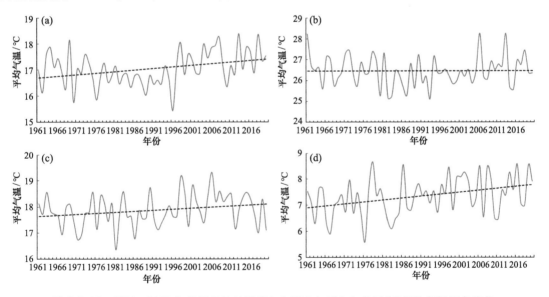

图 2.2.13　1961—2020 年长江三峡地区春(a)、夏(b)、秋(c)、冬季(d)平均气温历年变化

2.2.3　年内不同水位期气温变化特征

针对年内不同水位对应的时段分析三峡地区处于不同蓄水水位时平均气温的变化。4 个

水位对应的时段分别为:1月1日—6月10日为消落期,6月11日—9月10日为汛期,9月11日—10月31日为蓄水期,11月1日—12月31日为高水位期。

1. 空间分布特征

长江三峡地区消落期、汛期、蓄水期和高水位期平均气温均呈西部北部高、东南部低的分布特征(图2.2.14)。消落期平均气温在10.4 ℃(湖北五峰)~15.4 ℃(重庆綦江),汛期在23.4 ℃(湖北五峰)~28.2 ℃(重庆开州),蓄水期在16.3 ℃(湖北五峰)~20.8 ℃(重庆开州),高水位期在7.1 ℃(湖北五峰)~11.8 ℃(重庆綦江)。

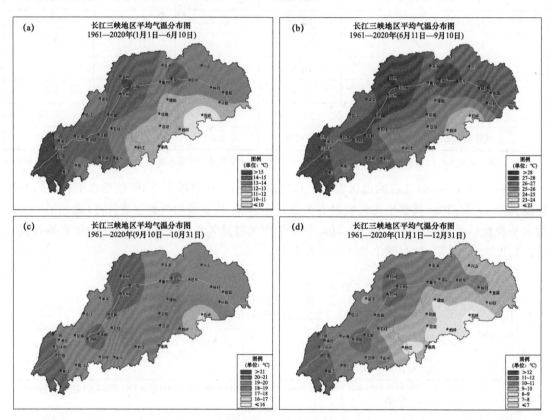

图2.2.14 长江三峡地区消落期(a)、汛期(b)、蓄水期(c)、高水位期(d)平均气温空间分布图
(1961—2020年平均)

2. 历年变化及趋势特征

1961—2020年,长江三峡地区多年消落期平均气温13.8 ℃,最高14.9 ℃(2007年,2013年),最低12.4 ℃(1996年);汛期平均气温26.6 ℃,最高28.6 ℃(1961年,2006年),最低25.1 ℃(1993年);蓄水期平均气温19.5 ℃,最高21.3 ℃(1969年),最低17.7 ℃(1971年);高水位期平均气温10.3 ℃,最高11.9 ℃(1994年),最低8.2 ℃(2012年)(图2.2.15)。

从各个年代看(表2.2.2),消落期、蓄水期和高水位期,长江三峡地区都是2001—2010年平均气温最高,汛期是1961—1970年平均气温最高;消落期、汛期和蓄水期都是1981—1990年平均气温最低,高水位期是1961—1970年平均气温最低。

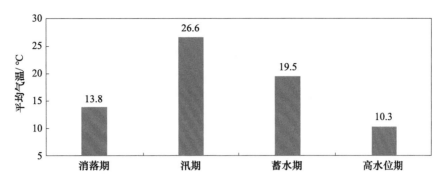

图 2.2.15　1961—2020 年长江三峡地区消落期、汛期、蓄水期、高水位期平均气温

表 2.2.2　1961—2020 年长江三峡地区各水位期平均气温年代际变化

年代	消落期	汛期	蓄水期	高水位期
1961—1970 年/℃	13.6	26.9	19.5	10.0
1971—1980 年/℃	13.6	26.8	19.3	10.2
1981—1990 年/℃	13.4	26.3	19.1	10.1
1991—2000 年/℃	13.7	26.4	19.3	10.4
2001—2010 年/℃	14.2	26.7	20.2	10.5
2011—2020 年/℃	14.1	26.8	19.4	10.2
气候倾向率/(℃/10a)	0.14**	−0.02	0.09	0.07

注：* 表示通过 0.1 的显著水平检验，** 表示通过 0.05 的显著水平检验，*** 表示通过 0.01 的显著水平检验（下同）。

1961—2020 年，长江三峡地区消落期平均气温显著升高（通过了 0.01 信度水平检验），升温幅度为 0.14 ℃/10a；汛期平均气温呈略下降趋势，降温幅度为 −0.02 ℃/10a；蓄水期和高水位期平均气温均呈不显著升高趋势，升温幅度分别为 0.09 ℃/10a 和 0.07 ℃/10a（图 2.2.16，表 2.2.2）。

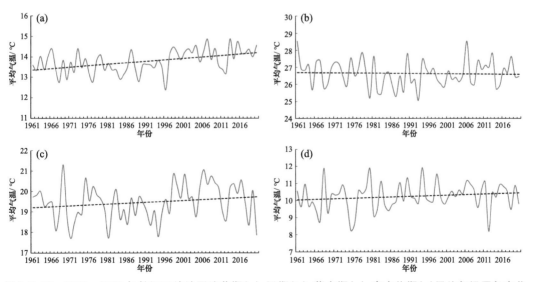

图 2.2.16　1961—2020 年长江三峡地区消落期(a)、汛期(b)、蓄水期(c)、高水位期(d)平均气温历年变化

2.2.4　气温与背景区域异同性特征

三峡地区地处我国西南地区及长江上游末端,故选取西南地区和长江上游作为背景区域,对三峡地区平均气温变化特征与背景地区进行比较分析。

1.年平均气温比较

(1)平均气温

1961—2020年,长江三峡地区多年平均气温(17.2 ℃)高于同时期西南地区(15.7 ℃)和长江上游(14.6 ℃)。

从逐年代的气温距平来看(表2.2.3),长江三峡地区和西南地区及长江上游各年代平均气温的变化趋势均一致,均在20世纪80年代平均气温最低。进入21世纪,气温均明显升高,其中长江三峡地区在2001—2010年平均气温最高,而西南地区和长江上游则在2011—2020年平均气温最高。除1981—1990年外,其余各年代长江三峡地区的平均气温变化幅度均为三者中最小。

表2.2.3　1961—2020年平均气温距平年代际变化

年代	长江三峡地区	西南地区	长江上游
1961—1970年/℃	−0.08	−0.24	−0.12
1971—1980年/℃	−0.07	−0.27	−0.24
1981—1990年/℃	−0.32	−0.31	−0.40
1991—2000年/℃	−0.10	−0.11	−0.18
2001—2010年/℃	0.36	0.38	0.39
2011—2020年/℃	0.22	0.55	0.54
气候倾向率/(℃/10a)	0.09 ***	0.18 ***	0.15 ***

(注:多年平均值为1961—2020年,* 表示通过0.1的显著水平检验,** 表示通过0.05的显著水平检验,*** 表示通过0.01的显著水平检验,下同。)

从多年变化趋势来看,1961—2020年,长江三峡地区、西南地区和长江上游年平均气温均呈显著上升趋势(周德刚等,2009;孙甲岚等,2012;尹文有等,2010)(均通过0.01信度水平检验),但长江三峡地区的升温幅度(0.09 ℃/10a)低于同时期西南地区(0.18 ℃/10a)和长江上游(0.15 ℃/10a)的升温幅度(图2.2.17,表2.2.3)。

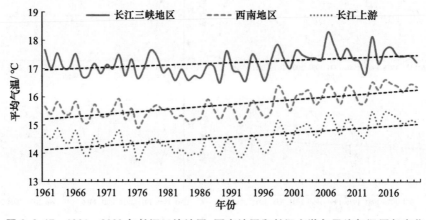

图2.2.17　1961—2020年长江三峡地区、西南地区和长江上游年平均气温历年变化

（2）最高气温

1961—2020 年,长江三峡地区多年平均最高气温(21.7 ℃)高于同时期西南地区(21.2 ℃)和长江上游(20.0 ℃)。

从逐年代的气温距平来看(表 2.2.4),长江三峡地区和西南地区及长江上游各年代平均最高气温的变化趋势均一致,均在 20 世纪 80 年代平均最高气温最低。进入 21 世纪,气温均明显升高。长江三峡地区 2001—2010 年平均最高气温值最大,而西南地区和长江上游则在 2011—2020 年最大。除 1981—1990 年和 2001—2010 年外,其余各年代长江三峡地区的平均最高气温变化幅度均为三者中最小。

表 2.2.4　1961—2020 年平均最高气温距平年代际变化

年代	长江三峡地区	西南地区	长江上游
1961—1970 年/℃	−0.13	−0.20	−0.15
1971—1980 年/℃	−0.14	−0.24	−0.26
1981—1990 年/℃	−0.53	−0.44	−0.54
1991—2000 年/℃	−0.11	−0.21	−0.24
2001—2010 年/℃	0.55	0.47	0.50
2011—2020 年/℃	0.35	0.65	0.68
气候倾向率/(℃/10a)	0.14 ***	0.19 ***	0.19 ***

注:* 表示通过 0.1 的显著水平检验,** 表示通过 0.05 的显著水平检验,*** 表示通过 0.01 的显著水平检验(下同)。

从多年变化趋势来看,近 60 年,长江三峡地区、西南地区和长江上游年平均最高气温均呈显著上升趋势(均通过 0.01 信度水平检验),但长江三峡地区的升温幅度(0.14 ℃/10a)低于同时期西南地区(0.19 ℃/10a)和长江上游(0.19 ℃/10a)的升温幅度(图 2.2.18,表 2.2.4)。

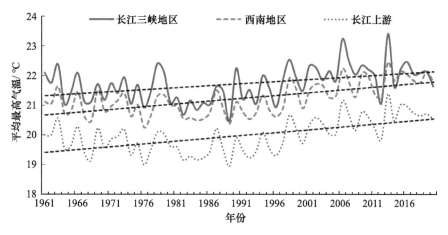

图 2.2.18　1961—2020 年长江三峡地区、西南地区和长江上游年平均最高气温历年变化

（3）最低气温

1961—2020 年,长江三峡地区多年平均最低气温(14.0 ℃)高于同时期西南地区(11.8 ℃)和长江上游(10.7 ℃)。

从逐年代的气温距平来看(表 2.2.5),长江三峡地区和西南地区及长江上游各年代平均最低气温的变化趋势均一致,长江三峡地区和西南地区均在 20 世纪 60 年代平均最低气温最低,长江上游在 1981—1990 年最低,进入 21 世纪,3 个地区最低气温均明显升高。长江三峡地区 2001—2010 年平均最低气温值最大,而西南地区和长江上游则在 2011—2020 年最大。

表 2.2.5　1961—2020 年平均最低气温距平年代际变化

年代	长江三峡地区	西南地区	长江上游
1961—1970 年/℃	−0.30	−0.46	−0.31
1971—1980 年/℃	−0.13	−0.36	−0.30
1981—1990 年/℃	−0.24	−0.26	−0.33
1991—2000 年/℃	−0.08	−0.04	−0.14
2001—2010 年/℃	0.38	0.44	0.44
2011—2020 年/℃	0.34	0.70	0.68
气候倾向率/(℃/10a)	0.14 ***	0.24 ***	0.21 ***

注:* 表示通过 0.1 的显著水平检验,** 表示通过 0.05 的显著水平检验,*** 表示通过 0.01 的显著水平检验(下同)。

从多年变化趋势来看,近 60 年,长江三峡地区、西南地区和长江上游年平均最低气温均呈显著上升趋势(均通过了 0.01 信度水平检验),但长江三峡地区的升温幅度(0.14 ℃/10a)低于同时期西南地区(0.24 ℃/10a)和长江上游(0.21 ℃/10a)的升温幅度(图 2.2.19,表 2.2.5)。

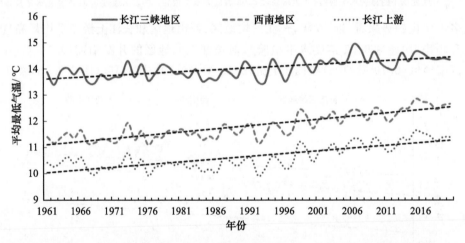

图 2.2.19　1961—2020 年长江三峡地区、西南地区和长江上游年平均最低气温历年变化

综上可知,平均气温、最高气温和最低气温分析在 2011—2020 年长江三峡地区与大气候背景(西南地区、长江上游)的增温幅度同步,但变化幅度相对较小,这可能与三峡水库蓄水后的水体效应有关,水域的降温效应抵消了部分气候变暖的增温幅度。

2. 四季平均气温比较

长江三峡地区春、夏、秋三季平均气温均较西南地区和长江上游高,其中春季三峡地区平均气温 17.1 ℃,西南地区 16.5 ℃,长江上游 15.2 ℃;夏季三峡地区平均气温 26.5 ℃,西南地区 22.7 ℃,长江上游 22.4 ℃;秋季三峡地区平均气温 17.9 ℃,西南地区 16.1 ℃,长江上游 14.9 ℃;冬季三峡地区平均气温 7.4 ℃,西南地区 7.5 ℃,长江上游 5.7 ℃(图 2.2.20)。

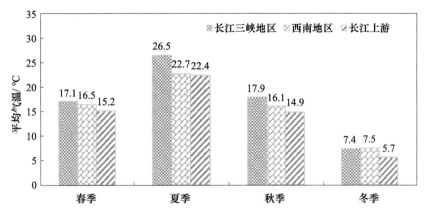

图 2.2.20　1961—2020 年长江三峡地区、西南地区、长江上游四季平均气温

从四季的变化趋势来看,1961—2020 年,西南地区及长江上游四季平均气温均显著升高且都通过了 0.01 的信度水平检验;四季西南地区升温幅度均最大,长江上游次之,长江三峡地区升温幅度最小;西南地区、长江上游和三峡地区都是冬季增温幅度最大(王艳君等,2005;张天宇等,2010)。具体来看,春季西南地区升温幅度为 0.17 ℃/10a,长江上游为 0.15 ℃/10a,三峡地区为 0.12 ℃/10a;夏季西南地区升温幅度为 0.14 ℃/10a,长江上游为 0.12 ℃/10a,三峡地区为 0.003 ℃/10a;秋季西南地区升温幅度为 0.18 ℃/10a,长江上游为 0.16 ℃/10a,三峡地区为 0.08 ℃/10a;冬季西南地区为 0.23 ℃/10a,长江上游为 0.20 ℃/10a,三峡地区为 0.15 ℃/10a(图 2.2.21)。

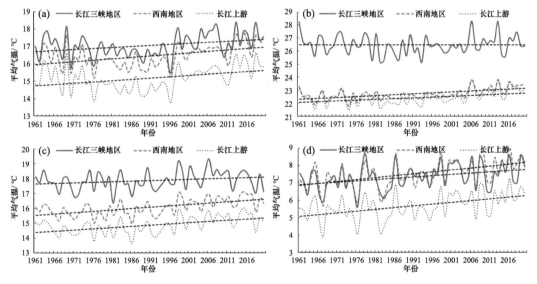

图 2.2.21　1961—2020 年长江三峡地区、西南地区和长江上游
春季(a)、夏季(b)、秋季(c)、冬季(d)平均气温历年变化

从各个年代看(图 2.2.22),春季,各个年代长江三峡地区、西南地区和长江上游平均气温变化基本一致,20 世纪 80 年代 3 个地区春季平均气温均为最低,2011—2020 年 3 个地区的春季平均气温最高;夏季,20 世纪 60 年代、70 年代长江三峡地区平均气温变化与西南地区和长

江上游不一致,其余年代三者变化均一致,和春季一样,20世纪80年代3个地区夏季平均气温均为最低,2011—2020年平均气温均为最高;秋季,各个年代长江三峡地区、西南地区和长江上游平均气温变化均一致,其中长江三峡地区20世纪80年代秋季平均气温最低,西南地区和长江上游70年代平均气温最低,长江三峡地区2001—2010年平均气温最高,西南地区和长江上游2011—2020年平均气温最高;冬季,各年代3个地区平均气温变化基本一致,其中长江三峡地区和西南地区20世纪60年代平均气温最低,长江上游80年代平均气温最低,长江三峡地区2001—2010年平均气温最高,而西南地区和长江上游2011—2020年平均气温最高。

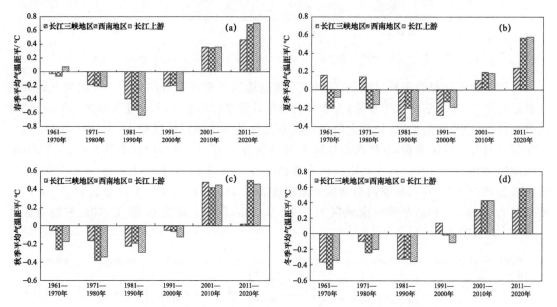

图2.2.22　1961—2020年长江三峡地区、西南地区、长江上游春季(a)、夏季(b)、秋季(c)、冬季(d)平均气温距平年代际变化

3. 年内不同水位期平均气温比较

与西南地区和长江上游相比,长江三峡地区消落期、汛期、蓄水期和高水位期的平均气温均最高,西南地区次之,长江上游最低。消落期长江三峡地区平均气温13.8℃,西南地区13.4℃,长江上游12.0℃;汛期长江三峡地区平均气温26.6℃,西南地区22.7℃,长江上游22.5℃;蓄水期长江三峡地区平均气温19.5℃,西南地区17.5℃,长江上游16.4℃;高水位期长江三峡地区平均气温10.3℃,西南地区9.7℃,长江上游8.0℃(图2.2.23)。

从消落期、汛期、蓄水期和高水位期的平均气温长期变化趋势来看,1961—2020年,西南地区及长江上游不同水位的平均气温均显著升高且都通过了0.01的信度水平检验;长江三峡地区仅消落期平均气温呈显著升高趋势(通过了0.01的信度水平检验),汛期呈不显著降温趋势,蓄水期和高水位期呈不显著升温趋势。西南地区在不同水位升温幅度均最大,长江上游次之,长江三峡地区升温幅度最小。具体来看,消落期西南地区升温幅度为0.21℃/10a,长江上游为0.19℃/10a,长江三峡地区为0.14℃/10a;汛期西南地区和长江上游的升温幅度分别为0.13℃/10a和0.10℃/10a,长江三峡地区的升温幅度为0.02℃/10a;蓄水期西南地区升温幅度为0.17℃/10a,长江上游0.16℃/10a,长江三峡地区0.09℃/10a;高水位期西南地区升温幅度为 0.18 ℃/10a,长江上游 0.15 ℃/10a,长江三峡地区 0.07 ℃/10a(图 2.2.24)。

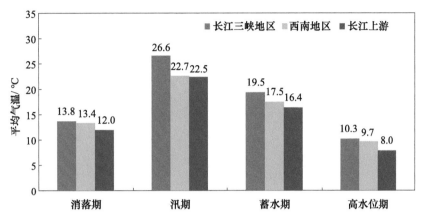

图 2.2.23 1961—2020 年长江三峡地区、西南地区、长江上游消落期、
汛期、蓄水期和高水位期平均气温

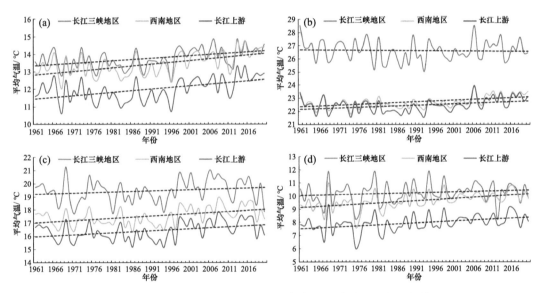

图 2.2.24 1961—2020 年长江三峡地区、西南地区和长江上游
消落期(a)、汛期(b)、蓄水期(c)、高水位期(d)平均气温历年变化

从各个年代看(图 2.2.25),消落期各个年代长江三峡地区、西南地区和长江上游平均气温变化均一致,20 世纪 80 年代 3 个地区平均气温均为最低,西南地区和长江上游 2011—2020 年平均气温最高,长江三峡地区 2001—2010 年平均气温最高;汛期,20 世纪 60 年代、70 年代长江三峡地区平均气温变化与西南地区和长江上游不一致,其余年代三者变化均一致,20 世纪 80 年代长江三峡地区和长江上游平均气温均为最低,20 世纪 70 年代西南地区平均气温最低,2011—2020 年西南地区和长江上游平均气温均为最高,长江三峡地区平均气温在 1961—1970 年最高;蓄水期,1961—1970 年和 2011—2020 年长江三峡地区平均气温变化与西南地区和长江上游不一致,其余年代三者变化均一致。西南地区 1971—1980 年平均气温最低,长江三峡地区和长江上游均在 20 世纪 80 年代平均气温最低,3 个地区均在 2001—2010 年平均气

温最高;高水位期,3个地区在各年代平均气温变化均一致,其中长江三峡地区20世纪60年代平均气温最低,西南地区20世纪70年代平均气温最低,长江上游20世纪80年代平均气温最低,长江三峡地区2001—2010年平均气温最高,而西南地区和长江上游2011—2020年平均气温最高。

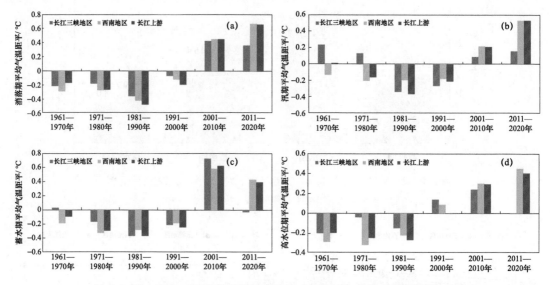

图2.2.25　1961—2020年长江三峡地区、西南地区、长江上游消落期(a)、
汛期(b)、蓄水期(c)、高水位期(d)平均气温距平年代际变化

2.2.5　三峡水库蓄水前后气温变化特征

将近60年(1961—2020年)划分为4个阶段来详细分析长江三峡地区蓄水前后各个阶段的平均气温变化。4个阶段分别为:1961—1990年为初步设计阶段,1991—2002年为长江三峡工程建设阶段,2003—2009年为初期蓄水阶段,2010—2020年为175 m蓄水阶段。

1. 年平均气温各时段变化

(1)平均气温

对比长江三峡地区4个阶段的年平均气温,从空间分布看,初步设计阶段和工程建设阶段分布接近,而初期蓄水阶段和175 m蓄水阶段分布接近,蓄水阶段较初步设计和工程建设阶段≥18 ℃的范围明显增大,主要分布在西部和北部地区(图2.2.26)。从长江三峡地区平均来看,初期蓄水阶段年平均气温最高(17.6 ℃),其次是175 m蓄水阶段(17.4 ℃);初步设计阶段和工程建设阶段年平均气温较低,其中初步设计阶段最低(17.1 ℃),其次是工程建设阶段(17.2 ℃)(图2.2.27)。

从差值的空间分布看,三峡水库蓄水后(2003—2020年),长江三峡地区除东部库首和西南部部分地区年平均气温接近蓄水前(1961—2002年)外,其余地区年平均气温普遍较蓄水前上升,升幅在0.2~0.6 ℃,其中长江三峡地区中部升温幅度最高,达0.6~1.0 ℃。分不同阶段看,175 m蓄水阶段(2010—2020年)与初期蓄水阶段(2003—2009年)相比,平均气温普遍要偏低,其中东部库首偏低0.2~0.4 ℃,西南部偏低0.2~0.8 ℃;175 m蓄水阶段与工程建设阶段(1991—2002 年)相比,平均气温在长江三峡地区中部大部都偏高 0.2～0.8 ℃,而在库首和西南部与之接近或略偏低,其中西南部偏低 0.2～0.4 ℃;完全 175 m 蓄水阶段与初步设计阶段(1961—1990 年)相比,平均气温在长江三峡地区大部都偏高 0.2～1.0 ℃,而在库首和西南部与之接近(图 2.2.28)。

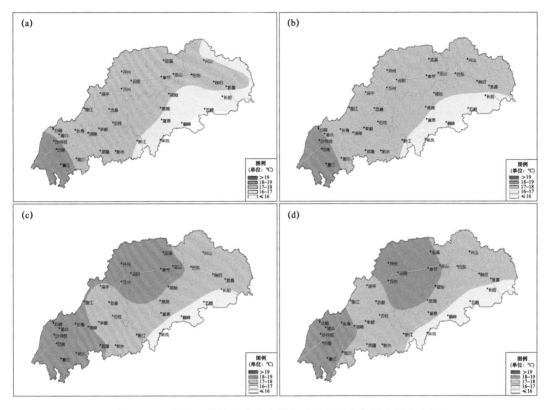

图 2.2.26　长江三峡地区水库建设各阶段年平均气温空间分布图
(a:1961—1990 年;b:1991—2002 年;c:2003—2009 年;d:2010—2020 年)

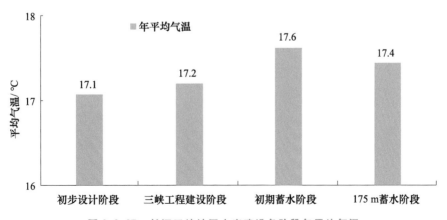

图 2.2.27　长江三峡地区水库建设各阶段年平均气温

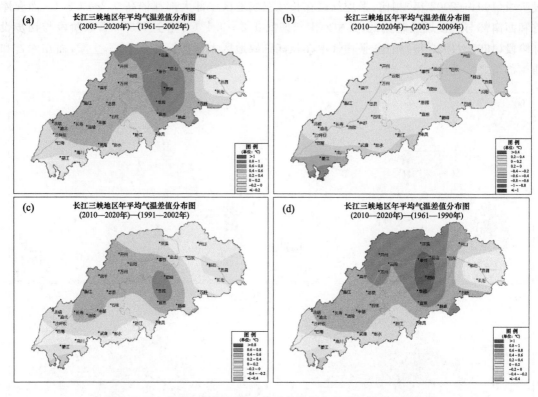

图 2.2.28 长江三峡地区蓄水前后各阶段年平均气温差值分布图

（2）最高气温

对比长江三峡地区 4 个阶段的年平均最高气温,从空间分布看,初步设计阶段和工程建设阶段分布接近,而初期蓄水阶段和 175 m 蓄水阶段分布接近,蓄水阶段较初步设计和工程建设阶段最高气温≥22 ℃的范围明显增大(图 2.2.29)。从区域平均来看,初期蓄水阶段年平均最高气温最高(22.3 ℃),其次是 175 m 蓄水阶段(22.1 ℃);初步设计阶段和工程建设阶段年平均最高气温较低,其中初步设计阶段最低(21.5 ℃),其次是工程建设阶段(21.7 ℃)(图 2.2.30)。

图 2.2.29　长江三峡地区水库建设各阶段年平均最高气温空间分布图

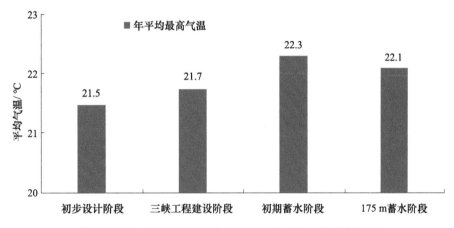

图 2.2.30　长江三峡地区水库建设各阶段年平均最高气温

从差值的空间分布看,三峡水库蓄水后(2003—2020 年),长江三峡地区年平均最高气温较蓄水前明显上升,其中库首和西南部升幅较小,不足 0.4 ℃;其余大部分升幅在 0.4~1.2 ℃,中部升温幅度最高,在 1.2 ℃以上。分不同阶段看,与初期蓄水阶段相比,175 m 蓄水阶段的平均最高气温在长江三峡地区东部和西南部偏低 0.2~0.6 ℃,其中西南部局地偏低 0.6 ℃以上,其余地区接近或略偏高;与工程建设阶段相比,175 m 蓄水阶段的平均最高气温在长江三峡地区中部大部都偏高 0.2~1.0 ℃,而在库首和西南部与之接近或略偏低 0.2~0.4 ℃;与初步设计阶段相比,175 m 蓄水阶段的平均最高气温在长江三峡地区大部都偏高 0.2~1.4 ℃,而在库首和西南部与之接近(图 2.2.31)。

（3）最低气温

对比长江三峡地区 4 个阶段的年平均最低气温,从空间分布看,初步设计阶段和工程建设阶段分布接近,而初期蓄水阶段和 175 m 蓄水阶段分布接近,蓄水阶段较初步设计和工程建设阶段最低气温≥15 ℃的范围明显增大,主要分布在中西部地区(图 2.2.32)。初期蓄水阶段年平均最低气温最高(14.5 ℃),其次是 175 m 蓄水阶段(14.4 ℃);初步设计阶段和工程建设阶段年平均最低气温较低,其中初步设计阶段最低(13.8 ℃),其次是工程建设阶段(14.0 ℃)(图 2.2.33)。

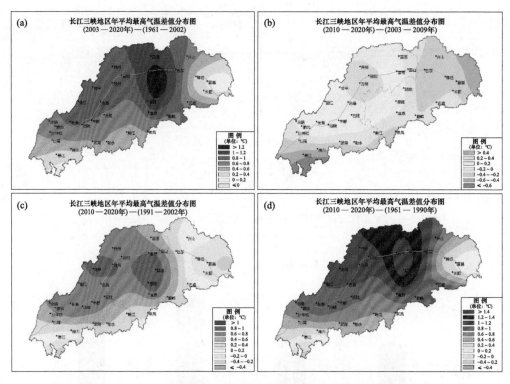

图 2.2.31　长江三峡地区蓄水前后各阶段年平均最高气温差值分布图

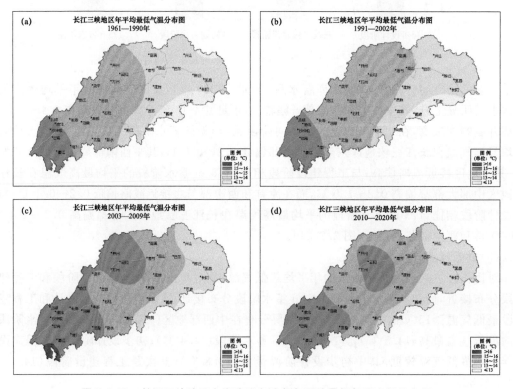

图 2.2.32　长江三峡地区水库建设各阶段年平均最低气温空间分布图

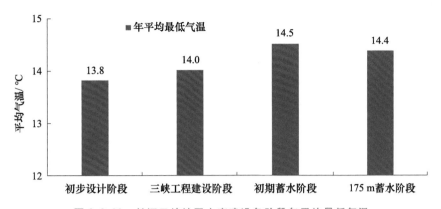

图 2.2.33　长江三峡地区水库建设各阶段年平均最低气温

从差值的空间分布看,三峡水库蓄水后(2003—2020 年),长江三峡地区年平均最低气温普遍较蓄水前上升 0.2～0.8 ℃,其中中部升温幅度最高,在 0.8～1.0 ℃。分不同阶段看,与初期蓄水阶段相比,175 m 蓄水阶段的平均最低气温普遍偏低,其中西南部偏低 0.2～0.6 ℃;与三峡工程建设阶段相比,175 m 蓄水阶段的平均最低气温在长江三峡地区大部都偏高 0.2～0.6 ℃,中部升温幅度最高达 0.6～1.0 ℃,而在库首和西南部与之接近;与初步设计阶段相比,175 m 蓄水阶段的平均最低气温在长江三峡地区大部都偏高 0.2～1.0 ℃,仅在西南部与之接近(图 2.2.34)。

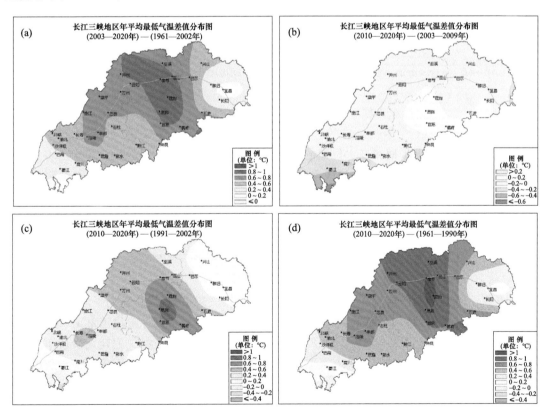

图 2.2.34　长江三峡地区蓄水前后各阶段年平均最低气温差值分布图

2. 四季平均气温各时段变化

从四季平均气温来看,总体上也是蓄水阶段较初步设计和长江三峡工程建设阶段气温高,春、秋、冬季变化比较一致,均是初期蓄水阶段平均气温最高,初步设计阶段平均气温最低;而夏季是175 m蓄水阶段平均气温最高,工程建设阶段平均气温最低。具体来看,春季初步设计阶段、长江三峡工程建设阶段、初期蓄水阶段和175 m蓄水阶段的平均气温分别为16.8 ℃、16.9 ℃、17.6 ℃和17.4 ℃;夏季4个阶段的平均气温分别为26.4 ℃、26.2 ℃、26.6 ℃和26.7 ℃;秋季4个阶段的平均气温分别为17.7 ℃、17.9 ℃、18.3 ℃和17.9 ℃;冬季4个阶段的平均气温分别为7.1 ℃、7.6 ℃、7.7 ℃和7.5 ℃(图2.2.35)。

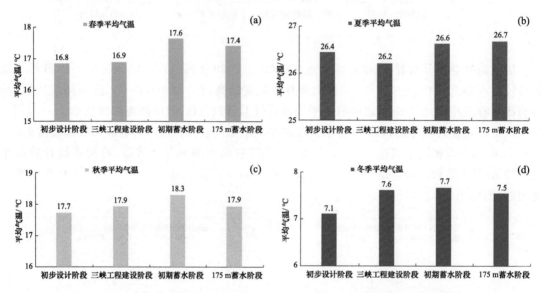

图2.2.35　长江三峡地区春季(a)、夏季(b)、秋季(c)、冬季(d)4个阶段平均气温

3. 年内不同水位期平均气温各时段变化

从消落期、汛期、蓄水期和高水位期的平均气温来看,消落期、蓄水期和高水位期均是初期蓄水阶段平均气温最高,初步设计阶段平均气温最低;而汛期是175 m蓄水阶段平均气温最高,工程建设阶段平均气温最低。具体来看,消落期初步设计阶段、工程建设阶段、初期蓄水阶段和175 m蓄水阶段的平均气温分别为13.5 ℃、13.8 ℃、14.3 ℃和14.1 ℃;汛期4个阶段的平均气温分别为26.6 ℃、26.4 ℃、26.7 ℃和26.8 ℃;蓄水期4个阶段的平均气温分别为19.3 ℃、19.4 ℃、20.2 ℃和19.5 ℃;高水位期4个阶段的平均气温分别为10.1 ℃、10.4 ℃、10.5 ℃和10.3 ℃(图2.2.36)。

从长江三峡地区蓄水前后4个阶段不同水位的平均气温来看,均是汛期平均气温最高,其次是蓄水期和消落期,高水位期平均气温最低。具体来看,在初步设计阶段消落期、汛期、蓄水期和高水位期平均气温分别为13.5 ℃、26.6 ℃、19.3 ℃和10.1 ℃;在工程建设阶段不同水位平均气温分别为13.8 ℃、26.4 ℃、19.4 ℃和10.4 ℃;在初期蓄水阶段不同水位平均气温分别为14.3 ℃、26.7 ℃、20.2 ℃和10.5 ℃;在175 m蓄水阶段不同水位平均气温分别为14.1 ℃、26.8 ℃、19.5 ℃和10.3 ℃(图2.2.37)。

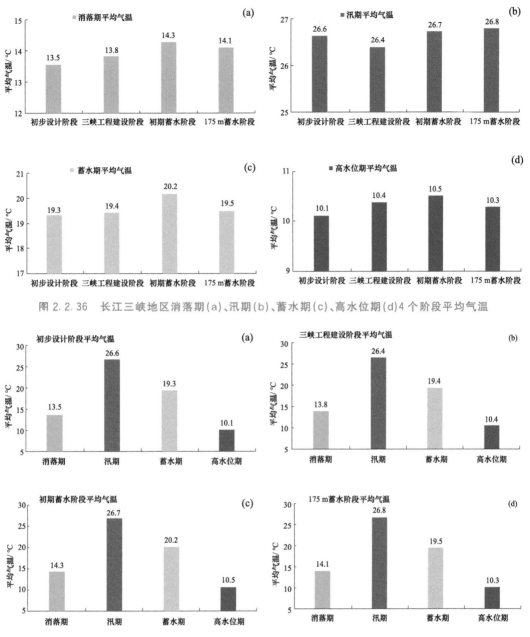

图 2.2.36　长江三峡地区消落期(a)、汛期(b)、蓄水期(c)、高水位期(d)4 个阶段平均气温

图 2.2.37　长江三峡地区初步设计阶段(a)、三峡工程建设阶段(b)、
初期蓄水阶段(c)、175 m 蓄水阶段(d)不同水位期平均气温

2.2.6　三峡地区不同建设阶段季节变化

三峡工程从最初设计到施工建设及最后的 175 m 成功蓄水经历了几十年的时间,为了探究三峡工程建设给三峡地区带来的气候影响,选取三峡工程建设不同的 4 个阶段进行分析,揭示不同阶段三峡地区入春、入夏、入秋和入冬开始时间以及各季节长度变化的特点和规律。根

据三峡工程建设的工期特点,将三峡工程建设分为 4 个阶段,分别是:初步设计阶段(1961—1990 年)、工程建设阶段(1991—2002 年)、初期蓄水阶段(2003—2009 年)和 175 m 蓄水阶段(2010—2020 年)。

图 2.2.38 是三峡地区 4 个阶段四季开始时间及季节长度变化,各个阶段的平均入春时间变化在 7.1 d 之内,三峡建设的 4 个阶段内入春时间经历了先提前后推迟的变化,在初步设计到初期蓄水阶段(1961—2009 年),平均入春时间不断提前,由 3 月 5 日提前至 2 月 26 日,而在初期蓄水阶段到 175 m 蓄水阶段(2003—2020 年),平均入春时间略有推迟(2 月 28 日)。春季的季节长度也有较为明显的变化特点,整体呈波动增长趋势,春季长度先后经历了"增长—缩短—增长"的变化过程。春季长度由三峡工程初步设计阶段的 79.4 d 增加到 175 m 蓄水阶段的 87.7 d。

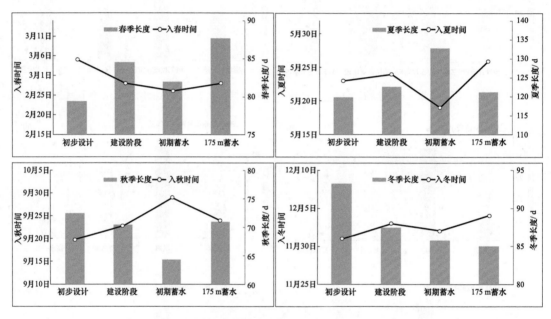

图 2.2.38　三峡地区 4 个阶段季节开始时间及季节长度变化
(a. 春季;b. 夏季;c. 秋季;d. 冬季)

各个阶段的平均入夏时间变化在 6.8 d 内,4 个阶段内入夏时间总体呈先提前后推迟的变化过程,在初步设计到三峡工程建设阶段(1961—2002 年),平均入夏时间变化不明显,入夏时间推迟不到一天(0.7 d)。从建设阶段到初期蓄水阶段(1991—2009 年),平均入夏时间明显提前,由 5 月 24 日提前至 5 月 19 日。初期蓄水阶段到 175 m 蓄水阶段(2003—2020 年),平均入夏时间明显推迟约 7 d。夏季的季节长度变化基本与入夏时间的变化呈反向特点,即夏季长度先增长后缩短。夏季平均长度最长(132.8 d)的是初期蓄水阶段,其他 3 个阶段的夏季长度差异不大,夏季长度变化在 3 d 之内。

4 个阶段的平均入秋时间变化在 8.7 d 内,各个阶段入秋时间总体呈先推迟后提前的变化特点,在初步设计到初期蓄水阶段(1961—2009 年),平均入秋时间呈明显推迟变化,平均推迟时间达 8.7 d。从初期蓄水到 175 m 蓄水阶段(2009—2020 年),平均入秋时间提前4.8 d,平均入秋时间(9 月 24 日)基本比建设阶段晚一天,但仍比初步设计阶段的入秋时间晚 4 d。秋季的季节长度的变化呈先缩短后增长的特点,秋季平均长度最短(64.3 d)的是初

期蓄水阶段,175 m 蓄水后秋季长度与建设阶段差异不大,但秋季长度短于初步设计阶段
(72.5 d)。

4 个阶段的平均入冬时间变化较小,基本呈缓慢推迟特征,4 个阶段中最早和最晚平均入
冬时间仅相差 2.4 d。冬季的季节长度的变化呈持续缩短的变化特征,秋季平均长度由初步设
计阶段的 93.3 d 缩短至 175 m 蓄水阶段的 85.1 d。在三峡工程建设阶段、初期蓄水和 175 m
蓄水阶段,阶段的平均冬季长度差别不大(2.4 d),这 3 个阶段的冬季长度都明显小于初步设
计阶段。

总体来看,三峡地区近几十年入春时间提前且春季季节长短增长;入夏时间推迟,夏季长
度略有增长;入秋时间推迟,季节长度略有缩短;入冬时间推迟且季节长度变短。

2.3　降水量

长江三峡地区年降水量 1200.2 mm,呈东西少、中间多的空间分布特征。从年代际变化
上看,20 世纪 60 年代至 90 年代降水量变化不大,在 21 世纪 00 年代降水量(1140.5 mm)最
少,其后降水量又有所增多,21 世纪 10 年代降水量(1224.5 mm)最多。1961—2020 年,三峡
地区年降水量呈不显著的弱减少趋势,减少幅度为 2.9 mm/10a。长江三峡地区夏季降水量最
大、冬季最少;春季和秋季降水量呈弱的减少趋势,夏季和冬季降水量呈弱的增加趋势,但均没
有通过显著性水平检验。与大气候背景区西南地区和长江上游地区相比,长江三峡地区的四
季降水量的年代际变化特征相似,但年际变率幅度偏大,且 3 个地区年降水量均呈不显著的弱
减少趋势。对比三峡蓄水前后 4 个时段年降水量变化,175 m 蓄水阶段降水量最多,三峡初期
蓄水阶段最少。

长江三峡地区年降水日数 155.4 d,呈西南多、东北少的空间分布特征。从年代际变化上
看,降水日数长江三峡地区年降水日数在 21 世纪 10 年代前,随着年代的递增,降水日数逐年
代递减,但在 21 世纪 10 年代又有所增加;其中 21 世纪 00 年代降水日数在所有年代中最少
(144.5 d),20 世纪 60 年代降水日数(166.1 d)最多。1961—2020 年,长江三峡地区年降水日
数呈显著的减少趋势,减少幅度为 3.9 d/10a。长江三峡地区除冬季降水日数较少外,春、夏、
秋三季降水日数均较为接近;四季降水日数均呈减少趋势,其中秋季降水日数减少趋势显著。
长江三峡地区和四季降水日数的年代际变化特征和长期趋势均与背景区西南地区和长江上游
地区基本相似。对比三峡蓄水前后 4 个时段的年降水日数变化,三峡工程初步设计阶段降水
日数最多,初期蓄水阶段最少。

2.3.1　年降水量变化特征

1. 空间分布特征

长江三峡地区属于亚热带季风气候,降水充沛,年降水量达 1200.2 mm,但时空分布不
均。长江三峡大部地区年降水量有 1000～1500 mm,空间分布上呈东西少、中间多,最大值出
现在中南部的鹤峰(1690.3 mm),最小值出现在东北部的兴山(985.1 mm)(图 2.3.1)。

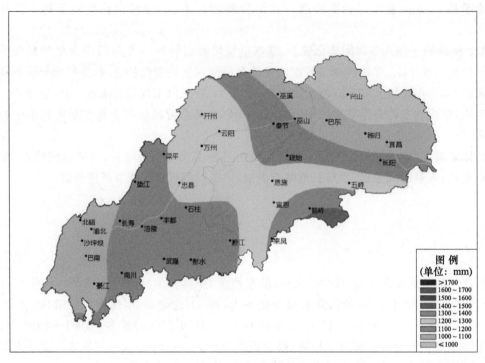

图 2.3.1 长江三峡地区年平均降水量空间分布图(1961—2020年平均)

2. 年代际变化特征

从年代际变化看,在1961—2020年期间,21世纪00年代降水量(1140.5 mm)最少,21世纪10年代降水量(1224.5 mm)最多,其余年代降水量差别不大(图2.3.2)。从历年变化看,1998年降水量(1532.5 mm)最多、2020年(1530.8 mm)次多、1982年(1499.7 mm)第三多;2001年降水量(900.7 mm)最少,2006年(921.1 mm)次少,1966年(940.5 mm)第三少(图2.3.3)。

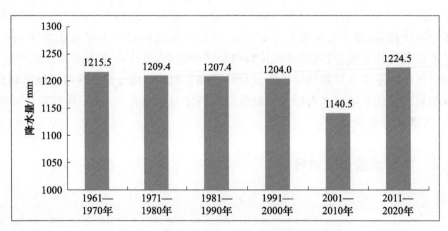

图 2.3.2 长江三峡地区不同年代平均年降水量

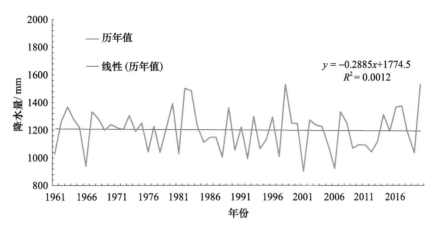

图 2.3.3　1961—2020 年长江三峡地区平均年降水量历年变化

3. 长期变化趋势

1961—2020 年,长江三峡地区年降水量有弱的减少趋势(-2.9 mm/10a),但没有通过显著性水平检验,以往的研究也表明,近几十年长江三峡地区年降水量变化不显著(向菲菲等,2018)。从空间分布上看,长江三峡中部大部分地区年降水量呈减少趋势,西部和东部地区有增加趋势(图 2.3.4)。

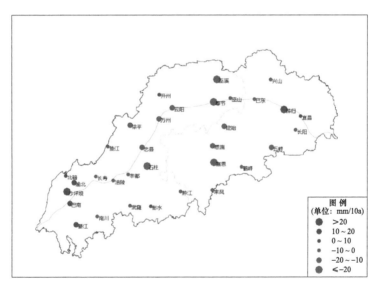

图 2.3.4　1961—2020 年长江三峡地区各站年降水量变化趋势

2.3.2　四季降水量变化特征

1. 空间分布特征

长江三峡地区春、夏、秋、冬四季降水量分别为 326.7 mm、514.3 mm、291.4 mm 和 67.9 mm,分别占年降水量的 27.2%、42.8%、24.3% 和 5.7%。长江三峡地区春、夏、秋三季降水量的空间分布与年降水量基本相似呈东西少中间多;冬季降水量基本呈南多北少分布(图 2.3.5)。

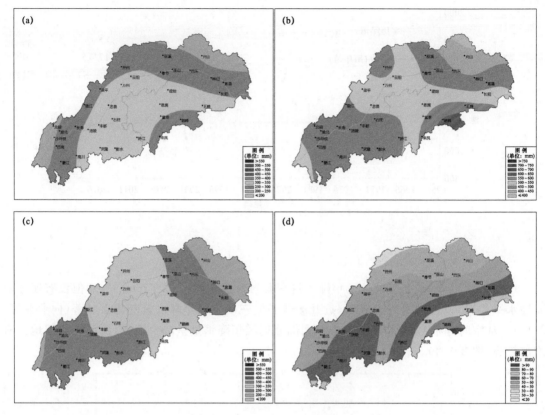

图 2.3.5 长江三峡地区四季平均降水量空间分布图(1961—2020 年平均)
(a:春季;b:夏季;c:秋季;d:冬季)

2. 年代际变化特征

长江三峡地区四季降水量年代际变化各有不同(图 2.3.6)。春季降水量在 20 世纪 70 年代
(350.6 mm)最多,20 世纪 80 年代(301.8 mm)最少;夏季降水量 20 世纪 90 年代(556.4 mm)最
多,20 世纪 70 年代(487.7 mm)最少;秋季降水量与年降水量相似,21 世纪 10 年代最多
(328.1 mm),21 世纪 00 年代(242.1 mm)最少;冬季降水量各年代相差不大,其中 21 世纪 00
年代最多(72.6 mm),20 世纪 70 年代(57.3 mm)最少。

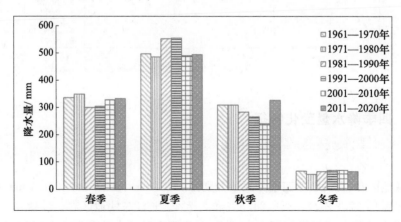

图 2.3.6 长江三峡地区不同年代平均四季降水量

3. 长期变化趋势

1961—2020 年,长江三峡地区春季降水量呈弱的减少趋势,趋势值为 −2.1 mm/10a;夏季降水量呈弱的增加趋势,趋势值为 2.5 mm/10a;秋季降水量呈弱的减少趋势,趋势值为 −4.3 mm/10a;冬季降水量呈弱的增加趋势,趋势值为 1.1 mm/10a。四季降水量增加或减少的趋势均没有通过显著性水平检验(图 2.3.7)。

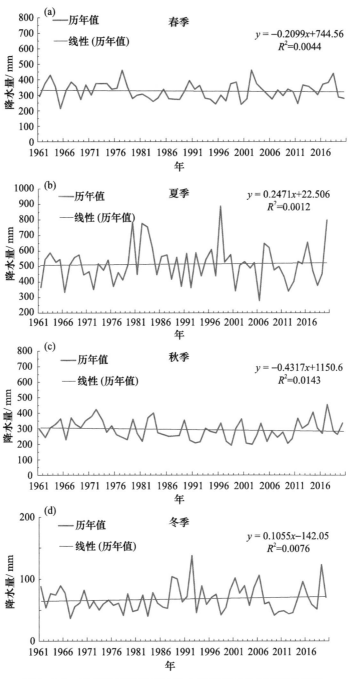

图 2.3.7 长江三峡地区四季降水量历年变化及其线性趋势

(a:春季;b:夏季;c:秋季;d:冬季)

2.3.3 年内不同水位期降水量变化特征

1. 空间分布特征

长江三峡地区降水量在汛期最多，达 508.6 mm；消落期降水量次之，为 428.3 mm；蓄水期为 187.4 mm；高水位期最少，为 77.0 mm（图 2.3.8）。从空间上看（图 2.3.9），不同水位期降水量总体均呈东西少、中间多的分布特征。消落期，长江三峡地区东北部和西部降水量一般在 330～400 mm，兴山站最少，为 331.9 mm；长江三峡地区中部一般有 400～600 mm，鹤峰站最多，为 595.7 mm。汛期，长江三峡地区东北部和西部降水量一般在 400～500 mm，丰都站最少，为 398.4 mm；中部地区一般在 500～750 mm，鹤峰站最多，达 774.9 mm。蓄水期，长江三峡东部和西部降水量一般在 150～190 mm，兴山站最少，为 152.3 mm；中部地区一般在 190～220 mm，最多为梁平，为 224.8 mm。高水位期，三峡地区东部和西部降水量一般在 50～80 mm，兴山站最少，为 56.9 mm；中部多在 70～110 mm，最多为宣恩站，达 108.4 mm。

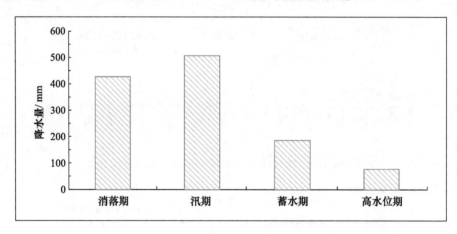

图 2.3.8　长江三峡地区不同水位期降水量

（消落期：1 月 1 日—6 月 10 日，汛期：6 月 11 日—9 月 10 日，蓄水期：9 月 11 日—10 月 31 日，
高水位期：11 月 1 日—12 月 31 日）

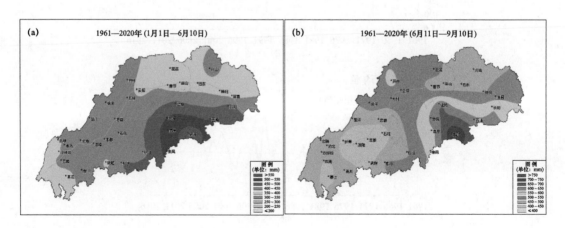

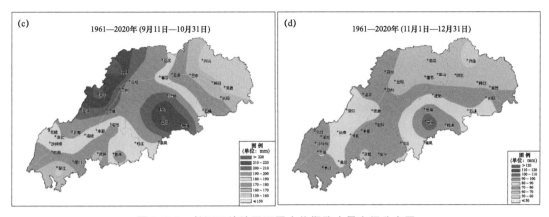

图 2.3.9　长江三峡地区不同水位期降水量空间分布图

2. 年代际变化特征

长江三峡地区不同水位期降水量年代际变化存在一定差异,总体上高值多出现在 20 世纪的 60 年代、70 年代或 80 年代,低值出现年代则差别较大(表 2.3.1 和图 2.3.10)。消落期,降水量 20 世纪 70 年代最多,为 441.8 mm,20 世纪 80 年代最少,为 400.0 mm;汛期,以 20 世纪 80 年代最多,为 555.4 mm,21 世纪 00 年代最少,为 483.5 mm;蓄水期,降水量以 20 世纪 70 年代最多,为 210.8 mm,21 世纪 00 年代最少,为 148.9 mm;高水位期,降水量以 20 世纪 60 年代最多,为 90.7 mm,20 世纪 70 年代最少,为 67.9 mm。

表 2.3.1　1961—2020 年不同水位期各年代平均降水量(mm)及长期趋势(mm/10a)

年代	消落期	汛期	蓄水期	高水位期
1961—1970 年	430.9	493.8	204.3	90.7
1971—1980 年	441.8	488.3	210.8	67.9
1981—1990 年	400.0	555.4	178.5	73.6
1991—2000 年	417.7	530.6	175.7	80.1
2001—2010 年	440.0	483.5	148.9	68.9
2011—2020 年	439.5	500.0	206.5	80.7
1961—2020 年气候趋势	1.57	1.90	−4.96	−1.55

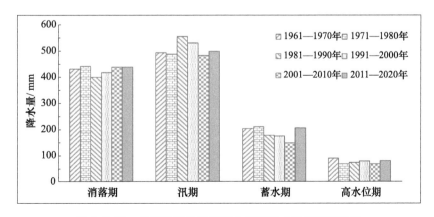

图 2.3.10　长江三峡地区不同水位期降水量年代际变化

3. 长期变化趋势

从近60年变化趋势看(表2.3.1和图2.3.11),长江三峡地区消落期和汛期降水量呈增加趋势,蓄水期和高水位期呈减少趋势,消落期和汛期降水量每10年分别增加1.57 mm和1.90 mm,蓄水期和高水位期每10年分别减少4.96 mm和1.55 mm,蓄水期降水量减少幅度较大,但各水位期降水量的长期变化趋势均未通过显著性水平检验。

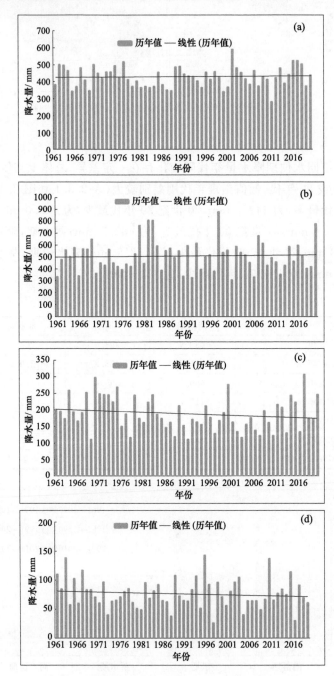

图2.3.11 1961—2020年长江三峡地区不同水位期降水量历年变化

(a:消落期,b:汛期,c:蓄水期,d:高水位期)

2.3.4　降水量与气候背景区域异同性特征

1. 年降水量比较

长江三峡地区地处我国西南地区及长江上游末端,故选取西南地区和长江上游作为气候背景区域,对长江三峡地区降水量进行比较分析。与气候背景区西南地区和长江上游地区相比,长江三峡地区年降水量的年际变率幅度偏大,但年代际变化特征基本相似(图 2.3.12)。1961—2020 年,长江三峡地区(−2.9 mm/10a)、西南地区(−8.7 mm/10a)和长江上游地区(−4.7 mm/10a)年降水量均有弱的减少趋势,但都没有通过显著性水平检验(表 2.3.2)。以上的分析表明长江三峡地区年降水量的年代际变化主要是受大气候背景的影响。

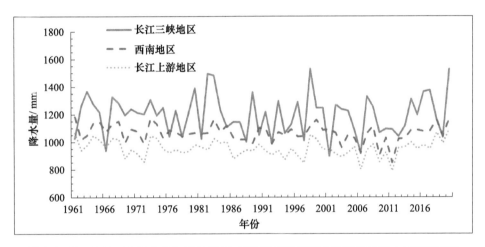

图 2.3.12　1961—2020 年长江三峡地区、西南地区和长江上游地区年降水量历年变化

表 2.3.2　不同时段长江三峡地区、西南地区和长江上游地区降水量(mm)和长期趋势(mm/10a)

年代	长江三峡地区	西南地区	长江上游地区
1961—2020 年	1200.2	1068.8	958.0
1961—1990 年	1210.8	1081.9	969.6
1991—2002 年	1184.6	1078.5	940.6
2003—2009 年	1161.8	1009.7	913.1
2010—2020 年	1213.0	1059.9	973.8
1961—2020 年气候趋势	−2.9	−8.7	−4.7

2. 四季降水量比较

长江三峡地区四季降水量年代际变化与大气候背景区西南地区和长江上游地区基本相似,但年际变率幅度偏大,尤其是夏季更为明显(图 2.3.13)。1961—2020 年,长江三峡地区、西南地区和长江上游地区四季降水量均没有显著增加或减少的趋势。

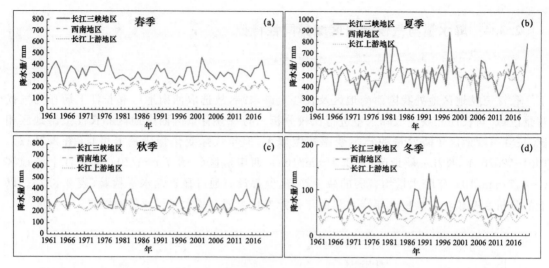

图 2.3.13　1961—2020 年长江三峡地区、西南地区和长江上游地区四季降水量历年变化
(a:春季;b:夏季;c:秋季;d:冬季)

3. 年内变化比较

长江三峡地区降水量主要集中在 3—10 月(1078.0 mm),约占全年降水的 90%,其年内月际变化与西南地区和长江上游地区基本一致,均为单峰型分布;降水量最多月 3 个地区均为 7 月,降水量最少月长江三峡地区为 1 月,西南地区和长江上游地区均为 12 月;长江三峡地区降水量的年内变幅较西南地区和长江上游地区稍平缓,长江三峡地区降水量最大月为最少月的 9.3 倍,西南地区和长江上游地区则分别为 13.0 倍和 16.2 倍(图 2.3.14)。

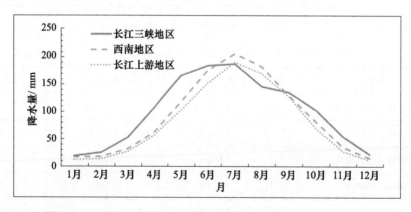

图 2.3.14　长江三峡地区、西南地区和长江上游地区各月降水量

4. 不同水位期降水量变化比较

长江三峡地区汛期降水量最多,消落期次之,蓄水期更少,最少为高水位期,这与大气候背景区(长江上游地区和西南地区)的降水特征一致(图 2.3.15)。不同水位期 3 个区域降水量的比较如下:消落期,长江三峡地区降水量明显多于背景地区,长江三峡地区为 428.3 mm,西南地区和长江上游地区分别为 300.4 mm 和 256.4 mm;汛期,三区域降水量量值较为接近,其中西南地区最大,为 557.6 mm,长江上游地区次之,为 515.2 mm,长江三峡地区最少,为

508.6 mm;蓄水期,3 个地区降水量量值接近,在 148.0～187.4 mm;高水位期,长江三峡地区降水量最多,为 77.0 mm,西南地区和长江上游地区分别为 50.9 mm 和 39.1 mm(图 2.3.16)。

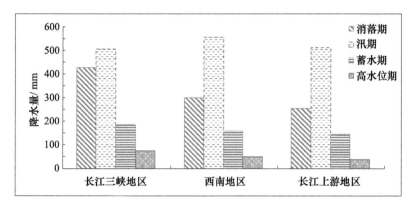

图 2.3.15　长江三峡地区、西南地区和长江上游地区不同水位期降水量对比

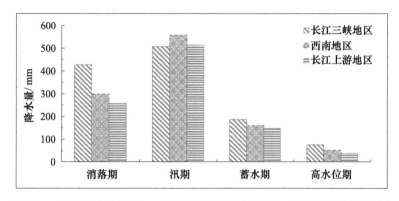

图 2.3.16　不同水位期长江三峡地区、西南地区和长江上游地区降水量对比

　　与大气候背景区不同水位期降水量变化幅度比较来看(表 2.3.3),1961—2020 年,长江三峡地区消落期、蓄水期和高水位期 3 个水位期降水量变化趋势与背景地区一致,均为消落期降水量增加、蓄水期和高水位期降水量减小,汛期长江三峡地区降水量呈增加趋势,背景区则为减少趋势;长江三峡地区蓄水期降水量变化幅度最大,为每 10 年减少 4.96 mm,但长江三峡地区 4 个水位期降水量的变化趋势均未通过显著性水平检验;西南地区和长江上游地区蓄水期和高水位期降水量的减少趋势均通过显著性水平检验,特别是在高水位期,西南地区(－3.24 mm/10a)和长江上游地区(－2.00 mm/10a)降水量的减少幅度均通过了 0.01 的显著性水平检验,而长江三峡地区高水位期降水量的减少幅度为－1.55 mm/10a,且不显著。

表 2.3.3　1961—2020 年长江三峡地区、西南地区和长江上游地区 4 个水位期降水量线性趋势　(单位:mm/10a)

	长江三峡地区	西南地区	长江上游地区
消落期	1.57	2.10	2.35
汛期	1.90	－3.45	－1.73
蓄水期	－4.96	－4.30**	－3.54**
高水位期	－1.55	－3.24***	－2.00***

注:* 表示通过 0.1 的显著水平检验,** 表示通过 0.05 的显著水平检验,*** 表示通过 0.01 的显著水平检验。

2.3.5　三峡水库蓄水前后降水量变化特征

1. 年降水量比较

三峡工程初步设计阶段(1961—1990年),长江三峡地区平均年降水量为1210.8 mm;三峡工程建设阶段(1991—2002年),长江三峡地区平均年降水量为1184.5 mm;初期蓄水阶段(2003—2009年),长江三峡地区经历了数年少雨期,平均年降水量为1161.8 mm,为4个时段中最少;175 m蓄水阶段(2010—2020年),长江三峡地区平均年降水量为1213.0 mm,为上述4个时段中最多,其中2020年降水量达1530.8 mm,较1961—2020年多年平均值偏多28%,为仅少于1998年(1532.5 mm)的历史次多年(图2.3.17)。研究表明,蓄水前后库区降水量存在一定的年代际和季节波动,局地降水量有增加,但总体上看,蓄水对三峡库区降水量的影响不太明显(赵子皓等,2022;符坤等,2018;孙晨等,2018;张树奎等,2013)。

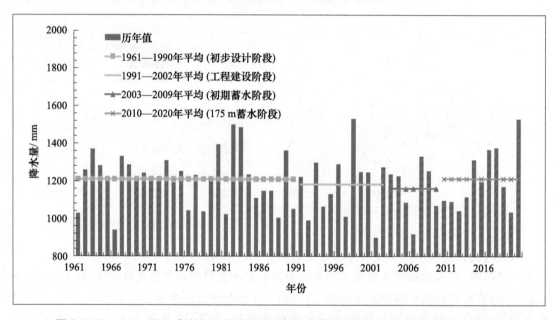

图2.3.17　1961—2020年长江三峡地区平均年降水量及三峡蓄水前后各时段平均降水量

另外,从工程初步设计阶段、建设阶段、初期蓄水阶段和175 m蓄水阶段4个时段的长江三峡地区、西南地区和长江上游地区这3个区域年降水量的比较发现,初期蓄水阶段均为各区域降水量最少的时段,175 m蓄水阶段均为降水量最多的时段(表2.3.2)。说明长江三峡地区年降水量的长期变化特征与背景区基本一致。

2. 四季降水量比较

从工程初步设计阶段、建设阶段、初期蓄水阶段和175 m蓄水阶段4个时段的长江三峡地区四季降水量的分布发现,秋季175 m蓄水阶段降水量最多(319.4 mm),其次为工程初步设计阶段(303.1 mm),较其他2个时段偏多较为明显,春、夏、冬3个季节各时段降水量比较接近、差异不大(图2.3.18)。

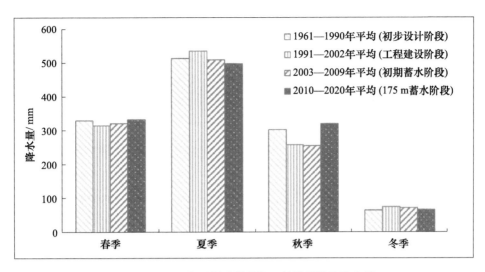

图 2.3.18　工程不同阶段长江三峡地区四季降水量

3. 不同水位期降水量工程各阶段变化

图 2.3.19 和图 2.3.20 给出了 4 个水位期降水量在三峡水库工程各阶段(初步设计阶段:1961—1990 年;工程建设阶段:1991—2002 年;初期蓄水阶段:2003—2009 年;175 m 蓄水阶段:2010—2020 年)的对比分析。消落期降水量在工程各阶段相差不大,其中 175 m 蓄水阶段降水量(437.1 mm)为各阶段中最多,初期蓄水阶段(431.5 mm)次之,其次为工程建设阶段(428.4 mm),初步设计阶段降水量(424.2 mm)为各阶段中最少;汛期降水量在工程各阶段量级较为接近,其中初期蓄水阶段降水量(512.5 mm)为各阶段中最多,初期蓄水阶段(509.5 mm)次之,其次为工程建设阶段(506.7 mm),175 m 蓄水阶段降水量(499.5 mm)最

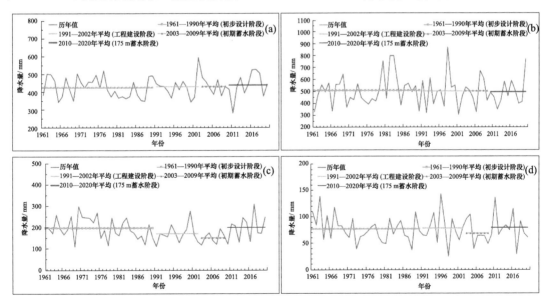

图 2.3.19　长江三峡地区不同水位期(a:消落期;b:汛期;c:蓄水期;d:高水位期)
降水量历年变化及蓄水前后工程各阶段平均降水量

少;蓄水期,175 m蓄水阶段降水量(198.8 mm)为各阶段中最多,初步设计阶段(197.9 mm)略少,其次为工程建设阶段(171.2 mm),初期蓄水阶段降水量(152.6 mm)最少且明显少于其他3个阶段;高水位期,175 m蓄水阶段降水量(79.5 mm)为各阶段中最多,工程建设阶段降水量(78.2 mm)略少,其次为初步设计阶段降水量(77.4 mm),初期蓄水阶段(69.2 mm)最少且明显少于其他3个阶段。

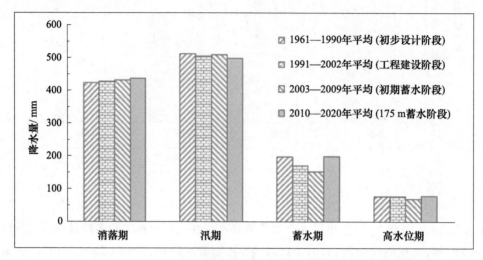

图2.3.20 长江三峡地区不同水位期蓄水前后工程各阶段平均降水量

三峡水库工程不同阶段降水量的各水位期变化对比分析表明(图2.3.21),在工程所有阶段,各水位期降水特征基本一致,均呈现汛期降水量最多、消落期次之、蓄水期第三、高水位期降水量最少的特征,体现了长江三峡地区季风性气候的降水特征;三峡水库蓄水前后各水位期的特征基本一致。

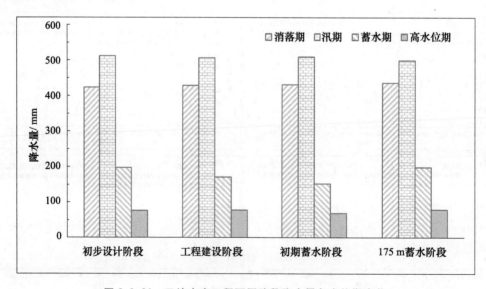

图2.3.21 三峡水库工程不同阶段降水量各水位期变化

2.4　降水日数

2.4.1　年降水日数

1. 空间分布特征

长江三峡地区多雨,平均年降水日数达 155.4 d,即一年中下雨的天数长达 5 个月。长江三峡大部分地区年降水日数有 120~180 d,空间分布上呈西南多、东北少的态势,最大值出现在中南部的鹤峰(182.7 d),最小值和次小值出现在中东部的巫山(127.7 d)和东北部的兴山(131.5 d)(图 2.4.1)。

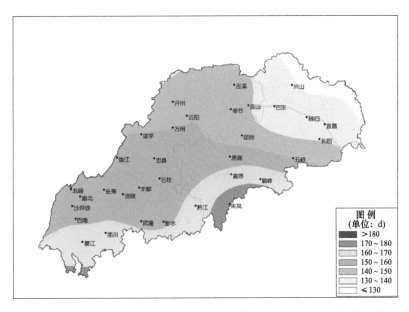

图 2.4.1　长江三峡地区平均年降水日数空间分布图(1961—2020 年平均)

2. 年代际变化特征

从年代际变化看,1961—2020 年,长江三峡地区年降水日数在 21 世纪 10 年代前,降水日数逐年代递减,但在 21 世纪 10 年代又有所增加;其中 21 世纪 00 年代降水日数在所有年代中最少(144.5 d),20 世纪 60 年代降水日数(166.1 d)最多(图 2.4.2)。从历年变化看,1964 年降水日数(185.9 d)最多、1974 年(178.2 d)次多、1977 年(176.8 d)第三多;2013 年降水日数(128.9 d)最少,2006 年(130.6 d)次少,2011 年(133.3 d)第三少(图 2.4.3)。

3. 长期变化趋势

1961—2020 年,长江三峡地区年降水日数呈显著减少趋势,趋势值达 −3.9 d/10a。从空间分布上看,长江三峡绝大多数地区年降水日数均呈减少趋势,中部的恩施、万州、建始等地减少趋势达 6~9 d/10a(图 2.4.4)。

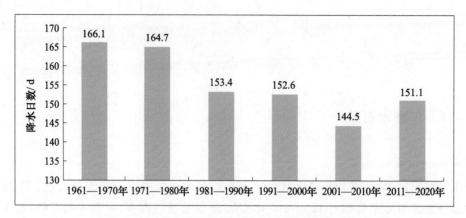

图 2.4.2 长江三峡地区不同年代平均年降水日数

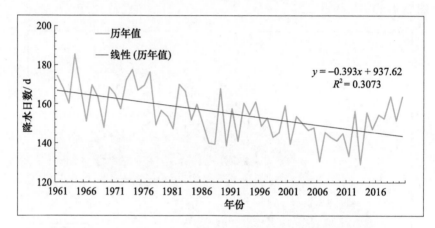

图 2.4.3 1961—2020 年长江三峡地区平均年降水日数历年变化

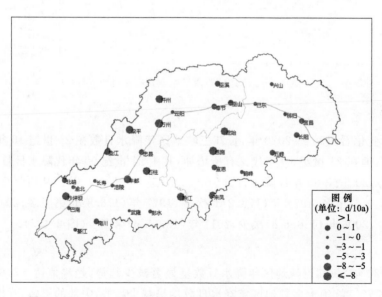

图 2.4.4 1961—2020 年长江三峡地区各站年降水日数变化趋势

2.4.2　四季降水日数

1. 空间分布特征

长江三峡地区春、夏、秋、冬四季降水日数分别为 43.3 d、41.5 d、40.9 d 和 29.5 d,分别占年降水日数的 27.9%、26.7%、26.4% 和 19.0%,即除冬季降水日数较少外,春、夏、秋三季降水日数均较为接近。空间分布上看,长江三峡地区春、秋、冬三季的降水日数均呈现西多东少态势,夏季降水日数中部和西部多(图 2.4.5)。

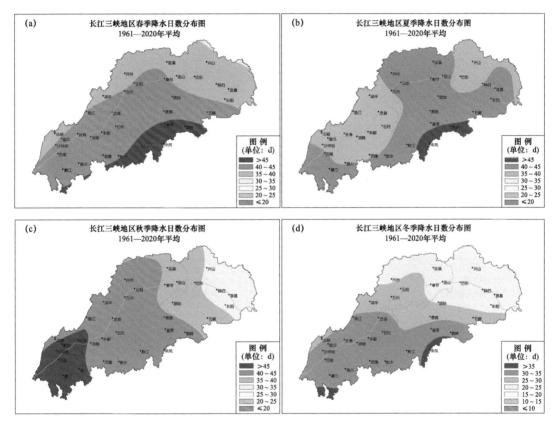

图 2.4.5　长江三峡地区四季降水日数空间分布图
(a:春季;b:夏季;c:秋季;d:冬季)

2. 年代际变化特征

长江三峡地区四季降水日数年代际变化各有不同(图 2.4.6)。春季降水日数在 20 世纪 70 年代(45.8 d)最多,21 世纪 00 年代(41.5 d)最少;夏季降水日数在 20 世纪 90 年代(44.2 d)最多,21 世纪 10 年代(39.2 d)最少;秋季降水日数与年降水日数相似,在 20 世纪 60 年代(47.3 d)最多,21 世纪 00 年代(34.5 d)最少;冬季降水日数在 20 世纪 70 年代(32.8 d)最多,21 世纪 00 年代(27.5 d)最少。

3. 长期变化趋势

1961—2020 年,长江三峡地区四季降水日数都有减少趋势,其中秋季降水日数的减少趋势最为明显,减少趋势达-1.7 d/10a,通过了0.1的显著性水平检验。春季(-0.8 d/10a)、夏季(-0.3 d/10a)和冬季(-1.1 d/10a)降水日数均呈弱的减少趋势,但都没有通过显著性水平检验(图2.4.7)。

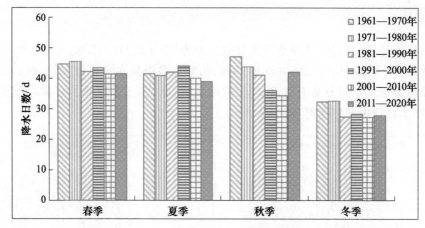

图2.4.6 长江三峡地区不同年代平均四季降水日数

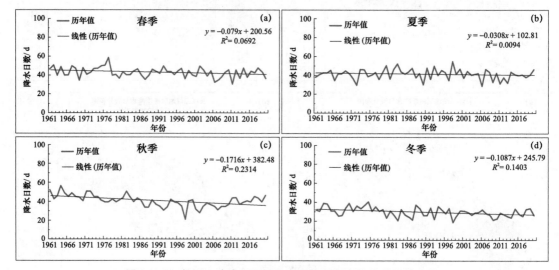

图2.4.7 长江三峡地区四季降水日数历年变化及其线性趋势

(a:春季;b:夏季;c:秋季;d:冬季)

2.4.3 降水日数与气候背景区域比较

1. 年降水日数比较

与气候背景区西南地区和长江上游地区相比,长江三峡地区年降水日数的年代际变化特征与背景区基本一致,量级也接近,但2014年后长江三峡地区年降水日数略多于西南地区和长江上游地区(图2.4.8)。1961—2020年,长江三峡地区(-3.9 d/10a)与大气候背景区域西南地区(-5.7 d/10a)和长江上游地区(-3.9 d/10a)的年降水日数均存在显著的减少趋势(表2.4.1),这与全国降水日数的减少趋势一致。以上的分析说明长江三峡地区年降水日数的年代际变化主要是受大气候背景的影响。

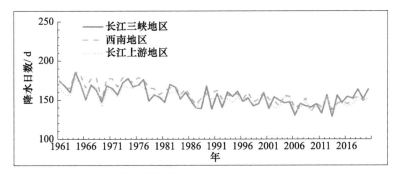

图 2.4.8 1961—2020 年长江三峡地区、西南地区和长江上游地区年降水日数历年变化

表 2.4.1 工程不同时段长江三峡地区、西南地区和长江上游地区
平均降水日数(d)和长期趋势(d/10a)

年代	长江三峡地区	西南地区	长江上游地区
1961—2020 年	155.4	159.2	153.2
1961—1990 年	161.4	167.8	159.5
1991—2002 年	151.6	154.7	149.0
2003—2009 年	143.7	146.7	144.3
2010—2020 年	150.6	148.3	146.1
1961—2020 年气候趋势	−3.9**	−5.7***	−3.9***

注:* 表示通过 0.1 的显著水平检验,** 表示通过 0.05 的显著水平检验,*** 表示通过 0.01 的显著水平检验。

2. 四季降水日数比较

长江三峡地区四季降水日数年代际变化与西南地区和长江上游地区基本相似(图 2.4.9)。1961—2020 年,长江三峡地区、西南地区和长江上游地区四季降水日数都有减少趋势,其中 3 个地区秋季降水日数的减少趋势最为明显,长江三峡地区秋季降水日数的减少趋势达−1.7 d/10a,通过了 0.1 的显著性水平检验,西南地区(−2.2 d/10a)和长江上游地区(−1.6 d/10a)秋季降水日数的减少趋势均通过了 0.01 的显著性水平检验(表 2.4.2)。

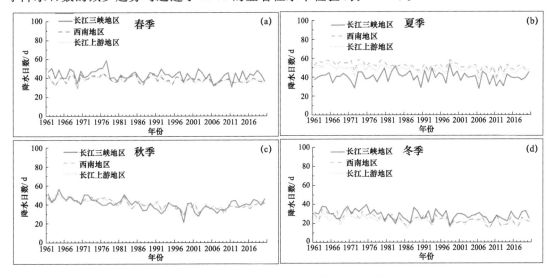

图 2.4.9 1961—2020 年长江三峡地区、西南地区和长江上游地区四季降水日数历年变化

表 2.4.2　长江三峡地区、西南地区和长江上游地区四季和年降水日数长期趋势　　（单位:d/10a）

时间	长江三峡地区	西南地区	长江上游地区
春季	−0.8	−0.6	−0.5
夏季	−0.3	−1.2**	−0.9
秋季	−1.7*	−2.2***	−1.6***
冬季	−1.1	−1.7***	−1.0
年	−3.9**	−5.7***	−3.9***

注:* 表示通过 0.1 的显著水平检验,** 表示通过 0.05 的显著水平检验,*** 表示通过 0.01 的显著水平检验。

3. 年内变化比较

长江三峡地区降水日数的年内变化呈双锋型分布,与西南地区和长江上游地区有所差异。长江三峡地区降水日数两个峰值分别出现在 5 月(16.4 d)和 10 月(15.2 d),5—10 月间降水日数的谷值出现在 8 月(12.3 d),年内降水日数最少月为 2 月(9.6 d)。西南地区和长江上游地区 5—10 月间各月降水日数在 15～18 d(图 2.4.10)。

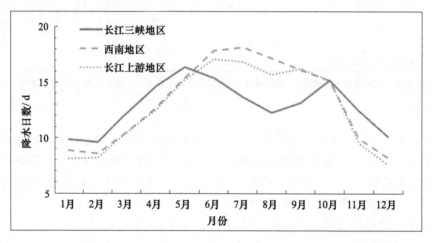

图 2.4.10　长江三峡地区、西南地区和长江上游地区各月降水日数

2.4.4　蓄水前后降水日数比较

1. 年降水日数比较

三峡工程初步设计阶段(1961—1990 年),长江三峡地区平均年降水日数为 161.4 d,为 4 个时段中最多;工程建设阶段(1991—2002 年),长江三峡地区平均年降水日数为 151.6 d;初期蓄水阶段(2003—2009 年),长江三峡地区经历了数年少雨期,平均年降水日数为 143.7 d,为 4 个时段中最少,其中 2011 年和 2013 年分别只有 133.3 d 和 128.9 d,分别较 1961—2020 年多年平均值偏少 22.0 d 和 26.5 d;175 m 蓄水阶段(2010—2020 年)平均年降水日数为 150.6 d,其中 2018 年和 2020 年降水日数分别为 164.3 d 和 164.1 d,较 1961—2020 年多年平均值偏多 8～9 d(图 2.4.11)。

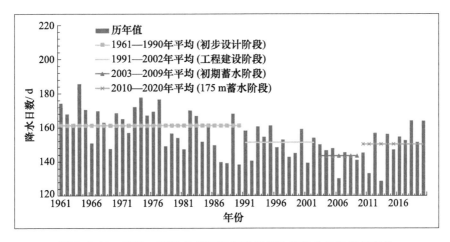

图 2.4.11　1961—2020 年长江三峡地区平均年降水日数历年变化

另外,从 4 个时段长江三峡地区、西南地区和长江上游地区 3 个区域平均降水日数的比较发现,初期蓄水阶段均为各区域降水日数最少的时段,工程初步设计阶段均为降水日数最多的时段(表 2.3.1)。说明长江三峡地区年降水日数的长期变化特征与背景区基本一致。

2. 四季降水日数比较

从工程初步设计阶段、建设阶段、初期蓄水阶段和 175 m 蓄水阶段 4 个时段的三峡地区四季降水日数的分布发现,秋季工程初步设计阶段降水日数(44.2 d)最多,其次为 175 m 蓄水阶段(41.9 d),较其他 2 个时段偏多且较为明显,春、夏、冬 3 个季节各时段降水日数比较接近,差异不大(图 2.4.12)。

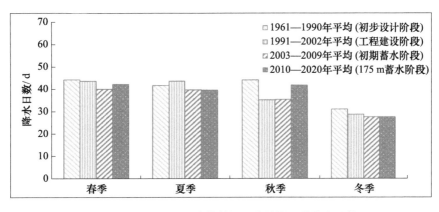

图 2.4.12　工程不同阶段长江三峡地区四季降水日数

2.5　相对湿度

长江三峡地区年相对湿度呈东部小、西部大的空间分布特征。长江三峡地区年平均相对湿度 78.1%,呈不显著的减小趋势,减小幅度为 0.124%/10a;年代际呈“减—增—减”的变化特征,20 世纪 90 年代达到各年代最大,21 世纪 10 年代为各年代最小。长江三峡地区春季湿度最小、秋季最大;四季相对湿度均呈减小趋势,其中春季减小趋势显著且减幅最大。长江三峡地区相对湿度的多年平均值和各年代平均值均大于大气候背景地区,且年代际变化特征及变化趋势呈现一致性。对比三峡蓄水前后4个时段年平均相对湿度变化,三峡工程建设阶段相对湿度明显高于其余3个时段,三峡初期蓄水阶段相对湿度最小,175 m蓄水阶段相对湿度有所增大。

2.5.1 年相对湿度变化特征

1. 空间分布特征

长江三峡地区是我国相对湿度最大的地区之一(图2.5.1)(丁一汇等,2013)。从图2.5.2给出的年平均相对湿度空间分布图上可以看出,长江三峡地区相对湿度东西差异较大,呈东部小、西部大的空间分布特征,东部(云阳、宣恩以东)年平均相对湿度在80%以下,如巴东年平均相对湿度70.7%;西部地区年平均相对湿度超过80%,如梁平年相对湿度80.9%、长寿80.7%。

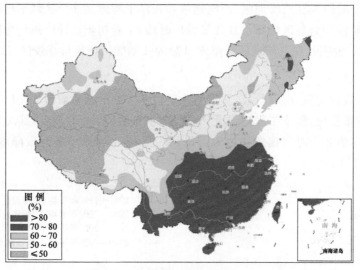

图2.5.1 全国年平均相对湿度分布图(1961—2020年平均)

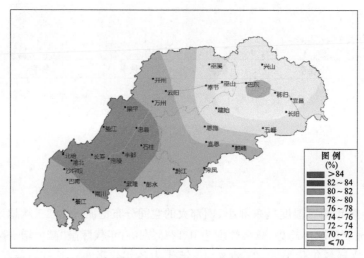

图2.5.2 长江三峡地区年平均相对湿度分布图(1961—2020年平均)

2. 年代际变化特征

长江三峡地区年平均相对湿度的多年平均值 78.1%。从年代际变化看,1961—2020 年,长江三峡地区年平均相对湿度呈"减—增—减"的变化特征(图 2.5.3)。20 世纪 60 年代至 70 年代减小,此后相对湿度逐年代增加,20 世纪 90 年代达到各年代最大,年代平均值 79.3%,其后相对湿度明显减小,2006 年、2011 年、2013 年是近 60 年相对湿度最小的 3 年,21 世纪 10 年代为各年代最小,年代平均值为 77.2%。

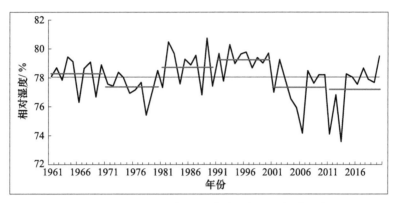

图 2.5.3 1961—2020 年长江三峡地区年平均相对湿度变化

(粗黑线:历年值;细黑线:多年平均值;红线:年代平均值)

3. 长期变化趋势

1961—2020 年,从长江三峡地区总体来看,年平均相对湿度呈减小趋势,减小幅度为 0.124%/10a,但趋势性不显著(未通过 0.1 信度检验)。从长江三峡地区相对湿度长期变化趋势的空间特征看(图 2.5.4),长江三峡地区中部和西部以减小为主、东部以增加为主。所选的长江三峡地区 33 站中,年相对湿度呈增加趋势的占 39.4%(13 站),其中显著增加的占 61.5%(8 站);年相对湿度呈减少趋势的占 60.6%(20 站),其中显著减少的站点占 65%(13 站)。

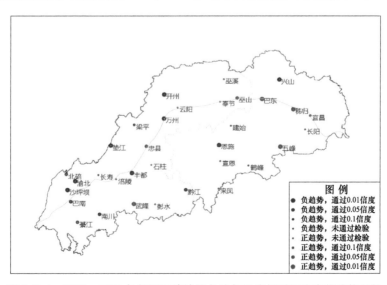

图 2.5.4 1961—2020 年长江三峡地区各站年平均相对湿度变化趋势系数

(红色:负减少趋势;蓝色:正增加趋势)

从图 2.5.5 和表 2.5.1 给出的长江三峡地区年平均相对湿度变化趋势(即气候倾向率,表示变化幅度)来看,减少幅度多大于增加的幅度。33 站中,减幅超过−0.25％/10a 的有 14 站,增幅超过 0.25％/10a 的有 8 站,减幅超过−0.5％/10a 的站数有 7 站,而仅有 1 站增幅超过0.5％/10a。万州相对湿度减幅最大,为−1.14％/10a;秭归相对湿度增幅最大,为 1.09％/10a。

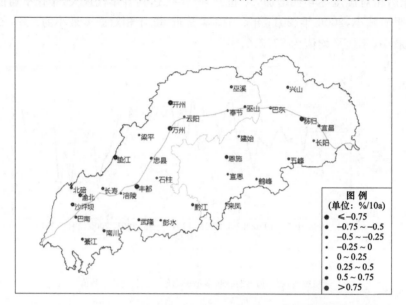

图 2.5.5　1961—2020 年长江三峡地区各站年平均相对湿度变化趋势

表 2.5.1　长江三峡地区年平均相对湿度变化趋势系数和气候倾向率

站名	趋势系数	气候倾向率(％/10a)	站名	趋势系数	气候倾向率(％/10a)
秭归	0.603***	1.09	巫溪	−0.169	−0.41
五峰	0.383***	0.48	来凤	−0.180	−0.20
武隆	0.378***	0.47	长寿	−0.195	−0.26
巴东	0.367***	0.50	宜昌	−0.225*	−0.30
北碚	0.294**	0.31	梁平	−0.245*	−0.24
綦江	0.289**	0.35	黔江	−0.251**	−0.35
巫山	0.274**	0.49	巴南	−0.284**	−0.37
忠县	0.265**	0.28	南川	−0.316**	−0.39
奉节	0.178	0.24	兴山	−0.321***	−0.40
云阳	0.120	0.18	渝北	−0.403***	−0.68
彭水	0.119	0.14	丰都	−0.413***	−0.77
石柱	0.090	0.12	沙坪坝	−0.413***	−0.62
涪陵	0.014	0.03	垫江	−0.427***	−0.80
长阳	−0.048	−0.05	开州	−0.477***	−0.96
鹤峰	−0.109	−0.08	恩施	−0.510***	−0.51
建始	−0.127	−0.13	万州	−0.644***	−1.14
宣恩	−0.150	−0.12			

注:* 表示通过 0.1 的显著水平检验,** 表示通过 0.05 的显著水平检验,*** 表示通过 0.01 的显著水平检验。

2.5.2　四季平均相对湿度变化特征

1. 空间分布特征

　　长江三峡地区春季湿度最小、秋季最大,春季平均相对湿度 76.2%、夏季 77.0%、秋季 80.6%、冬季 78.6%(图 2.5.6)。从空间看(图 2.5.7),四季相对湿度均呈由东向西增大的分布特征。春季,长江三峡地区东部相对湿度在 76% 以下,西部在 76%~80%;夏季,长江三峡大部地区相对湿度在 76%~80%,东北部地区在 72%~76%;秋季,长江三峡东部相对湿度在 74%~80%,西部在 80%~84%;冬季,长江三峡地区东部相对湿度一般在 70%~78%,西部为 78%~84%。

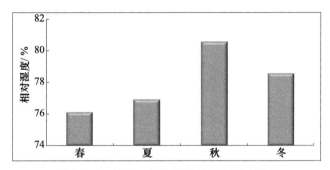

图 2.5.6　长江三峡地区四季平均相对湿度

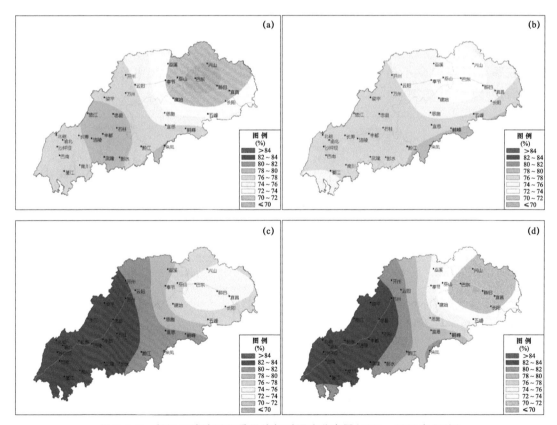

图 2.5.7　长江三峡地区四季平均相对湿度分布图(1961—2020 年平均)

(a:春季;b:夏季;c:秋季;d:冬季)

2. 年代际变化特征

长江三峡地区春、夏和冬三季相对湿度年代际变化特征基本相似(图 2.5.8),呈"减—增—减"变化,20 世纪 60—70 年代减小,80—90 年代增加,90 年代相对湿度最大,进入 21 世纪再次减小,10 年代湿度最小;秋季相对湿度年代际变化有所不同,呈"减—增—减—增"变化,20 世纪 80 年代湿度最大,此后逐年代减小,21 世纪的 00 年代最小,但 10 年代再次增加。

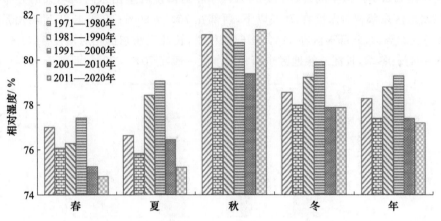

图 2.5.8　长江三峡地区四季平均相对湿度年代际变化

3. 长期变化趋势

从近 60 年变化趋势看(图 2.5.9),长江三峡地区四季相对湿度均呈减小趋势,其中春季减小趋势显著(通过 0.05 信度检验),减幅(气候倾向率)为四季中最大,为 0.33%/10a;夏、秋、冬三季相对湿度减小趋势不显著(未通过 0.1 信度检验),减幅分别为 0.06%/10a、0.02%/10a 和 0.07%/10a。

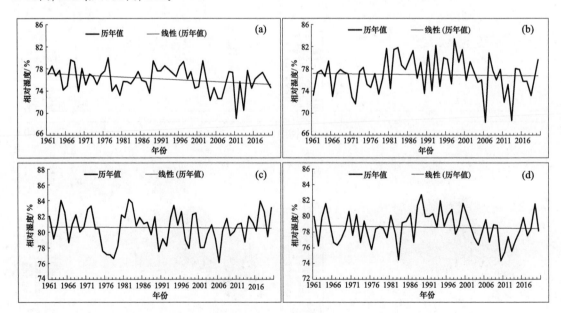

图 2.5.9　1961—2020 年长江三峡地区四季平均相对湿度变化

(粗黑线:历年值;细黑线:线性趋势;a:春季;b:夏季;c:秋季;d:冬季)

2.5.3　年内不同水位期相对湿度变化特征

1. 空间分布特征

长江三峡地区相对湿度在水位消落期和汛期较小、蓄水期和高水位期较大,消落期平均相对湿度76.8%、汛期76.7%、蓄水期80.8%、高水位期81.3%(图2.5.10)。从空间看(图2.5.11),不同水位期相对湿度总体呈由东向西增大的分布特征。消落期,长江三峡地区东部相对湿度在78%以下,巫山站最小,为65.6%;西部超过78%,宣恩站最大,为81.5%。汛期,长江三峡地区东北部相对湿度在70%～76%,巫山站最小,为69.1%;东南部和西部在76%～82%,鹤峰最大,为82.4%。蓄水期,长江三峡地区东部相对湿度在72%～80%,巫山站最小,为70.9%;西部在80%以上,最大北碚站,为84.7%。高水位期,长江三峡地区东部相对湿度一般在72%～82%,巫山站最小,为70.5%;西部多在82%以上,最大忠县,为86.5%。

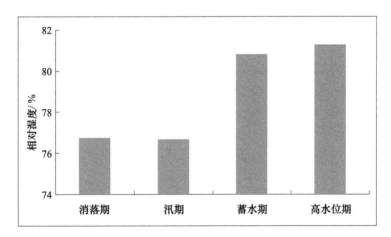

图 2.5.10　长江三峡地区不同水位期平均相对湿度(消落期 1 月 1 日—6 月 10 日,
汛期 6 月 11 日—9 月 10 日,蓄水期 9 月 11 日—10 月 31 日,高水位期 11 月 1 日—12 月 31 日)

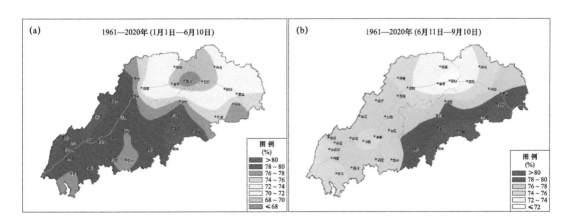

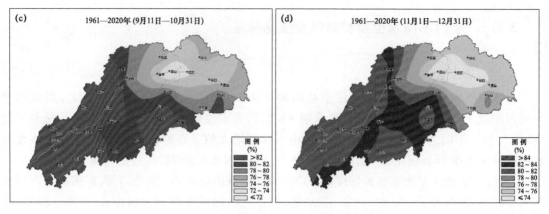

图 2.5.11　长江三峡地区不同水位期平均相对湿度分布图

2. 年代际变化特征

长江三峡地区不同水位期相对湿度年代际变化存在一定差异,但总体上高值多出现在 20 世纪 80 年代或 90 年代,低值多出现在 21 世纪(图 2.5.12)。消落期,相对湿度 20 世纪 90 年代最大,为 78.0%,21 世纪 10 年代最小,为 75.6%;汛期,以 20 世纪 80 年代最大,为 78.5%,21 世纪 10 年代最小,为 75.0%;蓄水期,相对湿度以 20 世纪 80 年代最大,为 81.7%,21 世纪 00 年代最小,为 78.9%;高水位期,相对湿度以 20 世纪 90 年代最大,为 82.2%,70 年代最小,为 80.2%,21 世纪 00 年代次小,为 80.7%。

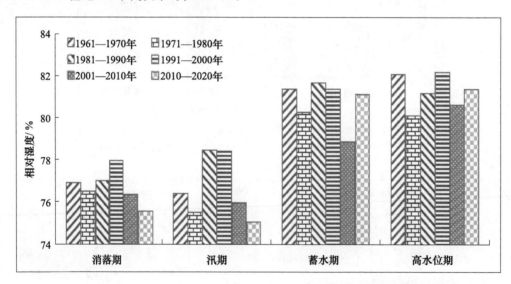

图 2.5.12　长江三峡地区不同水位期平均相对湿度年代际变化

3. 长期变化趋势

从近 60 年变化趋势看(图 2.5.13),三峡地区不同水位期相对湿度均呈不显著的减小趋势(均未通过显著性检验),消落期、汛期、蓄水期、高水位期相对湿度每 10 年分别减小 0.165%、0.08%、0.174% 和 0.033%。趋势不显著且减幅小,表明近 60 年三峡地区在不同水位阶段的相对湿度变化均相对稳定。

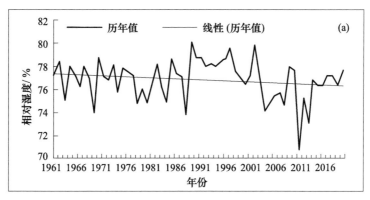

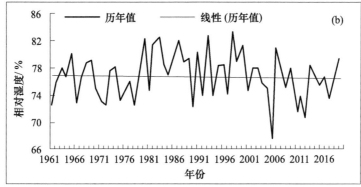

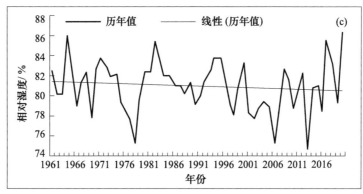

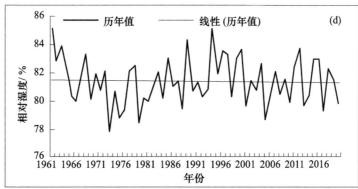

图 2.5.13　1961—2020 年长江三峡地区不同水位期平均相对湿度历年变化
（a：消落期；b：汛期；c：蓄水期；d：高水位期）

2.5.4 相对湿度与背景区域异同性特征

1. 年平均相对湿度变化趋势比较

1961—2020年,长江三峡地区相对湿度的多年平均值和各年代平均值均大于西南地区和长江上游地区,且年代际变化特征呈现一致性(表2.5.2、图2.5.14)。从变化趋势看,近60年3个区域相对湿度均呈减小趋势(李瀚等,2016),反映出长江三峡地区与大气候背景地区相对湿度变化的一致性特点,但长江三峡地区相对湿度减小趋势不显著(未通过显著性检验),且减幅(−0.124%/10a)明显小于西南地区(−0.487%/10a)和长江上游地区(−0.454%/10a),这也反映出长江三峡地区相对湿度变化与大气候背景地区存在一定的差异性。

表2.5.2 三区域1961—2020年平均相对湿度及变化趋势

	长江三峡地区	西南地区	长江上游地区
1961—2020年平均(%)	78.1	75.7	74.0
趋势系数	0.144	0.603	0.552
气候趋势(%/10a)	−0.124	−0.487***	−0.454***

注:*** 表示通过0.01的显著水平检验。

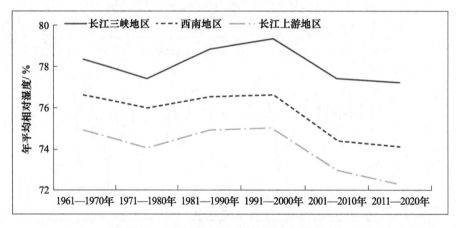

图2.5.14 三区域年平均相对湿度年代际变化

2. 年平均相对湿度年代际变化比较

采用长江三峡地区与西南地区(差值1)、长江上游地区(差值2)的差值来分析相对湿度年代际变化差异(表2.5.3、图2.5.15)。可以看出,20世纪60年代以来,长江三峡地区与背景地区(西南地区和长江上游地区)相对湿度差值逐年代加大。与西南地区相比,长江三峡地区年平均相对湿度各年代差值从20世纪60年代的1.7%增加至21世纪10年代的3.1%;与长江上游地区相比,年平均相对湿度各年代差值从20世纪60年代的3.4%增加至21世纪10年代的4.9%。上述分析表明,受大气候变化影响,3个区域年平均相对湿度总体有减小趋势,但长江三峡地区相较大气候背景地区减小趋势较为缓慢,与大气候背景地区的差值在水库蓄水后有增加趋势,说明三峡水库建成后受水域的影响长江三峡地区相对大气候背景区湿度变大了。

表 2.5.3　三区域年平均相对湿度年代际变化及差值　　　　　　　（%）

年代	长江三峡地区	西南地区	长江上游地区	差值 1	差值 2
1961—1970 年	78.3	76.6	74.9	1.7	3.4
1971—1980 年	77.4	76.0	74.1	1.4	3.3
1981—1990 年	78.8	76.5	74.9	2.3	3.9
1991—2000 年	79.3	76.6	75.0	2.7	4.3
2001—2010 年	77.4	74.4	72.9	3.0	4.5
2011—2020 年	77.2	74.1	72.3	3.1	4.9

注:差值 1 为长江三峡地区年代平均值与西南地区年代平均值之差,差值 2 为长江三峡地区年代平均值与长江上游地区年代平均值之差。

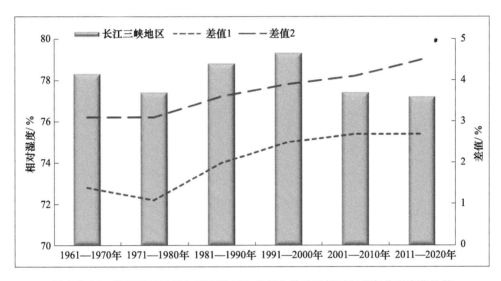

图 2.5.15　长江三峡地区与西南地区和长江上游地区相对湿度年代际变化比较

3. 四季平均相对湿度变化趋势比较

从与大气候背景区四季相对湿度变化幅度的比较来看(表 2.5.4),1961—2020 年,长江三峡地区四季相对湿度变化趋势与背景地区一致性地减小,但幅度均明显小于西南地区和长江上游地区。从显著性检验看,除春季外,其余三季相对湿度变化趋势均未达到显著水平,而大气候背景区域四季减小趋势均显著。

表 2.5.4　三区域 1961—2020 年四季平均相对湿度变化幅度　　　　（单位:%/10a）

	长江三峡地区	西南地区	长江上游地区
春季	−0.328 **	−0.605 ***	−0.612 ***
夏季	−0.064	−0.502 ***	−0.433 ***
秋季	−0.024	−0.38 ***	−0.3 ***
冬季	−0.065	−0.441 ***	−0.455 ***

注:** 表示通过 0.05 的显著水平检验,*** 表示通过 0.01 的显著水平检验。

4. 不同水位期相对湿度变化比较

长江三峡地区不同水位期相对湿度与大气候背景区(长江上游地区和西南地区)比较表明,长江三峡地区蓄水期和高水位期相对湿度较大,以高水位期最大,而背景地区汛期和蓄水期相对湿度较大,以蓄水期最大,高水位期相对湿度则明显下降(图 2.5.16)。在水位消落期,长江三峡地区相对湿度明显高于背景地区,长江三峡地区为 76.76%,长江上游地区和西南地区分别为 69.21%和 70.85%;汛期,长江三峡地区相对湿度略小于背景地区;蓄水期,3 个地区相对湿度接近,在 80.49%~81.36%;高水位期,长江三峡地区相对湿度较蓄水期略增且高于背景地区,而背景地区相对湿度较前一时段明显减小,长江三峡地区为 81.3%,长江上游地区和西南地区分别为 74.76%和 76.86%(图 2.5.17)。

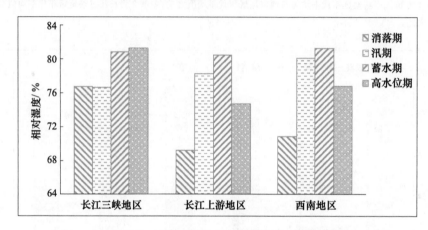

图 2.5.16　三区域不同水位期平均相对湿度对比

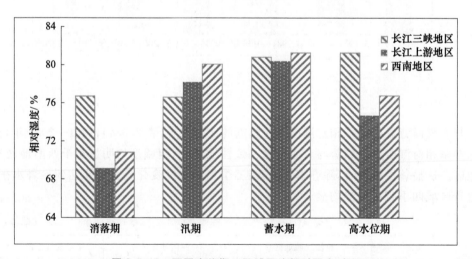

图 2.5.17　不同水位期三区域平均相对湿度对比

从与大气候背景区不同水位期相对湿度变化幅度比较来看(表 2.5.5),1961—2020 年,长江三峡地区 4 个水位期相对湿度变化趋势与背景地区一致,均呈减小趋势,但长江三峡地区变化趋势未通过显著性检验,而长江上游地区和西南地区均通过 0.01 显著性检验;从减小幅度看,长江三峡地区明显小于背景地区,长江三峡地区 4 个水位期相对湿度减少幅度在 0.03%~0.17%,背景地区减幅则均超过 0.3%。

表 2.5.5　三区域 4 个水位期平均相对湿度变化幅度　　　　（单位：%/10a）

	长江三峡地区	西南地区	长江上游地区
消落期	−0.165	−0.554 ***	−0.558 ***
汛期	−0.08	−0.424 ***	−0.481 ***
蓄水期	−0.174	−0.354 ***	−0.409 ***
高水位期	−0.033	−0.307 ***	−0.382 ***

注：*** 表示通过 0.01 的显著水平检验。

2.5.5　三峡水库蓄水前后相对湿度变化特征

1. 年平均相对湿度各时段比较

对比三峡蓄水前后 4 个时段（时段 1：1961—1990 年，初步设计阶段；时段 2：1991—2002 年，工程建设阶段；时段 3：2003—2009 年，初期蓄水阶段；时段 4：2010—2020 年，175 m 蓄水阶段）年平均相对湿度变化，工程建设阶段（时段 2）相对湿度明显高于其他 3 个时段，初期蓄水阶段（时段 3）相对湿度最小，175 m 蓄水阶段（时段 4）相对湿度有所增大（图 2.5.18）。

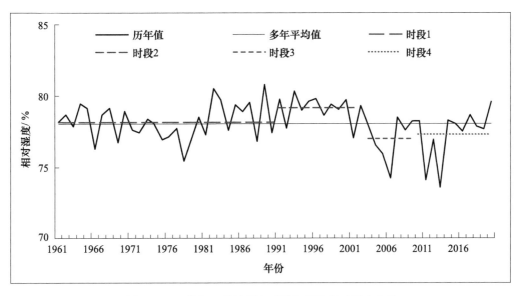

图 2.5.18　长江三峡地区各时段年平均相对湿度变化

2. 四季平均相对湿度各时段比较

图 2.5.19 和图 2.5.20 给出了四季相对湿度各时段对比。春季，时段 1 相对湿度接近多年平均值，时段 2 相对湿度为各时段中最大，时段 3 为各时段中最小，时段 4 相对湿度又有所增加；夏季和冬季各时段变化特征一致，时段 2 相对湿度为各时段中最大，时段 4 最小，且自三峡建设至 175 m 蓄水阶段以来相对湿度逐阶段减小；秋季，各时段相对湿度变化与其他三季不同，时段 1 至时段 3 相对湿度减小，时段 3 为最小，175 m 蓄水阶段后相对湿度则明显增加。

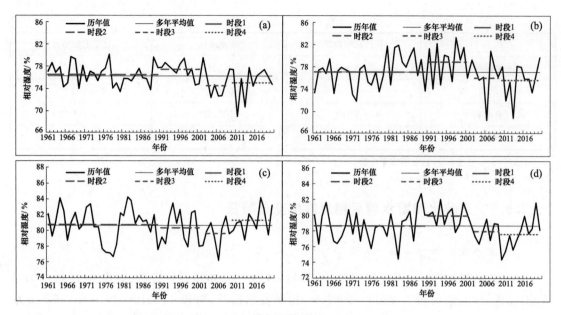

图 2.5.19　三峡地区四季相对湿度各时段变化

（a：春季；b：夏季；c：秋季；d：冬季）

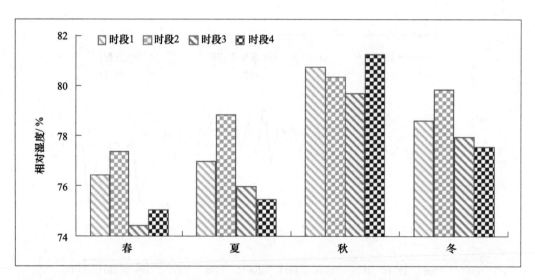

图 2.5.20　长江三峡地区四季相对湿度各时段比较

3. 不同水位期相对湿度各时段变化

图 2.5.21 和图 2.5.22 给出了 4 个水位期相对湿度在三峡水库各阶段（时段 1：1961—1990 年，初步设计阶段；时段 2：1991—2002 年，工程建设阶段；时段 3：2003—2009 年，初期蓄水阶段；时段 4：2010—2020 年，175 m 蓄水阶段）的对比分析。消落期，时段 2 相对湿度为各时段中最大，时段 3 为各时段中最小，时段 4 相对湿度又略有所增加；汛期，时段 2 相对湿度为各时段中最大，时段 4 最小；蓄水期，时段 1 相对湿度为各时段中最大，时段 3 最小且明显小于其他时段，175 m 蓄水阶段相对湿度明显增大；高水位期，时段 2 相对湿度为各时段中最大，时段 3 相对湿度最小，175 m 蓄水阶段后相对湿度有所增大。

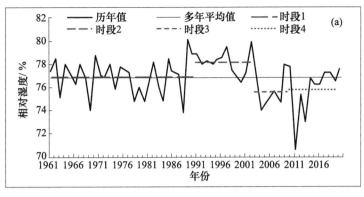

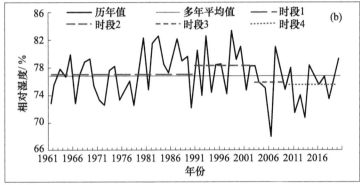

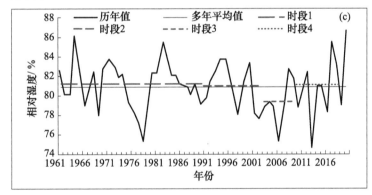

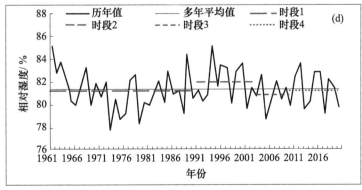

图 2.5.21　三峡地区不同水位期(a:消落期;b:汛期;c:蓄水期;d:高水位期)相对湿度各时段(时段 1:
初步设计阶段;时段 2:工程建设阶段;时段 3:初期蓄水阶段;时段 4:175 m 蓄水阶段)变化

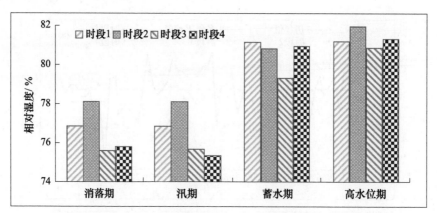

图 2.5.22　长江三峡地区不同水位期相对湿度各时段变化
(时段 1:初步设计阶段;时段 2:工程建设阶段;时段 3:初期蓄水阶段;时段 4:175 m 蓄水阶段)

　　三峡水库不同阶段相对湿度的各水位期变化对比分析表明(图 2.5.23),在所有阶段(时段 1~4),均呈现消落期和汛期相对湿度低而蓄水期和高水位期相对湿度高的变化特征,且以高水位期最大;在三峡水库开始蓄水后的时段 3(2003—2009 年,初期蓄水阶段)和时段 4(2010—2020 年,175 m 蓄水阶段),水位消落期和汛期的相对湿度较三峡水库蓄水前有所减小,蓄水期和高水位期的相对湿度明显高于消落期和汛期。

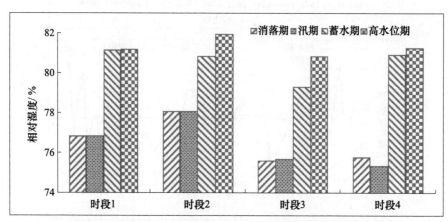

图 2.5.23　不同阶段长江三峡地区相对湿度各水位期变化
(时段 1:初步设计阶段;时段 2:工程建设阶段;时段 3:初期蓄水阶段;时段 4:175 m 蓄水阶段)

2.6　平均风速

2.6.1　年平均风速变化特征

　　长江三峡地区年风速呈东部和西部大、中部小的马鞍形分布特征。长江三峡地区年平均风速的多年平均值为 1.14 m/s,呈"增—减—增"年代际变化,20 世纪 80 年代至 21 世纪最初 10 年风速持续偏小,20 世纪 90 年代达到各年代最小,2010 年代风速增大,达到各年代最大,长江三峡地区年平均风速总体呈不显著的增大趋势;春夏风速大、秋冬风速小,除春季风速呈减小趋势外,夏、秋、冬三季风速均呈增加趋势,但趋势性均不显著。与背景地区相比,长江三峡地区风速的多年平均值和各年代平均值均低于西南地区和长江上游地区,呈现一致的"增—减—增"年代际变化特征,但最大和最小值年代有所不同,且与背景地区风速显著减小的变化趋势也不同,反映出长江三峡地区与背景地区风速变化的差异特征。对比三峡蓄水前后 4 个时段年平均风速变化,经历了"大—小—大"的阶段性变化,初步设计阶段风速相对较大,工程建设阶段和初期蓄水阶段风速明显减小,175 m 蓄水阶段风速显著增大,为各阶段最大。

1. 空间分布特征

长江三峡地区属全国风速最小的区域之一(图 2.6.1)。图 2.6.2 给出长江三峡地区年平均风速空间分布,长江三峡地区风速呈东部和西部大、中部小的马鞍型分布特征,东、西部年平均风速在 1.2 m/s 以上,中部地区在 1.0 m/s 左右。

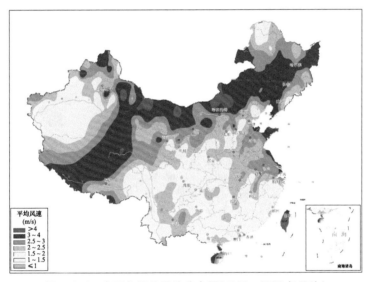

图 2.6.1　全国年平均风速分布图(1961—2020 年平均)

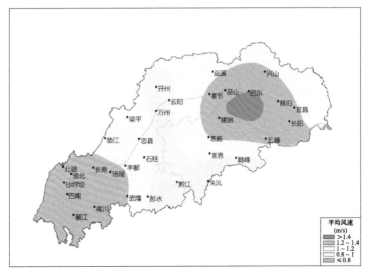

图 2.6.2　长江三峡地区年平均风速分布图(1961—2020 年平均)

2. 年代际变化特征

长江三峡地区年平均风速的多年(1961—2020年)平均值为1.14 m/s;最大值1.52 m/s,出现在2018年,最小值0.94 m/s,出现在1999年。1961—2020年,长江三峡地区年平均风速年代际变化呈"增—减—增"的变化特征(图2.6.3)。20世纪60年代(1.15 m/s)至70年代(1.24 m/s)风速增大,此后风速逐年代减小,20世纪80年代至21世纪最初10年是长江三峡地区风速持续偏小时期,其中,20世纪80年代平均风速为1.06 m/s,20世纪90年代达到各年代最小,年代平均值为1.0 m/s;20世纪00年代为1.01 m/s,其后风速明显增加,20世纪10年代平均风速达到各年代最大,为1.36 m/s。

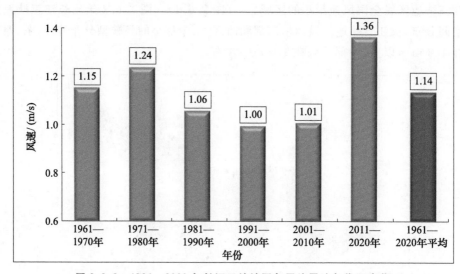

图2.6.3 1961—2020年长江三峡地区年平均风速年代际变化

3. 长期变化趋势

1961—2020年,长江三峡地区年平均风速总体呈增大趋势(图2.6.4),增加幅度为0.01 m/(s·10a),但趋势性不显著(未通过0.1信度检验)。

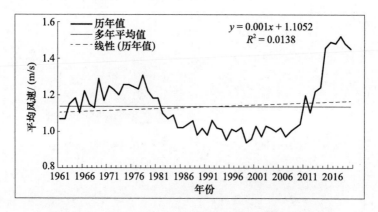

图2.6.4 1961—2020年长江三峡地区年平均风速变化

风速长期变化趋势空间特征由图2.6.5、图2.6.6和表2.6.1给出。长江三峡地区东部(包括巫溪、奉节、巫山、巴东、秭归、五峰一带)和中西部(包括垫江、北碚、长寿武隆、彭水一带)

年平均风速以减小为主,且多为显著减小;中部和西南部风速多呈显著增加趋势。所选长江三峡地区 33 站中,通过显著性检验的有 26 站,占 78.8%,未通过检验的仅占 21.2%;年平均风速呈增加趋势的有 20 站,占三峡地区的 60.6%,其中 75%(15 站)显著增加;年平均风速呈减少趋势的有 13 站,占比 39.4%,其中 84.6%(11 站)的站点显著减少。表明长江三峡地区总体上(区域平均)年平均风速变化趋势虽不显著,但存在空间差异,绝大多数站点的变化趋势显著且以正趋势为主。从给出的长江三峡地区年平均风速气候倾向率(即变化幅度,以每 10 年的平均增减幅度表示)来看,增幅超过 0.04 m/s 的有 15 站,最大为 0.144 m/(s·10a)(重庆南川),减少幅度超过 -0.05 m/s 的有 10 站,最大减幅为 -0.168 m/(s·10a)(重庆长寿)。

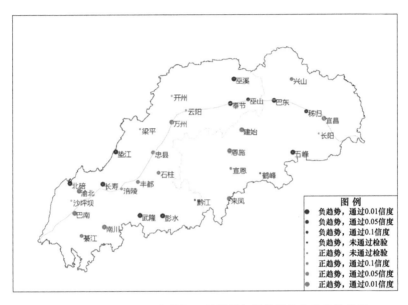

图 2.6.5 1961—2020 年长江三峡地区年平均风速变化趋势系数

(红色:负减少趋势;绿色:正增加趋势)

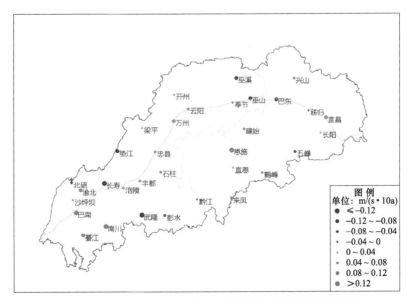

图 2.6.6 1961—2020 年长江三峡地区年平均风速变化趋势

表 2.6.1　长江三峡地区年平均风速变化趋势系数和气候倾向率

站名	趋势系数	气候倾向率/(m/(s·10a))	站名	趋势系数	气候倾向率/(m/(s·10a))
南川	0.556***	0.144	沙坪坝	0.068	0.006
恩施	0.812***	0.141	开州	0.046	0.006
巴南	0.699***	0.139	长阳	0.035	0.003
渝北	0.597***	0.119	鹤峰	−0.019	−0.002
綦江	0.290**	0.118	黔江	−0.126	−0.021
宜昌	0.451***	0.085	秭归	−0.252**	−0.028
万州	0.561***	0.083	奉节	−0.327***	−0.040
建始	0.539***	0.072	五峰	−0.357***	−0.045
来凤	0.435***	0.057	北碚	−0.557***	−0.079
石柱	0.278**	0.054	彭水	−0.681***	−0.079
忠县	0.282**	0.050	巴东	−0.439***	−0.089
涪陵	0.227*	0.047	巫溪	−0.510***	−0.099
云阳	0.151	0.044	巫山	−0.282**	−0.101
兴山	0.274**	0.044	垫江	−0.492***	−0.102
丰都	0.253**	0.042	武隆	−0.469***	−0.124
宣恩	0.224*	0.024	长寿	−0.814***	−0.168
梁平	0.111	0.014			

注：* 表示通过 0.1 的显著水平检验，** 表示通过 0.05 的显著水平检验，*** 表示通过 0.01 的显著水平检验。

2.6.2　四季风速变化特征

1. 四季平均风速

从长江三峡地区整体来看,春夏风速大、秋冬风速小,且两两差异小,春季平均风速 1.26 m/s、夏季 1.21 m/s、秋季 1.03 m/s、冬季 1.04 m/s(图 2.6.7)。1961—2020 年,春季风速最小为 1.03 m/s(2005 年、2009 年)、最大为 1.61 m/s(2018 年);夏季风速最小为 0.99 m/s(1991 年、2007 年)、最大为 1.62 m/s(2018 年);秋季风速最小为 0.82 m/s(1988 年、1991 年、1998 年)、最大为 1.46 m/s(2019 年);冬季风速最小为 0.77 m/s(1998 年)、最大为 1.46 m/s(2018 年)。

2. 空间分布特征

从空间分布看(图 2.6.8),长江三峡地区各季风速空间分布基本一致,均呈东西部大、中部小的分布特征。春季和夏季的平均风速接近,长江三峡地区东部和西部风速在 1.2 m/s 以上,其中綦江、渝北、长寿、奉节、巫山、巴东等站超过 1.6 m/s;长江三峡地区中部风速在 1.2 m/s 以下,来凤等站小于 1.0 m/s。秋季和冬季的平均风速相当,长江三峡地区东部和西部风速在 1.0 m/s 以上,其中巫山、巴东等站超过 1.4 m/s;长江三峡地区中部风速在 1.0 m/s 以下,来凤等站小于 0.8 m/s。

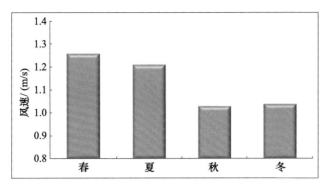

图 2.6.7　长江三峡地区四季平均风速

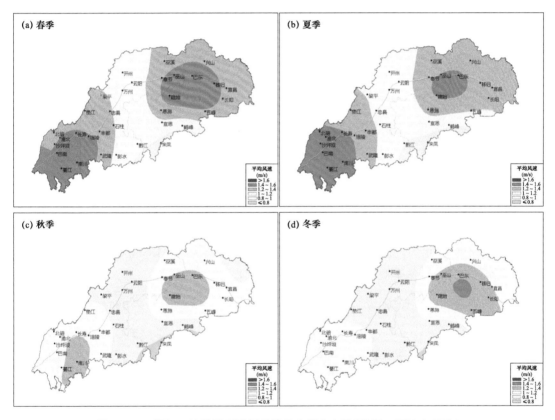

图 2.6.8　长江三峡地区四季平均风速空间分布图(1961—2020 年平均)

3. 年代际变化特征

长江三峡地区季节平均风速的年代际变化特征,春季和夏季一致,秋季和冬季相似(图 2.6.9、表 2.6.2),且均呈"增—减—增"的年代变化特征。春、夏季风速 20 世纪 60—70 年代增加,20 世纪 80 年代至 21 世纪 00 年代为逐年代减小,21 世纪 00 年代风速最小,21 世纪 10 年代风速大幅增大,达到各年代最大;秋、冬季风速 20 世纪 60—70 年代增加,20 世纪 80—90 年代为逐年代减小,20 世纪 90 年代风速最小,进入 21 世纪风速逐年代增大,21 世纪 10 年代风速达到各年代最大。

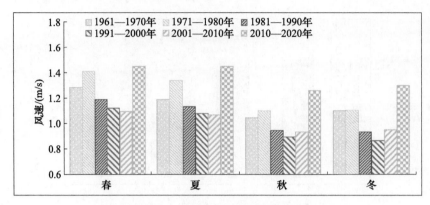

图 2.6.9　长江三峡地区四季平均风速年代变化

表 2.6.2　长江三峡地区四季平均风速年代变化　　　　　　　　　　　（单位:m/s）

年代	春季	夏季	秋季	冬季
1961—1970 年	1.29	1.19	1.05	1.10
1971—1980 年	1.41	1.34	1.10	1.11
1981—1990 年	1.19	1.14	0.95	0.93
1991—2000 年	1.13	1.08	0.89	0.87
2001—2010 年	1.10	1.07	0.93	0.95
2011—2020 年	1.45	1.45	1.27	1.30

4. 长期变化趋势

从近 60 年变化趋势看(图 2.6.10),长江三峡地区除春季风速均呈减小趋势外,夏、秋、冬三季风速均呈增加趋势,但增减幅度小且趋势均不显著(未通过 0.1 信度检验)。春季平均风速减小幅度为 0.004 m/(s·10a),夏季平均风速增幅为 0.013 m/(s·10a),秋季增幅为 0.017 m/(s·10a),冬季增幅为 0.015 m/(s·10a)。

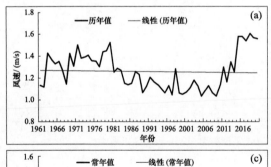
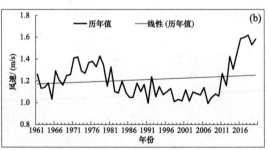
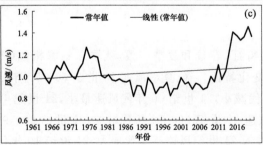
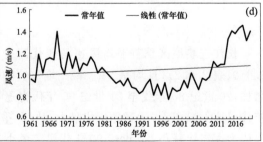

图 2.6.10　1961—2020 年长江三峡地区四季平均风速变化
(a:春季;b:夏季;c:秋季;d:冬季)

2.6.3 年内不同水位期风速变化特征

1. 空间分布特征

长江三峡地区平均风速在水位消落期和汛期较大、蓄水期和高水位期较小,其中汛期风速最大、高水位期最小,4 个水位期平均风速分别为 1.19 m/s、1.23 m/s、1.02 m/s 和 0.96 m/s（图 2.6.11）。从空间看（图 2.6.12）,不同水位期平均风速均呈马鞍型分布,总体上为东部和西部风速较大、中部地区风速较小。消落期,长江三峡地区东部和西部风速多在 1.2～1.8 m/s,巴东站最大,为 2.02 m/s;中部地区风速多在 0.8～1.2 m/s,宣恩站最小,为 0.61 m/s。汛期,长江三峡地区东、西部风速在 1.2 m/s 以上,渝北最大,为 1.9 m/s;中部风速多在 1.2 m/s 以下,鹤峰最小,为 0.69 m/s。蓄水期,长江三峡地区东、西部风速在 1.0～1.6 m/s,奉节最大,为 1.81 m/s;中部地区风速在 0.6～1.0 m/s,最小为鹤峰,0.48 m/s。高水位期,长江三峡地区东、西部风速一般在 1.0～1.6 m/s,奉节站最大,为 1.76 m/s;中部多在 0.8 m/s 以下,最小为宣恩,为 0.43 m/s。

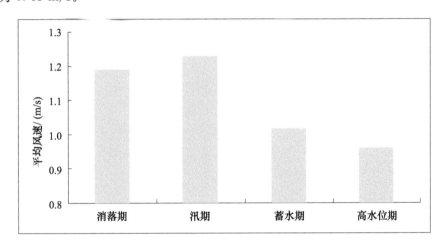

图 2.6.11 长江三峡地区不同水位期平均风速（消落期:1 月 1 日—6 月 10 日,
汛期:6 月 11 日—9 月 10 日,蓄水期:9 月 11 日—10 月 31 日,高水位期:11 月 1 日—12 月 31 日）

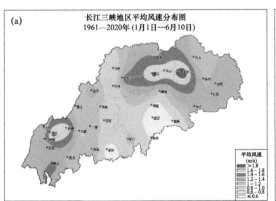

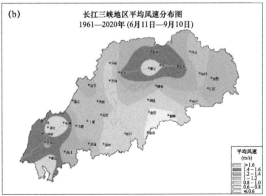

图 2.6.12　长江三峡地区不同水位期平均风速分布图

2. 长期变化趋势

从近 60 年变化趋势看(图 2.6.13),长江三峡地区不同水位期风速均呈增加趋势,除高水位期风速为显著性增加(通过 0.05 显著性检验)外,其余时段均不显著,且各水位期风速增幅极小,消落期、汛期、蓄水期、高水位期风速平均每 10 年增加幅度分别为 0.002 m/s、0.011 m/s、0.019 m/s 和 0.024 m/s。趋势不显著且增幅小,表明近 60 年,三峡地区在不同水位阶段的风速变化均相对稳定。

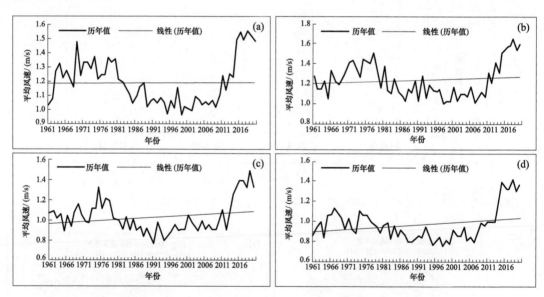

图 2.6.13　1961—2020 年长江三峡地区不同水位期平均风速历年变化
(a:消落期,b:汛期,c:蓄水期,d:高水位期)

2.6.4　风速与背景区域异同性特征

1. 年平均风速变化比较

与背景地区(西南地区和长江上游地区)比较分析表明,长江三峡地区风速的多年平均值和各年代平均值均低于西南地区和长江上游地区,且呈现一致的"增—减—增"年代际变化特征(表 2.6.3、图 2.6.14),即 20 世纪 60—70 年代风速增加,此后逐年代减小(李悦佳等,2018),至 21 世纪风速再次增大。所不同的是,长江三峡地区风速最小的年代为 20 世纪 90 年代,背景地区则为 21 世纪 00 年代;长江三峡地区风速最大的年代是 21 世纪 10 年代,而背景地区均为 20 世纪 70 年代。

表 2.6.3　三区域年平均风速年代变化　　　　　　　　　　　　(单位:m/s)

年代	三峡地区	西南地区	长江上游地区	差值 1	差值 2
1961—1970 年	1.15	1.74	1.73	−0.59	−0.58
1971—1980 年	1.24	1.83	1.82	−0.59	−0.58
1981—1990 年	1.06	1.73	1.68	−0.67	−0.62
1991—2000 年	1.00	1.53	1.48	−0.54	−0.49
2001—2010 年	1.01	1.49	1.44	−0.48	−0.43
2011—2020 年	1.36	1.61	1.59	−0.25	−0.23

(注:差值 1、差值 2 分别为三峡地区和西南地区长江上游地区年平均风速年代变化差值。)

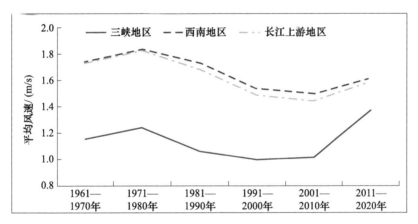

图 2.6.14　三区域年平均风速年代变化

从变化趋势看(表 2.6.4),近 60 年,长江三峡地区年平均风速呈微弱的增加趋势,而背景地区则呈显著的减小趋势(张志斌等,2014),反映出长江三峡地区与背景地区风速变化的差异特征。长江三峡地区风速增幅仅 0.01 m/(s·10a),且趋势不显著(未通过显著性检验);西南地区和长江上游地区风速减小幅度分别达到 −0.661 m/(s·10a)和 −0.655 m/(s·10a),并均呈显著(通过 0.01 显著性检验)减小趋势。

表 2.6.4　三区域 1961—2020 年平均风速及变化趋势

	长江三峡地区	西南地区	长江上游地区
1961—2020 年平均/(m/s)	1.14	1.65	1.62
趋势系数	0.117	−0.053	−0.057
气候倾向率/(m/(s·10a))	0.01	−0.661 ***	−0.655 ***

注:*** 表示通过 0.01 的显著水平检验。

从长江三峡地区与背景区域风速差异(用长江三峡地区与背景地区之差表示)的年代际变化看(图 2.6.15),20 世纪 60—80 年代长江三峡地区与背景地区风速差值逐年代增大,80 年代达到最大,其中,与西南地区的差值为—0.67 m/s,与长江上游地区的差值为—0.62 m/s;20世纪90年代开始长江三峡地区与背景地区风速差值逐年代减小,21世纪10年代达到最小,其中与西南地区的差值为—0.25 m/s,与长江上游地区的差值为—0.23 m/s。表明长江三峡地区近10年来风速增大较背景地区更为明显。

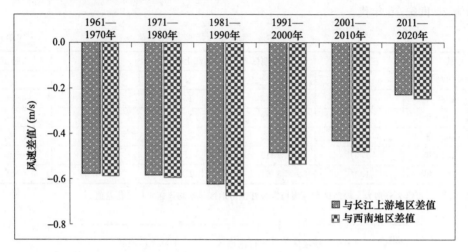

图 2.6.15　长江三峡地区年平均风速与背景地区差值年代变化

2. 四季平均风速变化比较

与背景地区四季风速变化趋势分析表明(表 2.6.5),长江三峡地区除春季风速变化趋势与背景地区一致性地减小外,夏、秋、冬三季均与背景区域不同,长江三峡地区夏、秋、冬三季均为增加,背景地区则均为减小趋势。从变化幅度看,长江三峡地区四季风速增减幅度均小于背景地区,其中,长江三峡地区春季风速减小幅度仅—0.004 m/(s·10a),远小于西南地区的—0.088 m/(s·10a)和长江上游地区的—0.089 m/(s·10a)。从变化趋势显著性检验看,长江三峡地区四季变化趋势均未通过显著性检验,而西南地区和三峡上游地区减小趋势均为显著(通过 0.01 的显著水平检验)。

表 2.6.5　三区域 1961—2020 年四季平均风速变化幅度　　　　　　(单位:m/(s·10a))

	长江三峡地区	西南地区	长江上游地区
春季	—0.004	—0.088***	—0.089***
夏季	0.013	—0.03***	—0.037***
秋季	0.017	—0.035***	—0.043***
冬季	0.015	—0.057***	—0.057***

注:*** 表示通过 0.01 的显著水平检验。

3. 不同水位期风速变化比较

长江三峡地区不同水位期风速与大气候背景区(长江上游地区和西南地区)比较表明,长江三峡地区各水位期风速均小于背景地区,长江三峡地区以汛期风速最大、高水位期风速最小,而背景地区均以水位消落期风速最大、蓄水期最小(图 2.6.16)。在水位消落期,长江三峡地区风速明显小于背景地区,是长江三峡地区与背景地区风速差异最大的时段,长江三峡地区为 1.19 m/s,长江上游地区和西南地区分别为 1.85 m/s 和 1.91 m/s;汛期,背景地区风速较水位消落期明显减小,而长江三峡地区风速有所增加,故与背景地区风速差异减小,是长江三峡地区与背景地区风速差异最小的时段;蓄水期和高水位期,长江三峡地区风速较前两个水位时段明显减小,而背景地区风速变化不大,故长江三峡地区风速与背景地区差异加大(图 2.6.17)。

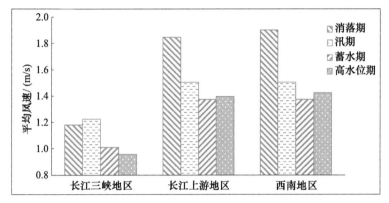

图 2.6.16 三区域不同水位期平均风速比较

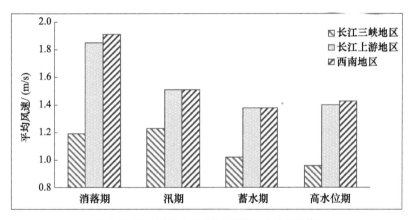

图 2.6.17 不同水位期三区域平均风速比较

从与大气候背景区不同水位期风速变化幅度比较来看(表 2.6.6),1961—2020 年,长江三峡地区 4 个水位期风速变化趋势与背景地区相反,长江三峡地区风速总体呈不显著的增加趋势,而长江上游地区和西南地区呈显著的减小趋势(均通过 0.01 显著性检验),且长江三峡地区风速变化幅度(增幅)明显小于背景地区的变化幅度(减幅),反映出长江三峡地区与背景地区风速变化的差异性特征。

表 2.6.6 三区域 4 个水位期平均风速变化幅度 （单位:m/(s·10a)）

	长江三峡地区	西南地区	长江上游地区
消落期	0.002	−0.078***	−0.078***
汛期	0.011	−0.037***	−0.03***
蓄水期	0.019	−0.039***	−0.032***
高水位期	0.024**	−0.045***	−0.037***

注:** 表示通过 0.05 的显著水平检验,*** 表示通过 0.01 的显著水平检验。

2.6.5 三峡水库蓄水前后风速变化特征

1. 年平均风速各时段比较

对比三峡蓄水前后 4 个阶段(时段 1:初步设计阶段,1961—1990 年;时段 2:工程建设阶段,1991—2002 年;时段 3:初期蓄水阶段,2003—2009 年;时段 4:175 m 蓄水阶段,2010—2020 年),长江三峡地区年平均风速经历了"大—小—大"的阶段性变化。初步设计阶段(时段 1)风速相对较大,时段平均值为 1.15 m/s;工程建设阶段(时段 2)和初期蓄水阶段(时段 3)风速明显减小,其中工程建设阶段风速为 1.0 m/s,为各阶段最小,初期蓄水阶段风速为 1.01 m/s;175 m 蓄水阶段(时段 4)风速显著增大,达到 1.33 m/s,为各阶段最大(图 2.6.18)。

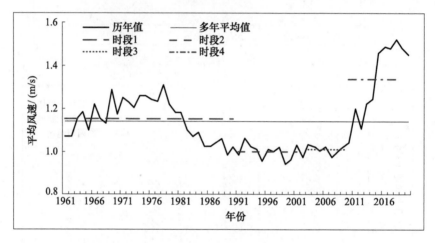

图 2.6.18 长江三峡地区各时段年平均风速变化

2. 四季平均风速各时段比较

图 2.6.19 和图 2.6.20 给出四季风速三峡蓄水前后各阶段对比。由图可见,四季平均风速在 4 阶段的变化特征基本一致,即呈"大—小—大"阶段特征。四季的时段 1 风速均较大,大于时段 2 和时段 3、小于时段 4;时段 2 和时段 3 风速明显较时段 1 减小且两者相近,是各时段风速最小的阶段,其中,春季和夏季时段 3 风速最小,秋季和冬季时段 2 风速最小;175 m 蓄水后的时段 4 风速则显著增大,为各时段最大(表 2.6.7)。

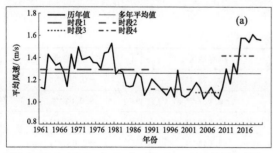
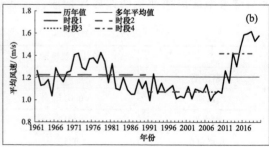

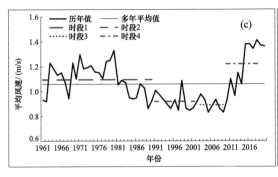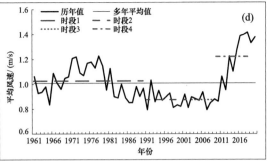

图 2.6.19 长江三峡地区四季风速各时段变化
（a:春季;b:夏季;c:秋季;d:冬季）

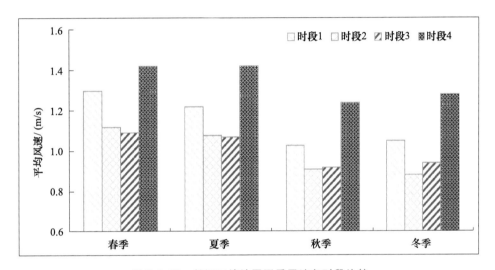

图 2.6.20 长江三峡地区四季风速各时段比较

表 2.6.7 三峡蓄水前后各时段四季平均风速 （单位:m/s）

	时段 1	时段 2	时段 3	时段 4
春季	1.30	1.12	1.09	1.42
夏季	1.22	1.08	1.07	1.42
秋季	1.03	0.91	0.92	1.24
冬季	1.05	0.88	0.94	1.28

3. 不同水位期风速各时段变化

图 2.6.21 和图 2.6.22 分别给出了 4 个水位期风速在三峡水库各阶段(时段 1:1961—1990 年,初步设计阶段;时段 2:1991—2002 年,工程建设阶段;时段 3:2003—2009 年,初期蓄水阶段;时段 4:2010—2020 年,175 m 蓄水阶段)的对比分析。4 个水位期不同蓄水时段的风速变化一致,均为时段 4 风速最大、时段 2 风速最小,即在三峡水库 175 m 蓄水阶段 4 个水位期风速均有明显增大的态势。

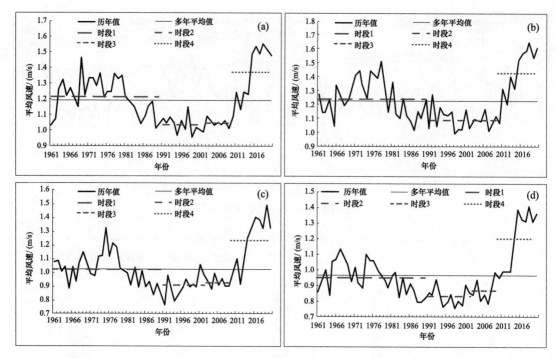

图 2.6.21 长江三峡地区不同水位期（a：消落期；b：汛期；c：蓄水期；d：高水位期）各时段（时段 1：初步设计阶段；时段 2：工程建设阶段；时段 3：初期蓄水阶段；时段 4：175 m 蓄水阶段）风速变化

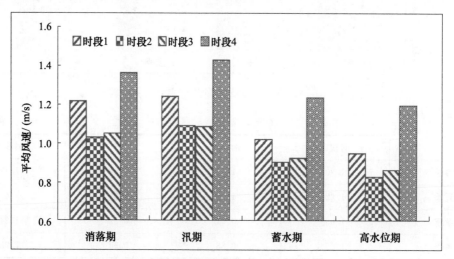

图 2.6.22 长江三峡地区不同水位期风速各时段变化（时段 1：初步设计阶段；时段 2：工程建设阶段；时段 3：初期蓄水阶段；时段 4：175 m 蓄水阶段）

　　三峡水库不同阶段风速在各水位期变化对比分析表明（图 2.6.23），在所有阶段（时段 1～4）风速变化一致，均呈现消落期和汛期风速较大而蓄水期和高水位期风速较小的变化特征，以汛期风速最大、高水位期最小。在工程建设阶段和初期蓄水阶段，各水位期风速均小于时段 1 和时段 4；在 175 m 蓄水阶段（时段 4），各水位期风速明显增大。

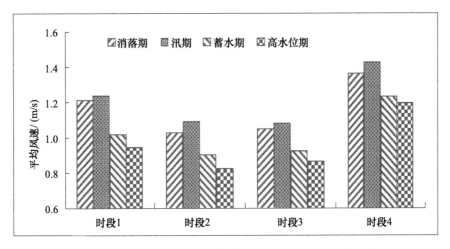

图 2.6.23 不同阶段(时段 1:初步设计阶段;时段 2:三峡工程建设阶段;时段 3:
三峡初期蓄水阶段;时段 4:175 m 蓄水阶段)三峡地区风速各水位期变化

2.7 山区立体气候

为揭示三峡水库高位蓄水后水库不同区段(库首、库中、库尾)气候的立体剖面变化特征,选取宜昌、万州、涪陵分别作为库首、库中和库尾的代表地点,并利用代表地点周边不同海拔高度的气象观测资料进行分析。库首共选取了 11 个区域气象站,海拔高度 194 m(王家岭)~1385 m(九岭头);库中选取了 11 个区域气象站,海拔高度 189 m(大塘塝)~1006 m(四季田);库尾选取了 6 个区域气象站,海拔高度 260 m(南沱)~712 m(丛林-2)。区域自动气象观测站点信息见表 2.7.1,站点分布如图 2.7.1 所示。气象观测资料为 2012—2020 年逐日平均气温和逐日降水量数据,以 1 月、4 月、7 月和 10 月分别代表冬、春、夏、秋四季。

表 2.7.1 三峡地区库首、库中和库尾区域自动气象站信息

	站名	海拔高度/m
库首	王家岭	194
	太平溪	215
	彭家坡	244
	芝兰	265
	擂鼓台	350
	西沟	653
	曾家店	703
	太阳河乡	780
	烟墩堡	918
	青林口	1020
	九岭头	1385

续表

	站名	海拔高度/m
库中	大塘塝	189
	观音岩	221.6
	柑子梁	330
	龙驹	372
	石板	431
	龙驹村	472
	望天丘	588
	三角架梁	635
	天德	697
	光头山	874
	四季田	1006
库尾	南沱	260
	山窝	372
	关东	376
	百胜	460
	丛林-1	555
	丛林-2	712

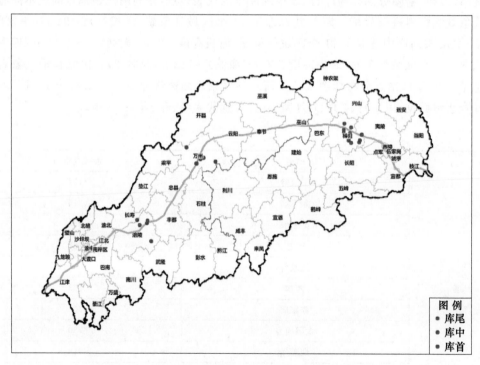

图 2.7.1　长江三峡库首、库中和库尾区域代表站点分布图

2.7.1　气温

1. 不同库段四季气温随海拔高度变化

(1)库首

库首气温的季节差异明显,在相同海拔高度,均为 7 月气温最高、1 月最低,4 月和 10 月接近(马德栗等,2014)。从库首 1 月、4 月、7 月和 10 月平均气温随海拔高度的变化来看(图 2.7.2),各季节代表月气温均随海拔高度的升高呈下降态势(张强等,2005),但在海拔高度 800～900 m 高度都存在一个明显的逆温层,4 个代表月气温的立体变化特征具有较好的一致性,气温随高度下降速率在 0.51～0.65 ℃。

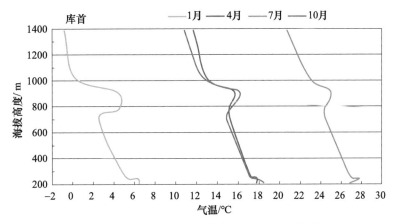

图 2.7.2　长江三峡库首宜昌地区代表月平均气温随海拔高度变化

1 月,海拔高度最低的太平溪平均气温最高,为 6.5 ℃;随着海拔高度的上升,气温逐渐降低,到海拔高度 703 m 的曾家店,气温降为 2.5 ℃;但到海拔高度 780 m 的太阳河乡和 918 m 的烟墩堡,气温又上升到 4.5 ℃和 4.3 ℃;之后随海拔高度的升高,气温迅速下降,海拔高度 1020 m 的青林口气温为 0.3 ℃,海拔高度 1385 m 的九岭头气温最低,为-0.8 ℃。海拔最高的九岭头和最低的太平溪 1 月平均气温相差 7.3 ℃,海拔每上升 100 m 气温平均降低 0.62 ℃。

4 月,太平溪平均气温最高,为 17.8 ℃;随着海拔高度上升,气温逐渐降低,到太阳河乡,气温降为 15.1 ℃;但到海拔高度 918 m 烟墩堡,气温又略上升到 15.6 ℃;之后随海拔高度升高,气温迅速下降,九岭头气温最低,为 11.8 ℃。海拔最高的九岭头和最低的太平溪 4 月平均气温相差 6.0 ℃,海拔每上升 100 m 气温平均降低 0.51 ℃。

7 月,海拔高度 215 m 的太平溪气温为 26.9 ℃,海拔高度 244 m 的彭家坡气温升高到 27.8 ℃,这与其他月份有所不同,近地层存在逆温;随着海拔高度上升,气温逐渐降低,到海拔接近 800 m(太阳河乡),气温降为 24.4 ℃;但高度升至 900 m 左右(烟墩堡),气温又上升到 25.0 ℃;之后,随海拔高度升高,气温迅速下降,至 1300 m 以上(九岭头)气温降至 20.8 ℃。海拔最高的九岭头和最低的太平溪 7 月平均气温相差 6.1 ℃,海拔每上升 100 m 气温平均降低 0.52 ℃。

10 月,太平溪气温最高,为 18.5 ℃;随着海拔高度的上升,气温逐渐降低,到海拔高度 703 m 的曾家店,气温降为 14.9 ℃;至海拔高度 700～900 m,出现逆温状况,太阳河乡和烟墩堡气温分别上升到15.2 ℃和16.1 ℃;之后,随海拔高度的升高,气温迅速下降,九岭头气温最低,为10.9 ℃。海拔最高的九岭头和最低的太平溪10月平均气温相差7.6 ℃,海拔每上升100 m气温平均降低0.65 ℃。

(2)库中

库中气温的季节差异与库首相似,在相同海拔高度均为7月气温最高、1月最低、4月和10月接近,与库首不同的是,库中没有明显的逆温层存在。从库中1月、4月、7月和10月平均气温随海拔高度的变化来看(图2.7.3),随着海拔高度的升高,各代表月气温整体呈下降趋势,下降速率在0.47~0.73 ℃,其中1月和4月下降速率较大;在海拔400~700 m高度,各月气温都呈现出一个比较稳定的状态,即随高度升高气温变化不大;1月在400 m左右有逆温层存在,4月、7月和10月在200 m左右的近地层有逆温层存在。

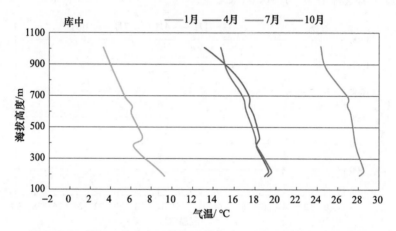

图2.7.3 长江三峡库中万州地区代表月平均气温随海拔高度变化

1月,海拔高度最低(189 m)的大塘塝平均气温最高,为9.3 ℃;随着海拔高度的上升,气温逐渐降低,到海拔高度372 m的龙驹,气温降为6.2 ℃;到431 m的石板,气温升至7.1 ℃,存在逆温现象;之后,随海拔高度的上升,气温下降变化不大,海拔588 m的望天丘和海拔635 m的三脚架梁气温均为6.1 ℃;海拔高度升到700 m以上,气温明显下降,海拔高度1006 m的四季田气温最低,为3.3 ℃。海拔最高的四季田和最低的大塘塝1月平均气温相差6.0 ℃,海拔每上升100 m气温平均降低0.73 ℃。

4月,近地层有一个逆温存在,海拔189 m的大塘塝气温为19.0 ℃,海拔221.6 m的观音岩为19.3 ℃;到海拔高度372 m的龙驹,气温降为18.2 ℃;到海拔高度431 m的石板,气温有所上升,为18.5 ℃;在海拔580~700 m,气温随高度略有降低但变化小,维持在17.4~17.8 ℃;海拔高度800 m以上,气温明显下降,至四季田气温降为13.2 ℃。海拔最高的四季田和最低的大塘塝4月平均气温相差5.8 ℃,海拔每上升100 m气温平均降低0.71 ℃。

7月,近地层有一个逆温存在,189 m的大塘塝气温为28.1 ℃,海拔221.6 m的观音岩为28.6 ℃;之后,随海拔高度的上升,气温缓慢下降,从372 m(龙驹)的27.8 ℃降到697 m(天德)的27.0 ℃,300 m的高差气温仅下降0.8 ℃,下降幅度远小于海拔每升高百米气温下降0.6 ℃的一般规律;海拔700 m以上,气温随高度下降比较明显,四季田气温最低,为24.3 ℃。海拔最高的四季田和最低的大塘塝7月平均气温相差3.8 ℃,海拔每上升100 m气温平均降低0.47 ℃。

10月与4月、7月相同,在近地层也有一个逆温存在,大塘塝气温为19.2 ℃,观音岩为

19.6 ℃;之后,随海拔高度的上升,气温平稳下降,从龙驹 18.2 ℃降到四季田的 14.7 ℃。海拔最高的四季田和最低的大塘塝 10 月平均气温相差 4.5 ℃,海拔每上升 100 m 气温平均降低 0.55 ℃。

（3）库尾

库尾气温的季节差异与库首和库中一致,在相同海拔高度,均为 7 月气温最高、1 月最低、4 月和 10 月接近。从库尾 1 月、4 月、7 月和 10 月平均气温随海拔高度的变化来看(图 2.7.4),各代表月气温的立体变化特征具有较好的一致性,均随着海拔高度的升高而降低,下降速率明显小于库首和库中,在 0.42～0.49 ℃,但在海拔 400～500 m 之间存在逆温层。

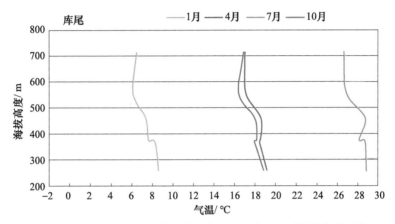

图 2.7.4　长江三峡库尾涪陵地区代表月平均气温随海拔高度变化

1 月,随着海拔高度的上升,气温从海拔 260 m(南沱)的 8.6 ℃降低至 712 m(丛林)的 6.5 ℃,但在 460 m 左右存在不太明显的逆温层,此外海拔 700 m 左右气温略有上升。从气温变化速率看,海拔最高和最低处的气温相差 2.1 ℃,海拔每上升 100 m 气温平均降低 0.46 ℃。

4 月,随着海拔高度的上升,气温由 19.2 ℃下降为 17.1 ℃,但在海拔 370～460 m 范围,气温变化很小,仅相差 0.2 ℃;在 460 m 左右存在一个逆温层,而在海拔 550 m 以上气温虽有下降但变化不大。从气温变化速率看,海拔最高和最低处的气温相差 2.1 ℃,海拔每上升 100 m 气温平均降低 0.46 ℃。

7 月,气温从海拔最低处(260 m)的 28.9 ℃,下降到海拔最高处(712 m)的 26.7 ℃;在海拔 370～460 m 存在较明显的逆温层,气温从 28.1 ℃上升到 28.8 ℃;在海拔 550 m 以上气温虽有下降但变化不大。从气温变化速率看,海拔最高和最低处的气温相差 2.2 ℃,海拔每上升 100 m 气温平均降低 0.49 ℃。

10 月,气温从海拔最低处(260 m)的 18.9 ℃下降到海拔最高处(712 m)的 16.9 ℃,在海拔 370～460 m 同样有逆温层存在,此外海拔 700 m 左右气温略有上升。从气温变化速率看,海拔最高和最低处的气温相差 1.9 ℃,海拔每上升 100 m 气温平均降低 0.42 ℃。

2. 四季气温随海拔高度变化空间差异

（1）冬季（1 月）

1 月,从库首、库中和库尾气温随高度的变化来看,库首气温在 700～900 m 有明显的逆温层,库中在 400 m 左右有一个逆温层,而库尾气温随海拔高度的上升持续下降,但 700 m 左右气温有升高的态势。在大部分高度层,都是库尾气温最高,其次是库中,库首气温最低(图 2.7.5a)。

(2)春季(4月)

4月,库首气温在900 m左右有一个逆温层,库中在近地层和400 m左右有逆温层,库尾逆温层在500 m左右。在大部分高度层,库首气温最低,库中和库尾气温接近;但在900 m高度以上,库首和库中气温接近(图2.7.5b)。

(3)夏季(7月)

7月,库首在近地面和900 m左右均有逆温层存在,库中在近地面有一个逆温层,库尾逆温层则出现在高度400 m左右;在大部分高度层,库首气温最低,其次是库中,库尾气温最高,但在500~600 m高度,库中气温高于库尾(图2.7.5c)。

(4)秋季(10月)

10月,库首气温在900 m左右有明显的逆温层,库中在近地层有逆温层,库尾逆温层出现在高度400 m左右,此外高度700 m左右库尾气温有升高的态势。在大部分高度层,库首气温最低,库中和库尾气温接近,但与其他代表月不同,总体上库中气温高于库尾(图2.7.5d)。

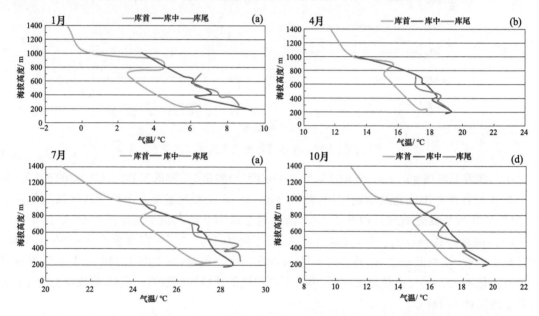

图2.7.5 (a)1月、(b)4月、(c)7月和(d)10月库首、库中和库尾平均气温随高度的变化

2.7.2 降水量

1. 不同库段四季降水量立体变化特征

(1)库首

在库首宜昌地区,降水量的季节差异明显,1月最少、7月最多,4月和10月降水量接近,7月降水量较4月或10月偏多1倍左右(图2.7.6),这也体现出了长江三峡地区降水季节变化特征与我国气候大背景的一致性。

分析表明,不同季节代表月降水量随海拔高度呈现出较为相似的变化特征,1月降水量随海拔高度变化幅度小,其余各代表月随高度变化幅度大。在300 m以下的较低海拔区域,降水量随海拔高度的变化没有表现出明显的趋向性,但总体上各代表月降水量随海拔高度的增加有大致呈先增加后减少的变化特征。海拔 300～800 m,各代表月降水量随海拔高度的变化呈现一致性,均为随海拔增高而增加,降水量最大值均出现在海拔 700 m 左右,其中 7 月和 10 月降水量增加最为显著。海拔 800～900 m,各代表月降水量随海拔高度的增高迅速减少,降水量的最小值出现在海拔 900 m 左右。海拔 900～1000 m,各代表月降水量再次呈现随海拔增高而增加的变化特征。海拔 1000 m 以上高度,1 月降水量随海拔高度的增高略有增加但量值变化不大,4 月、7 月和 10 月随海拔高度的增加降水量一致性地减少(图 2.7.6)。

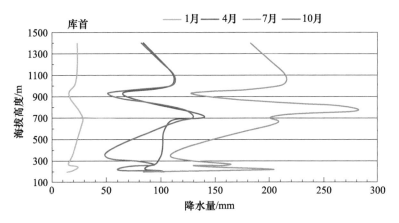

图 2.7.6　长江三峡库首宜昌地区代表月降水量随海拔高度的变化

(2)库中

在库中万州地区,降水量的季节差异特征与库首相似,1 月最少、7 月最多,4 月和 10 月降水量接近,但与库首不同的是,库中地区 7 月降水量较 4 月或 10 月偏多但程度较小,在 40％左右(图 2.7.7),同样体现出了长江三峡地区降水季节变化特征与我国气候大背景的一致性。

分析表明,与库首相同,1 月降水量随海拔高度的变化幅度小,其余各代表月随高度的变化幅度大;不同季节代表月降水量随海拔高度的变化特征有较明显的差异,其中,7 月和 4 月降水的立体变化特征在相近高度范围存在相反的变化特征,而 7 月和 10 月降水在相近高度范围则具有相似的变化特征。海拔 400 m 以下时,1 月、4 月和 10 月降水量随海拔高度的增加大致呈波动减少的变化特征,在 400 m 左右高度上降水最少,7 月降水则随海拔高度的升高先减后增。在海拔 400～900 m 高度范围内,各月降水量总体上随海拔高度的升高呈现"增—减—增"的变化特征,但出现拐点的海拔高度有所不同,7 月和 10 月降水由增多到减少的拐点大致在 600 m 左右、4 月在 700 m 左右,降水由减少到增多的拐点 7 月和 10 月大致在 700 m 左右、4 月在 900 m 左右;其中 400～600 m 各月降水量均随海拔高度的增加而增多,600～700 m 高度范围 7 月和 10 月降水随海拔高度的增加迅速减少,4 月降水则随海拔高度的增加而增多、700～900 m 高度范围 7 月和 10 月降水随海拔高度的增加而增多、4 月则随海拔高度的增加而减少。900 m 以上较高海拔区域,1 月、4 月和 10 月降水量均随海拔高度的增加而增多,而 7 月降水量随海拔高度的增加而减少(图 2.7.7)。

(3)库尾

在库尾涪陵地区,降水量的季节差异与库首和库中基本一致,1 月最少、7 月最多,4 月和 10 月降水量接近,但 7 月降水量较 4 月和 10 月偏多仅 30％左右(图 2.7.8),远小于库首,与库中相近。

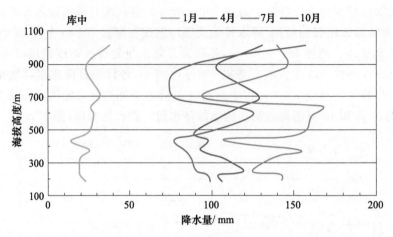

图 2.7.7 长江三峡库中万州地区代表月降水量随海拔高度的变化

分析表明,与库首和库中相同,库尾1月降水量随海拔高度的变化幅度小,其余各代表月随海拔高度的变化幅度相对较大,但不同季节降水量随海拔高度的变化特征较为一致。海拔400 m以下时,各代表月降水量随海拔高度的增加呈明显的增加态势,降水量最大值均出现在接近400 m处。海拔400~500 m,各代表月降水量均出现减少态势,至500 m高度左右出现降水最少值。海拔500~700 m,1月、7月和10月降水量均随海拔高度的增加而增加,而4月降水量随海拔高度的增加出现先增加后略减少的变化(图2.7.8)。

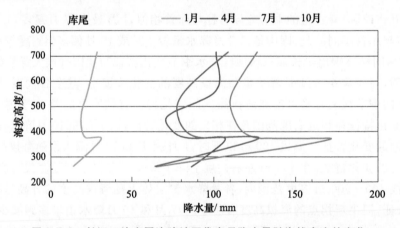

图 2.7.8 长江三峡库尾涪陵地区代表月降水量随海拔高度的变化

2. 四季降水量随海拔高度变化的空间差异

(1)冬季(1月)

1月,库首、库中和库尾降水量的立体变化特征较为一致。在海拔500 m以下范围,库首、库中和库尾降水量均随海拔高度的增加大致呈"增—减—增"的变化特征;海拔500~700 m,库首、库中和库尾的降水量随海拔高度的增加而增加;海拔700~900 m范围,库首和库中的降水量均随海拔高度的增加而减少(受观测资料所限,库尾无海拔700 m以上数据);海拔900~1000 m,库首和库中的降水量均随海拔高度的增加而增加;1000 m以上,库首降水量随海拔高度的变化不大(图2.7.9)。

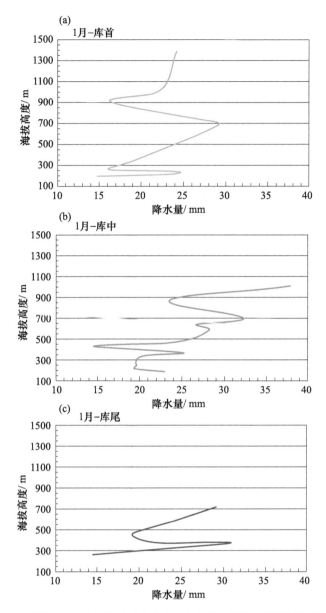

图 2.7.9　长江三峡(a)库首、(b)库中和(c)库尾 1 月降水量随海拔高度变化

(2)春季(4 月)

4 月,库首、库中和库尾降水量的立体变化特征异同并存。海拔 500 m 以下区域,库中和库尾的降水量随海拔高度的增加大致呈先增加后减少的变化特征,库中在 500 m 左右出现降水的最小值,而库首的降水量则为先减少后增加。海拔 500~700 m,库首和库中的降水量随海拔高度的增加而增加,至 700 m 左右达到降水量峰值;库尾降水量则是先增加后减少,在 550 m 左右出现随海拔升高降水呈减少态势的拐点。海拔 700~900 m 范围,库首和库中的降水量均随海拔高度的增加而迅速减少,库首在 900 m 左右为降水的最低值;海拔 900~1000 m,库首和库中的降水量均随海拔高度的增加而增加;海拔 1000 m 以上,库首降水量随海拔高度的增加而减少(图 2.7.10)。

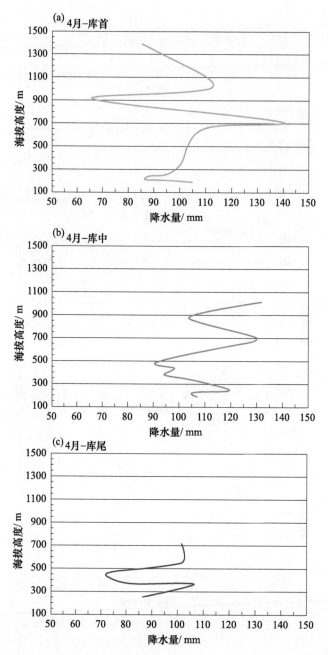

图 2.7.10　长江三峡地区(a)库首、(b)库中和(c)库尾 4 月降水量随海拔高度的变化

（3）夏季(7月)

7月,库首和库中降水量立体变化特征较为相似。海拔 500 m 以下范围,库首、库中降水量随海拔高度的增加大致呈先增加后减少再增加的变化特征,库尾降水量则呈由增到减的变化;库首和库尾降水量最小值均出现在较低海拔(300 m 以下)区域;海拔 500～700 m,库尾的降水量随海拔高度的增加而增加,库首和库中均呈随海拔升高先增后减的特征;海拔 700～1000 m,库首和库中的降水量随海拔高度的增加呈先增后减的变化;在 1000 m 以上,库首降水再次呈先增加后减少的态势(图 2.7.11)。

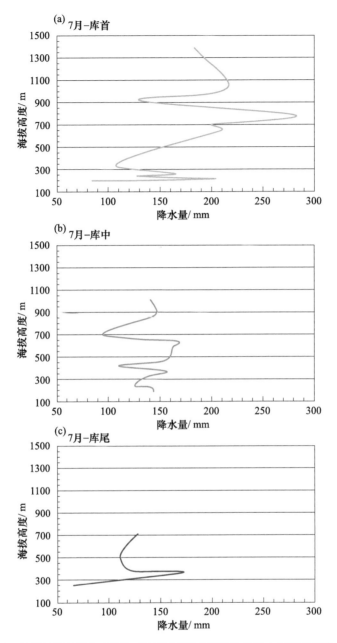

图 2.7.11　长江三峡地区(a)库首、(b)库中和(c)库尾 7 月降水量随海拔高度的变化

(4)秋季(10 月)

　　10 月,3 个库段降水量立体变化特征差异较为明显。海拔 500 m 以下,库首和库中降水随海拔高级的增加均呈由减到增的变化特征,库尾则为由增加到减少的变化特征。海拔 500～700 m,库首和库尾降水量均随海拔高度的增加呈增加态势,库首在 700 m 高度出现降水量最大值;库中降水量则为随海拔高度的增加呈先增后减的变化;海拔 700～1000 m 区域,库首降水量随海拔高度的增加呈先减后增的变化,库中降水量则随海拔高度的增加持续增加,在 1000 m 左右降水量最大;1000 m 以上区域,库首的降水量随海拔高度的增加再次减少(图 2.7.12)。

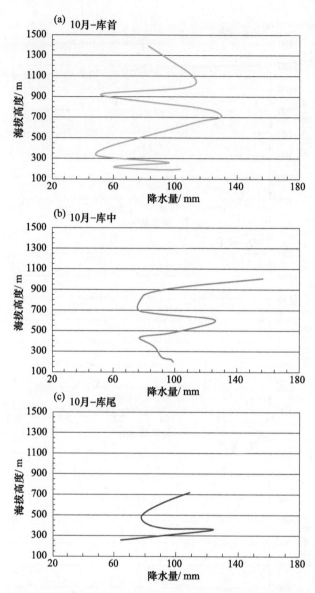

图 2.7.12　长江三峡地区(a)库首、(b)库中和(c)库尾 10 月降水量随海拔高度的变化

参考文献

陈鲜艳,宋连春,郭占峰,等,2013. 长江三峡库区和上游气候变化特点及其影响[J].长江流域资源与环境,22(11):1466-1471.

丁一汇,王绍武,郑锦云,等,2013. 中国气候[M].北京:科学出版社.

符坤,张六一,任强,2018. 蓄水前后三峡库区气候时空变化特征[J].环境影响评价,40(3):82-96.

李瀚,韩琳,贾志军,等,2016.中国西南地区地面平均相对湿度变化分析[J].高原山地气象研究,36(4):42-47.

李悦佳,贺新光,卢希安,等,2018.1960—2015年长江流域风速的时空变化特征[J].热带地理,38(5):660-667.

马德栗,刘敏,鞠英芹,2014.三峡气候梯度观测塔气候要素特征分析[J].安徽农业科学,42(5):1372-1375,1512.

孙晨,刘敏,2018.再分析资料在三峡库区气候效应研究中的应用[J].长江流域资源与环境,27(9):1998-2013.

孙甲岚,雷晓辉,蒋云钟,等,2012.长江流域上游气温、降水及径流变化趋势分析[J].水电能源科学,30(5):1-4.

王艳君,姜彤,施雅风,2005.长江上游流域1961—2000年气候及径流变化趋势[J].冰川冻土,27(5):709-714.

向菲菲,王伦澈,姚瑞,等,2018.三峡库区气候变化特征及其植被响应[J],地球科学,43(S1):42-52.

尹文有,田文寿,琚建华,2010.西南地区不同地形台阶气温时空变化特征[J].气候变化研究进展,6(6):429-435.

张强,万素琴,毛以伟,等,2005.三峡库区复杂地形下的气温变化特征[J].气候变化研究进展,1(4):164-167.

张树奎,鲁子爱,张楠,2013.三峡水库蓄水对库区降水量的影响分析[J].水电能源科学,31(5):21-23.

张天宇,范莉,孙杰,等,2010.1961—2008年三峡库区气候变化特征分析[J].长江流域资源与环境,19(Z1):53-61.

张志斌,杨颖,张小平,等,2014.我国西南地区风速变化及其影响因素[J].生态学报,34(2):471-481.

赵子皓,江晓东,杨沈斌,2022.三峡蓄水对局地气候变化的影响[J].长江科学院院报,39(6):40-49.

周德刚,黄荣辉,黄刚,2009.近几十年来长江上游流域气候和植被覆盖的变化[J].大气科学学报,32(3):377-385.

第 3 章

三峡地区天气气候事件

3.1 引言

三峡地处气候变化的敏感区,地形地貌条件复杂,灾害性天气时有发生。春季低温阴雨,夏季洪涝、持续高温、突发局地强对流天气,伏、秋旱,秋季连阴雨,冬季寒潮等都是经常出现的灾害性天气,其中影响最大、最为典型的是夏季暴雨洪涝、盛夏伏旱、秋季连阴雨以及强对流天气。如 2006 年川渝百年一遇的夏季高温伏旱,2009 年西南地区的冬春连旱,2020 年长江流域持续降水引发的暴雨洪涝灾害等,对区域经济和人民生活产生了严重影响。本章节主要选取暴雨、区域性暴雨过程、强降水、连阴雨、干旱、高温、雾等三峡地区常见的天气气候事件开展时空变化特点的分析。

3.2 暴雨及区域性暴雨过程

3.2.1 暴雨

1. 暴雨气候特征

暴雨是指降水强度和量均相当大的雨,在我国一般指日降水量(24 h 累计降水量,在气象业务中通常统计时段为前日 20 时至当日 19 时)为 50 mm 或以上的雨。三峡地区是我国暴雨洪涝及泥石流滑坡等灾害的多发区之一。暴雨往往是其主要诱发因子。统计显示,1961—2020 年,三峡地区所有站年内均有暴雨天气出现,其中东南部和中部地区海拔高,暴雨日数较多,平均每年有 3~5 d;东北部和西南部暴雨日数相对较少,年均一般为 2~3 d;中北部和西北部普遍有 3~4 d(图 3.2.1)。

将年暴雨累计降水量与年暴雨日数的商称之为年均暴雨强度。统计结果显示,1961—2020 年间,三峡地区年均暴雨强度空间差异不很明显,除兴山(85.95 mm/d)和綦江(87.35 mm/d)较大外,三峡地区其余大部分地区暴雨强度为 75~80 mm/d;万州(72.8 mm/d)、巫山(72.7 mm/d)、长阳(72.7 mm/d)暴雨强度较小(图 3.2.2)。

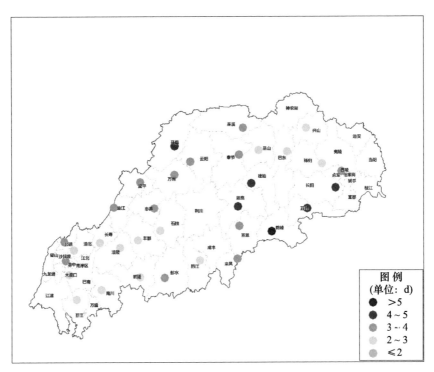

图 3.2.1　长江三峡地区年暴雨日数分布图(1961—2020 年平均)

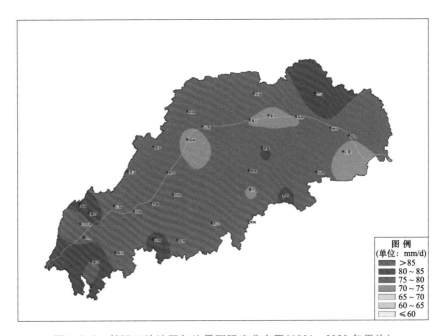

图 3.2.2　长江三峡地区年均暴雨强度分布图(1961—2020 年平均)

　　1961—2020 年,三峡地区最大日降水量空间分布特征明显,沿江大部为最大日降水量小值区,一般为 150～200 mm,黔江、鹤峰、开州为大值区,最大日降水量有 250～300 mm(图 3.2.3)。三峡地区最大日降水量的空间分布与地形和地势有着密切关系。

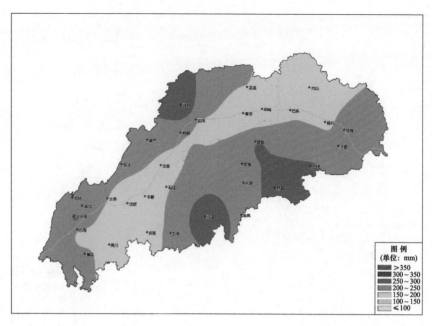

图 3.2.3　1961—2020 年长江三峡地区最大日降水量分布图

2. 暴雨长期变化特征

(1)暴雨日数

1961—2020 年,三峡地区平均年暴雨日数为 3.3 d;没有明显的变化趋势,但年际变化大,1998 年最多,平均暴雨日数为 6.2 d;2001 年最少,为 1.3 d,最多年的暴雨日数是最少年的 4.8 倍(图 3.2.4)。空间分布上,近 60 年,除三峡地区中部的万州、黔江、宜恩 3 站暴雨日数呈减少趋势,中西部的南川、长寿、丰都、建始、宜恩 5 站无变化趋势外,其余 25 站(约占总站数的 76%)均呈增加趋势(图 3.2.5)。

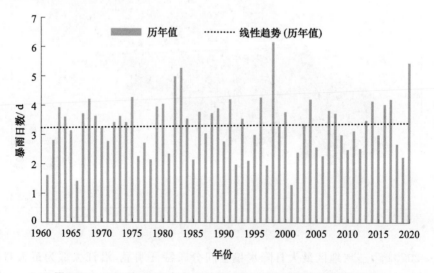

图 3.2.4　1961—2020 年长江三峡地区平均年暴雨日数历年变化

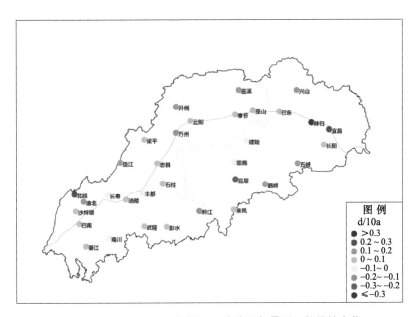

图 3.2.5　1961—2020 年长江三峡地区年暴雨日数线性变化

（2）暴雨强度

1961—2020 年，三峡地区平均年暴雨强度为 78.0 mm/d，呈减弱趋势，但没有通过显著性检验；年际变化较大，1961 年暴雨强度最强，平均为 98.6 mm/d，次强为 1997 年，平均为 90.4 mm/d；1973 年暴雨强度最弱，平均为 67.2 mm/d（图 3.2.6）。

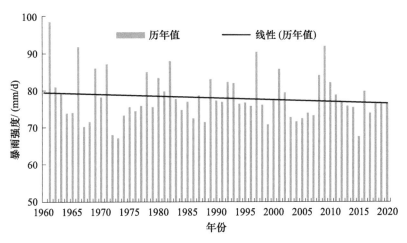

图 3.2.6　1961—2020 年长江三峡地区平均年暴雨强度历年变化趋势

（3）年最大日降水量

1961—2020 年，三峡地区平均年最大日降水量为 92.0 mm；没有明显变化趋势，但年际变化较大，1982 年平均最大日降水量最大，为 136.8 mm，次大为 1998 年，平均为 119.6 mm；2001 年最小，平均最大日降水量为 61.4 mm（图 3.2.7）。三峡地区年最大日降水量变化趋势空间存在差异，东南部和西部的部分地区呈减小趋势，南川、梁平、黔江、鹤峰 4 站没有明显变化趋势，三峡其余地区年最大日降水量呈增大趋势（图 3.2.8）。

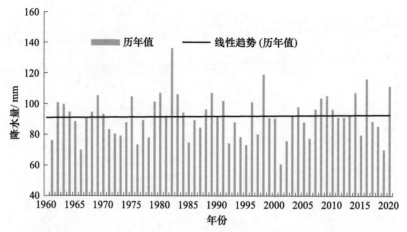

图 3.2.7　1961—2020 年长江三峡地区平均年最大日降水量历年变化

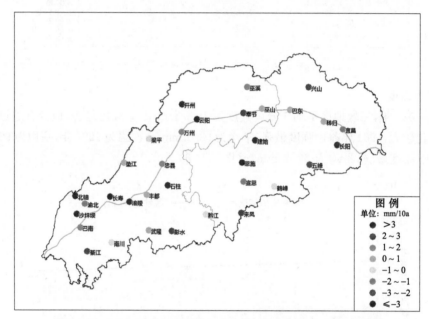

图 3.2.8　1961—2020 年长江三峡地区年最大日降水量变化趋势

3. 三峡水库蓄水前后暴雨变化特征

三峡工程建设的不同阶段,年均暴雨日数无明显差别,相比较而言,175 m 蓄水阶段暴雨日数最多,年均 3.4 d,初步设计阶段和初期蓄水阶段年均暴雨日数相当,为 3.3 d;三峡工程建设阶段最少,年均 3.2 d(图 3.2.9)。

三峡工程建设阶段暴雨强度最强,平均为 79.2 mm/d;次强为初步设计阶段,平均为 78.3 mm/d;175 m 蓄水阶段平均暴雨强度最弱,为 76.4 mm/d;初期蓄水阶段次弱,平均为 77.2 mm/d(图 3.2.10)。

三峡工程建设阶段平均最大日降水量最小,为 86.6 mm/d;初期蓄水阶段最大,为 94.8 mm;初步设计阶段与 175 m 蓄水阶段平均最大日降水量相差不大,分别为 92.8 mm 和 93.9 mm(图 3.2.11)。

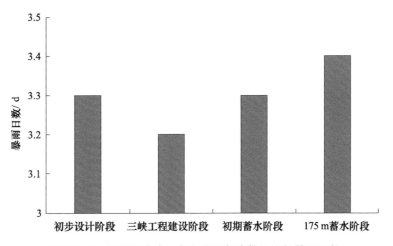

图 3.2.9　长江三峡地区水库建设各阶段平均年暴雨日数

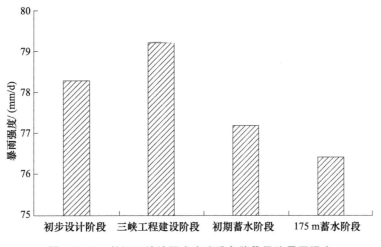

图 3.2.10　长江三峡地区水库建设各阶段平均暴雨强度

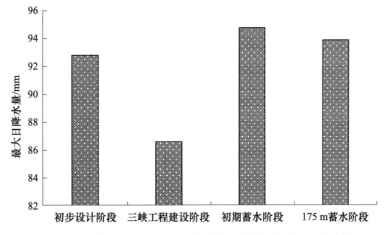

图 3.2.11　长江三峡地区水库建设各阶段平均年最大日降水量

3.2.2　区域性暴雨过程

1. 资料和方法

(1)资料

采用 1961—2022 年三峡地区 33 个国家级气象观测站的逐日降水观测资料,该资料来源于国家气象信息中心中国地面日值数据(降水量的日界为北京时 20 时)。

(2)区域性暴雨过程客观判识方法

目前,中国区域性暴雨过程判识标准因研究区域的气候背景和覆盖范围不同而存在差别。三峡地区面积接近重庆市,且两个区域气候背景相同,区域中包含的国家级气象观测站点数相近。因此,本研究采用重庆市气候中心在业务服务上使用的区域性暴雨过程的判识标准。

当监测区域单日降水量≥50 mm 的国家级观测站点数大于等于 4 站时,定义为一个区域性暴雨日。出现一个或一个以上连续区域性暴雨日,称之为一次区域性暴雨过程。满足区域性暴雨过程判定条件的首日为区域性暴雨过程开始日;区域性暴雨过程开始后,监测区内出现不满足区域性暴雨过程判定条件的前一日为区域性暴雨过程结束日。区域性暴雨过程开始日至结束日的日数为区域性暴雨过程的持续时间。定义年内首次区域性暴雨过程开始日期至末次结束日期之间的时段为区域性暴雨过程的发生期。

(3)区域性暴雨过程综合强度评估方法

区域性暴雨过程综合强度评估采用《区域性暴雨过程评估方法》(GB/T 42075—2022)中的区域性暴雨过程综合强度评估计算方法,具体为:

$$R = I \cdot \sqrt{T} \cdot \sqrt{S} \tag{1}$$

式中:R 为区域性暴雨过程综合强度指数,I 为区域性暴雨过程平均每天暴雨强度,T 为区域性暴雨过程持续时间,S 为区域性暴雨过程平均每天暴雨站数(代表范围)。

(4)长期变化分析方法

采用功率谱和 Morlet 小波(莫莱小波)变化方法诊断区域性暴雨过程各特征量的周期变化特征。利用最小二乘法研究区域性暴雨过程的长期变化特征,并采用 Mann-kendall 方法(曼-肯德尔法,简称 Mk 检验)诊断各特征量的气候突变特征。

(5)分析时段划分

三峡工程初步设计阶段为 1961—1990 年,工程建设阶段为 1991—2002 年,2003—2009 年为初期蓄水阶段,2010—2022 年为 175 m 蓄水阶段。

2. 区域性暴雨过程气候特征

基于区域性暴雨过程客观识别标准,1961—2022 年三峡地区共识别出 519 次区域性暴雨过程。共计暴雨 4458 站次,占同期总暴雨站次的 65.8%,可见三峡地区暴雨的发生近 2/3 是以区域性形式出现的。以下针对这 519 次区域性暴雨过程,对其气候特征及变化规律开展研究。

区域性暴雨过程的开始和结束时间对区域防汛工作开始和结束具有重要指示意义。1961—2022 年,三峡地区区域性暴雨过程平均开始日期为 5 月 8 日,年际变化大,最早开始日期为 3 月 16 日(2022 年),最晚为 7 月 5 日(1962 年),相差天数 112 d(图 3.2.12)。区域性暴雨过程平均结束日期为 9 月 17 日,结束日期最早为 7 月 18 日(1990 年),最晚是 11 月 5 日(1996 年),相差天数 110 d。三峡地区区域性暴雨发生期多年平均为 132.5 d,2014 年最长为 223 d,1997 年最短仅有 64 d。由此可见,三峡地区区域性暴雨过程平均始于 5 月上旬,止于 9 月中旬,同全国汛期时间基本一致,但开始和结束日期的年际极差均较大。由此也表明,未来根据三峡地区区域性暴雨过程的气候预测适时开展该地区年度防汛、蓄水工作非常重要。

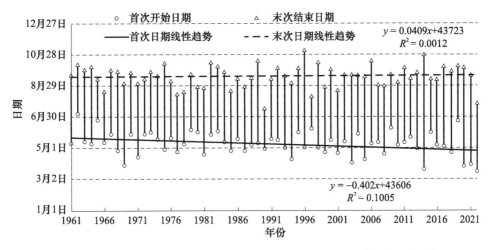

图 3.2.12　1961—2022 年三峡地区区域性暴雨过程开始和结束日期历年变化

三峡地区区域性暴雨过程年发生频次差异较大。1961—2022 年,平均每年出现区域性暴雨过程 8.4 次,其中 1998 年最多,为 14 次;1961 年和 2001 年最少,均为 3 次(图 3.2.13),最多年发生频次是最少年的 4.7 倍。

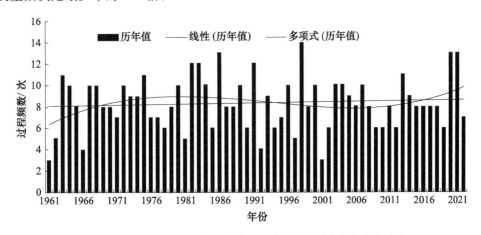

图 3.2.13　1961—2022 年三峡地区区域性暴雨过程频数历年变化

三峡地区单次区域性暴雨过程持续时间较短。1961—2022 年,单次区域性暴雨过程持续日数多年平均仅为 1.3 d。其中 72.4% 的区域性暴雨过程持续日数为 1 d,22.7% 区域性暴雨过程持续日数为 2 d,持续日数在 3 d 及以上的区域性暴雨过程占比不足 5%;区域性暴雨过程持续最长日数为 5 d,出现在 1968 年 7 月 13—17 日。

统计分析发现,三峡地区单次区域性暴雨过程覆盖的并不广泛。1961—2022 年,三峡地区单次区域性暴雨过程覆盖范围平均为 8.7 站(约占区域总监测站数的 26.4%);71%的区域性暴雨过程覆盖站数占总监测站数的 1/3 以下(11 站以下),仅 1%左右的区域性暴雨过程覆盖站数超过区域总站数 2/3(超过 22 站)(图 3.2.14),意味着三峡地区很少发生大多数站同时出现暴雨的情况。近 62 年中,三峡地区仅在 20 世纪 90 年代初出现了两次覆盖站点占比 80%以上的区域性暴雨过程,分别是 1990 年 5 月 15 日的 28 站和 1991 年 6 月 30 日—7 月 2 日的 27 站。

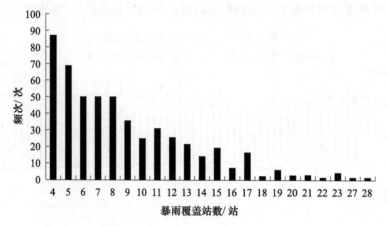

图 3.2.14　三峡地区不同暴雨覆盖范围的区域性暴雨过程发生频次分布(1961—2022 年)

　　暴雨强度是反映暴雨过程强弱程度和危害程度的重要指标之一,也是开展暴雨洪涝风险评估中的重要指标之一。本研究以区域性暴雨过程期间平均日暴雨量作为反映过程平均强度的指标。三峡地区区域暴雨过程平均强度较强。1961—2022 年间,三峡地区区域性暴雨过程的暴雨平均强度为 74.7 mm/d。平均暴雨强度在 50～100 mm/d(暴雨级)的占比为 95.8%,最多出现的区域性暴雨平均强度在 60～90 mm/d,约占 77.8%;平均暴雨强度在 100 mm/d以上(大暴雨级)的占比较小,仅 4.2%(图 3.2.15)。1982 年 7 月 11 日区域性暴雨过程的暴雨平均强度最强,达 133.5 mm/d。事实上,无论是过程平均暴雨强度还是单日暴雨强度达到大暴雨等级均会存在较大的洪涝灾害风险。在全部 519 次区域性暴雨过程中,有 45 次(8.7%)最大单日暴雨平均强度达大暴雨等级。这表明三峡地区出现区域性暴雨过程约有近 9%的几率存在较大的洪涝灾害风险,这一点应引起高度重视。

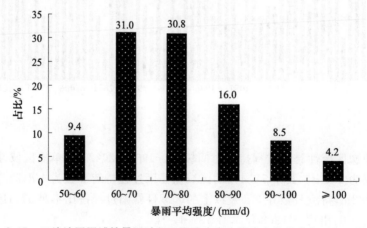

图 3.2.15　三峡地区区域性暴雨过程不同强度发生频次占比分布(1961—2022 年)

通过对逐月数据进行分析,可以更加清楚地观察三峡地区区域性暴雨过程在不同月份的发生概率、影响范围和强度特征,对我们了解该地区区域性暴雨过程的季节分布规律有着重要意义。统计结果表明,1961—2022 年三峡地区区域性暴雨过程在 3—11 月均有发生,主要出现在 5—9 月,占全年总发生频次的 91.9%,其中 6 月和 7 月发生频次最多,分别占全年总频次的 22.0% 和 22.9%,1 月、2 月和 12 月三峡地区没有区域性暴雨过程出现(图 3.2.16),这也符合该地区一般冬季降水量小的气候特征。

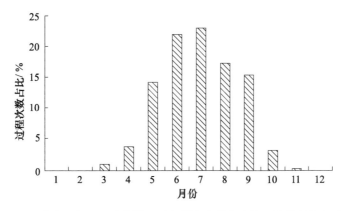

图 3.2.16　三峡地区各月区域性暴雨过程频次占总频次的百分比(1961—2022 年)

1961—2022 年,三峡地区各月区域性暴雨过程平均持续时间基本在 1.0~1.6 d,6 月和 7 月相对较长,分别为 1.4 d 和 1.6 d。各月区域性暴雨过程的平均覆盖范围在 7 月最大,为 9.6 站,其次为 9 月和 6 月,分别为 9.3 站和 9.1 站(图 3.2.17a)。区域暴雨过程月均暴雨强度基本呈单峰型分布,7 月最强,为 80 mm/d,8 月次强,为 76.4 mm/d,6 月为第三强,为 73.8 mm/d,5 月和 9 月强度相当,为 72 mm/d 左右,3 月和 4 月的频次较少但平均强度均高于 10 月和 11 月,其中 11 月最弱,为 62.5 mm/d(图 3.2.17b)。将区域性暴雨过程的平均强度、持续时间和空间影响范围 3 项指标综合,可得到区域性暴雨过程的综合强度。三峡地区区域性暴雨过程综合强度与平均强度的月分布相似,同为单峰型分布,其中 7 月的综合强度最强(图 3.2.17c)。

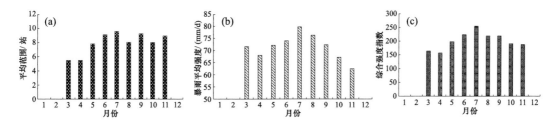

图 3.2.17　三峡地区各月区域性暴雨过程暴雨平均范围(a)、强度(b)综合强度指数(c)分布(1961—2022 年)

3. 区域性暴雨过程长期变化特征

通过长时期的变化特征分析,我们可以更好地了解三峡地区区域性暴雨过程在较长时段内的变化趋势,这将进一步揭示出区域性暴雨过程在气候背景变化下的长期演变趋势特征。1961—2022 年,三峡地区年首次区域性暴雨过程开始日期呈显著提前趋势($P<0.02$),提前速率为 4.0 d/10a;末次区域性暴雨过程结束日期无明显变化趋势;区域性暴雨过程的发生期呈

显著增长趋势($P<0.02$),其增长速率为 4.4 d/10a(图 3.2.12)。由此判断,三峡地区区域性暴雨过程发生期增长主要是开始日期提前所致。通过非参数 MK 突变检验,结果显示三峡地区区域性暴雨过程的开始日期、结束日期以及发生期均未出现突变现象。

三峡地区区域性暴雨过程年频次没有明显的变化趋势,与洪国平(2020)针对湖北省研究的结果一致;但存在明显的阶段性变化特征,1961—2022 年间,区域性暴雨过程频次较多时段主要为 20 世纪 70 年代至 80 年代中期、21 世纪 10 年代后期(图 3.2.13)。MK 检验结果显示,近 62 年来三峡地区区域性暴雨过程年发生频次没有出现突变现象。再进一步利用 Morlet 小波变换分析三峡地区区域性暴雨过程年频次的时频特征时发现,三峡地区区域性暴雨过程年频次于 20 世纪 80—90 年代存在 2～3 年、20 世纪 90 年代后期至 21 世纪 00 年代后期存在 8 年左右显著变化周期($\alpha<0.1$),且发生于 20 世纪 80 年代中期至 90 年代后期 2～3 年的周期变化更为显著(图 3.2.18)。

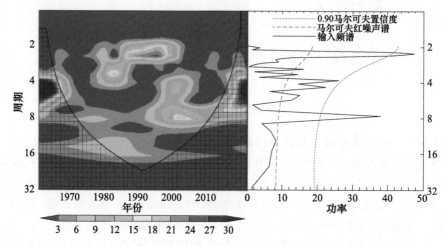

图 3.2.18　1961—2022 年三峡地区区域性暴雨过程年频次小波功率谱

(红色表示通过 $\alpha=0.1$ 的显著性检验)

三峡地区年区域性暴雨过程在 1961—2022 年的平均持续日数和最长持续日数均没有变化趋势,阶段性变化特征也不明显,这与王春学等(2016)得出的四川省区域性暴雨过程持续时间有微弱变长趋势有别。

三峡地区年均单次区域性暴雨过程覆盖范围没有明显的变化趋势,但阶段性变化特征明显,在 20 世纪 60 年代后期至 80 年代前期和 21 世纪 00 年代中期至 10 年代中期覆盖范围较大,20 世纪 60 年代初期和最近几年覆盖范围明显偏小。MK 检验显示,三峡地区年均单次区域性暴雨过程覆盖范围没有突变现象。Morlet 小波变换分析发现,三峡地区年均单次区域性暴雨过程覆盖范围在 20 世纪 80 年代至 20 世纪末存在 9 年左右的显著变化周期,在 21 世纪 00 年代存在 4 年左右的显著变化周期(图 3.2.19)。

1961—2022 年,三峡地区年单次区域性暴雨过程的最大覆盖范围没有明显的变化趋势,但年际变化非常大,最大覆盖范围的最大值为 28 站(1990 年),约占区域总站数的 85%,最小值仅为 5 站(2001 年),占总站数的 15.2%。

1961—2022 年,三峡地区年均单次区域性暴雨过程的暴雨平均强度有增大趋势,但未通过显著性检验;MK 检验结果显示,近 62 年来三峡地区区域性暴雨过程年均暴雨平均强度没有出现突变现象。从区域性暴雨过程暴雨强度的极端性来看,三峡地区年单次区域性暴雨过程的最大暴雨平均强度和最大单日暴雨平均强度均无明显变化趋势,但年际变化均较大,其中最大暴雨平均强度的最大值(133.5 mm/d/站,1982 年)是最小值(74.6 mm/d/站,1995 年)的 1.8 倍;年最大单日暴雨平均强度的最大值(166.12 mm/站,2009 年)是最小值(78.0 mm/站,2015 年8 月 17 日)的 2.1 倍。

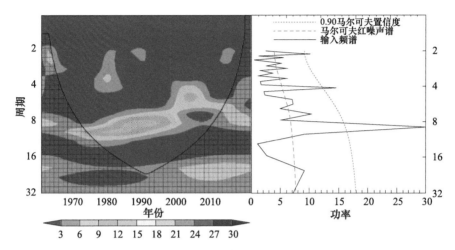

图 3.2.19　1961—2022 年三峡地区年均单次区域性暴雨过程暴雨覆盖范围小波功率谱
(红色表示通过 α＝0.1 的显著性检验)

1961—2022 年,三峡地区年平均单次区域性暴雨过程的综合强度无变化趋势;年际变化较大,年均的最大值(284.6,1982 年)是最小值(129.1,2001 年)的 2.2 倍。三峡地区年最大单次区域性暴雨过程综合强度呈减弱趋势(图 3.2.20),尽管没有通过显著性检验,也表明三峡地区区域性暴雨过程的综合极端性有所减弱;年际变化大,年最大综合强度的最大值(626.9,1982 年)是最小值(177.8,2001 年)的 3.5 倍。

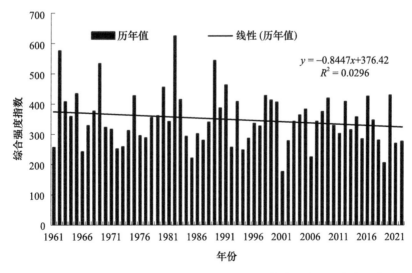

图 3.2.20　1961—2022 年三峡地区区域性暴雨过程最大综合强度指数历年变化

表 3.2.1 列出了 1961—2022 年三峡地区区域性暴雨过程综合强度前 10 强的相关信息。结果显示,三峡地区 10 次最强区域性暴雨过程中,有 8 次发生在 20 世纪 60 年代和 80 年代。这一结果与高筱懿等(2021)针对 1961—2018 年长江中下游地区前 12 强区域性暴雨过程发生年代有所不同,也说明在长江流域区域性暴雨过程的强度具有地域性特征。另外,在三峡地区综合强度前 10 强的区域性暴雨过程中,80% 出现在 7 月份。这与曲华等(2005)该地区洪涝灾害主要出现在 7 月份的结论一致。

表 3.2.1   1961—2022 年三峡地区综合强度前 10 强的区域性暴雨过程信息

排序	起止时间	持续时间/d	平均范围/(站/d)	平均强度/(mm/d)	单站最大日降水量/mm	综合强度
1	19820716—19820718	3	8.33	125.38	218.4	626.9
2	19620705—19620708	4	8.00	101.97	229.6	576.8
3	19890708—19890711	4	7.50	99.45	234.1	544.7
4	19690711—19690712	2	11.50	111.57	262.0	535.1
5	19820727—19820729	3	8.33	99.00	306.9	495.0
6	19910630—19910702	3	10.00	84.70	149.8	463.9
7	19800730—19800801	3	7.33	97.08	230.5	455.4
8	19650905—19650905	1	22.00	92.71	171.7	434.9
9	20200716—20200718	3	7.67	90.00	191.6	431.7
10	19800629—19980629	1	17.00	104.06	195.9	429.1

4. 三峡水库蓄水前后区域性暴雨过程变化特征

三峡水库初步设计阶段、工程建设阶段、初期蓄水阶段和 175 m 蓄水阶段三峡地区首次区域性暴雨过程平均开始日期出现在 5 月上中旬,出现日期依次提前,分别为 5 月 13 日、5 月 8 日、5 月 4 日和 5 月 1 日;结束日期发生在 9 月中下旬,出现日期基本略呈依次推后,其中初步设计阶段出现在 9 月 14 日,工程建设阶段和初期蓄水阶段时间相近,分别 9 月 19 日和 9 月 18 日;175 m 蓄水阶段结束日期 9 月 25 日;4 个时段平均发生期长度依次呈增加态势,分别为 124.3 d、134.4 d、137.9 d 和 147.7 d(表 3.2.2)。

表 3.2.2   三峡地区不同时段年区域性暴雨过程开始日期、结束日期和发生期长度

时段	开始日期	结束日期	发生期长度/d
初步设计阶段	5 月 13 日	9 月 14 日	124.3
工程建设阶段	5 月 8 日	9 月 19 日	134.4
初期蓄水阶段	5 月 4 日	9 月 18 日	137.9
175 m 蓄水阶段	5 月 1 日	9 月 25 日	147.7

在三峡水库初步设计阶段、工程建设阶段、初期蓄水阶段和 175 m 蓄水阶段,三峡地区区域性暴雨过程年均频次变化不大,相对而言,工程建设阶段暴雨过程频次较少,年均为 7.8 次,初期蓄水阶段和 175 m 蓄水阶段较多,年均为 8.7 次,初步设计阶段居中,年均为 8.4 次(图 3.2.21)。

　　三峡水库初步设计阶段三峡地区区域性暴雨过程年最长持续时间的多年平均为 2.4 d,工程建设阶段最短,为 2.2 d,初期蓄水阶段最长,平均为 2.6 d,175 m 蓄水阶段为 2.3 d。

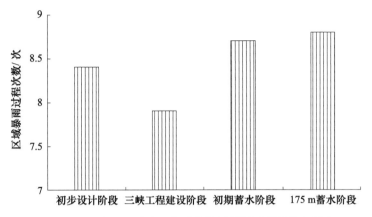

图 3.2.21　长江三峡地区各阶段区域暴雨过程平均年频次

　　初步设计阶段、初期蓄水阶段和蓄水阶段平均范围相近,为 8.6～8.8 站,工程建设阶段相对较少,为 8.0 站。单次区域性暴雨过程的暴雨最大覆盖范围没有明显变化趋势,年际变化大,年区域性暴雨过程暴雨最大覆盖范围的最大值为 28 站(1990 年),约占区域总站数的85％,最小值为 5 站(2001 年),仅占总站数的 15.2％;与平均范围的变化特征相同,三峡工程4 个阶段中也是工程建设阶段平均最大覆盖范围相对较小,平均 15.4 站,但初步设计阶段平均最大覆盖范围最大,为 16.4 站(图 3.2.22)。

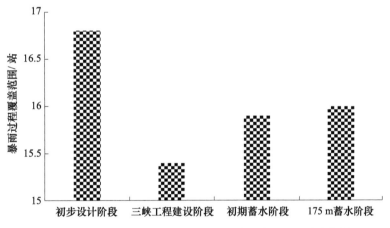

图 3.2.22　长江三峡地区各阶段区域暴雨过程平均覆盖范围

　　平均综合强度在初期蓄水阶段最大,为 228.5,初步设计阶段和 175 m 蓄水阶段相差不大,为次大,分别为 222.1 和 220.9,工程建设阶段最小,为 207.9。平均年最大综合强度在初步设计阶段最大,为 364.9;初期蓄水阶段次大,为 350.7;工程建设阶段和 175 m 蓄水阶段的年最大综合强度接近,较小,分别为 336.7 和 330.8(图 3.2.23)。最大强度的这种分布从1961—2022 年三峡地区区域性暴雨过程综合强度前 10 强(表 3.2.1)也可以看出,除 2020 年 7月 16—18 日的暴雨过程外,其余 9 次最强暴雨过程均发生在 1961—1991 年的 31 年里,即绝大多数处于初步设计阶段。

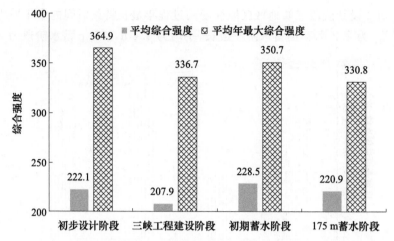

图 3.2.23 长江三峡地区各阶段区域暴雨过程平均综合强度和平均年最大综合强度

3.3 雨涝

采用国家气候中心现行业务中使用的雨涝监测标准进行雨涝过程判识:连续 10 天降水量 250 mm 以上或 20 天以上降水总量 350 mm 以上为一次雨涝过程;连续 10 天降水量 350 mm 以上或 20 天以上降水总量 500 mm 以上为一次严重雨涝过程。凡一年(月)中有一次雨涝过程出现,则将该年(月)统计为一个雨涝年(月)。年(月)雨涝频率为雨涝年(月)占总统计年(月)的百分比。为了表征区域内的雨涝情况,定义雨涝站率为区域内某一时段内发生雨涝的站数占区域总站数的百分比。

三峡工程初步设计阶段为 1961—1990 年,工程建设阶段为 1991—2002 年,2003—2009 年为初期蓄水阶段,2010—2020 年为 175 m 蓄水阶段。根据三峡工程建设的不同阶段,采用 U 检验方法检验三峡地区的雨涝过程在不同时期气候特征的差异。同时采用最小二乘法获取变化趋势和变化速率,并且用 t 检验方法检验变化趋势的显著性。

3.3.1 雨涝气候特征

一年中,雨涝过程的最早开始日期和最晚结束日期对防洪及蓄水等决策工作具有非常重要的参考价值。1961—2020 年,三峡地区年内首次雨涝过程发生时间最早在北碚(1978 年 5 月 29—31 日),最晚发生在开县(1991 年 10 月 2—9 日)。三峡地区年内首次严重雨涝过程发生时间最早在鹤峰(2020 年 6 月 8—24 日),最晚发生在开县(2004 年 9 月 1—8 日)。

基于雨涝过程判识标准,对 1961—2020 年三峡地区的雨涝过程进行识别,共有 183 站次雨涝过程,平均每年发生雨涝过程 3 站次。三峡地区共发生 37 站次严重雨涝过程,平均每年发生严重雨涝过程 0.6 站次。

从空间分布来看,三峡地区发生雨涝次数最多的地区主要在三峡中南部建始、恩施、宣恩、来凤 4 个站,频次在 10～20 次,其次是开县、巫溪、万州等站,频次在 5～10 次,主要在三峡地区的北部,其余站频次均少于 5 次(图 3.3.1)。三峡地区中部发生严重雨涝过程的次数最多,建始、恩施、来凤 3 个站频次在 3~5 次,开县、巫溪、云阳、万州等站发生的频次在 1~3 次,主要位于三峡地区的西北部和北部,其他站均少于 1 次(图 3.3.2)。

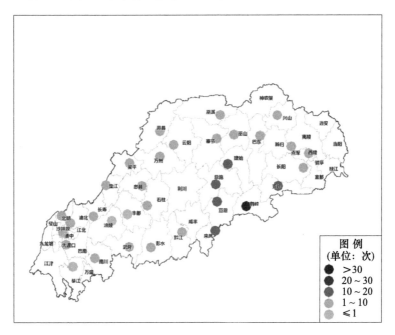

图 3.3.1　三峡地区各站雨涝过程频次空间分布图(1961—2020 年)

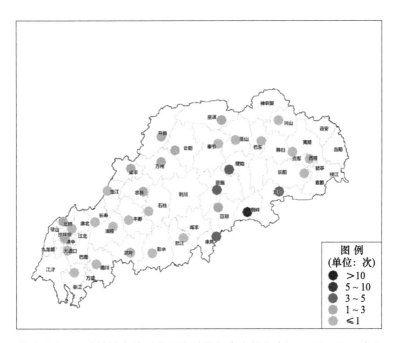

图 3.3.2　三峡地区各站严重雨涝过程频次空间分布图(1961—2020 年)

从年雨涝频率来看,三峡地区的年雨涝频率呈中部高东西低的特征(图 3.3.3)。除了綦江、丰都和涪陵外,各站均有雨涝过程发生,年雨涝频率一般为 1%~30%,其中鹤峰的雨涝频率最高为 45%。三峡地区的严重雨涝频率分布在中部地区,年严重雨涝频率一般为 1%～10%,其中鹤峰的严重雨涝频率最高为 16.7%(图 3.3.4)。

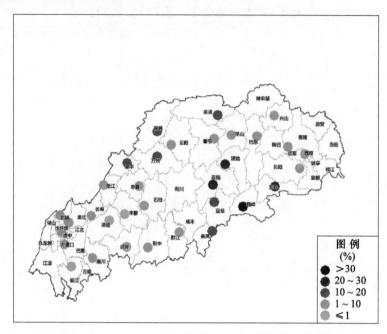

图 3.3.3　三峡地区各站年雨涝频率空间分布图(1961—2020 年)

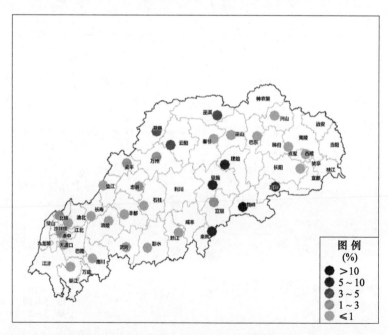

图 3.3.4　三峡地区各站严重雨涝过程年频率空间分布图(1961—2020 年)

三峡地区雨涝频次在年内呈单峰型分布,发生月份主要集中在 5—10 月,其中 7 月最多为1.4 次,其次是 6 月为 0.8 站次(图 3.3.5)。严重雨涝过程主要发生在 6—9 月,其中 7 月最多为 0.4 次,其次是 6 月为 0.15 站次(图 3.3.6)。

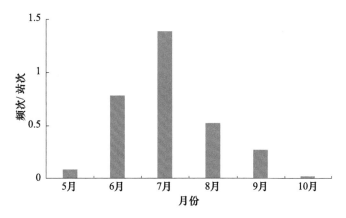

图 3.3.5 三峡地区各月雨涝站次分布(1961—2020 年平均)

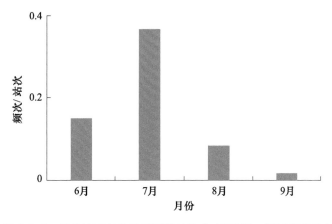

图 3.3.6 三峡地区各月严重雨涝站次分布(1961—2020 年平均)

雨涝站率代表发生雨涝站数占总站数的百分比,因此可以用来研究雨涝发生的范围。1961—2020 年,三峡地区雨涝站率多年平均值为 8.4%,严重雨涝站率为 1.8%。雨涝站率在6—9 月较大,其中 7 月最大为 4.0%,其次是 6 月为 2.3%(图 3.3.7)。三峡地区严重雨涝站率在 6—8 月较大,7 月也最大为 1.1%,其次是 6 月为 0.4%(图 3.3.8)。

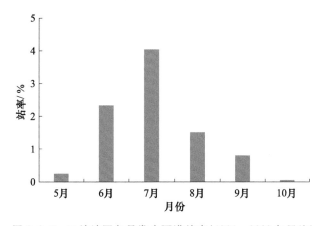

图 3.3.7 三峡地区各月发生雨涝站率(1961—2020 年平均)

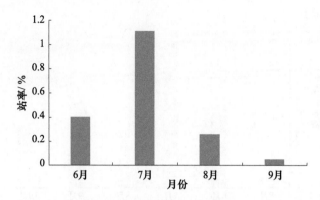

图 3.3.8　三峡地区各月发生严重雨涝站率(1961—2020 年平均)

1961—2020 年,三峡地区雨涝过程持续时间平均为 8.4 d。三峡地区雨涝过程持续时间一般在 1~22 d,其中持续日数在 3~16 d 的发生频次占总频次的 95%,持续日数为 8 d 的频次最多有 25 次,占总频次的 13.7%,其次是持续日数为 9 d 的有 23 次,占总频次的 12.6%(图 3.3.9)。雨涝持续时间最长的发生在 1967 年 6 月 14 日—7 月 5 日,五峰雨涝过程持续 22 d,降水量达 321 mm。

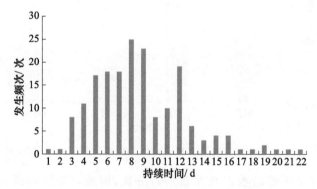

图 3.3.9　三峡地区不同持续时间的雨涝过程频次分布

三峡地区严重雨涝持续时间平均为 8.9 d。严重雨涝持续时间一般有 2~19 d,其中持续时间为 12 d 的频次最多有 7 次,占总频次比例的 18.9%,其次是 9 d 的 6 次,占总频次的 16.2%(图 3.3.10)。三峡地区严重雨涝过程持续时间最长的为 19 d,发生在鹤峰(1998 年 8 月 2—20 日),过程降水量达 655.7 mm。

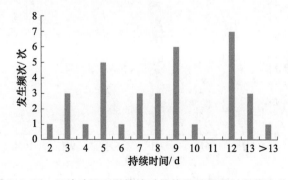

图 3.3.10　三峡地区不同持续时间的严重雨涝过程频次分布

以单次雨涝过程中平均日降水量作为雨涝过程的平均强度。年雨涝过程强度为该年内所有雨涝过程降水量的日平均值。1961—2020 年,三峡地区所有雨涝过程的平均强度为 41.6 mm/d,其中 1981 年雨涝过程的平均强度最强,达 115.8 mm/d。在所有雨涝过程中,平均强度在 20～30 mm/d 的有 39 次,在 30～40 mm/d 的有 52 次,在 40～50 mm/d 的有 32 次,在 90～100 mm/d 的有 2 次,在 100 mm/d 以上的有 7 次,分别占总次数的 21.3%、28.4%、17.5%、1.1% 和 4.0%(图 3.3.11)。

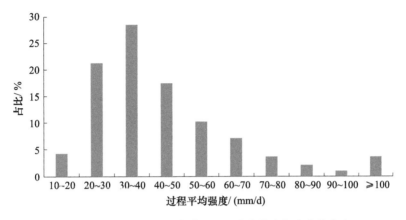

图 3.3.11　三峡地区雨涝过程不同强度发生频次占比分布

1961—2020 年,三峡地区所有严重雨涝过程的平均强度为 52.9 mm/d,其中 1982 年雨涝过程的平均强度最强,达 88.5 mm/d。在所有严重雨涝过程中,平均强度在 30～40 mm/d 的有 7 次,在 40～50 mm/d 的有 10 次,在 50～60 mm/d 的有 6 次,在 80 mm/d 以上的有 6 次,分别占总次数的 18.9%、27.0%、16.2% 和 16.2%(图 3.3.12)。

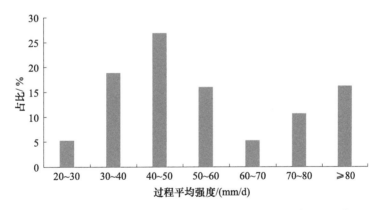

图 3.3.12　三峡地区严重雨涝过程不同强度发生频次占比分布

3.3.2　雨涝长期变化特征

1961—2020 年,三峡地区年雨涝频次呈弱的减少趋势,为 0.27 站次/10a,但没有通过显著性检验(图 3.3.13)。年雨涝站次的年际变化幅度大,1982 年最多达 13 次,有 19 年没有雨涝发生。

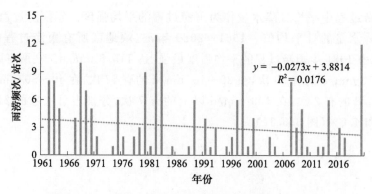

图 3.3.13　1961—2020 年三峡地区雨涝频次历年变化

1961—2020 年,三峡地区年严重雨涝频次呈弱的减少趋势,为 0.04 站次/10a,但没有通过显著性检验(图 3.3.14)。年严重雨涝频次的年际变化幅度大,最多年可达 6 站次(1982年),有 39 年没有严重雨涝发生。

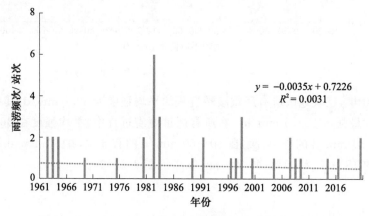

图 3.3.14　1961—2020 年三峡地区严重雨涝频次历年变化

1961—2020 年,三峡地区年雨涝站率呈弱的减少趋势,为 0.78%/10a,但没有通过显著性检验(图 3.3.15)。年雨涝站率的年际变化幅度大,最多年可达 39.4%(1982 年),有 19 年没有雨涝发生。

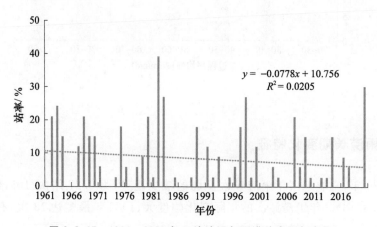

图 3.3.15　1961—2020 年三峡地区年雨涝站率历年变化

1961—2020 年,三峡地区年严重雨涝站率呈弱的减少趋势,为 0.16%/10a,但没有通过显著性检验(图 3.3.16)。年雨涝站率的年际变化幅度大,最多年可达 18.2%(1982 年)。

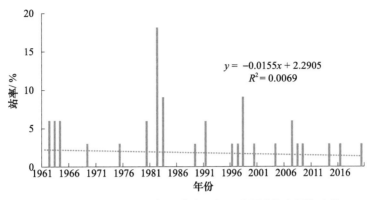

图 3.3.16　1961—2020 年三峡地区年严重雨涝站率历年变化

1961—2020 年,三峡地区历年平均每次雨涝过程持续时间呈不显著的减少趋势,为 0.18 d/10a(图 3.3.17)。1970 年平均雨涝过程持续时间最长为 14.4 d。三峡地区历年平均严重雨涝过程持续时间呈不显著的增加趋势,为 0.15 d/10a(图 3.3.18)。2020 年平均严重雨涝过程持续时间最长为 14.5 d。

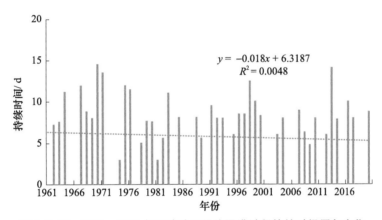

图 3.3.17　1961—2020 年三峡地区平均雨涝过程持续时间历年变化

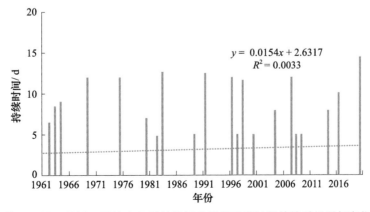

图 3.3.18　1961—2020 年三峡地区平均严重雨涝过程持续时间历年变化

1961—2020年，三峡地区雨涝过程平均强度有减小趋势，但没有通过显著性检验（图3.3.19）。而严重雨涝过程平均强度呈不显著的增强趋势（图3.3.20）。

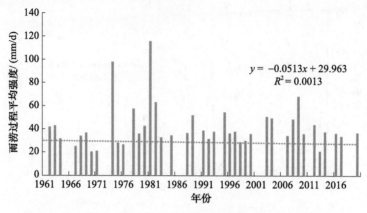

图3.3.19　1961—2020年三峡地区平均雨涝过程强度历年变化

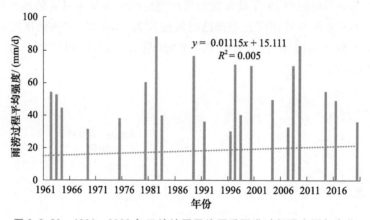

图3.3.20　1961—2020年三峡地区平均严重雨涝过程强度历年变化

3.3.3　三峡水库蓄水前后雨涝变化特征

在三峡水库初步设计阶段、工程建设阶段、初期蓄水阶段和175 m蓄水阶段，三峡地区年雨涝站率呈逐渐减少态势，但均没有通过显著性检验。在三峡水库初步设计阶段、工程建设阶段和初期蓄水阶段，三峡地区年严重雨涝频次基本无变化，仅175 m蓄水阶段的严重雨涝频次较初期蓄水阶段显著性减少（表3.3.1）。

表3.3.1　不同阶段三峡地区雨涝和严重雨涝过程站次

年份	雨涝频次/站次	严重雨涝频次/站次
1961—1990	3.6	0.7
1991—2002	2.8	0.7
2003—2009	2.7	0.7
2010—2020	2.4	0.4*

注：* 表示通过0.1的显著水平检验，** 表示通过0.05的显著水平检验，*** 表示通过0.01的显著水平检验。

从空间分布来看,1961—1990 年,三峡地区年雨涝频率呈中部高东西低的特征,尤其是三峡地区西部雨涝过程较少发生(图 3.3.21a)。1991—2002 年,三峡地区雨涝过程主要发生在中东部地区,其中三峡西部大部分地区无雨涝过程发生(图 3.3.21b)。2003—2009 年,除了三峡西部和东南部局地有雨涝过程发生外,大部分地区无雨涝过程发生(图 3.3.21c)。2010—2020 年,雨涝过程主要发生在三峡中东部地区,西部的大部分地区无雨涝发生(图 3.3.21d)。可见,三峡地区年雨涝频率总体呈减少态势,但空间变化趋势不均匀,其中三峡西部和东部地区年雨涝频率在 1990 年以后明显减少。

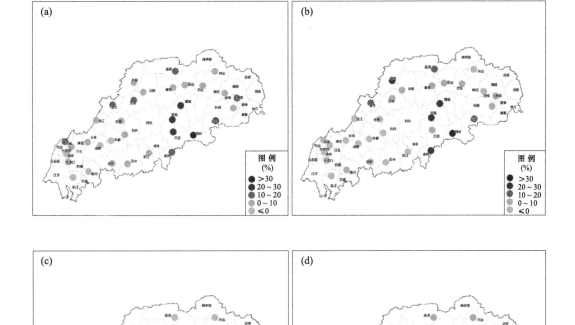

图 3.3.21　不同阶段三峡地区各站年雨涝频率空间分布图
(a:1961—1990 年;b:1991—2002 年;c:2003—2009 年;d:2010—2020 年)

1961—1990 年,三峡地区年严重雨涝频率也呈中部高东西部低的特征,其中鹤峰和五峰的年频率达 10% 以上(图 3.3.22a)。1991—2002 年,三峡地区严重雨涝过程较少发生,仅有 6 个站发生严重雨涝,其中鹤峰和来凤年频率为 16.7%(图 3.3.22b)。2003—2009 年,三峡中部地区有严重雨涝过程发生,其余大部分地区没有发生严重雨涝过程(图 3.3.22c)。2010—2020 年,三峡地区仅有巫溪和鹤峰发生严重雨涝过程,其余地区均没有发生(图 3.3.22d)。可见,三峡地区年严重雨涝站率呈一致性减少态势。

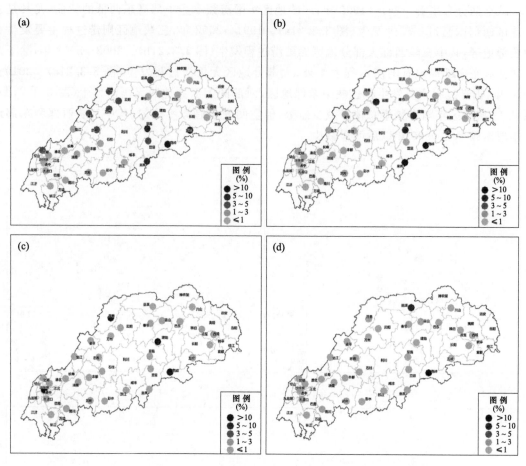

图 3.3.22 不同阶段三峡地区各站年严重雨涝频率空间分布图

(a:1961—1990 年;b:1991—2002 年;c:2003—2009 年;d:2010—2020 年)

在三峡水库初步设计阶段、工程建设阶段、初期蓄水阶段和 175 m 蓄水阶段,三峡地区年雨涝站率呈减少态势,但均没有通过显著性检验。在三峡水库初步设计阶段、工程建设阶段、初期蓄水阶段和 175 m 蓄水阶段,三峡地区年严重雨涝站率呈减少态势,仅 175 m 蓄水阶段的年严重雨涝站率较初期蓄水阶段显著性减少(表 3.3.2)。

表 3.3.2 不同阶段三峡地区年雨涝站率和年严重雨涝站率

年份	雨涝站率/%	严重雨涝站率/%
1961—1990	9.6	2.02
1991—2002	7.8	2.02
2003—2009	7.4	2.16
2010—2020	6.3	0.83*

注:* 表示通过 0.1 的显著水平检验。

在三峡工程的不同阶段,平均每次雨涝和严重雨涝过程持续时间呈先增加后减少再增加的态势。在初期蓄水阶段,平均雨涝和严重雨涝过程的持续时间均最短,分别为 6.8 d 和 7.5 d;在 175 m 蓄水阶段,平均雨涝和严重雨涝过程的持续时间均最长,分别为 8.9 d 和 10.8 d(表 3.3.3)。

表 3.3.3　不同阶段三峡地区平均雨涝和严重雨涝过程持续时间

年份	雨涝过程持续时间/d	严重雨涝过程持续时间/d
1961—1990	8.5	8.6
1991—2002	8.8	9.2
2003—2009	6.8	7.5
2010—2020	8.9	10.8

在三峡工程的不同阶段,平均每次雨涝和严重雨涝过程强度呈先减少后增加再减少的态势,与雨涝和严重过程持续时间的变化态势相反。在初步设计阶段,平均雨涝过程强度最强为 53.9 mm/d;在初期蓄水阶段,平均严重雨涝过程强度最强为 58.8 mm/d;在 175 m 蓄水阶段,平均雨涝和严重雨涝过程的强度均最小,分别为 34.9 mm/d 和 47.2 mm/d,其中严重雨涝过程的强度较初期蓄水阶段显著减小(表 3.3.4)。

表 3.3.4　不同阶段三峡地区平均雨涝和严重雨涝过程强度

年份	雨涝过程强度/(mm/d)	严重雨涝过程强度/(mm/d)
1961—1990	53.9	43.9
1991—2002	36.8	49.7
2003—2009	50.2	58.8
2010—2020	34.9	47.2*

3.4　强降水

采用国家气象信息中心质量控制后的 1961—2020 年三峡地区 33 个国家基准和基本站的整点逐时雨量资料。其中 14 站开始时间为 1955—1958 年,6 站开始时间在 1964—1969 年,有 7 站开始时间在 1971—1978 年,5 站开始时间为 1980 年,1 站开始时间为 1981 年。因各地建站时间不同,为了保证站点降雨背景信息的完整性以及确保三峡地区 33 站均能参与统计分析,选取 1981—2022 年降雨用于统计分析。冬季因固体降水造成自记降水缺测多不在分析之列,3 月和 11 月也有一些站点因气温低没有降雨资料。为此,本研究仅针对暖季即 4—10 月三峡地区近 40 年短历时强降水的气候和长期变化特征进行分析。事实上,这一时段三峡地区强降水涵盖了降水发生的主要时段(毛冬艳 等,2018)。

开展短时强降水研究关键在于如何确定短时强降水的划分标准。目前,我国还没有统一的短时强降水定义标准,采用《全国短时临近预报业务规定》中对短时强降水定义,即小时降水量≥20 mm。

由于资料长度所限,三峡工程初步设计阶段为 1981—1990 年,工程建设阶段为 1991—2002 年,2003—2009 年为初期蓄水阶段,2010—2020 年为 175 m 蓄水阶段。

3.4.1　强降水气候特征

1. 空间分布特征

(1)强降水频数

受特殊地形的影响,1981—2020 年,长江三峡地区 4—10 月小时强降水发生频次为东南部和西北部多、东北部少的分布特征。东南部的建始、恩施、鹤峰、宜昌、长阳以及西北部的开州、梁平、北碚、渝北、沙坪坝、巴南4—10月强降水频次普遍在4次以上,鹤峰最多,达6.5次;东北部的兴山、巴东、巫山以及丰都、武隆较少,一般在2~3次(图3.4.1)。三峡地区小时强降水多发区域的这分布特征可能与南北高山的地形有密切关系。

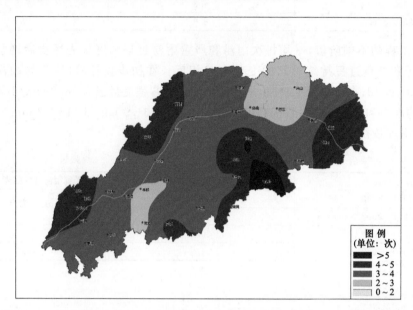

图3.4.1　长江三峡地区4—10月小时强降水频次空间分布图(1981—2020年平均)

(2)强降水累计量

1981—2020年,三峡地区4—10月小时强降水累计量呈东南部和西北部多、东北部和西南部少的分布态势。东南部和西北部普遍在120 mm以上,其中鹤峰最多,达183.9 mm;东北部和西南部普遍在100 mm以下,其中巴东最少,仅68.8 mm(图3.4.2)。

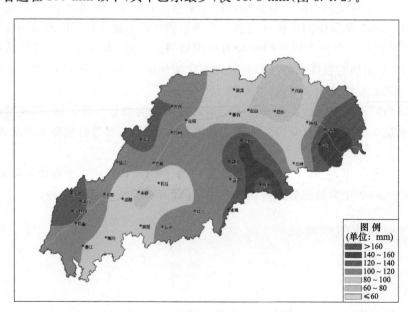

图3.4.2　长江三峡地区4—10月小时强降水累计量空间分布图(1981—2020年平均)

（3）最大小时雨量

由图 3.4.3 可见，1981—2020 年，三峡地区最大小时雨量高值区主要分布在东部和东南部地区，一般在 70～90 mm，最大值出现在宜昌，为 105.0 mm；其余地区大部在 60～70 mm，垫江、长寿、万州、黔江、巫溪和兴山 60 mm 以下，其中长寿最小，仅 48.6 mm。

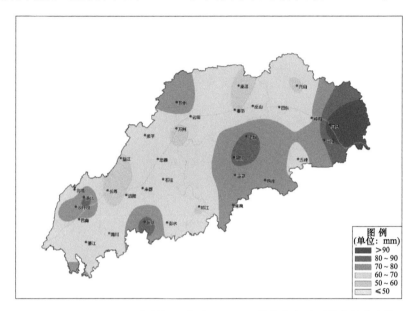

图 3.4.3　1981—2020 年长江三峡地区 4—10 月最大小时雨量空间分布图

2. 月变化特征

（1）强降水频数

图 3.4.4 给出三峡地区 33 测站平均 4—10 月各月小时强降水频数变化，从中可以看出，三峡地区月小时强降水频数为单峰型分布，强降水主要出现在夏季，6—8 月强降水累计频数年均 2.8 次，占 4—10 月强降水总频数的 75%；7 月为峰值，为年均 1.2 次；10 月出现小时强降水的频数很少，年均 0.05 次。

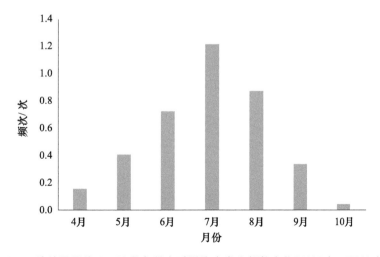

图 3.4.4　三峡地区平均 4—10 月各月小时强降水发生频数变化（1981 年—2020 年平均）

（2）强降水累计量

1981—2020 年,三峡地区平均 4—10 月各月的小时强降水累计量也呈单峰型分布,主要集中在 6—8 月(图 3.4.5),强降水累计量占 4—10 月总的小时强降水累计量的 75%,其中 7 月最多,为 35.5 mm,占 4—10 月总的小时强降水累计量的 33%;10 月强降水量最少,仅占 4—10 月总的小时强降水累计量的 1%。

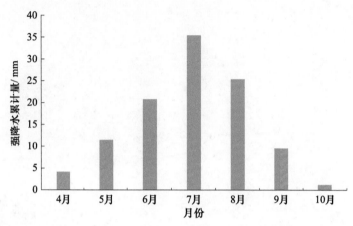

图 3.4.5　三峡地区平均 4—10 月各月小时强降水累计量变化(1981—2020 年平均)

（3）最大小时雨量

从 1981—2020 年三峡地区各观测站最大小时降水量出现的月份来看,5—9 月均可出现破纪录小时强降水,且主要出现在 6—9 月,有 32 站,其中 7—8 月较为集中,7 月有 14 站,8 月有 8 站(图 3.4.6),共占总站数的 2/3。

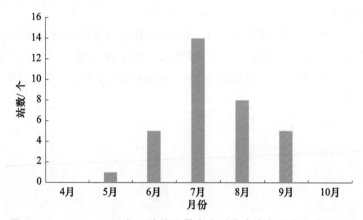

图 3.4.6　1981—2020 年三峡地区最大小时降水在各月出现站数分布

3. 日变化特征

（1）小时强降水频数

从图 3.4.7 可以看出,在 4—10 月三峡地区强降水发生频次具有明显的日变化特征,呈双峰型。主峰出现在 01—08 时,基本在 5.5 站次/a 以上,其中 03—05 时,各时次年均都超过 6 次;次峰出现在 17—20 时,基本在 4.5~5.5 站次/a;10—14 时为强降水少发时段,其中 13 时最少,年均 2 站次。由此可见,三峡地区小时强降水主要发生在半夜至凌晨,中午前后较少发生。这一结论同郭凌曜等(2013)分析湖南短时强降水日变化特征时发现呈双峰型,即 05—08 时和 17—20 时分别为主峰和次峰基本一致。

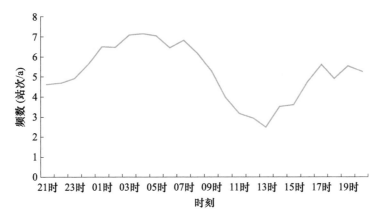

图 3.4.7 三峡地区 33 站 4—10 月小时强降水频数日变化(1981—2020 年)

(2)强降水累计量

同强降水频数的日变化特征一样,多年平均逐时强降水量也呈双峰型,主要出现在 01—08 时,其中主峰出现在 04 时,次峰出现在 17—20 时,最小值出现在 13 时(图 3.4.8)。也就是说三峡地区强降水主要出现在夜间。

图 3.4.8 长江三峡地区 4—10 月平均小时强水量日变化(1981—2020 年)

(3)最大小时雨量

从最大小时降水在一天中出现的时间来看,64％的站最大小时降水出现 15 时至次日 02 时,其中,18 时和 22 时出现的站数最多,均有 4 站,占总站数的 24％;10 时出现的站数也较多,有 3 站,占总站数的 9％(表 3.4.1)。

表 3.4.1 1981—2020 年三峡地区 33 站最大小时降水量及出现时间

站名	省(市)	降水量/mm	年	月	日	时
开州	重庆	78.9	2004	8	4	16
云阳	重庆	66.5	2009	9	19	18
巫溪	重庆	57.2	2016	7	13	21

续表

站名	省(市)	降水量/mm	年	月	日	时
奉节	重庆	58.5	1982	7	10	19
巫山	重庆	63.8	2003	7	19	12
巴东	湖北	67.9	1991	8	6	08
秭归	湖北	70.0	1998	8	26	23
兴山	湖北	57.5	2014	8	6	22
垫江	重庆	58.1	2013	7	19	22
梁平	重庆	67.8	2012	9	8	11
万州	重庆	52.4	2017	9	9	15
忠县	重庆	68.1	1997	8	8	04
石柱	重庆	68.9	2006	7	5	08
建始	湖北	88.5	2020	7	26	07
恩施	湖北	84.4	1993	7	18	10
五峰	湖北	65.8	2012	6	23	18
宜昌	湖北	105.0	1989	9	24	22
长阳	湖北	81.4	2010	7	15	20
北碚	重庆	66.4	1991	6	29	22
渝北	重庆	88.8	1998	6	18	10
沙坪坝	重庆	77.5	1981	7	2	11
巴南	重庆	64.5	1983	7	10	02
南川	重庆	61.9	1981	8	24	17
长寿	重庆	48.6	1981	6	26	18
涪陵	重庆	64.8	2010	7	9	10
丰都	重庆	59.9	2018	8	23	01
武隆	重庆	90.0	2016	6	2	04
黔江	重庆	58.2	1983	5	29	09
彭水	重庆	62.3	1985	8	19	21
宣恩	湖北	72.0	1997	7	16	02
鹤峰	湖北	73.2	2004	9	20	01
来凤	湖北	82.2	2018	7	12	18
綦江	重庆	69.2	1984	7	20	00

3.4.2 强降水长期变化特征

1. 强降水频次

1981—2020年,三峡地区4—10月小时强降水频次年均为3.8次,没有明显的变化趋势,更多的是表现为年际变化,且年际变化大(图3.4.9)。1998年最多,为6.8次,1992年最少,为 2.1 次,最多年发生频次是最少年的 3 倍多。MK 检验表明,1981—2020 年三峡地区 4—10 月小时强降水频次没有出现突变现象。

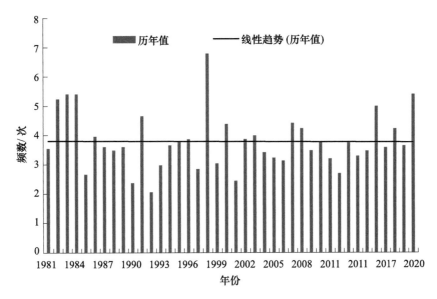

图 3.4.9　1981—2020 年三峡地区平均 4—10 月小时强降水频次历年变化

空间分布上,1981—2020 年三峡地区 4—10 月小时强降水发生频次的线性变化趋势存在明显的区域性差异,总体呈东增、西减的分布特征。其中忠县减少最为明显,为 −0.76 次/10a,其次是垫江,减少速率为 −0.7 次/10a;秭归增加最显著,为 0.86 次/10a(图 3.4.10)。增加和减少趋势的站数分别占总站数的 42% 和 58%。

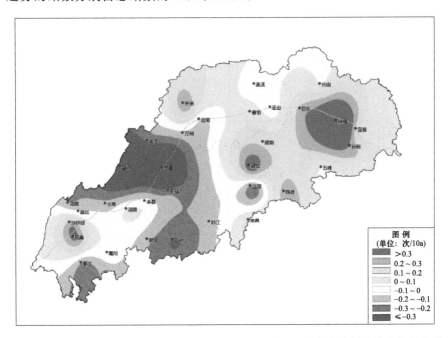

图 3.4.10　1981—2020 年长江三峡地区 4—10 月小时强降水频次线性变化趋势分布图

从 1981—2020 年三峡地区 4—10 月小时强降水频次的 Morlet 小波功率谱图看出,存在 20 年左右的显著周期,另外,在 20 世纪 80 年代后期至 21 世纪 10 年代中期,具有 2~3 年的显著周期(图 3.4.11)。

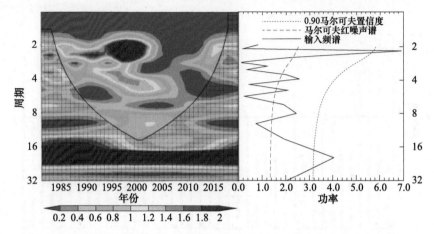

图 3.4.11 1981—2020 年三峡地区 4—10 月小时强降水频次小波功率谱图

2. 强降水累计量

1981—2020 年,三峡地区平均 4—10 月小时强降水累计量没有变化趋势(图 3.4.12),但年际变化大,1998 年最多,为 197.4 mm,1992 年最少,仅 55.1 mm,最多年强降水量是最少年的 3.6 倍。MK 检验表明,1981—2020 年三峡地区 4—10 月小时强降水累计值没有出现突变现象。

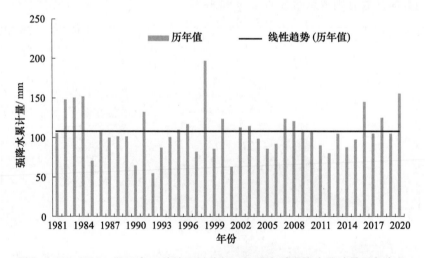

图 3.4.12 1981—2020 年三峡地区平均 4—10 月小时强降水累计量历年变化

从 1981—2020 年 33 站 4—10 月强降水量各自变化趋势的空间分布来看,三峡地区的东部和南部呈增多趋势,其中巴南、綦江、秭归增加幅度较大,平均每 10 年增加 20~30 mm;其余大部地区呈减少趋势,其中中西部减少幅度较大,平均每 10 年减少 20~30 mm,局部超过 30 mm(图 3.4.13)。

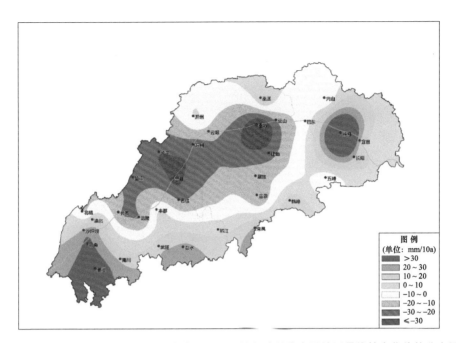

图 3.4.13　1981—2020 年长江三峡地区 4—10 月小时强降水累计雨量线性变化趋势分布图

3. 最大小时雨量

1981—2020 年,三峡地区平均年最大小时雨量为 35.9 mm,有增大趋势(图 3.4.14),但没有通过显著性检验。年际变化大。库区平均年最大小时雨量的最大值 42.8 mm(1998 年),最小值 26.9 mm(1992 年),最大值是最小值的 1.6 倍。MK 检验表明,1981—2020 年三峡地区平均 4—10 月最大小时强降水量没有出现突变现象。

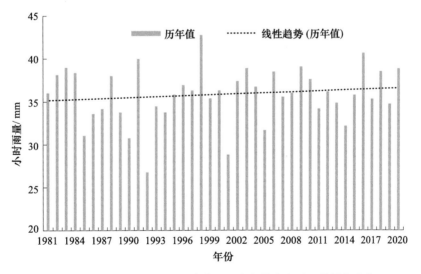

图 3.4.14　1981—2020 年三峡地区平均年最大小时雨量历年变化

空间分布来看,1981—2020 年三峡地区年最大小时雨量的线性变化趋势空间差异较大。东部和西部偏西地区以增多趋势为主,中南部和西部偏东地区以减少为主(图 3.4.15);除兴山增多通过 0.02 显著性检验、南川减少通过 0.1 显著性检验外,其余 31 站小时最大雨量变化趋势均不显著。

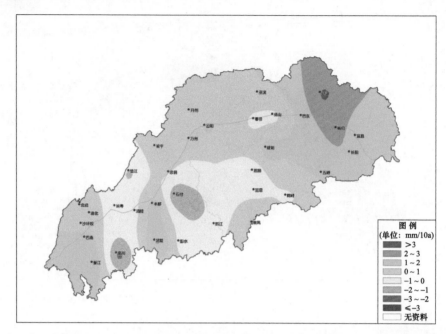

图 3.4.15　1981—2020 年长江三峡地区年最大小时降水量线性变化趋势空间分布图

从 1981—2020 年 4—10 月三峡地区平均年最大小时降水量的 Morlet 小波功率谱图(图 3.4.16)看出,存在 7 年左右的显著周期。

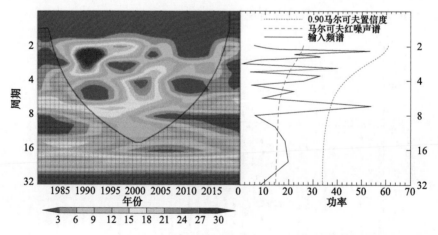

图 3.4.16　1981—2020 年三峡地区平均年最大小时降水量小波功率谱图

据表 3.4.1 统计,1981—2020 年三峡地区 33 站最大小时降水量中,有 8 站出现在 20 世纪 80 年代,有 7 站出现在 20 世纪 90 年代,6 站出现在 21 世纪初前 10 年,21 世纪第二个 10 年中有 9 站出现最大小时降水。由此可见,最近 10 年三峡地区小时降水的极端性显著增强。

3.4.3　三峡水库蓄水前后强降水变化特征

1. 强降水频次

从三峡工程建设不同阶段的年均 4—10 月强降水发生频次空间分布来看,分布形态大致与多年平均态的空间分布基本一致,也是东北部少,东部、中南部和西北部多的分布特征(图3.4.17)。其中工程初步设计阶段(1981—1990 年)和 175 m 蓄水阶段(2010—2020 年)年均 4次以上强降水发生范围较大,初期蓄水阶段(2003—2009 年)次之,工程建设阶段(1991—2002年)最少。换句话来讲,工程初步设计阶段,年均 4 次以上强降水范围最大,工程建设以来,三峡地区 3 个阶段的年均 4 次以上强降水范围呈增大态势。

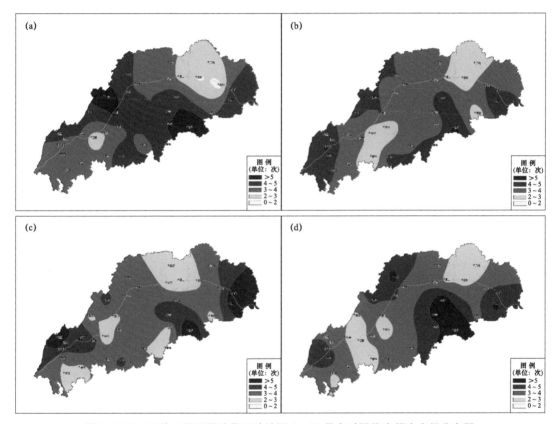

图 3.4.17　三峡工程不同阶段三峡地区 4—10 月小时强降水频次空间分布图

(a:1981—1990 年;b:1991—2002 年;c:2003—2009 年;d:2010—2020 年)

从三峡工程建设不同阶段来看,初步设计阶段年均小时强降水发生频次最多,为 3.9 次,工程建设阶段和 175 m 蓄水阶段次多,均为 3.8 次,初期蓄水阶段最少,为 3.6 次(图3.4.18)。其中仅初期蓄水阶段年均小时强降水发生频次低于常年。

三峡工程建设不同阶段,三峡地区 4—10 月各月的小时强降水发生频次均呈单峰型分布,峰值均出现在 7 月。其中,初步设计阶段 5—7 月强降水发生频次均最多,175 m 蓄水阶段为次多,工程建设阶段和初期蓄水阶段相近;但 8—9 月则不同,8 月建设阶段、9 月初步蓄水阶段强降水发生频次最多,其他 3 个阶段在这两个月的发生频次接近(图 3.4.19)。

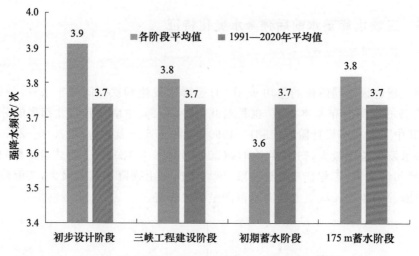

图 3.4.18　长江三峡地区各阶段平均年强降水频次

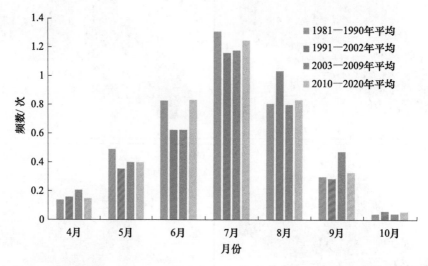

图 3.4.19　工程不同阶段三峡地区 4—10 月各月小时强降水发生频数变化(1981—2020 年平均)

从三峡工程建设不同阶段来看,小时强降水频数的日变化同样也均呈现双峰型特征,但峰值出现时段略有不同。初步设计阶段和蓄水阶段主峰均在 03—07 时、建设阶段在 04 时、初期蓄水阶段在 02—05 时为强降水多发时段,各时次平均每年 6 次以上;初步设计阶段和蓄水阶段次峰均出现在 21 时,而建设阶段和初期蓄水阶段均出现在 23 时;少发时段基本一致,其中工程初步设计阶段、建设阶段、初期蓄水阶段少发时段为 11—13 时,蓄水阶段为 12—13 时,各时次强降水发生次数年均在 3 次及以下,其中建设阶段以来均在 13 时最少(图 3.4.20)。

2. 强降水累计量

从三峡工程建设不同阶段来看,初步设计阶段和蓄水阶段三峡地区 4—10 月小时强降水累计量的空间分布相似,均为东南部和西北部多、东北部和西南部少的分布态势,建设阶段中北部和中南部及东南部多,东北部、中西部少的分布特征;初期蓄水阶段为东部、中南部及西部多,东北部少的分布特征(图 3.4.21)。

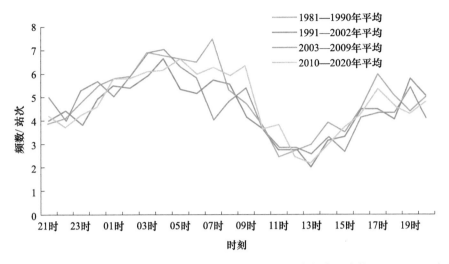

图 3.4.20　三峡工程不同阶段三峡地区 33 站 4—10 月小时强降水频次日变化(1981—2020 年平均)

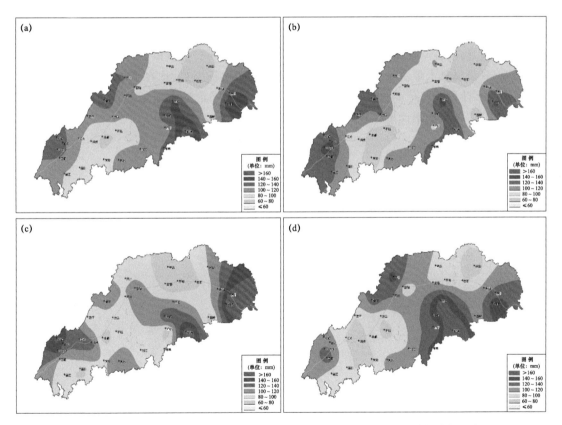

图 3.4.21　三峡工程不同阶段长江三峡地区 4—10 月小时强降水累计量空间分布图
(a:1981—2020 年;b:1991—2002 年;c:2003—2009 年;d:2010—2020 年)

　　从三峡工程建设不同阶段来看,初步设计阶段年均 4—10 月小时强降水量最大,为 110.5 mm,其次为 175 m 蓄水阶段,年均为 109.9 mm,均明显高于常年平均值;工程建设阶段和初期蓄水阶段相差不大,年均分别为 105.8 mm 和 106.4 mm,均低于常年平均值(图 3.4.22)。

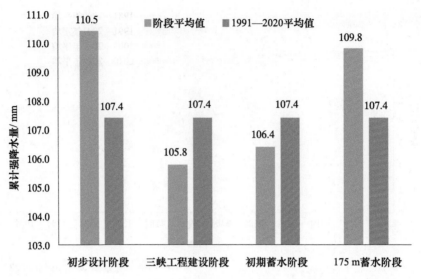

图 3.4.22　长江三峡地区各阶段平均 4—10 月小时强降水累计量

三峡工程建设不同阶段,三峡地区 4—10 月各月的小时强降水累计量呈单峰型分布,主要集中在 6—8 月,但各阶段集中度有差异,峰值高低也略不同。初步设计阶段、建设阶段以及蓄水阶段 6—8 月强降水量占 4—10 月强降水累计总量的比例相近,均在 75% 左右,其中初步设计阶段和蓄水阶段的峰值高;但初期蓄水阶段 6—8 月强降水量占比低,为 70%,且 7 月峰值最低,而 9 月的强降水累计量又在 4 个阶段中最高(图 3.4.23)。

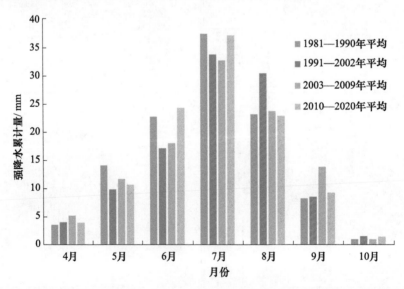

图 3.4.23　不同时段三峡地区 4—10 月各月小时强降水累计量变化(1981—2020 年平均)

从三峡工程建设不同阶段来看,小时强降水量的日变化同样也均呈现双峰型特征,峰值出现时间略有不同。初步设计阶段主峰出现在 05 时,建设阶段和初期蓄水阶段峰值出现在 04 时,蓄水阶段峰值出现在 07 时,且峰值低;次峰出现时间初步设计和蓄水阶段一致,在 17 时,建设阶段和初步蓄水阶段次峰均在 19 时,峰值基本接近(图 3.4.24)。

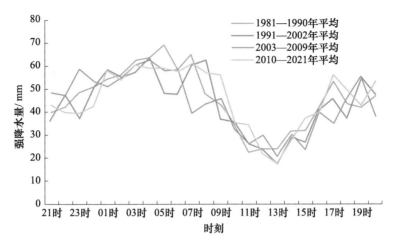

图 3.4.24 三峡工程不同阶段三峡地区平均小时强年水量日变化

3. 最大小时雨量

从三峡工程建设不同阶段来看,初期蓄水阶段年均 4—10 月最大小时雨量最大,为 36.7 mm,其次为 175 m 蓄水阶段,年均为 36.3 mm,均明显高于常年平均值;初步设计阶段和工程建设阶段相近,年均分别为 35.4 mm 和 35.5 mm,均明显低于常年平均值(图 3.4.25)。

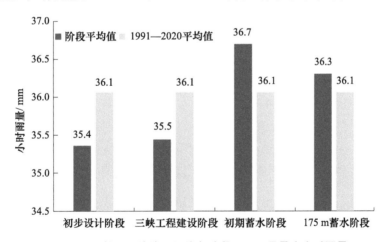

图 3.4.25 长江三峡地区平均各阶段 4—10 月最大小时雨量

3.5 连阴雨

对连阴雨过程的划定标准规定如下:(1)日降水量≥0.1 mm 为雨日,否则为无雨日。(2)一次连阴雨过程雨日持续时间不少于 5 d。(3)当连阴雨过程持续时间为 5 d 的,期间不允许出现无雨日;过程持续 6~7 d 的,中间允许有 1 个无雨日,同时该日日照百分率<20%;过程持续 8~10 d 的,中间允许有 2 个不相邻的无雨日,同时无雨天的日照百分率<20%;持续时间≥11 d 的,不严格规定非连续降水间隔天数。(4)连续 2 d 或以上没有降水,视为连阴雨

过程结束。其中日照百分率 K 计算方法如下:

$$K = \frac{S}{S_0} \times 100\%$$

(1)

式中:S 为实际日照时数,S_0 为理论日照时数,按下式计算:

$$S_0 = \frac{24}{\pi} \times \arccos(-\mathrm{tg}\delta - \mathrm{tg}\varphi)$$

(2)

式中:δ 为太阳赤纬,φ 为地理纬度。

3.5.1 连阴雨气候特征

1. 连阴雨过程频次

长江三峡地区气候平均(1991—2020 年平均,下同)每年发生连阴雨过程的频次为 9.4 次,最多为湖北鹤峰 12.7 次/a,最少为兴山 6.5 次/a;空间分布上,呈西南部多、东北部少,并由南向北呈递减趋势,在西南部的鹤峰、宣恩及南川分别出现两个连阴雨高发中心,每年连阴雨频次超过 12 次;而万州至巴东沿江以北地区为连阴雨频次相对较低区域,一般每年发生连阴雨过程有 7~8 次,其中奉节、巫山以北地区连阴雨过程不足 7 次(图 3.5.1)。

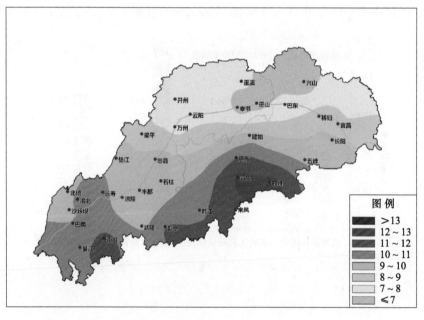

图 3.5.1　长江三峡地区年连阴雨过程频次空间分布图(单位:次/a)

2. 连阴雨持续时间

长江三峡地区区域平均年连阴雨过程持续日数为 82.7 d,占全年的 23%,即全年将近有 1/4 的时间出现连阴雨天气。其中连阴雨持续时间最长的为湖北鹤峰 125.9 d,最短的为兴山 52.2 d。空间分布与连阴雨频次空间分布基本一致,呈西南部多、东北部少,并由南向北呈递减趋势,在西南部的鹤峰、宣恩及南川分别出现两个高值中心,每年连阴雨持续时间大致在 100~130 d;奉节至巴东沿江以北地区为低值中心,连阴雨持续日数不足 60 d(图 3.5.2)。

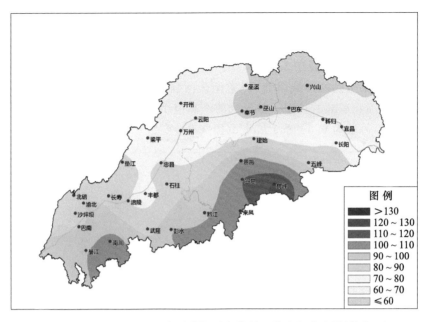

图 3.5.2　长江三峡地区年连阴雨过程持续日数空间分布图(单位:d)

3. 连阴雨降水总量

长江三峡地区区域平均每年连阴雨降水总量有 617.5 mm,占全年总降水量(1190.0 mm)的 52%,即长江三峡地区年降水量中超过 5 成的降水来自连阴雨。其中连阴雨降水总量最多的为湖北鹤峰,平均每年 1150.1 mm,最少的为湖北兴山,每年 395.8 mm。年连阴雨降水总量空间分布特征表现为,以鹤峰为高值中心向北、向西逐渐递减,以鹤峰为中心的东南部地区年连阴雨总雨量一般在 700~1100 mm;沿江以北、以西地区雨量一般在 500~600 mm;奉节至巴东以北地区连阴雨总雨量在 400~500 mm(图 3.5.3)。

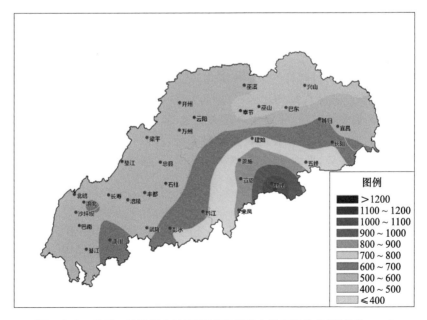

图 3.5.3　长江三峡地区年连阴雨过程总降水量空间分布图(单位:mm)

4. 连阴雨雨强

长江三峡地区区域平均连阴雨过程雨强为 8.4 mm/d。其中连阴雨雨强最大值为重庆开州 9.9 mm/d,最小值为重庆綦江 6.4 mm/d。连阴雨雨强空间分布特征表现为,由东北部向西南部逐渐递减,梁平至鹤峰一线以北、以东地区雨强较大,一般为 9.0～9.5 mm/d,并在北部的开州、云阳、巫溪和东部的长阳一带形成两个高值中心,雨强超过 9.5 mm/d;库区中西部地区雨强相对较小,一般为 6.5～8.5 mm/d(图 3.5.4)。

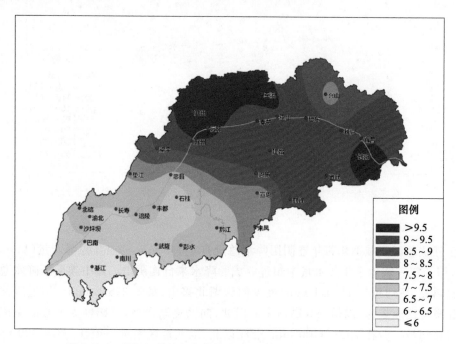

图 3.5.4　长江三峡地区年连阴雨雨强空间分布图(单位:mm/d)

3.5.2　连阴雨长期变化特征

长江三峡地区多年平均(1961—2020 年平均)连阴雨发生频次为 9.9 次,常年值(1991—2020 年平均)为 9.4 次。从年代际变化来看(图 3.5.5),20 世纪 60 年代和 70 年代是长江三峡地区连阴雨发生频次最多的时期,年连阴雨频次超过 10.5 次,2001—2010 年是连阴雨频次最少的 10 年,只有 8.7 次。从气候变化的长期趋势来看,1961—2020 年长江三峡地区年连阴雨过程频次呈明显的减少趋势,平均每 10 年减少 0.3 次,年际变化大,最多年可达 14.1 次,最少年仅有 7 次(图 3.5.6)。

1. 连阴雨持续时间

长江三峡地区多年平均(1961—2020 年平均)连阴雨持续时间为 91 d,一年中大约有 3 个月的时间出现连阴雨,常年值(1991—2020 年平均)为 82.7 d。从年代际变化来看(图 3.5.7),20 世纪 60 年代和 70 年代是长江三峡地区连阴雨持续日数最多的时期,年连阴雨持续时间分别为 106.7 d 和 103.4 d,均超过 100 d,2001—2010 年是连阴雨持续时间最少的 10 年,只有 72.8 d。从气候变化的长期趋势来看,1961—2020 年长江三峡地区年连阴雨持续时间呈明显的减少趋势,平均每 10 年减少 6.0 d,年际变化大,最长可达 137.6 d,最短为 56.5 d(图 3.5.8)。

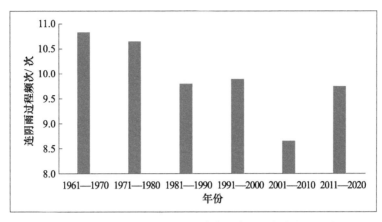

图 3.5.5　1961—2020 年长江三峡地区连阴雨频次年代际变化

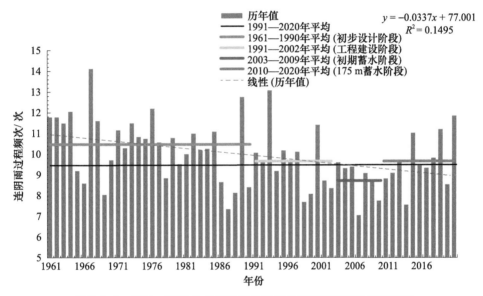

图 3.5.6　1961—2020 年长江三峡地区平均年连阴雨频次历年变化

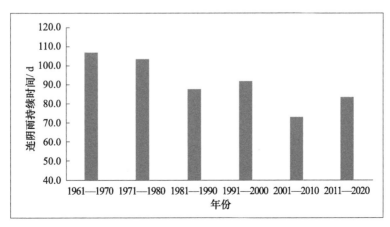

图 3.5.7　1961—2020 年长江三峡地区连阴雨持续时间年代际变化

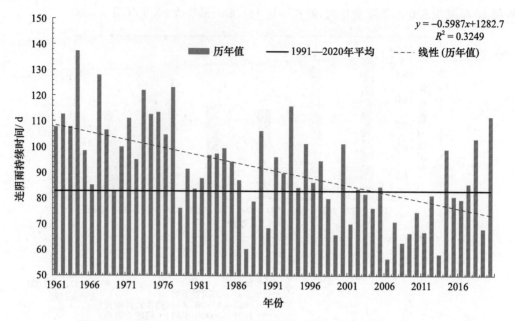

图 3.5.8　1961—2020 年长江三峡地区平均年连阴雨持续日数历年变化

2. 连阴雨降水总量

长江三峡地区多年平均(1961—2020 年平均)连阴雨降水总量有 660.3 mm,常年值(1991—2020 年平均)为 617.5 mm。从年代际变化来看(图 3.5.9),20 世纪 60 年代和 70 年代是长江三峡地区连阴雨降水量最多的时期,年连阴雨降水总量分别为 749.3 mm 和 713.6 mm,2001—2010 年是连阴雨降水量最少的 10 年,只有 538.3 mm。从气候变化的长期趋势来看,1961—2020 年三峡地区年连阴雨降水量呈明显的减少趋势,平均每 10 年减少 29.8 mm,年际变化大,最多可达 1062.2 mm,最少为 301 mm(图 3.5.10)。

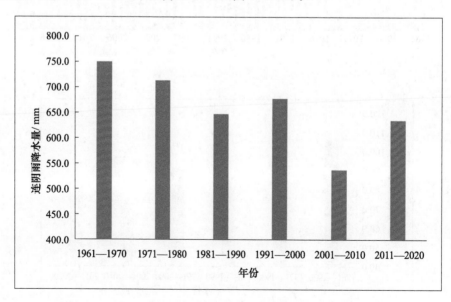

图 3.5.9　1961—2020 年长江三峡地区连阴雨总降水量年代际变化

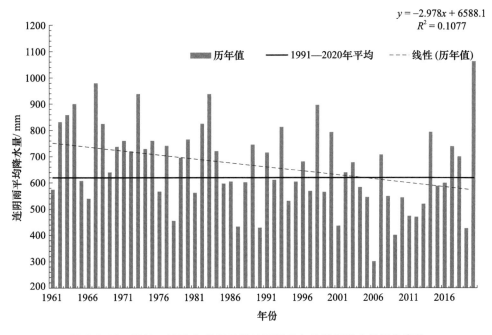

图 3.5.10 1961—2020 年长江三峡地区平均年连阴雨降水量历年变化

3. 连阴雨雨强

长江三峡地区多年平均(1961—2020 年平均)连阴雨降水强度为 8.18 mm/d,常年值(1991—2020 年平均)为 8.38 mm/d。从年代际变化来看(图 3.5.11),长江三峡地区雨强随年代际呈增强趋势,20 世纪 60 年代和 70 年代是长江三峡地区连阴雨降雨强度最弱的时期,雨强分别为 7.9 mm/d 和 7.8 mm/d,1991—2000 年和 2011—2020 年是连阴雨雨强最强的时段,均为 8.5 mm/d。从气候变化的长期趋势来看,1961—2020 年长江三峡地区连阴雨降水强度呈弱渐强趋势,平均每 10 年增加 0.14 mm,年际变化大,雨强最大可达 12.89 mm/d,最小为 5.89 mm/d(图 3.5.12)。

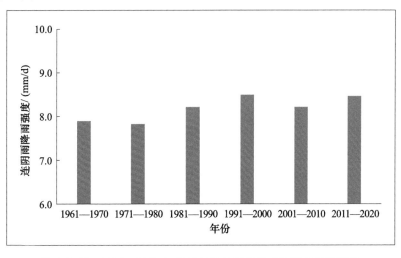

图 3.5.11 1961—2020 年长江三峡地区连阴雨雨强年代际变化

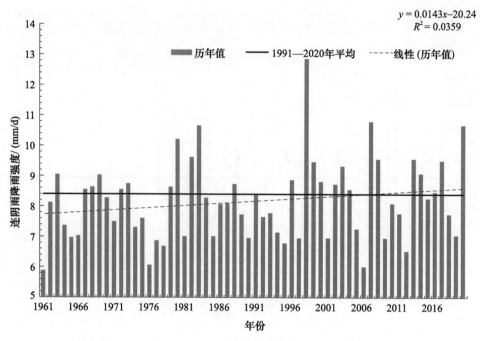

图 3.5.12　1961—2020 年长江三峡地区平均年连阴雨雨强历年变化

3.5.3　三峡水库蓄水前后连阴雨变化特征

1. 连阴雨过程发生频次

　　初步设计阶段(1961—1990 年平均)长江三峡地区区域平均连阴雨频次为 10.4 次,较常年值偏多 1.0 次,这一阶段是连阴雨发生频次最多的时段,最高值出现在这一时段的 1967 年,连阴雨频次 14.1 次;工程建设阶段(1991—2002 年平均)长江三峡地区区域平均连阴雨频次为 9.7 次,较常年值偏多 0.3 次,这一时段连阴雨频次较前期的初步设计阶段明显减少,略高于常年值;初期蓄水阶段(2003—2009 年平均)区域平均连阴雨频次为 8.7 次,较常年值偏少 0.7 次,这一阶段连阴雨频次较前期继续减少,并持续维持在较低的水平,是 4 个阶段连阴雨频次最少的一个时段,最低值出现在这一时段的 2006 年,连阴雨频次只有 7.0 次;175 m 蓄水阶段(2010—2020 年平均)区域平均连阴雨频次为 9.7 次,较常年值偏多 0.3 次,这个时段连阴雨频次较前期有所增多,由前一个阶段的最低点增多至接近常年值。总体来看,4 个阶段的连阴雨频次的变化基本由第一阶段(初步设计阶段)的最高点逐步减少至第三阶段(初期蓄水阶段)的最低点,然后在 175 m 蓄水阶段有所增多至接近常年值(图 3.5.13)。

　　空间分布上,长江三峡地区 4 个阶段连阴雨频次均呈现西南部多、东北部少,并由南向北呈递减趋势,在西南部的鹤峰、宣恩及南川分别出现两个连阴雨高发中心,初步设计阶段、工程建设阶段和 175 m 蓄水阶段,这两个高发中心每年连阴雨频次超过 12 次;而万州至宜昌沿江以北地区均为连阴雨频次相对较低区域,特别是初期蓄水阶段,每年发生连阴雨过程不足 7 次(图 3.5.14)。

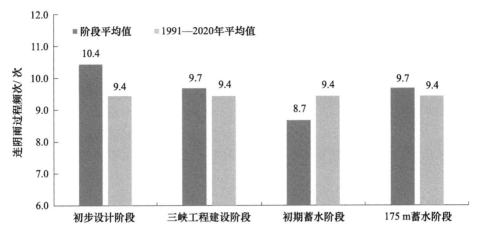

图 3.5.13 长江三峡地区 4 个阶段连阴雨过程频次

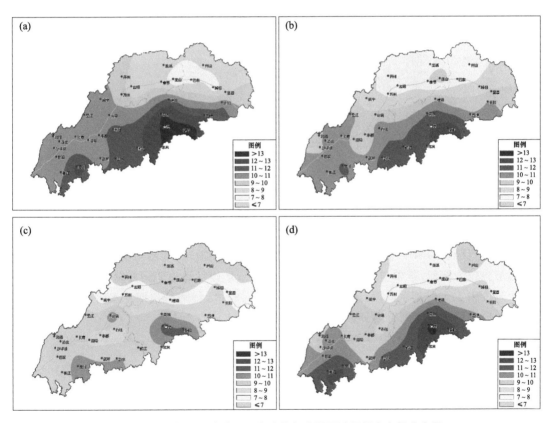

图 3.5.14 长江三峡地区 4 个阶段年连阴雨过程频次空间分布图
（a：初步设计阶段；b：工程建设阶段；c：初期蓄水阶段；d：175 m 蓄水阶段）（单位：d/a）

2. 连阴雨持续时间

初步设计阶段（1961—1990 年平均）长江三峡地区区域平均连阴雨持续日数为 99.3 d，较常年值偏多 16.6 d，这一阶段是连阴雨持续时间最长的时段，最高值出现在这一时段的 1964年，连阴雨持续时间长达 137.6 d；工程建设阶段（1991—2002 年平均）长江三峡地区区域平均连阴雨持续日数为 89.2 d,较常年值偏多 6.5 d,这一时段连阴雨持续时间较前期的初步设计阶段明显减少,但仍高于常年值;初期蓄水阶段(2003—2009 年平均)区域平均连阴雨持续日数为 71.4 d,较常年值偏少 11.3 d,这一阶段连阴雨持续时间较前期明显减少,维持在较低的水平,是 4 个阶段连阴雨持续时间最短的一个时段,最低值出现在这一时段的 2006 年,连阴雨持续日数只有 56.5 d;175 m 蓄水阶段(2010—2020 年平均)区域平均连阴雨持续日数为 82.7 d,这个时段连阴雨持续时间较初期蓄水阶段明显增多,由上一个阶段的最低点增多至与常年值持平。总体来看,4 个阶段的连阴雨持续时间的变化由第一阶段(初步设计阶段)的最高点逐步减少至第三阶段(初期蓄水阶段)的最低点,然后在 175 m 蓄水阶段反弹至与常年值持平(图 3.5.15)。

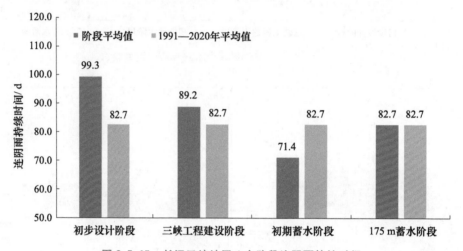

图 3.5.15　长江三峡地区 4 个阶段连阴雨持续时间

空间分布上,长江三峡地区 4 个阶段连阴雨持续日数均呈现北少南多态势,并由西南向东北呈递减趋势,4 个阶段连阴雨持续日数的空间分布,均在西南部的鹤峰、宣恩及南川形成连阴雨持续时间最长的两个中心。初步设计阶段和工程建设阶段,连阴雨持续时间相对较长,空间分布形势较为相似,其中初步设计阶段,鹤峰、宣恩、恩施等地连阴雨持续时间超过 130 d;初期蓄水阶段和 175 m 蓄水阶段,连阴雨持续日数相对较少,特别是初期蓄水阶段,万州至宜昌沿江以北地区每年连阴雨持续日数不足 60 d(图 3.5.16)。

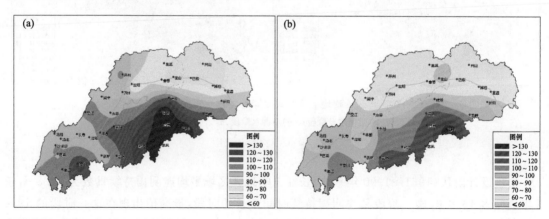

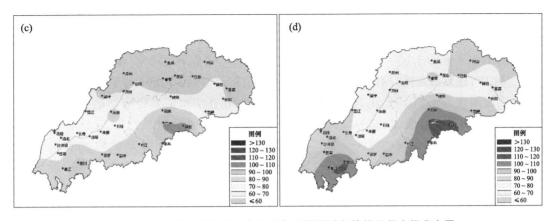

图 3.5.16　长江三峡地区 4 个阶段年连阴雨过程持续日数空间分布图

（a：初步设计阶段；b：工程建设阶段；c：初期蓄水阶段；d：175 m 蓄水阶段）（单位：d）

3. 连阴雨降水总量

初步设计阶段（1961—1990 年平均）长江三峡地区区域平均连阴雨降水量为 703.1 mm，较常年值偏多 14%，这一阶段是连阴雨降水量最多的时段；工程建设阶段（1991—2002 年平均）长江三峡地区区域平均连阴雨降水量为 654.4 mm，较常年值偏多 6%，这一时段连阴雨降水量较前期的初步设计阶段明显减少，但仍高于常年值；初期蓄水阶段（2003—2009 年平均）区域平均连阴雨降水量为 537.7 mm，较常年值偏少 13%，这一阶段连阴雨降水量较前期明显减少，维持在较低的水平，是 4 个阶段连阴雨降水量最少的一个时段，最低值出现在这一时段的 2006 年，连阴雨降水量只有 301 mm；175 m 蓄水阶段（2010—2020 年平均）区域平均连阴雨降水量为 628.1 mm，这个时段连阴雨降水量较初期蓄水阶段明显增多，由上一个阶段的最低点增多至接近常年值。总体来看，4 个阶段的连阴雨降水量的变化由第一阶段（初步设计阶段）的最高点逐步减少至第三阶段（初期蓄水阶段）的最低点，然后在 175 m 蓄水阶段降水量增多至接近常年值（图 3.5.17）。

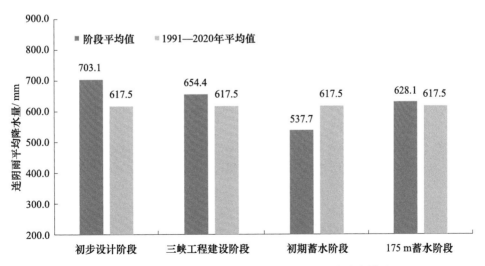

图 3.5.17　长江三峡地区 4 个阶段连阴雨平均降水量

4. 连阴雨雨强

初步设计阶段（1961—1990年平均）长江三峡地区区域平均连阴雨雨强为7.98 mm/d，较常年值偏小0.4 mm/d，这一阶段是4个阶段中连阴雨雨强最小的时段，最低值出现在这一时段的1961年，连阴雨雨强只有5.89 mm/d；工程建设阶段（1991—2002年平均）三峡地区区域平均连阴雨雨强为8.37 mm/d，与常年值持平，这一时段连阴雨雨强较前期的初步设计阶段有所升高；初期蓄水阶段（2003—2009年平均）区域平均连阴雨雨强为8.34 mm/d，较常年值略偏小；175 m蓄水阶段（2010—2020年平均）区域平均连阴雨雨强为8.43 mm/d，这个时段连阴雨雨强较初期蓄水阶段略有升高，是连阴雨雨强最大的时段。总体来看，4个阶段的连阴雨雨强的变化由第一阶段（初步设计阶段）的最低点逐步升高至第四阶段（175 m蓄水阶段）的最高点（图3.5.18）。

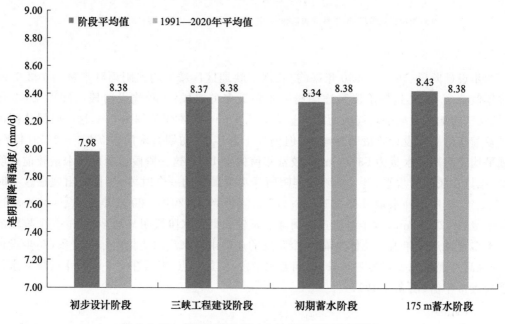

图 3.5.18　长江三峡地区4个阶段连阴雨降雨强度

3.6　干旱

采用气象干旱综合指数（MCI）作为评判标准。MCI的计算见式（1）：

$$MCI = Ka \times (a \times SPIW_{60} + b \times MI_{30} + c \times SPI_{90} + d \times SPI_{150}) \tag{1}$$

式中：MI_{30}——近30天相对湿润度指数；

$\quad\ SPI_{90}$——近90天标准化降水指数；

$\quad\ SPI_{150}$——近150天标准化降水指数；

$\quad\ SPIW_{60}$——近60天标准化权重降水指数；

$\quad\ a$——$SPIW_{60}$项的权重系数，北方及西部地区取0.3，南方地区取0.5；

$\quad\ b$——MI_{30}项的权重系数，北方及西部地区取0.5，南方地区取0.6；

c——SPI$_{90}$项的权重系数,北方及西部地区取 0.3,南方地区取 0.2;

d——SPI$_{150}$项的权重系数,北方及西部地区取 0.2,南方地区取 0.1;

Ka——为季节调节系数,根据不同季节各地主要农作物生长发育阶段对土壤水分的敏感程度确定(见 GB/T 32136)。

根据气象干旱综合指数将气象干旱等级划分为:无旱($-0.5<$MCI)、轻旱($-1.0<$MCI$\leqslant-0.5$)、中旱($-1.5<$MCI$\leqslant-1.0$)、重旱($-2.0<$MCI$\leqslant-1.5$)、特旱(MCI$\leqslant-2.0$)(《气象干旱等级》,GB/T 20481—2017)。

3.6.1 干旱气候特征

1. 干旱日数

(1)中旱及以上干旱日数

长江三峡地区地形复杂,气象灾害种类繁多,干旱作为主要灾害之一近年来频繁发生。1961—2020 年,长江三峡地区年中旱及以上干旱日数总体呈北多南少分布;东北部地区中旱及以上干旱日数最多,大部地区达 45~50 d,部分地区超过 50 d;西南部地区较多,为 40~45 d,部分地区达 45~50 d;中部地区相对较少,为 30~40 d。湖北兴山最多,为 54.2 d,湖北恩施最少,为 29.9 d(图 3.6.1)。

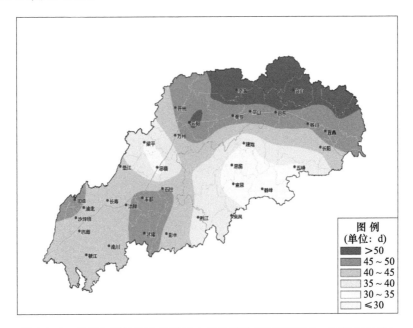

图 3.6.1　长江三峡地区中旱及以上干旱日数分布图(1961—2020 年平均)

(2)重旱及以上干旱日数

1961—2020 年,长江三峡地区年重旱及以上干旱日数总体呈北多南少分布;东北部和西南部部分地区较多,普遍达 16~20 d,局地超过 20 d;中部地区相对较少,为 8~16 d;湖北宜昌最多,为 20.4 d,重庆忠县最少,为 9.8 d(图 3.6.2)。

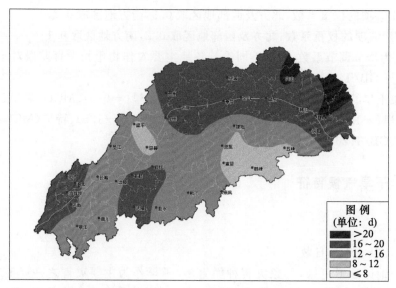

图 3.6.2　长江三峡地区重旱及以上干旱日数分布图(1961—2020 年平均)

2. 最长连续干旱日数

(1)中旱及以上最长连续干旱日数

1961—2020 年,长江三峡地区中部年中旱及以上最长连续干旱日数相对较少,为 90～120 d;北部、东部和西南部部分地区较多,均超过 120 d;重庆綦江最多,为 166 d,湖北鹤峰最少,为 67 d(图 3.6.3)。

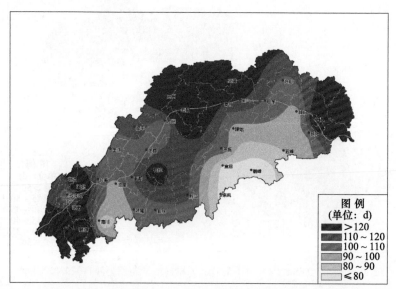

图 3.6.3　长江三峡地区中旱及以上最长连续干旱日数分布图(1961—2020 年平均)

(2)重旱及以上最长连续干旱日数

1961—2020 年,长江三峡地区东部和南部年重旱及以上最长连续干旱日数相对较少,为 60～80 d;北部和西南部较多,为 80～100 d,局地超过 100 d;重庆綦江最多,为 159 d,湖北宣恩和重庆南川最少,均为 45 d(图 3.6.4)。

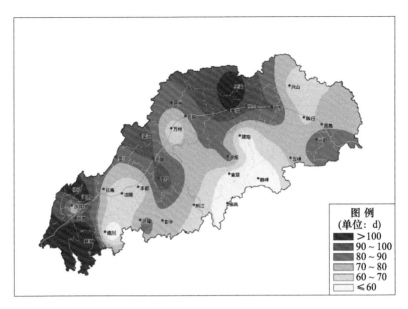

图 3.6.4　长江三峡地区重旱及以上最长连续干旱日数分布图(1961—2020 年平均)

3.6.2　长期变化特征

1. 干旱日数

(1)中旱及以上干旱日数

1961—2020 年,长江三峡地区年中旱及以上干旱日数为 44.7 d,总体变化趋势不明显,但年际变化大,最多年为 99.8 d(2001 年),最少年为 6.2 d(1962 年),最多年是最少年的 16 倍(图 3.6.5)。空间分布上,1961—2020 年,长江三峡地区除西南部和东北部局部年中旱及以上干旱日数每 10 年减少 0.5~2.0 d 外,其余大部地区均呈增加趋势,其中中部和西南部部分地区平均每 10 年增加 0.5~2.0 d,东北部部分地区增加超过 3 d(图 3.6.6)。

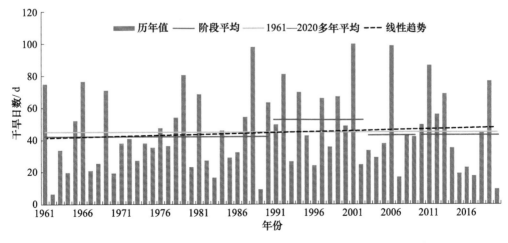

图 3.6.5　长江三峡地区中旱及以上干旱日数历年变化(1961—2020 年)

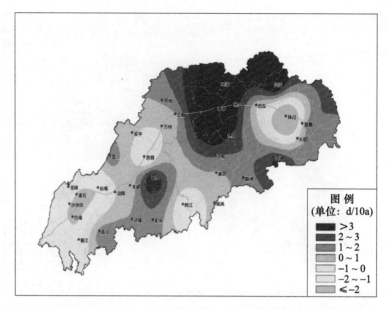

图 3.6.6　长江三峡地区中旱及以上干旱日数线性变化趋势分布图(1961—2020 年)

通过小波分析结果可知,1970 年以前、20 世纪 90 年代中期以来,长江三峡地区中旱及以上干旱日数呈现准 3 年的周期特征;2000 年以来以准 3 年和 7 年周期为主,其中 2000—2010 年期间是显著的准 3 年周期(图 3.6.7)。

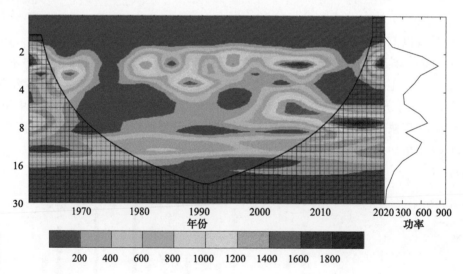

图 3.6.7　1961—2020 年长江三峡地区中旱及以上干旱日数小波功率谱

(2)重旱及以上干旱日数

1961—2020 年,长江三峡地区年重旱及以上干旱日数为 15.7 d,没有明显的变化趋势,但年际变化大,2006 年最多,为 55.1 d,1962 年最少,为 0.2 d(图 3.6.8)。从线性趋势空间分布来看,长江三峡地区西北部年重旱及以上干旱日数平均每 10 年减少 0.5~2.0 d;中东部大部地区均呈增加趋势,增幅为每 10 年 0.5~2.0 d,部分地区增加超过 3 d(图 3.6.9)。

通过小波分析结果可知,长江三峡地区年重旱及以上干旱日数呈现准 3 年和 7 年的周期振荡特征,其中在 1970 年以前、20 世纪 90 年代中期以来呈现准 3 年的周期特征,2000 以来以准 3 年和 7 年周期为主,而且 2000—2010 年期间是显著的准 3 年和 7 年周期(图 3.6.10)。

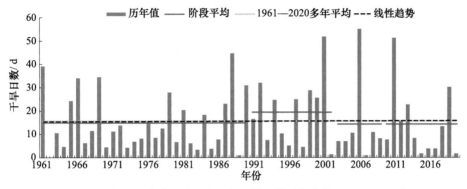

图 3.6.8　长江三峡地区重旱及以上干旱日数历年变化(1961—2020 年)

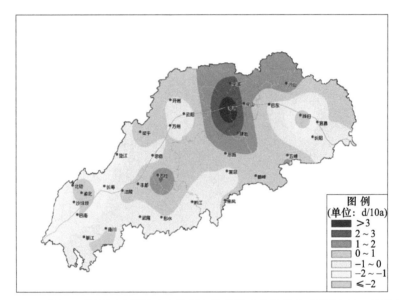

图 3.6.9　长江三峡地区重旱及以上干旱日数线性变化趋势分布图(1961—2020 年)

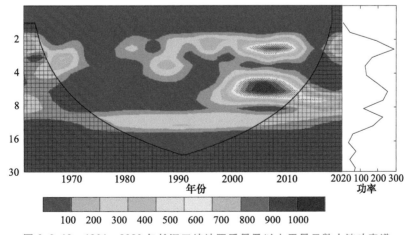

图 3.6.10　1961—2020 年长江三峡地区重旱及以上干旱日数小波功率谱

2. 最长连续干旱日数

(1)中旱及以上最长连续干旱日数

1961—2020 年,长江三峡地区年中旱及以上最长连续干旱日数为 23.5 d,没有明显的变化趋势,但年际变化大,2006 年最多,为 64.4 d,1962 年最少,为 3.7 d(图 3.6.11)。从线性趋势分布来看,长江三峡地区年中旱及以上最长连续干旱日数除西北部、西南部及东北部局部平均每 10 年减少 0.5~2.0 d 外,其余大部地区均呈增加趋势,其中中部偏东地区增幅较大,平均每 10 年增加 1~2 d,部分地区增加 2~3 d(图 3.6.12)。

通过小波分析结果可知,三峡地区年中旱及以上最长连续干旱日数呈现准 3a 和 7a 的周期振荡特征,其中在 1970 年以前、20 世纪 90 年代中期以来呈现准 3a 的周期特征,2000 以来以准 3a 和 7a 周期为主,而且 2000—2010 年期间是显著的准 7a 周期(图 3.6.13)。

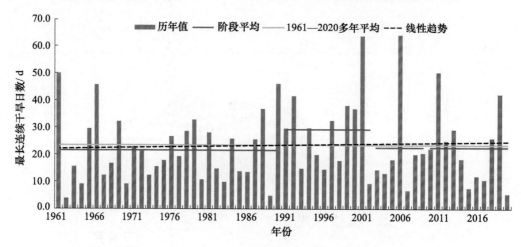

图 3.6.11　长江三峡地区中旱及以上最长连续干旱日数历年变化(1961—2020 年)

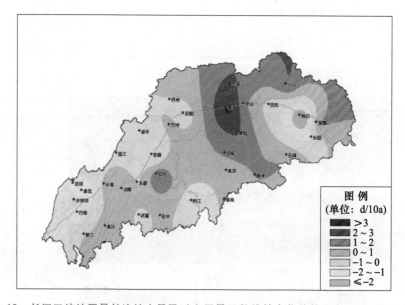

图 3.6.12　长江三峡地区最长连续中旱及以上干旱日数线性变化趋势分布图(1961—2020 年)

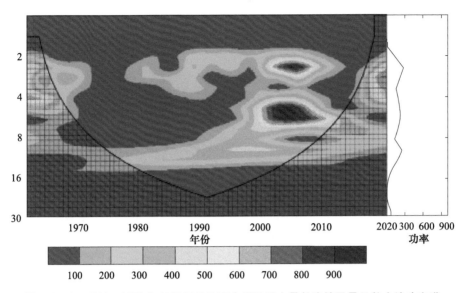

图 3.6.13　1961—2020 年长江三峡地区中旱及以上最长连续干旱日数小波功率谱

(2)重旱及以上最长连续干旱日数

1961—2020 年,长江三峡地区年重旱及以上最长连续干旱日数为 10.3 d,变化趋势不明显但年际变化大,2006 年最多,为 36.6 d,1962 年最少,为 0.2 d(图 3.6.14)。从线性趋势分布来看,三峡中部偏东地区年重旱及以上最长连续干旱日数平均每 10 年普遍增加 0.2~1.0 d,局地增加 1~2.0 d;东部、中西部均呈减少趋势,减幅普遍为每 10 年 0.2~1.0 d,局地达 1~2.0 d(图 3.6.15)。

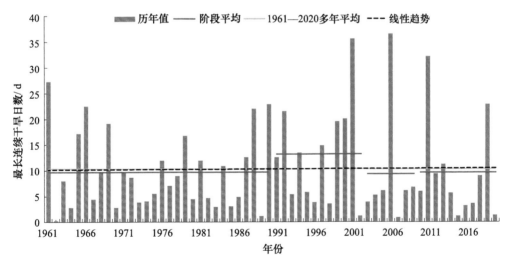

图 3.6.14　长江三峡地区重旱及以上最长连续干旱日数历年变化(1961—2020 年)

通过小波分析结果可知,长江三峡地区年重旱及以上最长连续干旱日数呈现准 3 年和 7 年的周期振荡特征,其中在 1970 年以前、20 世纪 90 年代中期以来呈现准 3 年的周期特征,2000 以来以准 3 年和 7 年周期为主,而且 2000—2010 年期间是显著的准 3 年和 7 年周期(图 3.6.16)。

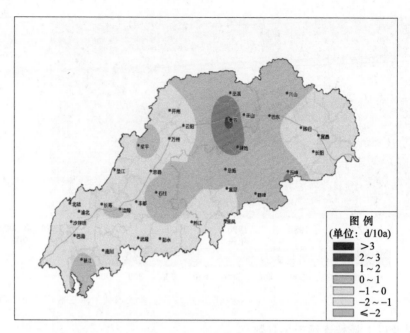

图 3.6.15　1961—2020 年长江三峡地区最长连续重旱及以上干旱日数线性变化趋势分布图

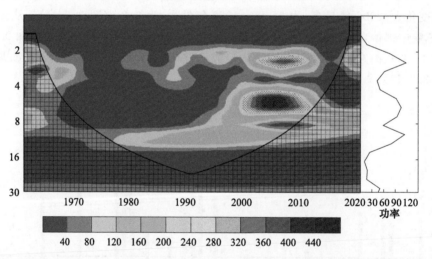

图 3.6.16　1961—2020 年长江三峡地区重旱及以上干旱日数小波功率谱

3.6.3　三峡水库蓄水前后干旱变化特征

1. 干旱日数

（1）中旱及以上干旱日数

长江三峡地区初步设计阶段（1961—1990 年）年中旱及以上干旱日数为 42.1 d,较多年平均值（1961—2020 年多年平均,下同）偏少 2.6 d;工程建设阶段（1991—2002 年）为 52.9 d,较多年平均值偏多 8.2 d;初期蓄水阶段（2003—2009 年）为 42.9 d,较多年平均值偏少 1.8 d;

175 m 蓄水阶段(2010—2020 年)为 44.1 d,较多年平均值偏少 0.6 d(图 3.6.17)。

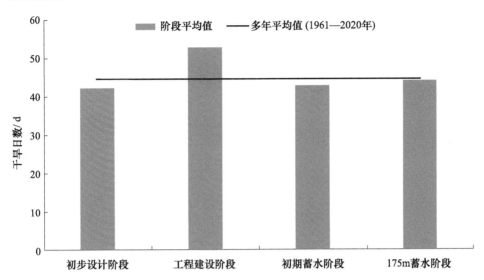

图 3.6.17　长江三峡地区各阶段年中旱及以上干旱日数

从分布来看,初步设计阶段(1961—1990 年),长江三峡地区中部年中旱及以上干旱日数相对较少,为 20~40 d;东北部和西南部较多,为 40~50 d;湖北秭归最多,为 53.4 d,湖北恩施最少,为 26.3 d(图 3.6.18a)。

工程建设阶段(1991—2002 年),长江三峡地区中部年中旱及以上干旱日数相对较少,为 30~50 d;西南部较多,为 40~60 d;东北部最多,大部地区超过 60 d;重庆巫溪最多,为 80.4 d,湖北来凤最少,为 26.5 d(图 3.6.18b)。

初期蓄水阶段(2003—2009 年),长江三峡地区中部年中旱及以上干旱日数相对较少,为 20~40 d;东北部和西南部较多,为 40~50 d,其中西南部部分地区达 50~60 d;重庆彭水最多,为 62.3 d,湖北秭归最少,为 11.8 d(图 3.6.18c)。

175 m 蓄水阶段(2010—2020 年),长江三峡地区中部及西南部部分地区年中旱及以上干旱日数相对较少,为 20~40 d;中部偏西地区及东北部较多,为 40~60 d,其中东北部局地超过 60 d;重庆奉节最多,为 83.5 d,重庆忠县最少,为 13.0 d(图 3.6.18d)。

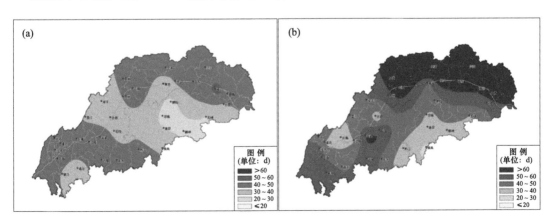

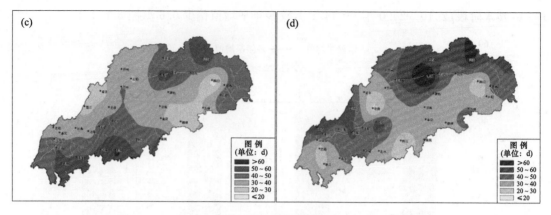

图 3.6.18 长江三峡地区各阶段年中旱及以上干旱日数分布图
(a:1961—1990 年;b:1991—2002 年;c:2003—2009 年;d:2010—2020 年)

与多年平均值相比,初步设计阶段(1961—1990 年),长江三峡地区大部年中旱及以上干旱日数偏少 1~5 d,其中东北部部分地区偏少超过 7 d,重庆奉节偏少最多,为 15.2;湖北秭归和重庆黔江、忠县、长寿、渝北、来凤、涪陵等地大部偏多 1~5 d,其中湖北秭归偏多最多,达 8.1 d(图 3.6.19a)。

工程建设阶段(1991—2002 年),长江三峡地区大部年中旱及以上干旱日数较多年平均值偏多,其中中部和西南部偏多 5~15 d,东北部偏多 15~20 d,部分地区偏多超过 20 d,重庆巫溪偏多最多,为 28.2;湖北来凤和重庆长寿、涪陵、黔江、渝北、北碚、奉节、垫江等地偏少,其中湖北来凤偏少最多,为 11.6 d(图 3.6.19b)。

初期蓄水阶段(2003—2009 年),长江三峡地区西南部年中旱及以上干旱日数较多年平均值偏多 2~15 d,局地偏多 15~20 d,其中重庆彭水偏多最多,为 20.1 d;其余大部地区均较多年平均值偏少 2~10 d,部分地区偏少超过 10 d,其中湖北秭归(偏少 33.5 d)、重庆云阳(偏少 24.6 d)超过 20(图 3.6.19c)。

175 m 蓄水阶段(2010—2020 年),长江三峡地区中部年中旱及以上干旱日数较多年平均值偏少,其中重庆忠县(偏少 34.7 d)、湖北秭归(偏少 32.6 d)、重庆黔江(偏少 28.1 d)和万州(偏少 20.0 d)均偏少超过或等于 20;东北部和西南部均偏多,大部地区偏多 5~20 d,其中重庆奉节(偏多 34.2 d)、北碚(偏多 32.9 d)、涪陵(偏多 22.6 d)、石柱(偏多 20.1 d)和湖北兴山(偏多 32.4 d)偏多超过 20 d(图 3.6.19d)。

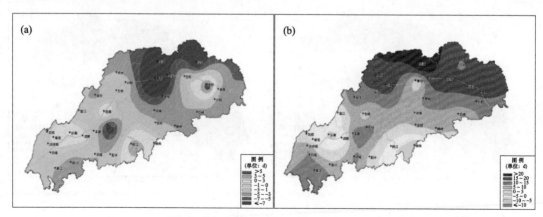

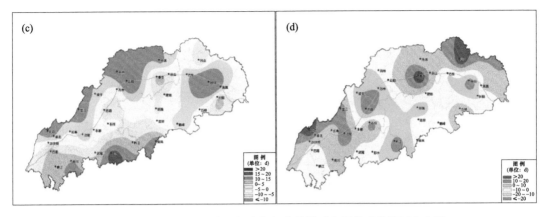

图 3.6.19　长江三峡地区各阶段年中旱及以上干旱日数距平分布图
(a:1961—1990 年;b:1991—2002 年;c:2003—2009 年;d:2010—2020 年)

(2)重旱及以上干旱日数

长江三峡地区初步设计阶段(1961—1990 年)年重旱及以上干旱日数为 14.9 d,较多年平均值偏少 0.8 d;工程建设阶段(1991—2002 年)为 19.5 d,较多年平均值偏多 3.8 d;初期蓄水阶段(2003—2009 年)为 14.3 d,较多年平均值偏少 1.4 d;175 m 蓄水阶段(2010—2020 年)为 14.6 d,较多年平均值偏少 1.1 d(图 3.6.20)。

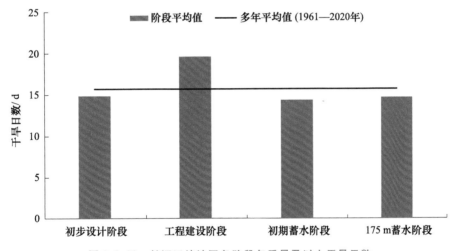

图 3.6.20　长江三峡地区各阶段年重旱及以上干旱日数

从分布来看,初步设计阶段(1961—1990 年),长江三峡地区中部年重旱及以上干旱日数相对较少,为 8～16 d;东北部和西南部部分地区较多,为 16～20 d,局地超过 20 d;重庆北碚最多,为 22.5 d,重庆梁平最少,为 7.5 d(图 3.6.21a)。

工程建设阶段(1991—2002 年),长江三峡地区南部和西南部年重旱及以上干旱日数相对较少,为 10～20 d;北部较多,为 20～30 d,部分地区达 30～40 d,重庆云阳最多,为 33.9 d,重庆长寿最少,为 7.8 d(图 3.6.21b)。

初期蓄水阶段(2003—2009 年),长江三峡地区大部年重旱及以上干旱日数普遍为 8～16 d,其中中部偏南地区较多,为 16～20 d,局地超过 20 d;重庆黔江最多,为 24.7 d,湖北秭归最少,为 3.2 d(图 3.6.21c)。

175 m 蓄水阶段(2010—2020 年),长江三峡地区中部年重旱及以上干旱日数相对较少,为 8~12 d;东北部和西南部较多,为 12~20 d,局地超过 20 d;重庆奉节最多,为 31.3 d,重庆忠县最少,为 2.9 d(图 3.6.21d)。

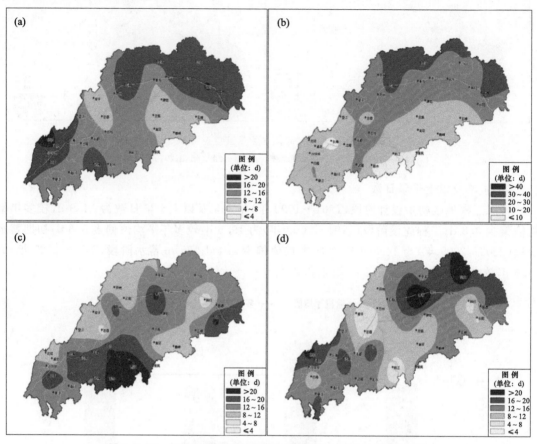

图 3.6.21 长江三峡地区各阶段年重旱及以上干旱日数分布图
(a:1961—1990 年;b:1991—2002 年;c:2003—2009 年;d:2010—2020 年)

与多年平均值相比,初步设计阶段(1961—1990 年),长江三峡地区大部年重旱及以上干旱日数略偏少,其中中东部偏北地区偏少 2~4 d,重庆奉节偏少最多,为 7.1 d;西北部部分地区偏多 2~4 d,重庆渝北偏多最多,为 3.6 d(图 3.6.22a)。

工程建设阶段(1991—2002 年),长江三峡地区大部年重旱及以上干旱日数较多年平均值偏多,其中北部地区偏多明显,普遍达 6~12 d,部分地区超过 12 d,重庆巫溪偏多最多,为 14.4 d;西北部及中部偏南地区偏少 3~6 d,重庆渝北偏少最多,为 6.9 d(图 3.6.22b)。

初期蓄水阶段(2003—2009 年),长江三峡地区年重旱及以上干旱日数总体呈北少南多分布,北部大部普遍偏少 3~6 d,湖北秭归偏少最多,达 14.5 d;南部大部普遍偏多,重庆黔江偏多最多,为 11.7 d(图 3.6.22c)。

175 m 蓄水阶段(2010—2020 年),长江三峡地区大部年重旱及以上干旱日数普遍偏少,其中湖北秭归偏少 12.8 d,重庆巴南偏少 10.3 d;仅西北部和东部部分地区略偏多,其中重庆奉节偏多 12.4 d(图 3.6.22d)。

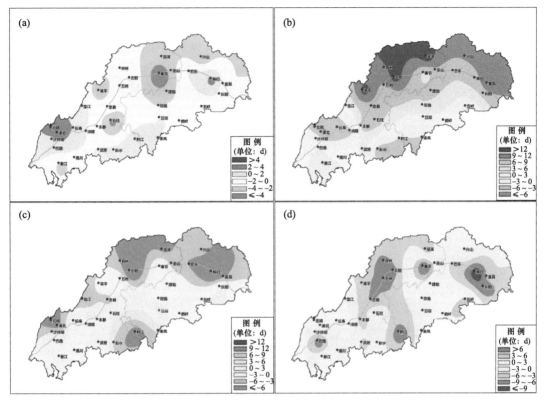

图 3.6.22　长江三峡地区各阶段年重旱及以上干旱日数距平分布图

(a:1961—1990 年;b:1991—2002 年;c:2003—2009 年;d:2010—2020 年)

2. 最长连续干旱日数

(1)中旱及以上最长连续干旱日数

长江三峡地区初步设计阶段(1961—1990 年)年中旱及以上最长连续干旱日数为 21.8 d,较多年平均值偏少 1.7 d;工程建设阶段(1991—2002 年)为 29.1 d,较多年平均值偏多 5.6 d;初期蓄水阶段(2003—2009 年)为 22.6 d,较多年平均值偏少 0.9 d;175 m 蓄水阶段(2010—2020 年)为 22.7 d,较多年平均值偏少 0.8 d(图 3.6.23)。

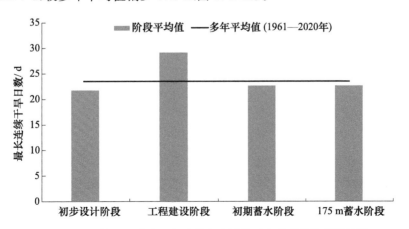

图 3.6.23　长江三峡地区各阶段年中旱及以上最长连续干旱日数

从分布来看,初步设计阶段(1961—1990 年),长江三峡地区中南部年中旱及以上最长连续干旱日数相对较少,为 50～90 d;北部和西南部部分地区较多,为 90～110 d,局地达 110～130 d;重庆渝北最多,为 148 d,重庆南川和湖北建始最少,为 53 d(图 3.6.24a)。

工程建设阶段(1991—2002 年),长江三峡地区南部年中旱及以上最长连续干旱日数相对较少,为 50～90 d;北部较多,为 90～130 d,局地超过 130 d;重庆巫溪最多,为 151 d,湖北来凤最少,为 38 d(图 3.6.24b)。

初期蓄水阶段(2003—2009 年),长江三峡地区北部年中旱及以上最长连续干旱日数相对较少,为 50～70 d;南部较多,为 70～90 d,局地达 90～110 d;重庆巴南最多,为 130 d,重庆云阳最少,为 34 d(图 3.6.24c)。

175 m 蓄水阶段(2010—2020 年),长江三峡地区中部年中旱及以上最长连续干旱日数相对较少,为 50～70 d;东北部和西南部较多,为 70～110 d,部分地区达 110～130 d,甚至超过 130 d;重庆綦江最多,为 166 d,湖北秭归最少,为 31 d(图 3.6.24d)。

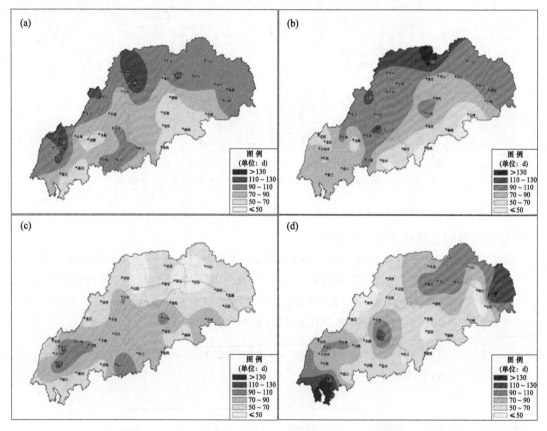

图 3.6.24　长江三峡地区各阶段年中旱及以上最长连续干旱日数分布图
(a:1961—1990 年;b:1991—2002 年;c:2003—2009 年;d:2010—2020 年)

(2)重旱及以上最长连续干旱日数

长江三峡地区初步设计阶段(1961—1990 年)年重旱及以上最长连续干旱日数为 9.7 d,较多年平均值偏少 0.6 d;工程建设阶段(1991—2002 年)为 13.1 d,较多年平均值偏多 2.8 d;初期蓄水阶段(2003—2009 年)为 9.3 d,较多年平均值偏少 1.0 d;175 m 蓄水阶段(2010—

2020 年)为 9.6 d,较多年平均值偏少 0.7 d(图 3.6.25)。

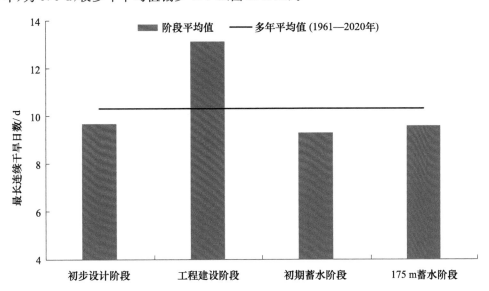

图 3.6.25　长江三峡地区各阶段年重旱及以上最长连续干旱日数

从分布来看,初步设计阶段(1961—1990 年),长江三峡地区中部和南部年重旱及以上最长连续干旱日数相对较少,为 40~60 d;北部、东部及西南部部分地区较多,为 60~90 d,局地超过 100 d;重庆渝北最多,为 115 d,湖北五峰最少,为 33 d(图 3.6.26a)。

工程建设阶段(1991—2002 年),长江三峡地区南部及西南部年重旱及以上最长连续干旱日数相对较少,为 40~60 d,部分地区少于 40 d;东部和中北部较多,为 60~90 d,部分地区超过 100 d;重庆巫溪最多,为 109 d,湖北五峰最少,为 17 d(图 3.6.26b)。

初期蓄水阶段(2003—2009 年),长江三峡地区年重旱及以上最长连续干旱日数总体呈北少南多分布,北部普遍为 20~40 d,南部普遍为 40~60 d,局地超过 80 d;重庆巴南最多,为 99 d,重庆云阳最少,为 14 d(图 3.6.26c)。

175 m 蓄水阶段(2010—2020 年),长江三峡地区中部年重旱及以上最长连续干旱日数相对较少,为 30~50 d,局地少于 30 d;东北部和西南部较多,为 60~90 d,西南部部分地区超过 90 d;重庆綦江最多,为 159 d,湖北长阳最少,为 12 d(图 3.6.26d)。

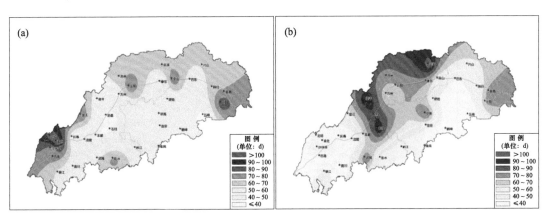

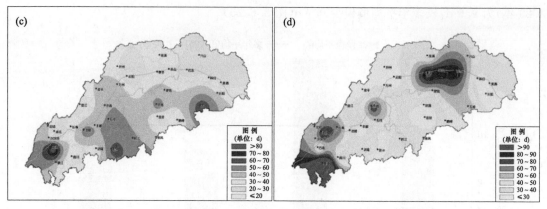

图 3.6.26　长江三峡地区各阶段年重旱及以上最长连续干旱日数分布图
(a:1961—1990 年;b:1991—2002 年;c:2003—2009 年;d:2010—2020 年)

3.7　高温

3.7.1　空间分布特征

1. 年高温日数

长江三峡地区为我国高温(日最高气温≥35 ℃)日数较多地区之一,年高温日数呈北部和西部多、中南部少的分布特征。除中南部和中北部海拔相对较高地区常年高温日数为 10～20 d 外,其余大部常年高温日数均在 20 d 以上,中部部分地区甚至超过 30 d,开州最多,达 47.8 d (图 3.7.1)。

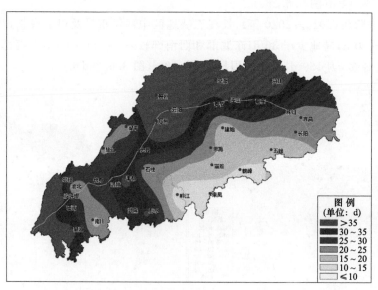

图 3.7.1　长江三峡地区高温日数分布图(1961—2020 年平均)

2. 最长连续高温日数

最长连续高温日数的长短与人体健康、用水用电、农业生产关系密切。与高温日数的空间分布相似,长江三峡地区最长连续高温日数也是北部和西部多,中南部少。1961—2020 年,长江三峡地区北部和西部部分地区最长连续高温日数较长,普遍在 20 d 以上,部分地区甚至超过 30 d,中南部较短,一般有 15～20 d(图 3.7.2)。由此说明,长江三峡地区大部地区极端高温过程持续时间较长。

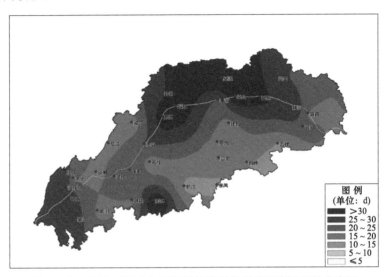

图 3.7.2　1961—2020 年长江三峡地区最长连续高温日数分布图

3. 最高气温

多年平均的年最高气温和极端最高气温均可反映高温的强度,长江三峡地区高温强度大。1961—2020 年,长江三峡地区多年平均年最高气温普遍在 35 ℃以上,其中东部自南向北呈递增分布,北部大部在 39 ℃以上,西部平均最高气温也较高,普遍在 38 ℃以上,重庆的开州、云阳、綦江、丰都及湖北的兴山均超过 40 ℃(图 3.7.3)。

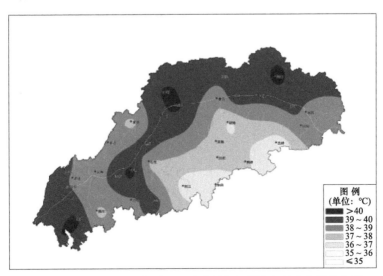

图 3.7.3　1961—2020 年长江三峡地区多年平均年最高气温分布图

4. 极端最高气温

极端最高气温的空间分布与年最高气温的空间分布基本一致,但长江三峡地区大部地区极端最高气温都在 40 ℃以上,开州、兴山、北碚、沙坪坝、巴南、涪陵、丰都、彭水、綦江均超过 43 ℃,其中最高出现在綦江,达 44.5 ℃;来凤极端最高气温最低,也有 39.1 ℃(图 3.7.4)。

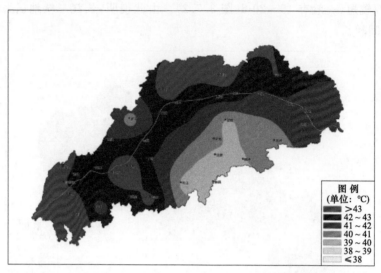

图 3.7.4 1961—2020 年长江三峡地区极端最高气温分布图

3.7.2 长期变化特征

1. 高温日数

1961—2020 年,长江三峡地区平均年高温日数 26.2 d,呈先减后增的变化趋势(图 3.7.5),其中 20 世纪 60—80 年代呈减少趋势,90 年代以来呈显著增多趋势;总体而言,长江三峡地区年高温日数的线性变化呈增多趋势(未通过 0.01 信度水平检验),增多速率为每 10 年 1.1 d。MK检验结果显示,近 60 年,长江三峡地区平均年高温日数在 2006 年前后发生突变现象(图 3.7.6)。

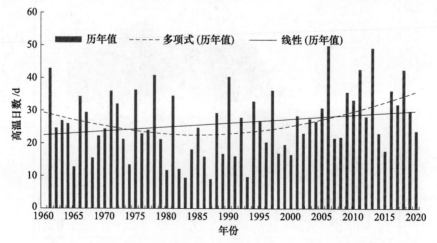

图 3.7.5 1961—2020 年长江三峡地区平均年高温日数历年变化

UF、UB 是 MK 检验中的两个统计量。其中 UF 为正序列统计量,通过计算原始时间序列的秩序列得到,用于检测序列数据中的上升或下降趋势。当 UF>0,说明增长趋势,当 UF<0,说明下降趋势,当 UF 值穿越显著性水平线,说明上升或下降趋势通过显著性检验。UB 是反序列的统计量,通过计算反序时间序列的秩序列得到。当 UF 和 UB 曲线相交,并且交点位于临界值之间时,该交点被认为是突变的开始点。

1961—2020 年,长江三峡地区大部地区年高温日数呈增多趋势,其中在中北部地区增多趋势明显,增多速率为 2~5 d/10a;仅东部和西部的部分地区年高温日数略有减少趋势(图 3.7.7)。

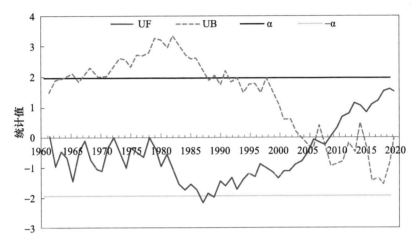

图 3.7.6 长江三峡地区平均年高温日数 M-K 统计曲线
(直线为 α=0.05 显著性水平临界值)

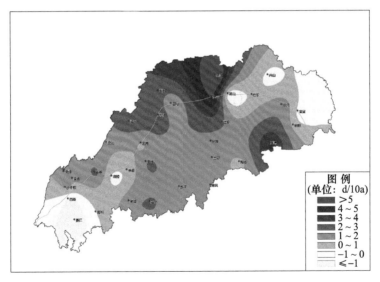

图 3.7.7 1961—2020 年长江三峡地区高温日数线性变化趋势分布图

2. 最长连续高温日数

1961—2020 年,长江三峡地区平均年最长连续高温日数多年平均为 8.8 d,也呈先减后增的变化特征(图 3.7.8)。20 世纪 60 年代至 80 年代,年最长连续高温日数呈减少趋势,90 年代至 2020 年呈增多趋势。年际变化大,最长是 1992 年,平均最长连续高温日数为 14.9 d,最短 1987 年,平均为 2.4 d,最长年是最短年的 6.2 倍。MK 检验结果显示,近 60 年,长江三峡地区年最长连续高温日数在 2015 年前后发生突变现象(图 3.7.9)。

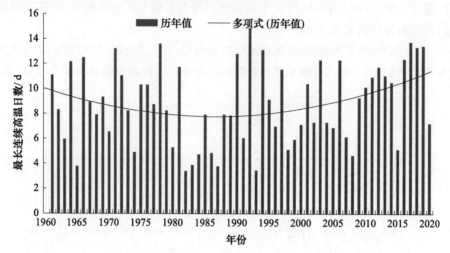

图 3.7.8   1961—2020 年长江三峡地区平均年最长连续高温日数历年变化

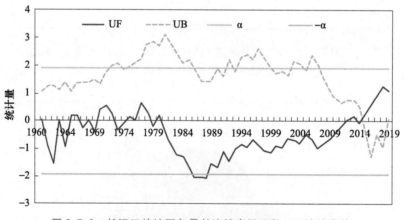

图 3.7.9   长江三峡地区年最长连续高温日数 MK 统计曲线

(直线为 α=0.05 显著性水平临界值)

从空间分布来看,1961—2020 年,除了库首和库尾部分地区略有减少趋势外,长江三峡地区其余大部年最长连续高温日数呈增长的变化趋势,其中中东部的巫山、奉节、建始、秭归、五峰和中西部的梁平、武隆、长寿、渝北等站增长趋势明显,增长速率为 0.5~1.5 d/10a(图 3.7.10)。

3. 最高气温

1961—2020 年,长江三峡地区平均年最高气温为 38.7 ℃,呈先减后增的变化趋势(图 3.7.11),20 世纪 60 年代至 80 年代前期呈微弱减小趋势,80 年代后期至 2020 年呈增大趋势。总体而言,1961—2020 年长江三峡地区平均年最高气温呈显著线性增大趋势(通过 0.05 显著性检验),增大速率为每 10 年 0.17 ℃。年际变化大,最高是 2006 年,平均最高气温达 41.2 ℃,最低 1987 年,平均为 36.4 ℃,最高年比最低年的最高气温偏高 4.8 ℃。MK 检验结果显示,近 60 年,长江三峡地区平均年最高气温在 2003 年左右出现突变现象(图 3.7.12)。

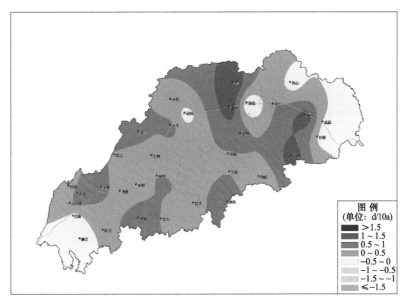

图 3.7.10　1961—2020 年长江三峡地区年最长连续高温日数线性变化趋势分布图

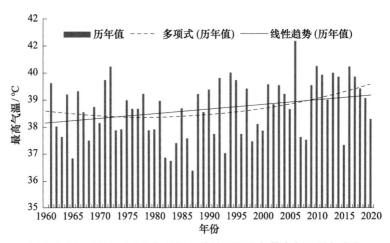

图 3.7.11　1961—2020 年长江三峡地区平均年最高气温历年变化

图 3.7.12　长江三峡地区平均年最高气温 MK 统计曲线

（直线为 α＝0.05 显著性水平临界值）

从空间分布来看,1961—2020年,除了库首的宜昌、秭归、兴山、巴东及库尾的綦江略有减小趋势外,长江三峡地区其余大部年最高气温呈升高的变化趋势,其中中北部的巫溪、奉节和东南部的五峰升高趋势明显,升高速率超过 0.5 ℃/10a(图 3.7.13)。

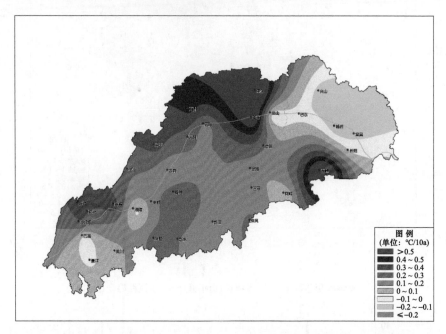

图 3.7.13 1961—2020 年长江三峡地区年最高气温线性变化趋势分布图

4. 极端最高气温

表 3.7.1 给出了 1961—2020 年三峡地区极端最高气温及出现时间。统计显示,三峡地区33 站中共出现了 40 站次极端最高气温,其中 26 站次出现在 2000 年之后的 20 年里,占总站次的 65%,另外,20 世纪 60 年代出现了 2 站次,70 年代出现了 7 站次,80 年代出现了 1 站次,90年代出现了 4 站次。由此可见,21 世纪以来,三峡地区极端高温在明显增多增强。从出现月份来看,有 29 站次发生在 8 月份,7 月下旬出现了 8 次,9 月上旬出现了 3 次。说明,三峡地区极端最高气温主要出现在 7 月下旬和 8 月,9 月上旬也会出现,但几率较低。

表 3.7.1 1961—2020 年三峡地区极端最高气温及出现时间

名称	省(市)	极端最高气温/℃	出现时间
开州	重庆	43.4	2016.8.18,2016.8.19,2016.8.25
云阳	重庆	42.9	1994.8.5
巫溪	重庆	43.6	2016.8.25
奉节	重庆	42.4	2019.8.17
巫山	重庆	42.8	2003.8.2,2014.8.4
巴东	湖北	41.6	1981.8.6
秭归	湖北	41.7	1971.7.26,1990.8.22,1994.8.3
兴山	湖北	43.1	1995.9.6

续表

名称	省(市)	极端最高气温/℃	出现时间
垫江	重庆	42.1	2006.8.15
梁平	重庆	40.4	2010.8.11
万州	重庆	42.3	2006.8.15
忠县	重庆	42.7	2006.9.1
石柱	重庆	42.0	2013.7.31
建始	湖北	39.4	1971.7.26
恩施	湖北	40.3	1971.7.21
五峰	湖北	40.2	2013.8.11
宜昌	湖北	41.4	1969.8.2
长阳	湖北	42.1	1966.8.6
北碚	重庆	44.3	2006.8.15
渝北	重庆	41.7	2006.8.15
沙坪坝	重庆	43.0	2006.8.15
巴南	重庆	43.9	2006.8.15
南川	重庆	41.5	2006.8.15
长寿	重庆	42.3	2006.8.15
涪陵	重庆	43.6	2006.8.15
丰都	重庆	43.9	2016.8.25
武隆	重庆	42.7	2006.8.15
黔江	重庆	39.5	2006.8.15
彭水	重庆	43.3	1971.7.27
宣恩	湖北	39.6	1971.7.26,1971.7.27
鹤峰	湖北	40.0	1971.7.26
来凤	湖北	39.1	2006.8.15
綦江	重庆	44.5	2006.8.15,2006.9.1

3.7.3 变化周期

许多研究已证明,小波分析能够准确地分析序列的周期变化,由于小波分析可以得出时间序列周期变化的局部特征,所以能更清楚地看出各周期随时间的变化规律。对长江三峡地区高温序列应用 Morlet 小波变换进行了周期变化特征分析。

小波分析结果显示,1961—2020 年长江三峡地区平均年高温日数和平均最高气温均存在 2～4 年的显著变化周期,其中 20 世纪 70 年代中期至 80 年代中期 3～4 年周期尤为显著;最长连续高温日数存在 20 年左右的周期变化,20 世纪 90 年代左右还存在显著的 2 年左右周期变化(图 3.7.14)。

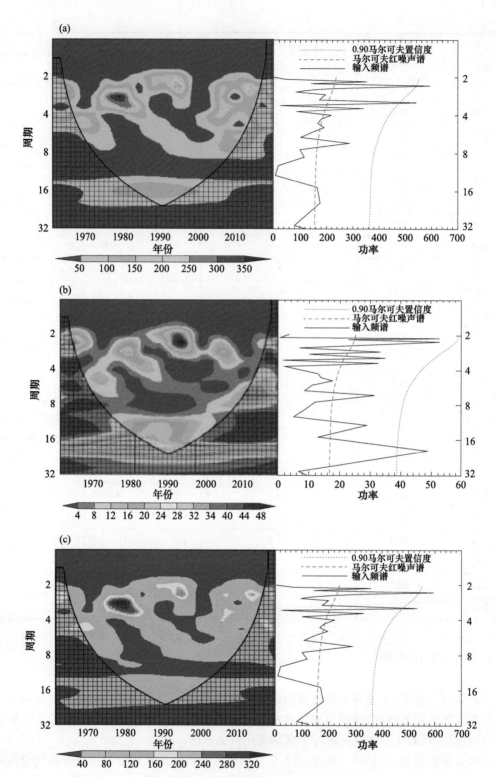

图 3.7.14 1961—2020 年长江三峡地区平均高温日数(a)、最长连续高温日数(b)、

最高气温(c)小波功率谱

(红色表示通过 α＝0.1 的显著性检验)

3.7.4 三峡水库蓄水前后高温变化特征

1. 高温日数

三峡工程初步设计阶段(1961—1990 年)、工程建设阶段(1991—2002 年)、初期蓄水阶段(2003—2009 年)、175 m 蓄水阶段(2010—2020 年)长江三峡地区平均年高温日数分别为24.3 d、22.8 d、30.8 d、32.6 d,与常年高温日数相比,初步设计阶段和工程建设阶段高温日数分别偏少 3.9 d 和 5.4 d,而初期蓄水阶段和 175 m 蓄水阶段偏多 2.4 d 和 4.4 d(图 3.7.15)。长江三峡地区高温日数的变化趋势与西南地区的变化趋势基本一致。1961—2020 年西南地区平均高温日数呈先减后增的变化趋势,1961—1990 年平均高温日数为 5.7 d,1994—2002 年平均高温日数为 6.0 d,均低于常年平均(6.9 d);2003—2010 年平均高温日数为 8.5 d、2010—2020 年平高温日数为 10.1 d,均明显高于常年值。

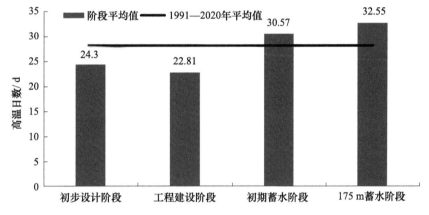

图 3.7.15 长江三峡地区各阶段平均年高温日数

初步设计阶段(1961—1990 年):除中南部海拔相对较高地区高温日数为 15 d 以下外,长江三峡地区其余大部高温日数均在 15～40 d,綦江、兴山、云阳超过 40 d。工程建设阶段(1991—2002 年):长江三峡地区高温日数空间分布总体上变化不大,仅西部部分地区高温日数略较少。初期蓄水阶段和 175 m 蓄水阶段(2003—2020 年):长江三峡地区高温日数明显增多,高值范围明显南扩,大部地区高温日数在 20 d 以上,北部和西部地区大部超过 30 d(图 3.7.16)。

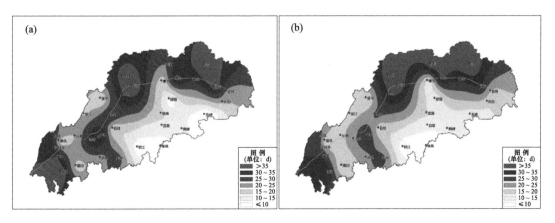

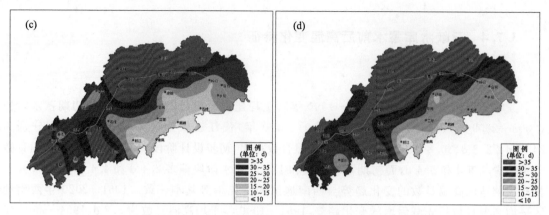

图 3.7.16　长江三峡地区不同时段年均高温日数分布图

(a:1961—1990 年;b:1991—2002 年;c:2003—2009 年;d:2010—2020 年)

　　与常年相比,初步设计阶段,长江三峡地区大部高温日数偏少 3～15 d,库首和库尾略偏多;工程建设阶段,长江三峡地区大部高温日数较常年偏少,其中中西部偏少 5～10 d;初期蓄水阶段,西部偏多 5～15 d,中东部接近常年或偏少,其中东南部偏少 3～15 d;175 m 蓄水阶段,长江三峡地区高温日数较常年偏多,其中中西部大部偏多 3～10 d(图 3.7.17)。

　　由此说明,自 20 世纪 90 年代以来,长江三峡地区的高温日数增多,高温日数增多的范围增加。

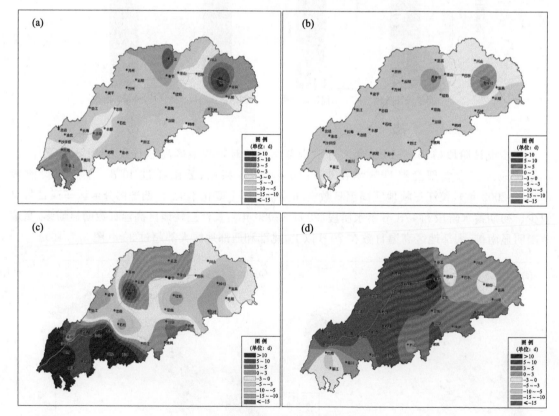

图 3.7.17　长江三峡地区不同时段高温日数距平分布图

(a:1961—1990 年;b:1991—2002 年;c:2003—2009 年;d:2010—2020 年)

2. 最长连续高温日数

　　三峡工程初步设计阶段、工程建设阶段、初期蓄水阶段长江三峡地区平均最长连续高温日数相近,为 8.4 d 左右,175 m 蓄水阶段最长连续高温日数明显增长,平均为 10.9 d(图3.7.18),比之前 3 个阶段偏长 2.5 d。

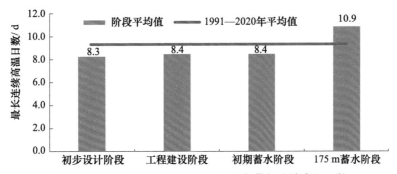

图 3.7.18　长江三峡地区各阶段平均年最长连续高温日数

　　初步设计阶段(1961—1990 年):北部和西部部分地区最长连续高温日数较长,有 20～30 d,中南部较短,一般有 10～15 d;工程建设阶段(1991—2002 年):中北部和西部部分最长连续高温日数较长,有 20～30 d,中南部较短,在 5 d 以下;初期蓄水阶段(2003—2009 年):最长连续高温日数较短,大部地区最长连续高温日数为 10～20 d,西部局部超过 20 d,东南部不足 5 d;175 m 蓄水阶段(2010—2020 年):东部 10～15 d,中西部普遍 15～20 d,中北部最长,在 20 d 以上(图3.7.19)。

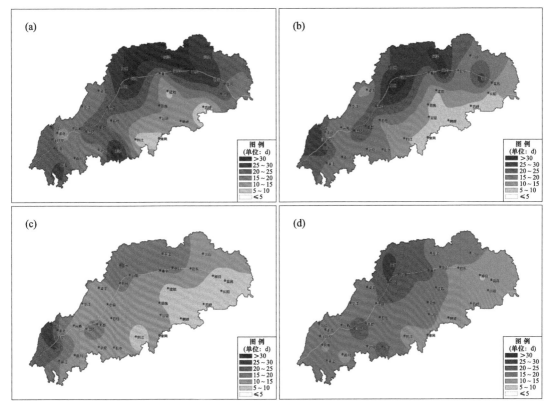

图 3.7.19　1961—2020 年长江三峡地区不同时段最长连续高温日数分布图

(a:1961—1990 年;b:1991—2002 年;c:2003—2009 年;d:2010—2020 年)

3. 最高气温

从区域平均来看,三峡工程初步设计阶段、工程建设阶段、初期蓄水阶段和175 m蓄水阶段平均年最高气温呈依次升高态势,分别为38.4 ℃、38.6 ℃、39.0 ℃和39.4 ℃。与常年值相比,前两个阶段分别偏低0.6 ℃和0.4 ℃,初期蓄水阶段与常年值持平,175 m蓄水阶段比常年值偏高0.4 ℃(图3.7.20)。

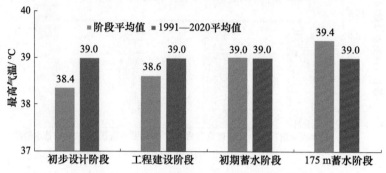

图 3.7.20　长江三峡地区各阶段平均年最高气温

对比长江三峡地区4个阶段的平均年最高气温,从空间分布看,初步设计阶段、工程建设和初期蓄水阶段,38 ℃以上、39 ℃以上及40 ℃以上的范围均依次增大;但175 m蓄水阶段的38 ℃以上、39 ℃以上及40 ℃以上的范围比初期蓄水阶段均减小,但比初步设计阶段、工程建设阶段的相应范围均明显增大(图3.7.21)。

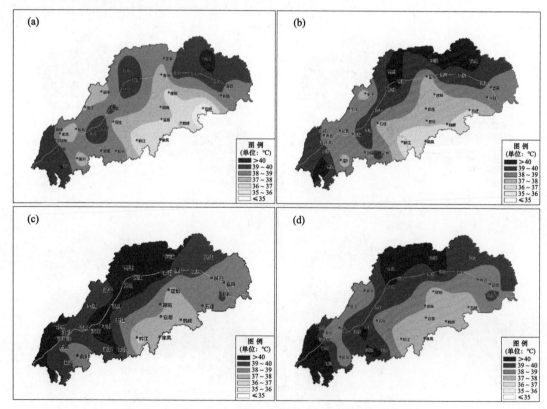

图 3.7.21　长江三峡地区各阶段平均年最高气温空间分布图

(a:1961—1990 年;b:1991—2002 年;c:2003—2009 年;d:2010—2020 年)

3.8　雾

根据国家标准《雾的预报等级》(GB/T 27964—2011),雾的等级依据能见度进行划分,轻雾能见度为大于 1000 m 但小于 10000 m,雾(包括大雾、浓雾、强浓雾等)能见度为小于 1000 m。随着中小城市经济的快速发展,大气污染物增加,污染物中的可溶性核可在尚未达到饱和的空气中产生水汽凝结现象,加速雾体的形成(王林等,2015)。三峡地区具有特殊的地理环境和独特的气候条件,特别是近年来随着污染物排放的增多,三峡地区成为我国大雾多发地之一(黄治勇等,2012)。

3.8.1　空间分布特征

1. 轻雾日数

1961—2020 年,长江三峡地区中部偏东地区轻雾日数相对较少,为 100～150 d,部分地区少于 100 d;西部和东部部分地区较多,为 150～200 d,其中西部部分地区超过 200 d。重庆沙坪坝最多,为 306.5 d,湖北五峰最少,为 62.5 d(图 3.8.1)。

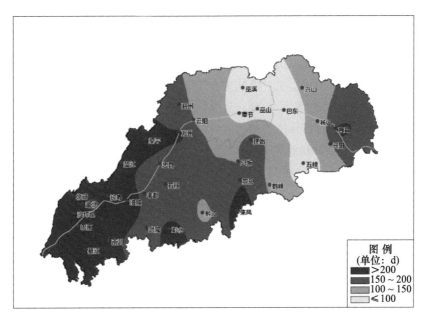

图 3.8.1　长江三峡地区轻雾日数分布图(1961—2020 年)

2. 雾日数

1961—2020 年,长江三峡地区雾日数总体呈西多东少的分布特征。西部地区雾日数普遍为 30～50 d,部分地区超过 50 d;东部地区为 10～30 d,局部地区少于 10 d。重庆涪陵最多,为 72.1 天,湖北秭归最少,为 3.3 d(图 3.8.2)。

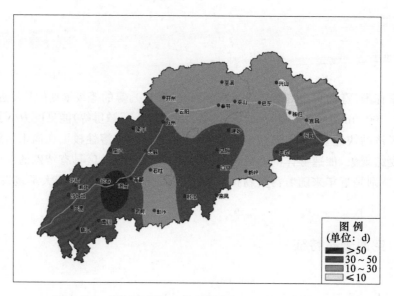

图 3.8.2 长江三峡地区雾日数分布图(1961—2020 年)

3.8.2 长期变化特征

1. 轻雾日数

1961—2020 年,长江三峡地区年轻雾日数为 172.2 d,2020 年最多,为 277.7 d,1964 年最少,为 37.2 d。1961—2020 年,长江三峡地区年轻雾日数呈显著增加趋势(通过 95% 信度检验),平均每 10 年增加 36.6 d(图 3.8.3)。从线性趋势空间分布来看,长江三峡地区大部年轻雾日数均呈增加趋势,其中西部地区增幅为 40~50 d/10a;中部地区大部为 30~40 d/10a,部分地区达 40~50 d/10a;东部地区增幅相对较小,大部地区少于 30 d/10a。重庆云阳增幅最大,为 58.5 d/10a;重庆沙坪坝增幅最小,为 5.7 d/10a(图 3.8.4)。

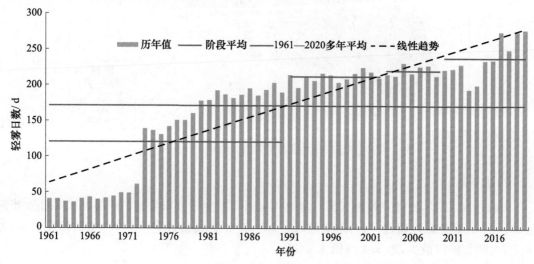

图 3.8.3 长江三峡地区年轻雾日数历年变化(1961—2020 年)

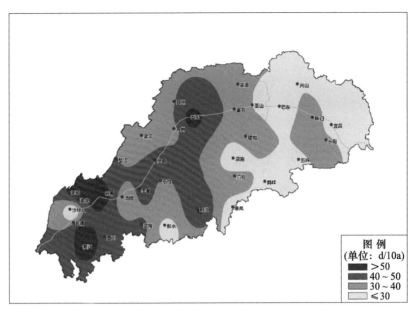

图 3.8.4　长江三峡地区轻雾日数线性变化趋势分布图(1961—2020 年)

2. 雾日数

1961—2020 年,长江三峡地区年雾日数为 32.9 d,2020 年最多,为 70.4 d,1967 年最少,为 11.3 d。1961—2020 年,长江三峡地区年雾日数呈显著增加趋势(通过 95％信度检验),平均每 10 年增加 4.3 d(图 3.8.5)。从线性趋势分布来看,长江三峡地区除中部地区雾日数呈弱减少趋势外,其余大部地区均呈增加趋势,其中西南部增加幅度较大,平均每 10 年增加 5～20 d,部分地区增加超过 20 d。重庆綦江增加幅度最大,为 22.4 d/10a,湖北建始增加幅度最小,为 0.6 d/10a;湖北五峰减少幅度最大,为 11.4 d/10a,湖北兴山增加幅度最小,为 0.3 d/10a(图 3.8.6)。

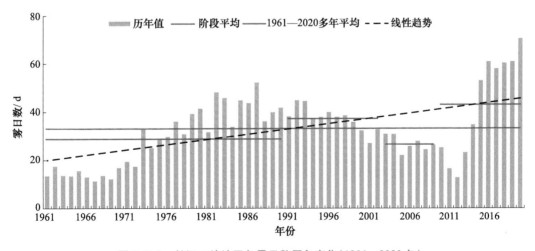

图 3.8.5　长江三峡地区年雾日数历年变化(1961—2020 年)

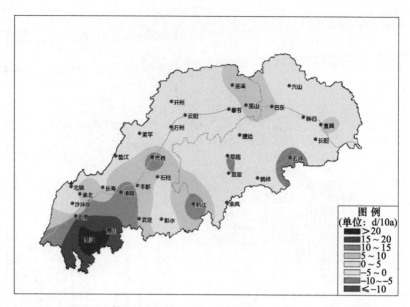

图 3.8.6　长江三峡地区雾日数线性变化趋势分布图(1961—2020 年)

3.8.3　三峡水库蓄水前后雾日数变化特征

1. 轻雾日数

初步设计阶段(1961—1990 年)轻雾日数为 120.7 d,较多年平均值(1961—2020 年平均,下同)偏少 51.5 d;工程建设阶段(1991—2002 年)为 212.2 d,较多年平均值偏多 39.7 d;初期蓄水阶段(2003—2009 年)为 220.7 d,较多年平均值偏多 48.5 d;175 m 蓄水阶段(2010—2020 年)为 237.9 d,较多年平均值偏多 65.7 d(图 3.8.7)。

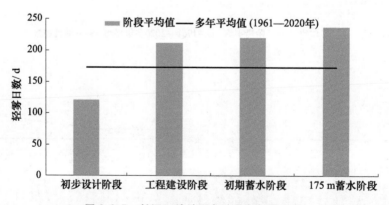

图 3.8.7　长江三峡地区各阶段年轻雾日数

初步设计阶段(1961—1990 年),长江三峡地区轻雾日数总体呈西多东少分布,东部地区大部均少于 100 d,部分地区为 100~200 d;西部地区大部为 100~200 d,局地超过 200 d。重庆沙坪坝最多,为 297.5 d,重庆奉节最少,为 22.4 d(图 3.8.8a)。

工程建设阶段(1991—2002 年),长江三峡地区轻雾日数总体呈西多东少分布,中部偏东

地区轻雾日数相对较少,为 100～200 d,东部部分地区达 200～250 d;西部大部地区为 200～
250 d,部分地区超过 250 d。重庆沙坪坝最多,达 323.8 d,湖北五峰最少,为 21.7 d(图 3.8.8b)。

　　初期蓄水阶段(2003—2009 年),长江三峡地区轻雾日数总体呈西多东少分布,中部偏东
地区轻雾日数相对较少,为 100～200 d,东部局部达 200～250 d;西部大部地区为 200～250 d,
部分地区超过 250 d。重庆北碚最多,达 324.0 d,重庆巫山最少,为 66.6 d(图 3.8.8c)。

　　175 m 蓄水阶段(2010—2020 年),长江三峡地区轻雾日数总体呈西多东少分布,东部地区大
部轻雾日数为 150～200 d,部分地区达 200～250 d;中部偏西地区轻雾日数为 200～250 d,西部为
250～300 d,局地超过 300 d。重庆北碚最多,为 326.6 d,湖北巴东最少,为 124.1 d(3.7.8d)。

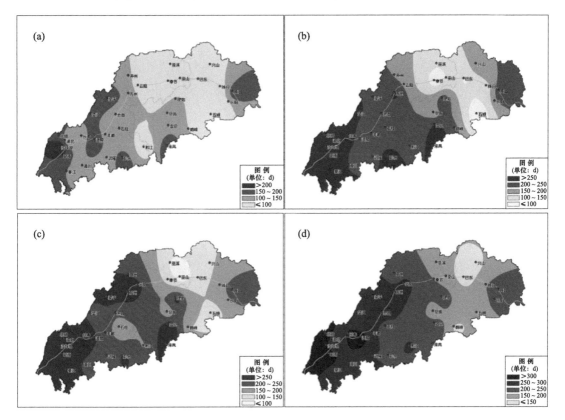

图 3.8.8　长江三峡地区各阶段年轻雾日数分布图

(a:1961—1990 年;b:1991—2002 年;c:2003—2009 年;d:2010—2020 年)

　　与多年平均值相比,初步设计阶段(1961—1990 年),长江三峡地区大部轻雾日数普遍偏少
40～60 d,其中中部和东部的部分地区偏少超过 60 d;东部部分地区偏少相对较少,为 20～40 d。
重庆沙坪坝偏少最少,为 9.1 d,重庆云阳偏少最多,达 92.8 d(图 3.8.9a)。

　　工程建设阶段(1991—2002 年),长江三峡地区大部轻雾日数普遍较多年平均值偏多,其
中北部大部地区偏多 20～40 d,南部和东北部偏多 40～60 d,局地超过 60 d;湖北鹤峰偏多最
多,为 83.1 d,湖北秭归偏多最少,为 7.9 d。湖北五峰、重庆涪陵和奉节等地轻雾日数较多年
平均值偏少(图 3.8.9b)。

　　初期蓄水阶段(2003—2009 年),长江三峡地区大部轻雾日数普遍较多年平均值偏多,其
中东北部地区和中部偏西地区偏多 20～40 d,西部、中部和东部部分地区偏多 40～60 d,局地

偏多超过 60 d;重庆云阳偏多最多,达 119.3 d,重庆石柱偏多最少,为 4.3 d;重庆巫山轻雾日数较多年平均值偏少 15.8 d(图 3.8.9c)。

175 m 蓄水阶段(2010—2020 年),长江三峡地区大部轻雾日数普遍较多年平均值偏多 60～90 d,局地偏多超过 90 d;东北部和东南部的部分地区偏多相对较少,为 30～60 d,局地不足 30 d。重庆云阳偏多最多,达 130.6 d,湖北鹤峰偏多最少,为 2.6 d;重庆沙坪坝和湖北来凤轻雾日数均较多年平均值偏少(图 3.8.9d)。

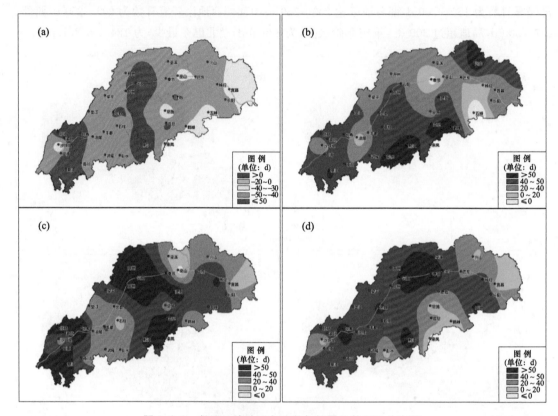

图 3.8.9　长江三峡地区各阶段年轻雾日数距平分布图
(a:1961—1990 年;b:1991—2002 年;c:2003—2009 年;d:2010—2020 年)

2. 雾日数

初步设计阶段(1961—1990 年),长江三峡地区雾日数为 28.7 d,较多年平均值(1961—2020 年多年平均,下同)偏少 4.2 d;工程建设阶段(1991—2002 年)为 37.3 d,较多年平均值偏多 4.4 d;初期蓄水阶段(2003—2009 年)为 26.9 d,较多年平均值偏少 6.0 d;175 m 蓄水阶段(2010—2020 年)为 43.3 d,较多年平均值偏多 10.4 d(图 3.8.10)。

初步设计阶段(1961—1990 年),长江三峡地区雾日数总体呈中部多、南北少的分布特征。南部和北部雾日数普遍为 10～30 d;中部地区大部为 30～40 d,部分地区超过 40 d(图 3.8.11a)。湖北恩施最多,为 58.6 d,湖北秭归最少,为 0.8 d。

工程建设阶段(1991—2002 年),长江三峡地区雾日数总体呈西部多、中部东部少的分布特征。西部地区雾日数普遍在 40～60 d,部分地区超过 60 d;中部普遍为 30～50 d;东部地区相对较少,大部为 20～40 d(图 3.8.11b)。重庆涪陵最多,达 97.8 d,湖北秭归最少,为 3.4 d。

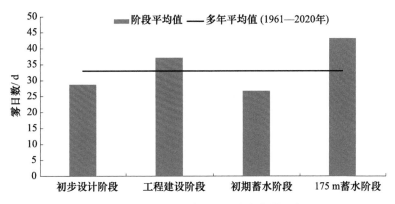

图 3.8.10 长江三峡地区各阶段年雾日数

初期蓄水阶段(2003—2009 年),长江三峡地区雾日数总体呈西部多、中部和东部少的分布特征。中西部地区雾日数为 30~50 d,局地超过 50 d;中部地区普遍在 20~40 d;东部地区相对较少,为 10~20 d(图 3.8.11c)。重庆涪陵最多,达 67.3 d,湖北秭归最少,为 3.1 d。

175 m 蓄水阶段(2010—2020 年),长江三峡地区雾日数总体呈西部多、中部和东部少的分布特征。西部地区雾日数相对较多,大部地区为 50~110 d,部分地区超过 110 d;中部和东部地区雾日数普遍为 20~50 d,部分地区少于 20 d(图 3.8.11d)。重庆綦江最多,为 146.8 d,湖北鹤峰最少,为 2.6 d。

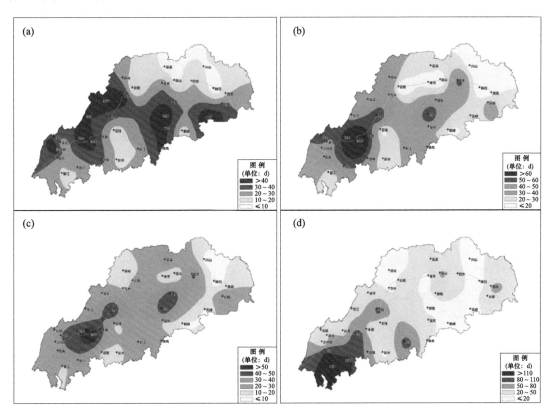

图 3.8.11 长江三峡地区各阶段年雾日数分布图

(a:1961—1990 年;b:1991—2002 年;c:2003—2009 年;d:2010—2020 年)

与多年平均值相比,初步设计阶段(1961—1990 年),长江三峡地区除中部雾日数略偏多外,其余大部地区均偏少,其中西南部偏少较多,为 10～20 d,部分地区偏少超过 20 d。重庆南川偏少最多,为 26.7 d,湖北鹤峰偏少最少,为 0.3 d;湖北五峰偏多最多,为 22.2 d,重庆开州偏多最少,为 0.8 d(图 3.8.12a)。

工程建设阶段(1991—2002 年),长江三峡地区大部雾日数普遍较多年平均值偏多,其中北部地区、中部偏东地区及中部偏西地区普遍偏多 5～15 d,局地偏多 15 d 以上;湖北巴东偏多最多,为 28.2 d,湖北秭归偏多最少,为 0.2 d。长江三峡地区东部及西南部雾日数较多年平均值普遍偏少 5～10 d,部分地区偏少超过 10 d;重庆綦江偏少最多,为 22.5 d,重庆黔江偏少最少,为 3.7 d(图 3.8.12b)。

初期蓄水阶段(2003—2009 年),长江三峡地区除中部偏北地区雾日数较多年平均值偏多 5～15 d 外,其余大部地区均偏少,其中西北部、西南部和东南部偏少较明显,普遍偏少 5～15 d,部分地区偏少超过 15 d。湖北五峰偏少最多,为 28.0 d,湖北秭归和恩施偏少最少,均为 0.1 d;重庆巫溪偏多最多,为 23.0 d,重庆长寿偏多最少,为 0.1 d(图 3.8.12c)。

175 m 蓄水阶段(2010—2020 年),长江三峡地区中部地区雾日数普遍较多年平均值偏少,其中中部偏西地区和中部偏东地区偏少 10～20 d,局地偏少超过 20 d;其余大部地区均较多年平均值偏多,其中西南部偏多明显,大部地区偏多 20～80 d,部分地区偏多超过 80 d。湖北恩施偏少最多,为 38.4 d,重庆丰都偏少最少,为 0.3 d;重庆綦江偏多最多,为 105.3 d,湖北长阳偏多最少,为 1.9 d(图 3.8.12d)。

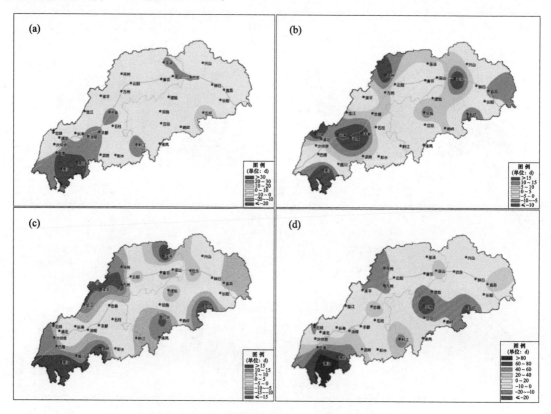

图 3.8.12　长江三峡地区各阶段年雾日数距平分布图
(a:1961—1990 年;b:1991—2002 年;c:2003—2009 年;d:2010—2020 年)

参考文献

高筱懿,赵俊虎,周杰,等,2021.1961—2018 年长江中下游地区暴雨过程的客观识别及其变化特征[J].气候变化研究进展,17(3):329-339.

郭凌曜,章新平,廖玉芳,等,2013.湖南短时强降水事件气候特征[J].灾害学,28(2):76-80.

洪国平,2020.区域性暴雨过程评价指标在湖北的本地化修订与应用[J].暴雨灾害,39(5):470-476.

黄治勇,牛奔,叶丽梅,等,2012.长江三峡库区极端大雾天气的气候变化特征[J].长江流域资源与环境,21(5):647-652.

毛冬艳,曹艳察,朱文剑,等,2018.西南地区短时强降水的气候特征分析[J].气象,44(8):1042-1050.

曲华,况明生,姜世龙,等,2005.重庆市的洪涝灾害管理[J].灾害学,20(2):106-109.

王春学,马振峰,秦宁生,2016.四川盆地区域性暴雨过程的识别及时空变化特征[J].气象科技,44(5):776-782.

王林,陈正洪,代娟,等,2015.气象因子与地理因子对长江三峡库区雾的影响[J].长江流域资源与环境,24(10):1800-1804.

第 4 章

三峡水库局地气候效应

4.1 引言

在气象学上,按水平范围的大小,气候可分为大气候、中气候和小气候。大气候是指全世界和大区域的气候,如热带雨林气候、地中海气候、极地气候、高原气候等;中气候是指稍小的自然区域的气候,如森林气候、山地气候以及湖泊气候等;小气候是指一个山头或一个谷地等小范围特殊地形下的气候。三峡水库蓄水形成的大型湖泊就是就属于中气候的一种,水域面积越大,湖泊气候所显现出的特征越明显。通常来说,水库的气候效应有三大特点。一是水库湖面的气温变化比周围陆地上的气温变化小,冬暖夏凉,夜暖昼凉。这是由于湖泊水面对太阳辐射的反射率较小,水体的比热容较大,蒸发耗热多而造成的。二是水库湖面湿度大,夜雨多于日雨。由于水体湖泊的存在,冬季和夜间水体湖区的近地气层很不稳定,而夏季和白天相对比较稳定,因此在水域湖面上的日雨量减少,夜间多雷雨。又由于夏季和白天的降雨量较少,使得水体湖区的年总降水量相对陆地偏少,但在冬季和夜间反而会比陆地多。三是水库湖滨地区会形成以一个昼夜为周期的湖陆风。由于水体和陆地之间存在温差,白天风从水域湖泊吹向陆地,而到了夜晚,风又调转方向,从陆地吹向湖泊。也正是在风的调节下,水体附近地区夏季白天气温偏低,冬季气温偏高。水域面积越大,水库库容越大,水位越高,水体越深,水库对周围陆地的气候影响越明显,也称之为水库气候效应。

4.2 蓄水对平均气温降水影响

将三峡地区分为 3 个范围:近库区、江南远库区(简称江南区)、江北远库区(简称江北区),其中,近库区站从坝区到库尾有宜昌、秭归、万州、忠县、涪陵、沙坪坝;江南区代表站有长阳、建始、石柱、武隆、南川、綦江;江北区代表站有兴山、巫溪、开州、梁平、垫江、北碚。

4.2.1 近库区气温降水对比分析

近库区站近大坝区域(包含秭归站,简称为近库区近大坝区域。)的年平均、最高、最低气温均表现为增温趋势,但增温幅度小,远大坝区域(包含万州站、忠县站、宜昌站、沙坪坝站、涪陵站,简称为近库区远大坝区域。)为增温趋势,且增温幅度较大。离大坝最近的秭归站,蓄水后(2010—2020 年)年平均、最高、最低气温较蓄水前(1961—1990 年)分别上升 0.24 ℃、0.33 ℃、0.19 ℃,秭归站年平均气温变化趋势与湖北省平均(升高 0.84 ℃)一致,但是明显低于湖北省平均;而近库区远大坝区域年平均、最高、最低气温则一致表现为升温趋势,其中万州和沙坪坝站升温最明显,年平均气温分别升高 1.01 ℃和 0.88 ℃,最高气温分别升高 1.21 ℃和 0.85 ℃,最低气温分别升高 1.08 ℃和 1.02 ℃,表明近库区的远大坝区域水库面积变化小,且受到城镇化等其他因素影响,升温明显(图 4.2.1～图 4.2.3)。

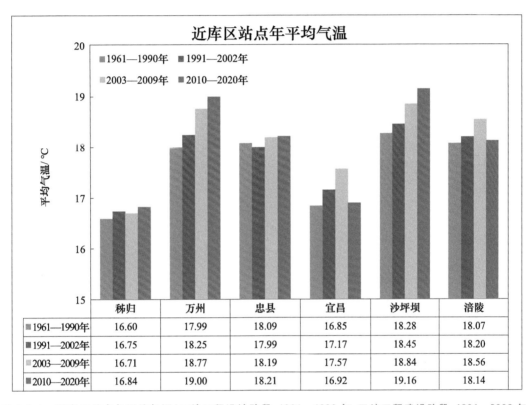

图 4.2.1　近库区站点年平均气温(三峡工程设计阶段:1961—1990 年;三峡工程建设阶段:1991—2002 年;初期蓄水阶段:2003—2009 年;175 m 蓄水阶段:2010—2020 年,下同)

近库区站的近大坝区域四季平均气温均表现为升温趋势,其中春、冬季升温最为明显;平均最高气温夏季表现为略降温趋势,春、冬、秋季表现为升温趋势,其中春季升温最为明显;平均最低气温也均为升温趋势,其中冬季升温最明显。近库区远大坝区域也主要表现为升温趋势。库区沿江近大坝区域的秭归站,蓄水后春、夏、秋、冬四季平均气温分别升高 0.57 ℃、0.04 ℃、0.1 ℃、0.38 ℃,平均最高气温分别升高 1.1 ℃、下降 0.07 ℃、升高 0.08 ℃、升高 0.51 ℃,平均最低气温分别升高 0.19 ℃、0.12 ℃、0.16 ℃、0.35 ℃。可以看出,蓄水对夏季平均最高气温降温效果较为明显,就四季来说,近库区的大坝附近夏季有一定的降温效果,春、冬季升温更大。近库区远大坝区域各站总体上四季平均、最高、最低气温均呈升高趋势,其中万州和沙坪坝夏季升温最大,近库区远大坝区域升温比近大坝区域略明显(图 4.2.4～图 4.2.6)。

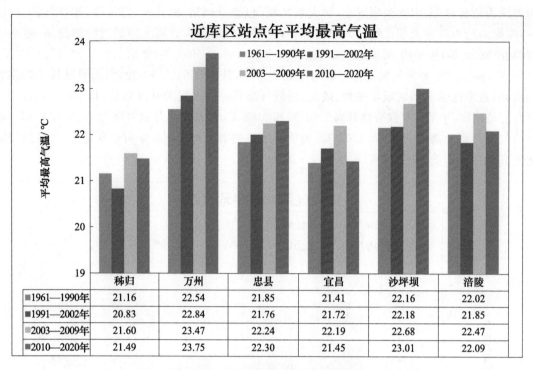

	秭归	万州	忠县	宜昌	沙坪坝	涪陵
■1961—1990年	21.16	22.54	21.85	21.41	22.16	22.02
■1991—2002年	20.83	22.84	21.76	21.72	22.18	21.85
■2003—2009年	21.60	23.47	22.24	22.19	22.68	22.47
■2010—2020年	21.49	23.75	22.30	21.45	23.01	22.09

图 4.2.2　近库区站点年平均最高气温

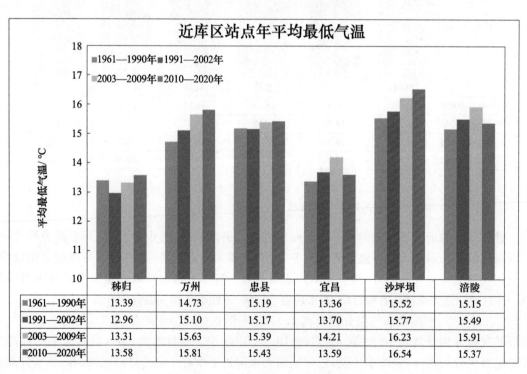

	秭归	万州	忠县	宜昌	沙坪坝	涪陵
■1961—1990年	13.39	14.73	15.19	13.36	15.52	15.15
■1991—2002年	12.96	15.10	15.17	13.70	15.77	15.49
■2003—2009年	13.31	15.63	15.39	14.21	16.23	15.91
■2010—2020年	13.58	15.81	15.43	13.59	16.54	15.37

图 4.2.3　近库区站点年平均最低气温

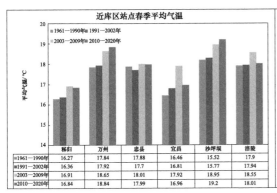

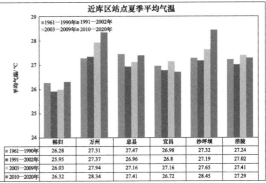

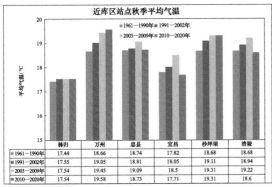

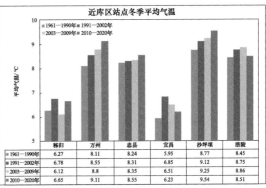

图 4.2.4 近库区站点四季平均气温

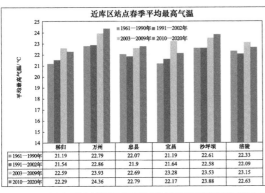

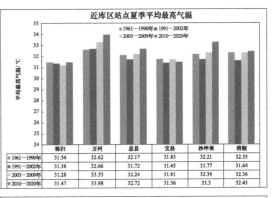

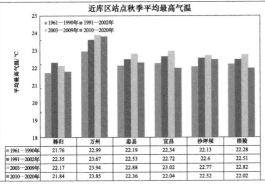

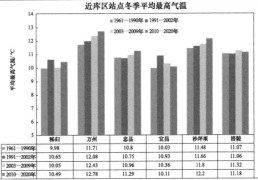

图 4.2.5 近库区站点四季平均最高气温

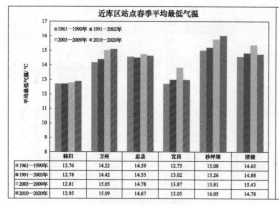

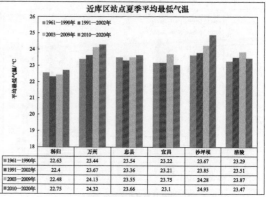

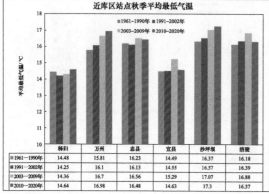

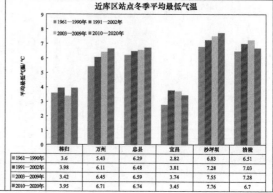

图 4.2.6　近库区站点四季平均最低气温

整体上近库区的气温年内变化表现为夏季增幅小,冬季增幅大。具体从各月看:1—4月、6—8月和10—12月增温,5月降温。近库区地区蓄水后1—4月、6—12月平均气温升高,其中2月、3月、4月分别升高0.74 ℃、1.0 ℃、0.69 ℃;仅5月份降温0.08 ℃(图4.2.7)。1—8月和10—12月平均最高气温均升高,其中2月、3月、4月分别升高0.91 ℃、1.59 ℃、1.17 ℃;仅9月份降温0.15 ℃(图4.2.8)。1—4月、6—12月平均最低气温均升高,其中2月、3月分别升高0.84 ℃、0.82 ℃;仅5月降温0.05 ℃(图4.2.9)。

由于两个阶段的气温变化差值是绝对差值,包含了气温的增幅。去除近库区6站线性趋势变化后的逐月变化见表4.2.1。可以看到冬、春季以增温为主,1—4月增幅为0.26 ℃,夏、秋季以降温为主,6—9月降幅为−0.05 ℃。

表 4.2.1　蓄水后平均气温、最高气温、最低气温的逐月变化

	1月	2月	3月	4月	5月	6月	7月	8月	9月	10月	11月	12月
平均气温/℃	0.11	0.16	0.52	0.27	−0.27	−0.15	−0.02	0.18	−0.23	−0.10	0.15	−0.12
最高气温/℃	0.06	0.30	0.92	0.52	−0.17	−0.19	0.10	0.41	−0.48	−0.02	0.00	−0.08
最低气温/℃	0.25	0.16	0.37	0.15	−0.20	0.08	−0.05	0.06	−0.02	−0.02	0.34	−0.01

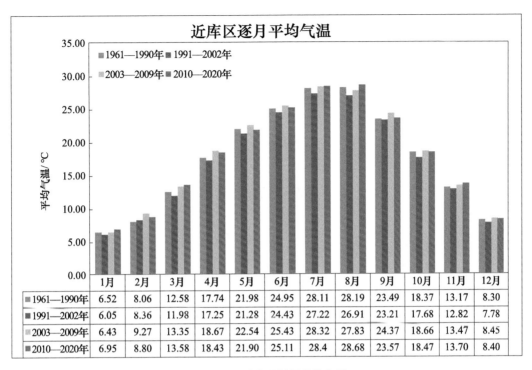

图 4.2.7　近库区逐月平均气温

	1月	2月	3月	4月	5月	6月	7月	8月	9月	10月	11月	12月
1961—1990年	6.52	8.06	12.58	17.74	21.98	24.95	28.11	28.19	23.49	18.37	13.17	8.30
1991—2002年	6.05	8.36	11.98	17.25	21.28	24.43	27.22	26.91	23.21	17.68	12.82	7.78
2003—2009年	6.43	9.27	13.35	18.67	22.54	25.43	28.32	27.83	24.37	18.66	13.47	8.45
2010—2020年	6.95	8.80	13.58	18.43	21.90	25.11	28.4	28.68	23.57	18.47	13.70	8.40

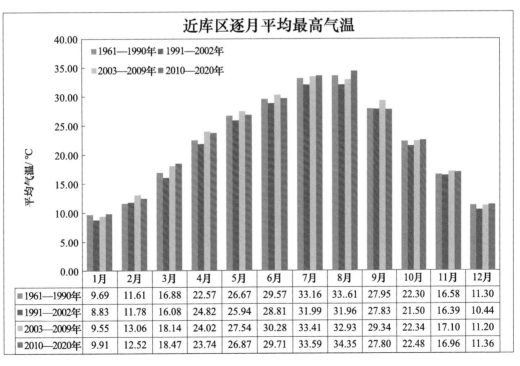

图 4.2.8　近库区逐月平均最高气温

	1月	2月	3月	4月	5月	6月	7月	8月	9月	10月	11月	12月
1961—1990年	9.69	11.61	16.88	22.57	26.67	29.57	33.16	33..61	27.95	22.30	16.58	11.30
1991—2002年	8.83	11.78	16.08	24.82	25.94	28.81	31.99	31.96	27.83	21.50	16.39	10.44
2003—2009年	9.55	13.06	18.14	24.02	27.54	30.28	33.41	32.93	29.34	22.34	17.10	11.20
2010—2020年	9.91	12.52	18.47	23.74	26.87	29.71	33.59	34.35	27.80	22.48	16.96	11.36

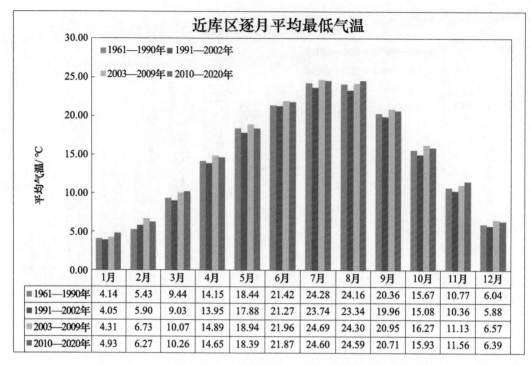

	1月	2月	3月	4月	5月	6月	7月	8月	9月	10月	11月	12月
■1961—1990年	4.14	5.43	9.44	14.15	18.44	21.42	24.28	24.16	20.36	15.67	10.77	6.04
■1991—2002年	4.05	5.90	9.03	13.95	17.88	21.27	23.74	23.34	19.96	15.08	10.36	5.88
■2003—2009年	4.31	6.73	10.07	14.89	18.94	21.96	24.69	24.30	20.95	16.27	11.13	6.57
■2010—2020年	4.93	6.27	10.26	14.65	18.39	21.87	24.60	24.59	20.71	15.93	11.56	6.39

图 4.2.9　近库区逐月平均最低气温

近库区近大坝区域年降水量、小雨日数、暴雨日数均增加；近库区远大坝区域年降水量、小雨日数、暴雨日数减少为主。离大坝最近的秭归站，蓄水后年降水量、小雨日数、暴雨日数均为增加趋势，分别增加24％、8％、67.4％，秭归站年降水量增加幅度远大于湖北省平均（增加13.1％）；而近库区远大坝区域站点年降水量除沙坪坝增加10.3％（降水量增加幅度低于重庆市平均，17.7％）外，其余站点均减少，其中忠县减少5.8％，这与重庆市平均（增加17.7％）趋势相反；小雨日数均减少，其中万州和沙坪坝分别减少20.8％和15.5％；暴雨日数万州、忠县和涪陵分别减少6.8％、2.5％和14.4％，宜昌和沙坪坝分别增加26.2％和12.4％。表明蓄水后近库区沿江近大坝区域降水增多强度增强，而近库区远大坝区域降水减少（图4.2.10～图4.2.12）。

近库区沿江近大坝区域四季降水量均增加，其中夏季增加最多；降水日数均增多，其中冬季增加最多；暴雨主要集中在夏季，为明显增加趋势。近库区远大坝区域秋、冬季降水增多，夏季减少；降水日数四季均以减少为主；暴雨主要集中在夏季，为减少趋势。近库区沿江近大坝区域的秭归站，蓄水后春、夏、秋、冬四季降水量分别增加9.3％、39.7％、14.8％、22％；降水日数分别增加1.5％、12.2％、12.3％、19.9％；暴雨主要发生在夏季，蓄水后夏季暴雨日数增加81.5％。远大坝区域秋、冬季降水量增多，夏季减少；降水日数四季均减少，其中秋、冬季减少较为明显，万州站冬季降水日数减少达28.9％；暴雨主要发生在夏季，蓄水后近库区远大坝区域夏季暴雨日数主要呈减少趋势，其中忠县以及位于库尾地区的涪陵和沙坪坝站分别减少18.8％、25.9％和10.3％（图4.2.13～图4.2.15）。

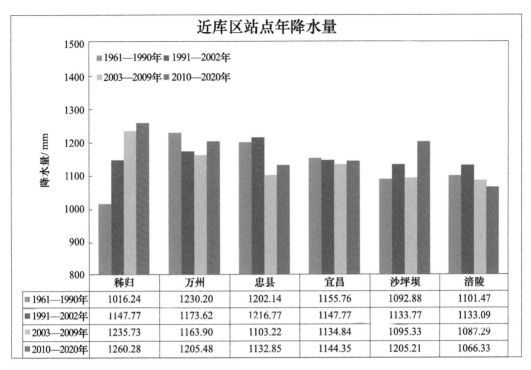

图 4.2.10　近库区站点年降水量

	秭归	万州	忠县	宜昌	沙坪坝	涪陵
■ 1961—1990年	1016.24	1230.20	1202.14	1155.76	1092.88	1101.47
■ 1991—2002年	1147.77	1173.62	1216.77	1147.77	1133.77	1133.09
2003—2009年	1235.73	1163.90	1103.22	1134.84	1095.33	1087.29
2010—2020年	1260.28	1205.48	1132.85	1144.35	1205.21	1066.33

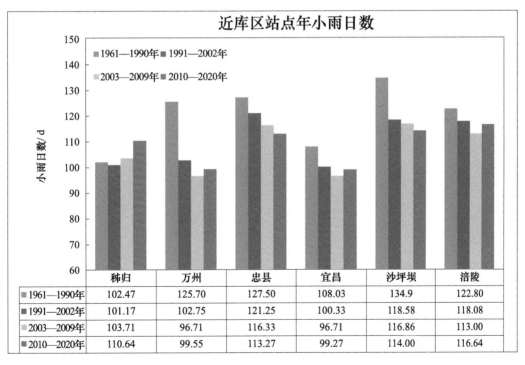

图 4.2.11　近库区站点年小雨日数

	秭归	万州	忠县	宜昌	沙坪坝	涪陵
■ 1961—1990年	102.47	125.70	127.50	108.03	134.9	122.80
■ 1991—2002年	101.17	102.75	121.25	100.33	118.58	118.08
2003—2009年	103.71	96.71	116.33	96.71	116.86	113.00
2010—2020年	110.64	99.55	113.27	99.27	114.00	116.64

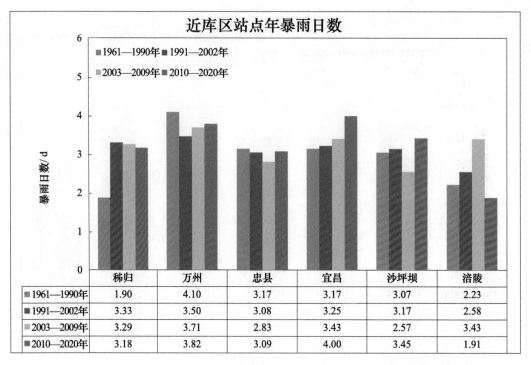

图 4.2.12　近库区站点年暴雨日数

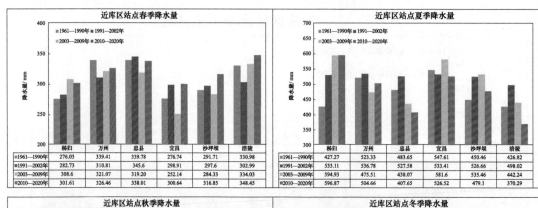

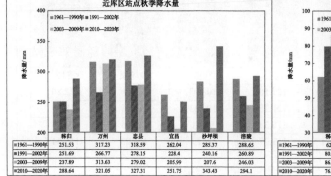

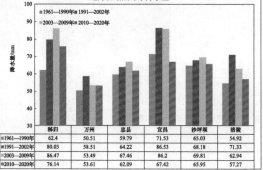

图 4.2.13　近库区站点四季降水量

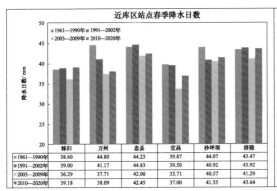

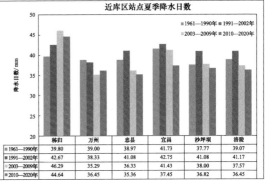

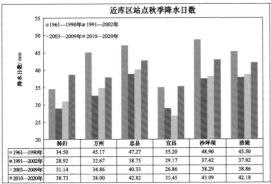

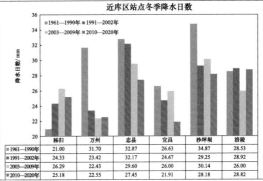

图 4.2.14　近库区站点四季降水日数

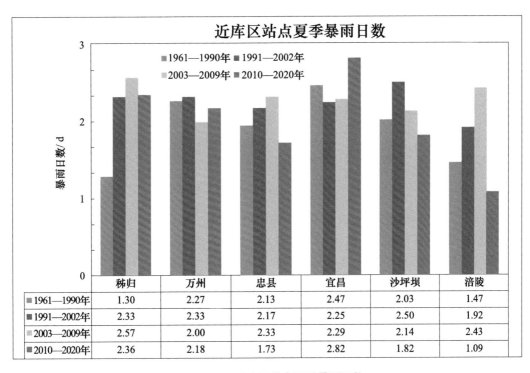

图 4.2.15　近库区站点夏季暴雨日数

近库区整体上1月、3—4月、6—7月和9—11月降水量增多,9月降水日数增多,4月、6—7月和9—10月暴雨日数增多;但8月降水量、降水日数和暴雨日数均减少。近库区地区蓄水后1月、3—4月、6—7月和9—11月降水量均增多,其中1月、3月、11月分别增多25.4%、33.6%、13.2%;2月、5月、8月和12月降水量均减少,其中12月减少11.4%。降水日数仅9月略增多,为4.2%;其余月份均减少,其中2月、11月和12月降水日数分别减少19.4%、14.7%、14.8%。暴雨主要发生在4—10月,其中4月、6—7月和9—10月暴雨日数均增多,4月增多最明显,达66.7%;而8月减少35.6%(图4.2.16～图4.2.18)。可以看出,蓄水后近库区总体上降水量和暴雨日数在大部分月份都是增多,降水日数略减少,说明蓄水对近库区大部分月份是增雨效应,并且降水强度也增强。

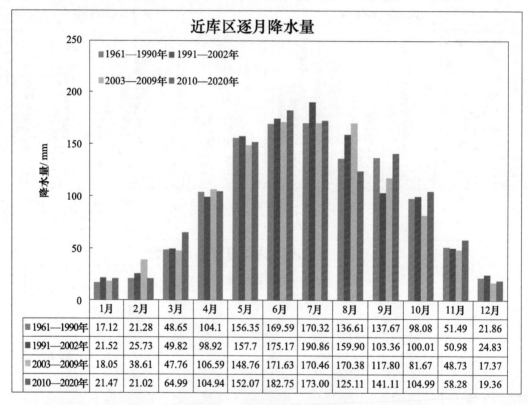

图4.2.16 近库区逐月降水量

近库区近大坝区域(秭归站)极端最高气温下降2.1 ℃,极端最低气温升高4.1 ℃;近库区远大坝区域极端最高气温万州、忠县、沙坪坝分别升高0.1 ℃、0.1 ℃、1.9 ℃,涪陵下降0.8 ℃,极端最低气温均升高,其中万州、忠县、沙坪坝分别下降1.4 ℃、2.2 ℃、1.8 ℃。近大坝区域(秭归站)最大单日降水量减少了16.4%,远大坝区域的万州、忠县和沙坪坝分别减少27.8%、27.4%和25.6%;近大坝区域(秭归站)最大连续降水量减少了14.7%,远大坝区域的万州、忠县、沙坪坝和涪陵分别减少32.9%、61.6%、46.8%和17.3%;近大坝区域(秭归站)最长连续雨日无变化,远大坝区域的万州、忠县、沙坪坝和涪陵分别减少37.5%、21.1%、35.3%和22.2%(表4.2.2)。

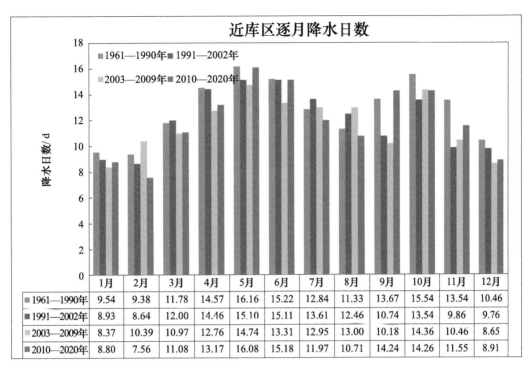

图 4.2.17　近库区逐月降水日数

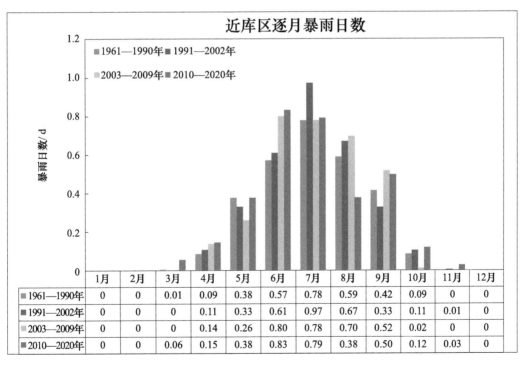

图 4.2.18　近库区逐月暴雨日数

表 4.2.2　近库区站点日极值表

要素	时段　　测站	秭归	万州	忠县	宜昌	沙坪坝	涪陵
极端最高气温/℃	1961—1990 年	41.7	42.1	42.1	41.4	40.8	42.2
	1991—2002 年	41.7	42	42.6	39.4	41.9	41
	2003—2009 年	40.4	42.3	42.7	39.8	43	43.5
	2010—2020 年	39.6	42.2	42.2	40.1	42.7	41.4
极端最低气温/℃	1961—1990 年	−8.9	−3.7	−2.9	−9.8	−1.7	−2.2
	1991—2002 年	−3.4	−1.3	−0.2	−5.3	−0.9	−0.1
	2003—2009 年	−4.6	−1.1	−0.8	−3.6	0.8	−1.3
	2010—2020 年	−4.8	−2.3	−0.7	−6.5	0.1	−1.3
最大单日降水量/mm	1961—1990 年	192.3	199.3	171.8	229.1	179.9	127.6
	1991—2002 年	126.3	178.5	140.5	158	206.1	113.1
	2003—2009 年	135.4	109	103.1	132.5	271	94.3
	2010—2020 年	160.7	143.9	124.7	191.2	133.9	131.5
最大连续降水量/mm	1961—1990 年	308.2	389	357.3	273.7	322.5	215.7
	1991—2002 年	226.1	327.6	266.4	326.6	225.6	179.8
	2003—2009 年	214.1	196.4	169	211.7	369.9	161.2
	2010—2020 年	263	260.9	137.2	239.3	171.5	178.3
最长连续雨日数/d	1961—1990 年	17	16	19	16	17	18
	1991—2002 年	12	11	13	12	14	13
	2003—2009 年	14	11	13	9	9	11
	2010—2020 年	17	10	15	14	11	14

4.2.2　江南远库区气温降水对比分析

　　江南远库区近大坝区域(包含建始站、长阳站,简称江南远库区近大坝区域)年平均、最高、最低气温均表现为增温趋势,江南远库区远大坝区域(包括石柱站、南川站、武隆站、綦江站,简称江南远库区远大坝区域。)也以增温为主,仅綦江表现为降温趋势。江南远库区除离库区最远的綦江站为降温趋势外,其余站点均表现为增温趋势,其中江南远库区近大坝区域的长阳站和建始站,蓄水后年平均、最高、最低气温增温较库中的远大坝区域更为明显,其中长阳和建始年平均气温分别升高 0.45 ℃和 0.41 ℃,均明显低于湖北省平均(升高 0.84 ℃);离大坝最远位于库尾的綦江站蓄水后降温显著,年平均、最高、最低气温降幅分别达 0.93 ℃、0.79 ℃、0.77 ℃,年平均气温变化趋势与重庆市(升高 0.34 ℃)相反。表明水库蓄水后江南远库区远大坝区域的库尾地区气温有明显冷却作用,并且白天和夜晚冷却作用都很明显,对江南远库区

近大坝区域也有冷却作用,但江南远库区远大坝区域的库中地区影响很小或者无影响(图
4.2.19～图 4.2.21)。

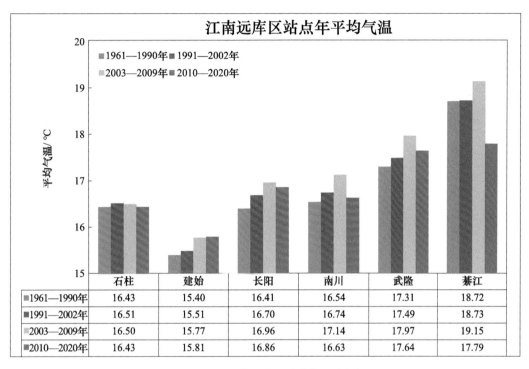

	石柱	建始	长阳	南川	武隆	綦江
■1961—1990年	16.43	15.40	16.41	16.54	17.31	18.72
■1991—2002年	16.51	15.51	16.70	16.74	17.49	18.73
■2003—2009年	16.50	15.77	16.96	17.14	17.97	19.15
■2010—2020年	16.43	15.81	16.86	16.63	17.64	17.79

图 4.2.19　江南远库区站点年平均气温

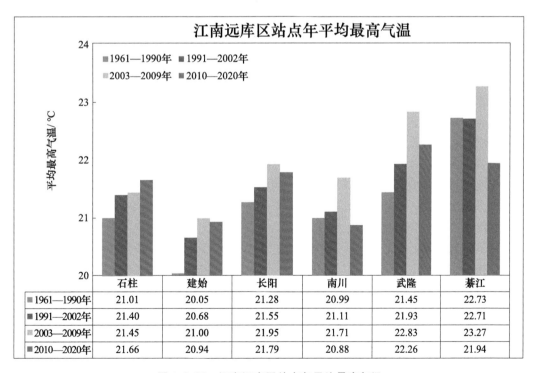

	石柱	建始	长阳	南川	武隆	綦江
■1961—1990年	21.01	20.05	21.28	20.99	21.45	22.73
■1991—2002年	21.40	20.68	21.55	21.11	21.93	22.71
■2003—2009年	21.45	21.00	21.95	21.71	22.83	23.27
■2010—2020年	21.66	20.94	21.79	20.88	22.26	21.94

图 4.2.20　江南远库区站点年平均最高气温

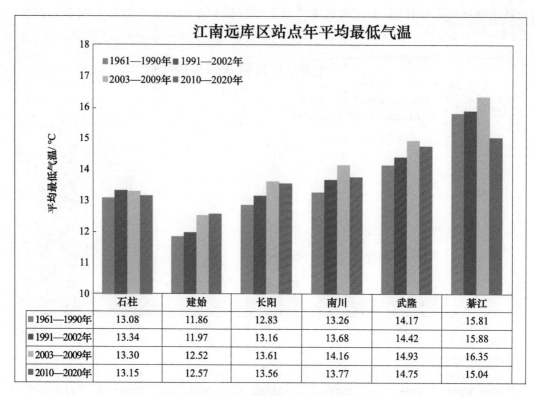

图 4.2.21　江南远库区站点年平均最低气温

	石柱	建始	长阳	南川	武隆	綦江
■ 1961—1990年	13.08	11.86	12.83	13.26	14.17	15.81
■ 1991—2002年	13.34	11.97	13.16	13.68	14.42	15.88
■ 2003—2009年	13.30	12.52	13.61	14.16	14.93	16.35
■ 2010—2020年	13.15	12.57	13.56	13.77	14.75	15.04

江南远库区近大坝区域四季平均、最高、最低气温均升高,其中春、冬季增温明显;而江南远库区远大坝区域位于库中地区的武隆站四季平均、最高、最低气温均升高,位于库尾的綦江站平均、最高、最低气温四季均下降。江南远库区近大坝区域的长阳和建始站,蓄水后四季平均、最高、最低气温均升高,其中春、冬季增温明显;春季平均气温分别升高 0.8 ℃和 0.79 ℃,平均最高气温分别升高 1.36 ℃和 1.73 ℃;冬季平均最低气温分别升高 1.13 ℃和 0.97 ℃。从上面分析可以看出,江南远库区近大坝区域四季整体增温,冬、春季增温最为明显。江南远库区远大坝区域位于库中地区的武隆站四季平均、最高、最低气温均升高,其中平均气温春、冬季分别升高 0.44 ℃、0.51 ℃,平均最高气温春、夏季分别升高 1.19 ℃、1.03 ℃,平均最低气温秋、冬季分别升高 0.69 ℃、0.75 ℃。而江南远库区远大坝区域位于库尾的綦江站平均、最高、最低气温四季均下降,其中秋、冬季下降均最明显,其中平均气温秋、冬季分别下降 1.07 ℃、1.04 ℃,平均最高气温秋、冬季分别下降 1.17 ℃、0.85 ℃,平均最低气温秋、冬季分别下降 0.81 ℃、1.04 ℃(图 4.2.22～图 4.2.24)。

江南远库区整体上在 1—4 月、8 月和 11 月平均、最高、最低气温均表现为增温,而在 12 月均降温。江南远库区整体上蓄水后 1—4 月、8 月和 11 月平均气温升高,其中 3 月升高 0.86 ℃;其余月份均降温,其中 5 月和 12 月均降温达 0.35 ℃(图 4.2.25)。2—5 月、7—8 月和 11 月平均最高气温均升高,其中 3 月升高 1.54 ℃;其余月份均略降温,其中 12 月降温 0.36 ℃(图 4.2.26)。1—4 月和 6—11 月平均最低气温均升高,其中 3 月升高 0.81 ℃;5 月和 12 月均略降温,其中 5 月降温 0.16 ℃(图 4.2.27)。

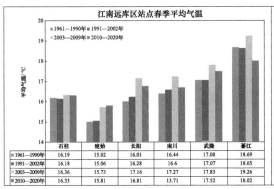
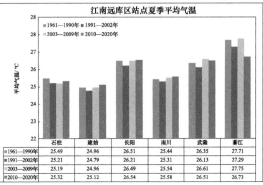
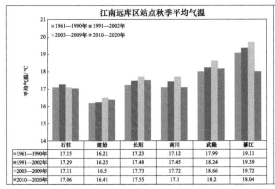
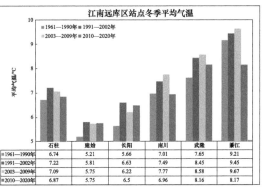

图 4.2.22　江南远库区站点四季平均气温

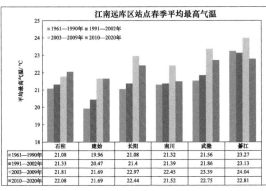
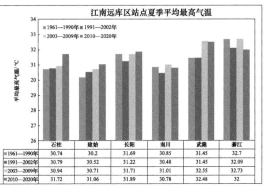
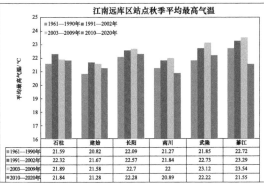
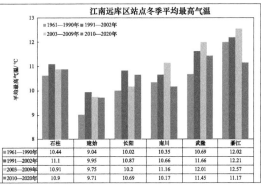

图 4.2.23　江南远库区站点四季平均最高气温

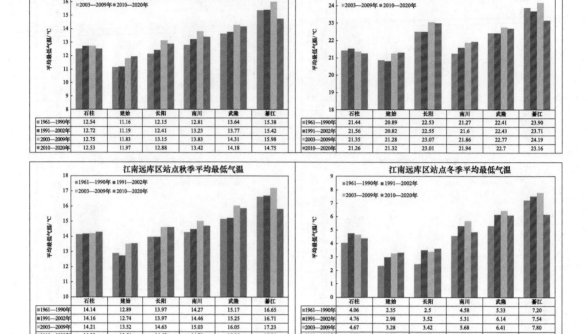

图 4.2.24 江南远库区站点四季平均最低气温

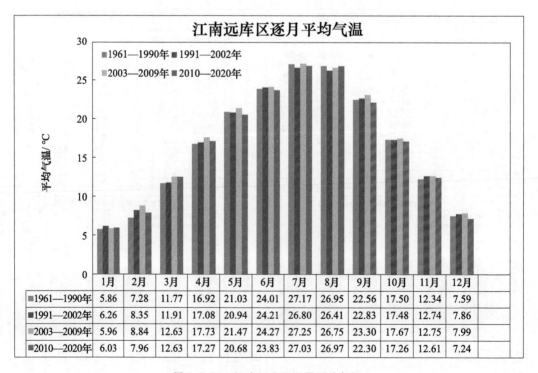

图 4.2.25 江南远库区逐月平均气温

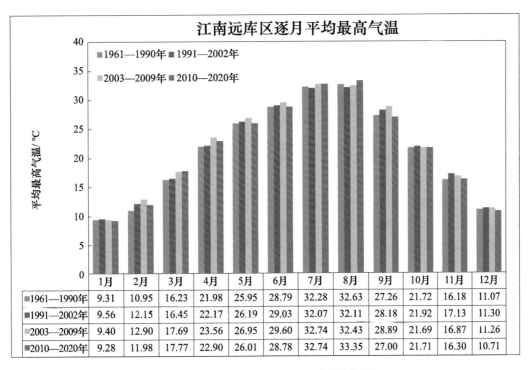

图 4.2.26　江南远库区逐月平均最高气温

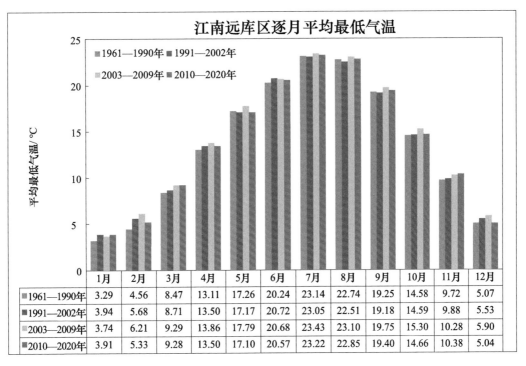

图 4.2.27　江南远库区逐月平均最低气温

　　江南远库区近大坝区域年降水量、小雨日数和暴雨日数均减少；江南远库区远大坝区域年降水量增加、小雨日数减少、暴雨日数增加。江南远库区离大坝最近的长阳站和建始站，蓄水后年降水量分别减少1.5％和2.9％，年降水量变化趋势与湖北省平均（增加13.1％）相反；而离大坝较远的南川、武隆和綦江3站均增加，其中綦江站蓄水后年降水量增加最为显著，为10％，但远低于重庆市平均（增加17.7％）（图4.2.28），江南远库区所有站点蓄水后年小雨日数均减少，其中石柱站、建始站蓄水后年小雨日数分别减少16.8％、10.8％（图4.2.29）。江南远库区近大坝区域的建始站蓄水后年暴雨日数减少16.9％，长阳站变化很小；而离大坝较远的石柱、武隆和綦江3站均为增加趋势，其中石柱站、武隆站分别增加21％、20.2％（图4.2.30）。表明水库蓄水后江南远库区近大坝区域降水减少强度减弱，有明显变干效应；江南远库区远大坝区域虽然降水略增多且强度增强，但其降水增多幅度远低于重庆市平均，也存在一定的变干效应。

　　江南远库区近大坝区域降水量秋、冬季减少，降水日数四季均减少；暴雨主要集中在夏季，为减少趋势。江南远库区远大坝区域降水量春、秋季增多，夏、冬季降水量变化趋势存在区域差异；降水日数四季均减少；暴雨主要集中在夏季，呈减少趋势，但减少程度明显低于江南远库区近大坝区域。江南远库区近大坝区域的长阳站和建始站，蓄水后秋、冬季降水量均减少，其中建始站秋、冬季分别减少8.7％、10.6％，春季降水量建始减少5.7％、长阳站增加6.6％，夏季降水量建始增加2％、长阳减少5％；降水日数四季均减少，其中冬季减少显著，建始站和长阳站冬季降水日数分别减少了21.9％、14.3％；暴雨主要发生在夏季，蓄水后江南远库区近大坝区域夏季暴雨日数减少，建始和长阳站分别减少了16.7％和15％。江南远库区远大坝区域春、秋季降水量增多，其中离大坝最远的綦江站春、秋季分别增加16.5％、16.3％，夏季武隆站和綦江站增多、石柱站和南川站减少，冬季南川站和綦江站增多、石柱站和武隆站减少；降水日数四季以减少为主，夏、秋、冬季减少较为明显；暴雨主要发生在夏季，江南远库区远大坝区域各站夏季暴雨日数均呈减少趋势，但减少程度明显低于江南远库区近大坝区域，其中武隆站减少5.5％（图4.2.31～图4.2.33）。

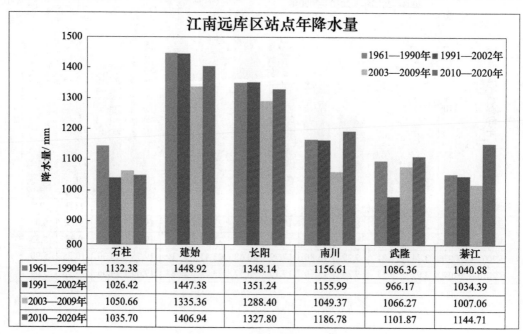

图4.2.28　江南远库区站点年降水量

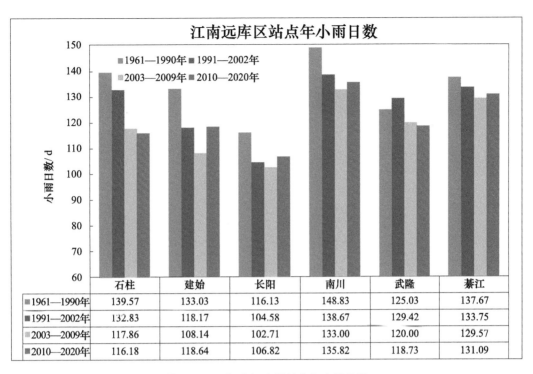

图 4.2.29　江南远库区站点年小雨日数

	石柱	建始	长阳	南川	武隆	綦江
1961—1990年	139.57	133.03	116.13	148.83	125.03	137.67
1991—2002年	132.83	118.17	104.58	138.67	129.42	133.75
2003—2009年	117.86	108.14	102.71	133.00	120.00	129.57
2010—2020年	116.18	118.64	106.82	135.82	118.73	131.09

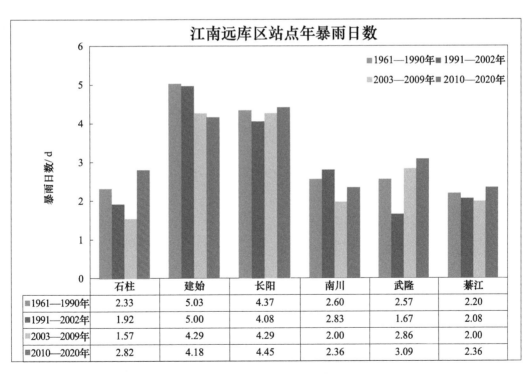

图 4.2.30　江南远库区站点年暴雨日数

	石柱	建始	长阳	南川	武隆	綦江
1961—1990年	2.33	5.03	4.37	2.60	2.57	2.20
1991—2002年	1.92	5.00	4.08	2.83	1.67	2.08
2003—2009年	1.57	4.29	4.29	2.00	2.86	2.00
2010—2020年	2.82	4.18	4.45	2.36	3.09	2.36

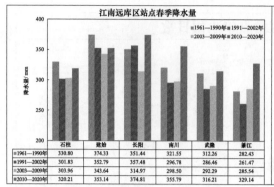

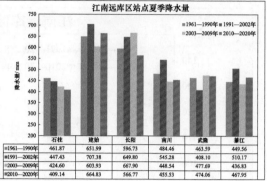

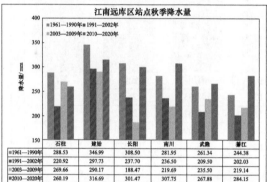

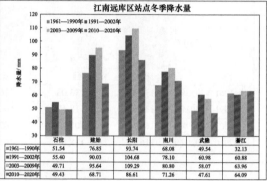

图 4.2.31 江南远库区站点四季降水量

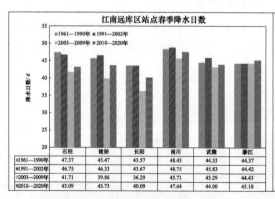

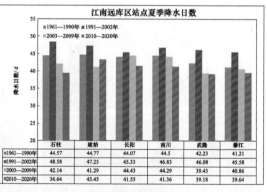

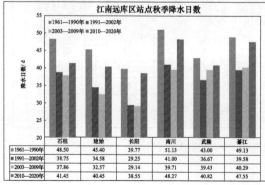

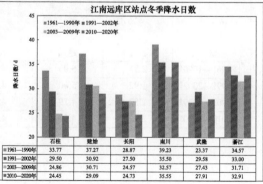

图 4.2.32 江南远库区站点四季降水日数

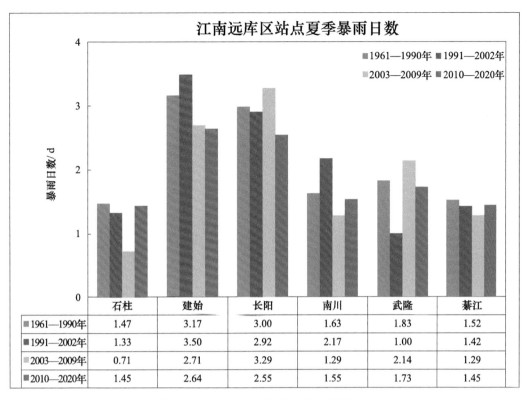

图 4.2.33 江南远库区站点夏季暴雨日数

江南远库区 1 月、3 月、6 月和 9 月降水量增多,其余月份均减少;降水日数仅 9 月增多,其余月份均减少;4 月、6 月和 9—10 月暴雨日数增多,5 月和 7—8 月减少。江南远库区蓄水后 1 月、3 月、6 月和 9 月降水量增多,其中 1 月、3 月分别增多 12.9%、30.1%;其余月份均减少,其中 8 月、12 月分别减少 13.9%、16.2%(图 4.2.34)。9 月降水日数增多 1.2%;其余月份均减少,其中 2 月减少 19.7%(图 4.2.35)。暴雨主要发生在 4—10 月,其中 4 月、6 月和 9—10 月暴雨日数均增多,其中 9 月增多 35.9%;而 5 月和 7—8 月减少,其中 8 月减少 28.1%(图 4.2.36)。可以看出,蓄水后江南远库区 9 月降水量、降水日数、暴雨日数均增多,但 5 月和 7—8 月均减少,说明蓄水对江南远库区 9 月有增雨效应,且降水强度也增强,但在一定程度上有减弱夏季降水的效应。

江南远库区近大坝区域的长阳站和建始站极端最高气温分别下降 1.5 ℃、1 ℃,极端最低气温分别升高 7.6 ℃、10.4 ℃;江南远库区远大坝区域极端最高气温石柱、南川、武隆 3 站分别升高 2.4 ℃、0.1 ℃、0.1 ℃,綦江下降 0.4 ℃,极端最低气温均升高,但升高幅度不及近大坝区域,其中南川站和武隆站分别升高 1.8 ℃和 1.3 ℃。江南远库区近大坝区域的长阳站和建始站最大单日降水量分别增加 4.1% 和 22.5%,江南远库区远大坝区域的石柱、武隆和綦江 3 站分别减少 23.1%、21%、50.9%,南川站增加 23%;江南远库区近大坝区域的长阳站和建始站最大连续降水量分别减少 32.9% 和 41.8%,江南远库区远大坝区域的石柱、南川、武隆和綦江 4 站分别减少 55.9%、28.7%、30.8 和 42.5%;江南远库区近大坝区域的长阳站和建始站最长连续雨日分别减少 31.6% 和 15.8%,江南远库区远大坝区域的石柱、南川、武隆和綦江 4 站分别减少 45%、40.9%、23.5% 和 29.4%(表 4.2.3)。

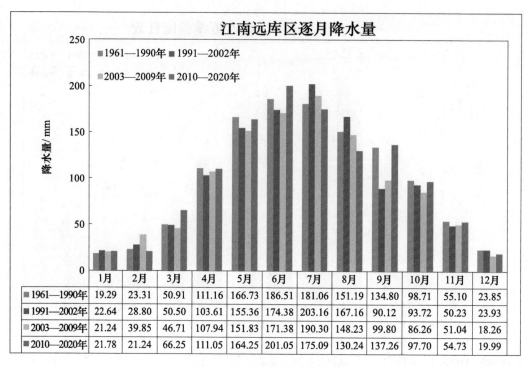

图 4.2.34　江南远库区逐月降水量

	1月	2月	3月	4月	5月	6月	7月	8月	9月	10月	11月	12月
1961—1990年	19.29	23.31	50.91	111.16	166.73	186.51	181.06	151.19	134.80	98.71	55.10	23.85
1991—2002年	22.64	28.80	50.50	103.61	155.36	174.38	203.16	167.16	90.12	93.72	50.23	23.93
2003—2009年	21.24	39.85	46.71	107.94	151.83	171.38	190.30	148.23	99.80	86.26	51.04	18.26
2010—2020年	21.78	21.24	66.25	111.05	164.25	201.05	175.09	130.24	137.26	97.70	54.73	19.99

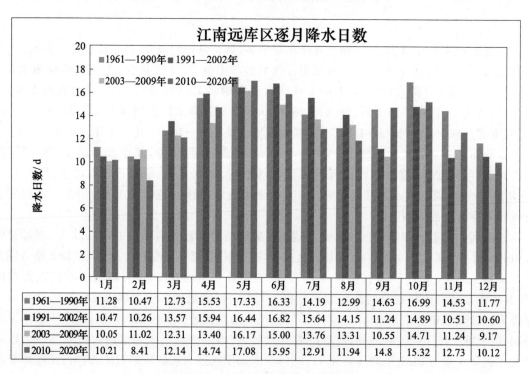

图 4.2.35　江南远库区逐月降水日数

	1月	2月	3月	4月	5月	6月	7月	8月	9月	10月	11月	12月
1961—1990年	11.28	10.47	12.73	15.53	17.33	16.33	14.19	12.99	14.63	16.99	14.53	11.77
1991—2002年	10.47	10.26	13.57	15.94	16.44	16.82	15.64	14.15	11.24	14.89	10.51	10.60
2003—2009年	10.05	11.02	12.31	13.40	16.17	15.00	13.76	13.31	10.55	14.71	11.24	9.17
2010—2020年	10.21	8.41	12.14	14.74	17.08	15.95	12.91	11.94	14.8	15.32	12.73	10.12

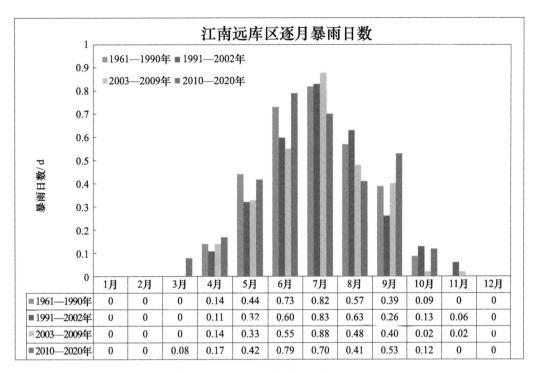

图 4.2.36　江南远库区逐月暴雨日数

表 4.2.3　江南远库区站点日极值表

要素	时段 测站	石柱	建始	长阳	南川	武隆	綦江
极端最高气温/℃	1961—1990 年	39.6	39.4	42.1	39.8	41.7	42.2
	1991—2002 年	39.3	38.3	39.9	39.5	40.7	42.3
	2003—2009 年	39.4	37.8	41.1	41.5	42.7	44.5
	2010—2020 年	42.0	38.4	40.6	39.9	41.8	41.8
极端最低气温/℃	1961—1990 年	−4.7	−15.2	−12.0	−5.3	−3.5	−1.7
	1991—2002 年	−3.0	−6.2	−4.2	−3.0	−1.8	−1.0
	2003—2009 年	−2.9	−4.8	−4.6	−2.2	−0.4	0.6
	2010—2020 年	−4.5	−4.8	−4.4	−3.5	−2.2	−1.5
最大单日降水量/mm	1961—1990 年	165.7	214.0	157.6	121.4	181.7	216.5
	1991—2002 年	115.7	195.9	170.8	109.2	138.5	139.3
	2003—2009 年	199.7	195.9	211.2	110.7	189.4	138.7
	2010—2020 年	127.4	262.2	164.1	149.3	143.6	106.2
最大连续降水量/mm	1961—1990 年	296.1	533.8	327.8	303.6	314.5	241.8
	1991—2002 年	229.9	408.7	256.1	304.5	171.7	172.9
	2003—2009 年	199.7	351.8	307.2	183.6	285.5	242.9
	2010—2020 年	130.6	310.8	219.9	216.6	217.7	139.1

要素	时段 测站	石柱	建始	长阳	南川	武隆	綦江
最长连续雨日数/d	1961—1990年	20	19	19	22	17	17
	1991—2002年	13	20	14	16	14	15
	2003—2009年	15	13	12	11	12	12
	2010—2020年	11	16	13	13	13	12

4.2.3 江北远库区气温降水对比

江北远库区整体增温趋势,年平均、最高、最低气温均升高,但江北远库区远大坝区域(包含开州站、巫溪站、垫江站、梁平站、北碚站,简称江北远库区远大坝区域。)增温比江北远库区近大坝区域(包含兴山站,简称江北远库区近大坝区域。)更为明显,最高气温升温比最低气温明显。江北远库区近大坝区域的兴山站,蓄水后较蓄水前年平均、最高、最低气温分别增加0.3 ℃、0.41 ℃、0.49 ℃,年平均气温升温幅度远低于湖北省平均(升高0.84 ℃);江北远库区远大坝区域的开州、巫溪、垫江、梁平和北碚5站蓄水后年平均、最高、最低气温也均升高,其中巫溪站年平均、最高、最低气温分别升高0.99 ℃、1.88 ℃、1.07 ℃,江北远库区的远大坝区域各站增温幅度在0.39 ℃~0.99 ℃,均高于重庆市平均(升高0.34 ℃),说明蓄水后江北远库区近大坝区域有冷却降温作用,但江北远库区远大坝区域影响较小或无影响(图4.2.37~图4.2.39)。

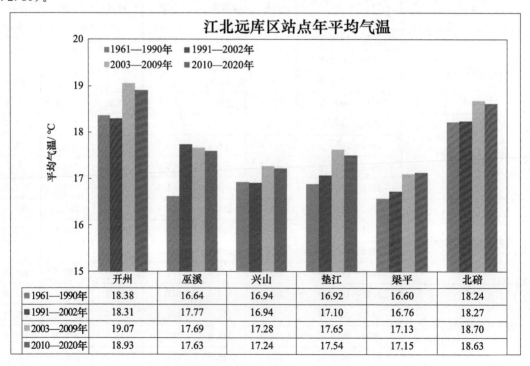

图 4.2.37　江北远库区站点年平均气温

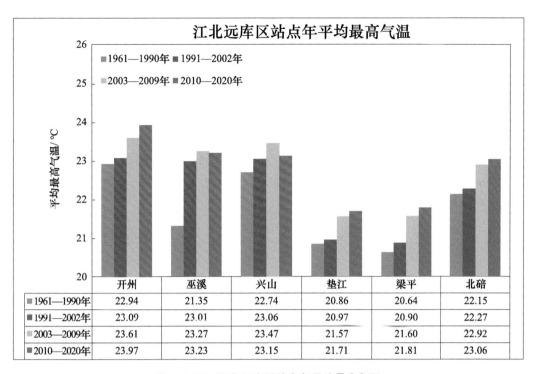

	开州	巫溪	兴山	垫江	梁平	北碚
■ 1961—1990年	22.94	21.35	22.74	20.86	20.64	22.15
■ 1991—2002年	23.09	23.01	23.06	20.97	20.90	22.27
■ 2003—2009年	23.61	23.27	23.47	21.57	21.60	22.92
■ 2010—2020年	23.97	23.23	23.15	21.71	21.81	23.06

图 4.2.38　江北远库区站点年平均最高气温

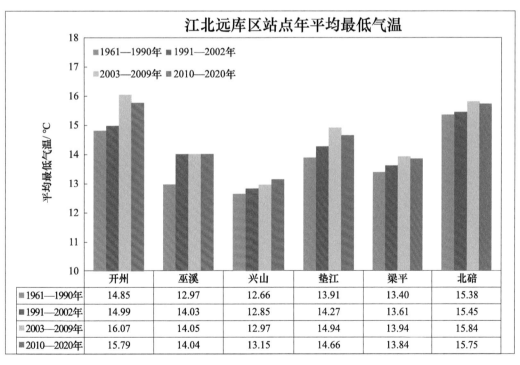

	开州	巫溪	兴山	垫江	梁平	北碚
■ 1961—1990年	14.85	12.97	12.66	13.91	13.40	15.38
■ 1991—2002年	14.99	14.03	12.85	14.27	13.61	15.45
■ 2003—2009年	16.07	14.05	12.97	14.94	13.94	15.84
■ 2010—2020年	15.79	14.04	13.15	14.66	13.84	15.75

图 4.2.39　江北远库区站点年平均最低气温

江北远库区整体上四季均为增温趋势,平均、最高、最低气温基本上都升高,仅江北远库区近大坝区域的兴山站夏季平均气温略降低;其中平均和最高气温冬季、春季增温明显,最低气温冬、春、秋三季均增温明显;江北远库区远大坝区域增温较近大坝区域更为明显。江北远库区近大坝区域的兴山站,蓄水后春、秋、冬三季平均气温分别升高 0.66 ℃、0.15 ℃、0.5 ℃,夏季降低 0.04 ℃;平均最高气温春、夏、冬季分别升高 1.27 ℃、0.03 ℃、0.56 ℃,秋季基本无变化;平均最低气温春、夏、秋、冬季分别升高 0.48 ℃、0.24 ℃、0.52 ℃、0.74 ℃。可以看出,江北远库区近大坝区域冬、春季整体增温。江北远库区远大坝区域的开州、巫溪、垫江、梁平和北碚 5 站四季均整体增温,平均、最高、最低气温均升高;其中巫溪站平均、最高、最低气温春季分别升高 1.37 ℃、2.64 ℃、1.11 ℃(图 4.2.40～图 4.2.42),可以看出,蓄水后江北远库区远大坝区域四季均增温,春季增温最明显。

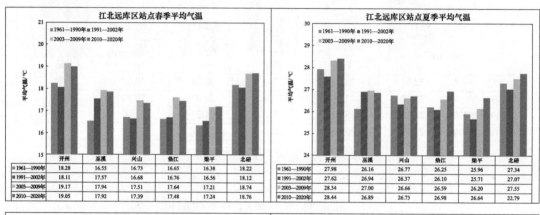

江北远库区站点春季平均气温	开州	巫溪	兴山	垫江	梁平	北碚
1961—1990年	18.28	16.55	16.73	16.65	16.38	18.22
1991—2002年	18.11	17.57	16.68	16.76	16.56	18.12
2003—2009年	19.17	17.94	17.51	17.64	17.21	18.74
2010—2020年	19.05	17.92	17.39	17.48	17.24	18.76

江北远库区站点夏季平均气温	开州	巫溪	兴山	垫江	梁平	北碚
1961—1990年	27.98	26.16	26.77	26.25	25.96	27.34
1991—2002年	27.62	26.94	26.37	26.10	25.71	27.07
2003—2009年	28.34	27.00	26.66	26.59	26.20	27.55
2010—2020年	28.44	26.89	26.73	26.98	26.64	22.79

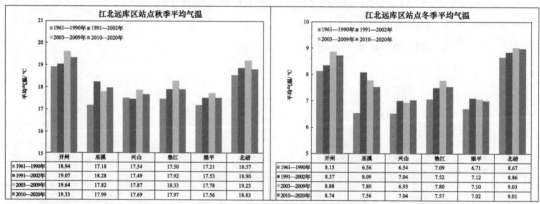

江北远库区站点秋季平均气温	开州	巫溪	兴山	垫江	梁平	北碚
1961—1990年	18.94	17.18	17.54	17.50	17.21	18.57
1991—2002年	19.07	18.28	17.49	17.92	17.53	18.90
2003—2009年	19.64	17.82	17.87	18.33	17.78	19.23
2010—2020年	19.33	17.99	17.69	17.97	17.56	18.83

江北远库区站点冬季平均气温	开州	巫溪	兴山	垫江	梁平	北碚
1961—1990年	8.15	6.56	6.54	7.09	6.71	8.67
1991—2002年	8.37	8.09	7.04	7.52	7.12	8.86
2003—2009年	8.88	7.80	6.93	7.80	7.10	9.03
2010—2020年	8.74	7.56	7.04	7.57	7.02	9.01

图 4.2.40　江北远库区站点四季平均气温

江北远库区整体上在 1—12 月均为增温趋势,平均、最高、最低气温在 1—12 月均升高。江北远库区整体蓄水后 1—12 月平均气温均升高,其中 2 月、3 月、4 月分别升高 1.02 ℃、1.39 ℃、1.0 ℃(图 4.2.43);1—12 月平均最高气温均升高,其中 2—4 月和 7—8 月最高气温升高均超过 1 ℃,3 月升温 2.35 ℃(图 4.2.44);1—12 月平均最低气温均升高,其中 2 月、3月、11 月分别升高 1.08 ℃、1.17 ℃、1.03 ℃(图 4.2.45)。

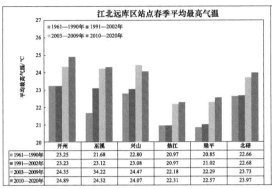

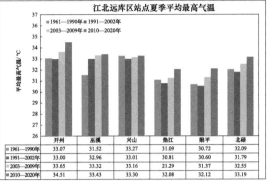

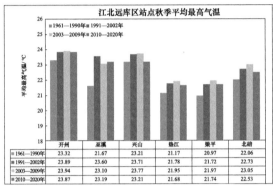

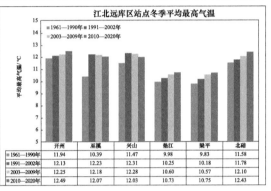

图 4.2.41　江北远库区站点四季平均最高气温

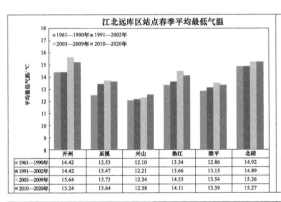

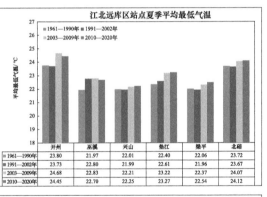

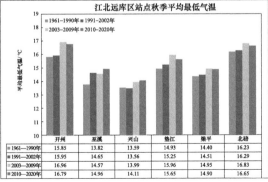

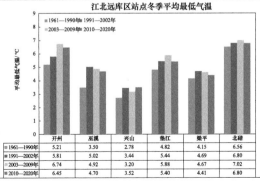

图 4.2.42　江北远库区站点四季平均最低气温

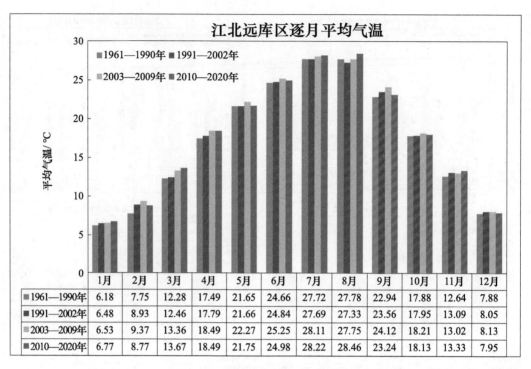

图 4.2.43　江北远库区逐月平均气温

	1月	2月	3月	4月	5月	6月	7月	8月	9月	10月	11月	12月
1961—1990年	6.18	7.75	12.28	17.49	21.65	24.66	27.72	27.78	22.94	17.88	12.64	7.88
1991—2002年	6.48	8.93	12.46	17.79	21.66	24.84	27.69	27.33	23.56	17.95	13.09	8.05
2003—2009年	6.53	9.37	13.36	18.49	22.27	25.25	28.11	27.75	24.12	18.21	13.02	8.13
2010—2020年	6.77	8.77	13.67	18.49	21.75	24.98	28.22	28.46	23.24	18.13	13.33	7.95

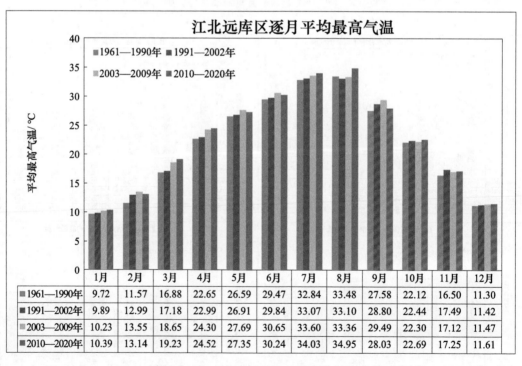

图 4.2.44　江北远库区逐月平均最高气温

	1月	2月	3月	4月	5月	6月	7月	8月	9月	10月	11月	12月
1961—1990年	9.72	11.57	16.88	22.65	26.59	29.47	32.84	33.48	27.58	22.12	16.50	11.30
1991—2002年	9.89	12.99	17.18	22.99	26.91	29.84	33.07	33.10	28.80	22.44	17.49	11.42
2003—2009年	10.23	13.55	18.65	24.30	27.69	30.65	33.60	33.36	29.49	22.30	17.12	11.47
2010—2020年	10.39	13.14	19.23	24.52	27.35	30.24	34.03	34.95	28.03	22.69	17.25	11.61

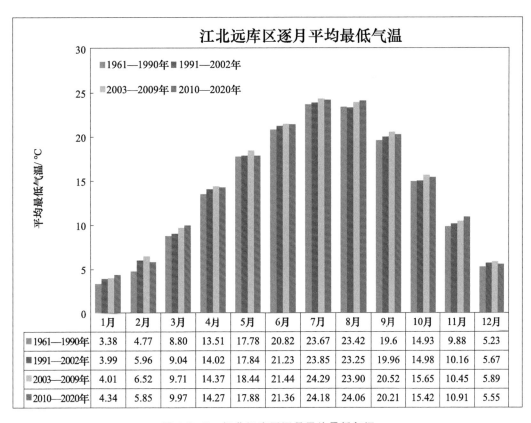

江北远库区逐月平均最低气温

	1月	2月	3月	4月	5月	6月	7月	8月	9月	10月	11月	12月
1961—1990年	3.38	4.77	8.80	13.51	17.78	20.82	23.67	23.42	19.6	14.93	9.88	5.23
1991—2002年	3.99	5.96	9.04	14.02	17.84	21.23	23.85	23.25	19.96	14.98	10.16	5.67
2003—2009年	4.01	6.52	9.71	14.37	18.44	21.44	24.29	23.90	20.52	15.65	10.45	5.89
2010—2020年	4.34	5.85	9.97	14.27	17.88	21.36	24.18	24.06	20.21	15.42	10.91	5.55

图 4.2.45 江北远库区逐月平均最低气温

江北远库区近大坝区域和远大坝区域年降水量和小雨日数均减少、暴雨日数均增加。江北远库区近大坝区域的兴山站,蓄水后年降水量和小雨日数分别减少 2.9% 和 2.8%、暴雨日数增加 34%,年降水量变化趋势与湖北省(增加 13.1%)相反;江北远库区远大坝区域大部地区年降水量和小雨日数减少、暴雨日数增加;其中垫江站变化较为明显,年降水量和小雨日数分别减少 2.5% 和 12.4%、暴雨日数增加 21.3%,江北远库区远大坝区域年降水量变化也与重庆市(增加 17.7%)相反(图 4.2.46~图 4.2.48)。可以看出,水库蓄水后江北远库区近大坝区域和远大坝区域均表现为降水减少且强度增强,降水变化趋势与区域平均趋势相反,说明蓄水使得江北远库区整体上为变干趋势。

江北远库区整体上春、秋、冬三季降水量和降水日数均减少;暴雨主要集中在夏季,夏季暴雨日数在近库区增多、远库区减少。江北远库区近大坝区域的兴山站,蓄水后春、秋、冬三季降水量分别减少 3%、4.9%、20.1%,夏季弱增加 0.6%;降水日数春、夏、冬三季分别减少 4.4%、5.1%、13.2%,秋季增加 1.4%;暴雨主要发生在夏季,蓄水后江北远库区近大坝区域夏季暴雨日数增多 42.9%。江北远库区远大坝区域降水量以春、秋季增多,而夏、冬季减少为主,其中垫江站秋季增多 11.5%、夏季减少 15.2%;降水日数均减少,其中秋、冬季减少较为明显,开州站秋、冬季降水日数分别减少 16.2%、24.5%;暴雨主要发生在夏季,大部分地区夏季暴雨日数呈减少趋势,其中开州站和梁平站分别减少 22.7% 和 20.9%(图 4.2.49~图 4.2.51)。以上分析说明,蓄水后江北远库区全区域(包括近大坝区域和远大坝区域)春、秋、冬季变干,夏季变化不大。

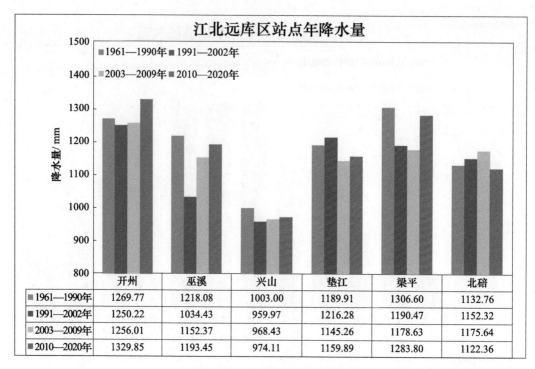

图 4.2.46 江北远库区站点年降水量

	开州	巫溪	兴山	垫江	梁平	北碚
1961—1990年	1269.77	1218.08	1003.00	1189.91	1306.60	1132.76
1991—2002年	1250.22	1034.43	959.97	1216.28	1190.47	1152.32
2003—2009年	1256.01	1152.37	968.43	1145.26	1178.63	1175.64
2010—2020年	1329.85	1193.45	974.11	1159.89	1283.80	1122.36

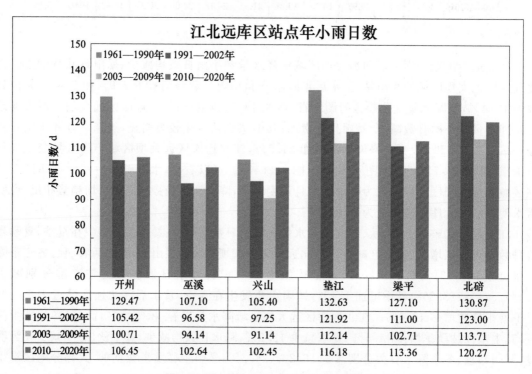

图 4.2.47 江北远库区站点年小雨日数

	开州	巫溪	兴山	垫江	梁平	北碚
1961—1990年	129.47	107.10	105.40	132.63	127.10	130.87
1991—2002年	105.42	96.58	97.25	121.92	111.00	123.00
2003—2009年	100.71	94.14	91.14	112.14	102.71	113.71
2010—2020年	106.45	102.64	102.45	116.18	113.36	120.27

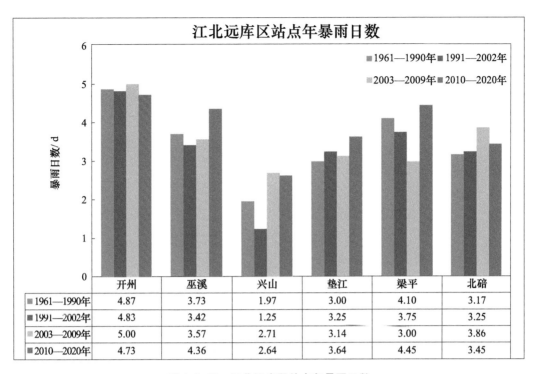

図 4.2.48　江北远库区站点年暴雨日数

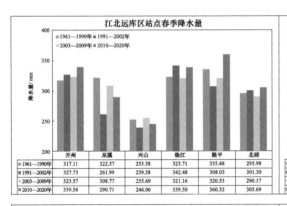

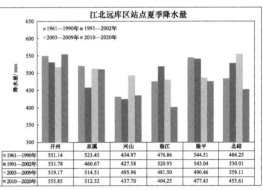

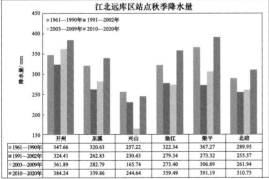

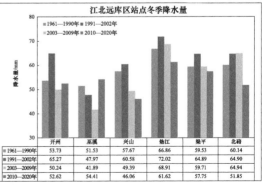

図 4.2.49　江北远库区站点四季降水量

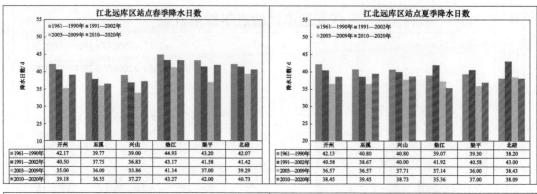

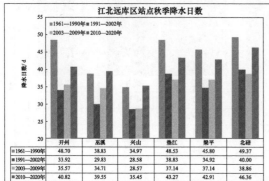

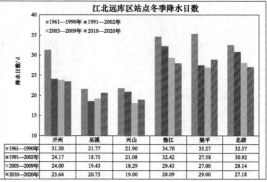

图 4.2.50　江北远库区站点四季降水日数

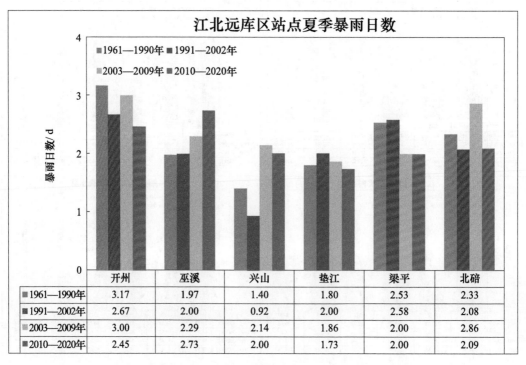

图 4.2.51　江北远库区站点夏季暴雨日数

　　江北远库区 2 月、4—5 月和 7—9 月和 12 月降水量减少,1 月、3 月、6 月和 10—11 月增多; 1—5 月、7—8 月和 10—12 月降水日数减少,6 月和 9 月增多;5 月和 7—8 月暴雨日数减少,4 月、 6 月和 9—10 月增多。江北远库区蓄水后的 2 月、4—5 月、7—9 月和 12 月降水量减少,其中 2 月、7 月、12 月分别减少 12.9%、17.3%、32%;其余月份均增多,其中 3 月增多 21.5%(图 4.2.52);降水日数除了 6 月和 9 月分别增多 2.7%和 0.5%外,其余月份均减少,其中 2 月减少 24.5%(图 4.2.53);暴雨主要发生在 4—10 月,其中 4 月、6 月和 9—10 月暴雨日数增多,10 月 暴雨日数增多 2.75 倍,而 7 月减少 30.1%(图 4.2.54)。可以看出,蓄水后江北远库区的 2 月、 4—5 月、7—8 月和 12 月降水量、降水日数均减少;6 月降水量、降水日数和暴雨日数均增多。

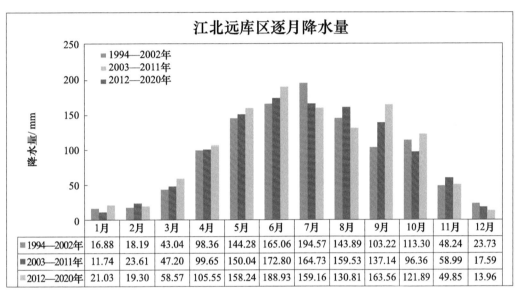

江北远库区逐月降水量

	1月	2月	3月	4月	5月	6月	7月	8月	9月	10月	11月	12月
■1994—2002年	16.88	18.19	43.04	98.36	144.28	165.06	194.57	143.89	103.22	113.30	48.24	23.73
■2003—2011年	11.74	23.61	47.20	99.65	150.04	172.80	164.73	159.53	137.14	96.36	58.99	17.59
■2012—2020年	21.03	19.30	58.57	105.55	158.24	188.93	159.16	130.81	163.56	121.89	49.85	13.96

图 4.2.52　江北远库区逐月降水量

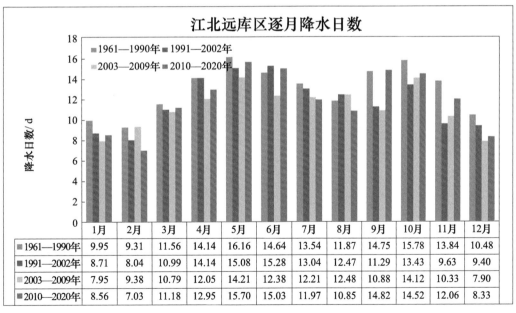

江北远库区逐月降水日数

	1月	2月	3月	4月	5月	6月	7月	8月	9月	10月	11月	12月
■1961—1990年	9.95	9.31	11.56	14.14	16.16	14.64	13.54	11.87	14.75	15.78	13.84	10.48
■1991—2002年	8.71	8.04	10.99	14.14	15.08	15.28	13.04	12.47	11.29	13.43	9.63	9.40
■2003—2009年	7.95	9.38	10.79	12.05	14.21	12.38	12.21	12.48	10.88	14.12	10.33	7.90
■2010—2020年	8.56	7.03	11.18	12.95	15.70	15.03	11.97	10.85	14.82	14.52	12.06	8.33

图 4.2.53　江北远库区逐月降水日数

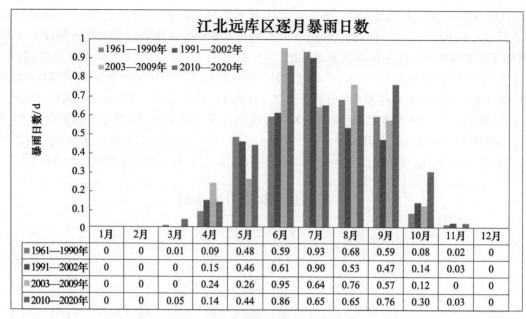

图 4.2.54　江北远库区逐月暴雨日数

江北远库区近大坝区域的兴山站极端最高气温降低 1.4 ℃,极端最低气温升高 3.5 ℃;江北远库区远大坝区域极端最高气温均升高,其中开州站和巫溪站分别升高 1.4 ℃和 1.7 ℃,极端最低气温也均升高,其中开州站和巫溪站分别升高 1.7 ℃和 3.3 ℃。江北远库区近大坝区域的兴山站最大单日降水量减少 10.3%,江北远库区远大坝区域的开州、垫江、梁平、北碚 4站分别减少了 1.4%、21.2%、31.5%、41.1%,巫溪增加 37.2%;江北远库区近大坝区域的兴山站最大连续降水量减少 1.2%,江北远库区远大坝区域的开州、巫溪、垫江、梁平和北碚 5 站分别减少 46.9%、7.1%、23.6%、40.4%和 40.8%;江北远库区近大坝区域的兴山站最长连续雨日基本无变化,江北远库区远大坝区域的开州、巫溪、梁平、北碚 4 站分别减少 38.9%、40%、15.8%、16.7%,垫江站增加 12.5%(表 4.2.4)。

表 4.2.4　江北远库区站点日极值表

要素	测站 时段	开州	巫溪	兴山	垫江	梁平	北碚
极端最高气温/℃	1961—1990 年	42.0	41.8	42.5	40.8	39.2	42.1
	1991—2002 年	41.7	42.8	43.1	40.2	39.7	41.6
	2003—2009 年	43.2	42.6	41.1	42.1	40.3	44.3
	2010—2020 年	43.4	43.5	41.1	41.0	40.4	42.7
极端最低气温/℃	1961—1990 年	−4.5	−7.3	−9.3	−4.4	−6.6	−3.1
	1991—2002 年	−3.6	−3.0	−6.9	−3.0	−3.7	−1.8
	2003—2009 年	0.1	−3.8	−4.9	−1.6	−3.1	−0.3
	2010—2020 年	−2.8	−4.0	−5.8	−3.1	−5.5	−1.9
最大单日降水量/mm	1961—1990 年	218.4	143.9	160.8	211.5	234.1	214.8
	1991—2002 年	195.6	164.1	127.2	139.7	189.2	168.6
	2003—2009 年	295.3	116.7	153.8	105.7	125.3	192.2
	2010—2020 年	215.4	197.5	144.3	166.6	160.4	126.5

续表

要素	时段 测站	开州	巫溪	兴山	垫江	梁平	北碚
最大连续降水量/mm	1961—1990 年	532.3	474.3	259.7	282.1	381.9	353.3
	1991—2002 年	314.5	328.1	220.7	217.2	306.7	233.4
	2003—2009 年	394.2	223.0	198.5	169.3	177.8	319.3
	2010—2020 年	282.8	440.6	256.6	215.6	227.8	209.1
最长连续雨日/d	1961—1990 年	18	15	14	16	19	18
	1991—2002 年	18	16	18	14	12	15
	2003—2009 年	11	11	12	9	8	13
	2010—2020 年	11	9	14	18	16	15

4.2.4 坝区强降水对比分析

此处对强降水进行了定义:1 h 雨量≥20 mm。此外,为了分析更长时间段的强降水特征,也对 3 h 雨量≥50 mm 和 6 h 雨量≥100 mm 的降水情况作了统计和分析。

1. 宜昌市短时强降水空间分布特征

宜昌市 20 mm/h 以上强降水多发区集中在平原向山区的过渡带迎风坡地区,有 5 个大值区,分别是沮河河谷;夷陵区小溪塔—城区—宜都红花套一线;三峡坝区周边—夷陵区邓村一线;清江干流贺家坪—高家堰一线;五峰城关—渔洋关—仁和坪—宜都潘家湾—松木坪一线。全市平均频次为 2.7 次/a,其中年均 6 次以上的站点从多到少依次为:五峰大栗树(6.7 次/a)、夷陵区邓村(6.6 次/a)、长阳高家堰(6.3 次/a)、夷陵区小溪塔(6.1 次/a)、远安太平(6.0 次/a)(图 4.2.55)。

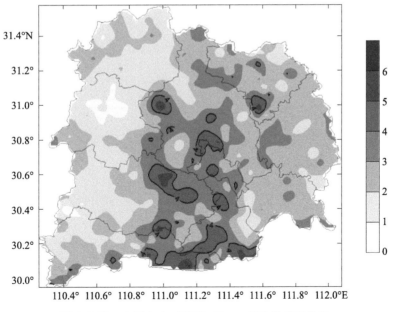

图 4.2.55 宜昌市 1 h 雨量≥20 mm 频次的空间分布

宜昌市 50 mm/3 h 以上强降水分布与 20 mm/h 以上强降水分布基本一致,频次大值的范围更小,意味着持续时间较长的短时强降水范围更集中。高发中心与 20 mm/h 以上强降水的5 个高发中心基本吻合。全市平均频次为 0.8 次/a,其中年均超过 2 次的站点从多到少依次为:宜都凤凰池(2.8 次/a)、夷陵区邓村(2.8 次/a)、猇亭区全通站(2.3 次/a)、夷陵区小溪塔(2.1 次/a)(图 4.2.56)。

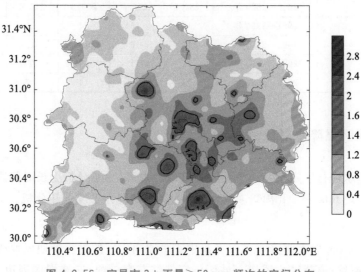

图 4.2.56　宜昌市 3 h 雨量≥50 mm 频次的空间分布

宜昌市 100 mm/6 h 以上强降水的范围较 50 mm/3 h 以上强降水的范围更加集中,高发中心大致呈南北带状分布,集中在远安西部—夷陵区中部—宜昌城区—宜都一线,此外,在长阳火烧坪和夷陵区邓村—太平溪一带也存在孤立的高值中心,值得注意的是,五峰湾潭为 100 mm/6 h 降水的大值区,相比较 1 h 和 3 h,湾潭出现较长持续时间强降水的特征更为明显。全市平均频次为 0.1 次/年,其中年均超过 0.7 次的站点从多到少依次为:长阳火烧坪(0.75 次/a)、猇亭区(0.75 次/a)、小溪塔(0.73 次/a)、张家口(0.7 次/a)(图 4.2.57)。

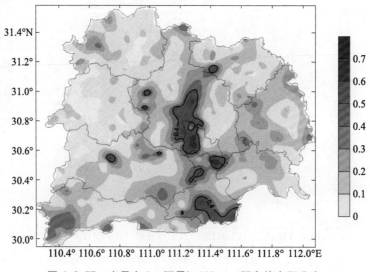

图 4.2.57　宜昌市 6 h 雨量≥100 mm 频次的空间分布

2. 短时强降水高发区降水时间分布特征

以≥20 mm/h 强降水排名前 20％的站点作为短时强降水高发区（简称高发区）代表站（共85 站），分析该区域强降水的时间分布特征。

高发区各站≥20 mm/h、≥50 mm/3h、≥100 mm/6h 强降水的年均站次除数值上有一些差别之外，变化趋势非常接近，尤其是 19 世纪 80 年代直至 2016 年，三者变化趋势几乎重合，仅有数值上的差异。从 19 世纪 60 年代到 80 年代后期，≥20 mmh/h、≥50 mm/3 h 强降水的年均站次变化总体呈增多趋势，90 年代至 2006 年前后缓慢减少，2006—2016 年呈快速增多趋势。

高发区各站强降水集中出现在 5—9 月，≥20 mm/h、≥50 mm/3h、≥100 mm/6h 强降水站次数分别占全年总站次数的 95％、97％和 97％，特别是 6—8 月，是强降水的高发时期，均占全年总站次数的 80％。最大值均出现在 7 月中旬，这个时期对应梅雨期向盛夏期的转换阶段，宜昌市位于副热带高压边缘，水汽及能量充沛，易出现短时强降水天气；次大值均出现在 8 月上旬，对应了盛夏季节午后局地强对流高发期。

高发区各站≥20 mm/h 强降水站次数逐小时分布呈双峰型，而≥50 mm/3h 及≥100 mm/6h 强降水的分布呈单峰型，时段更集中。1 h 短时强降水主要出现在午后 13 时至次日凌晨 02 时之间，出现次数占全天 71％；最大峰值出现在 16—19 时，第二峰值出现在 21—22 时。3 h 强降水主要集中在 19—23 时，峰值出现在 21—0 时，为 329 次；6 h 强降水峰值出现在 20—02 时，为 114 次/站。3 h 强降水和 6 h 强降水出现峰值的时段比较一致，均与 1 h 强降水最大峰值的出现时段对应，表明 20—24 时是宜昌市最易出现短时强降水的时段，且更易出现持续时间较长、累计雨量更大的强降水。

3. 宜昌市极端降水量分布特征

全市 1 h 最大极端降水量为 158.8 mm，2016 年 7 月 7 日 23 时—8 日 00 时出现在龙泉山村。大部分站点小时极端降水数值在 30～70 mm，占总站数的 80％以上，最大值为最小值的5.9 倍，空间上中东部大于西部。1 h 极端降水量最大值中心位于旅游新区附近；次大值区较为分散，主要位于枝江问安—夷陵区鸦鹊岭—猇亭区—宜都红花套—松木坪一带、长阳高家堰—火烧坪及夷陵区樟村坪；小值区主要位于宜昌市西部海拔较高的地区（图 4.2.58）。

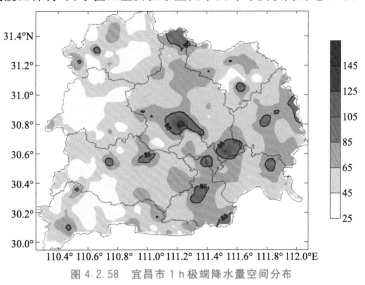

图 4.2.58　宜昌市 1 h 极端降水量空间分布

全市 3 h 最大极端降水量为 282.7 mm,1990 年 8 月 15 日 21 时—16 日 00 时出现在远安鸣凤。3 h 极端降水量超过 100 mm 的有 148 站。空间分布与 1 h 极端降水量分布基本一致,也呈现出中东部大于西部的特点。3 h 极端降水量最大值中心位于远安鸣凤、旅游新区至三峡坝区一带,次大值区主要位于猇亭区—宜都红花套、宜都松木坪、长阳高家堰—火烧坪;小值区主要位于兴山东部、秭归中西部、长阳西部及五峰北部(图 4.2.59)。

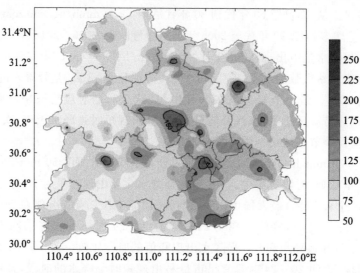

图 4.2.59　宜昌市 3 h 极端降水量空间分布

全市 6 h 最大极端降水量为 361.2 mm,1990 年 8 月 15 日 18 时—16 日 00 时出现在远安鸣凤,6 h 极端降水量超过 150 mm 的有 78 站。空间上大值区分布与 1 h 和 3 h 极端降水量大值区分布基本一致,但是远安和长阳火烧坪的极端性更为突出,最大值中心位于远安鸣凤、长阳都镇湾—火烧坪—秭归两河口一带,次大值区较为分散,主要位于旅游新区至三峡坝区一带、夷陵区雾渡河、兴山南阳、当阳河溶等地;小值区较 1 h 极端降水和 3 h 极端降水的小值区范围扩大,全市中东部也出现较大范围的小值区(图 4.2.60)。

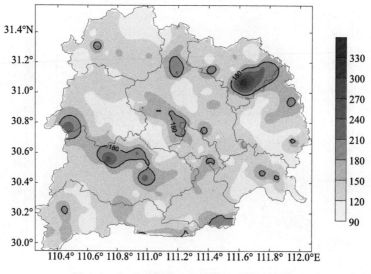

图 4.2.60　宜昌市 6 h 极端降水量空间分布

4. 短时强降水占比的空间分布

统计全市各站 20 mm/h 以上的累计降水量,并计算其在年总降水量中所占的比重,分析空间分布特征发现:全市各站短时强降水在年总雨量的平均占比为 8.4%,大值区主要分布在宜昌中东部,西部山区为小值区,该分布特征与短时强降水空间分布特征较为相似。最大值出现在夷陵区黄花至旅游新区一带,其中三峡大瀑布和龙泉山村的占比均超过 20%(图 4.2.61)。

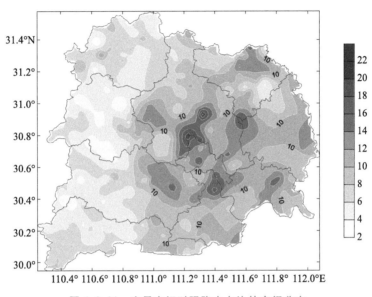

图 4.2.61　宜昌市短时强降水占比的空间分布

5. 近坝区蓄水前后强降水频次变化特征

为了细致分析三峡大坝蓄水对坝区附近区域内强降水的影响,选择宜昌市 5 个国家气象站和 1 个水文站(图 4.2.62)建站至 2016 年底的降水资料为原始数据,分别统计 ≥20 mm/h、≥50 mm/3 h、≥100 mm/6 h 强降水年均频次,重点分析蓄水前后各标准等级强降水的空间及时间变化特征。

近坝区 ≥20 mm/h 强降水年均频次在蓄水前后发生了明显的变化(图 4.2.63),主要体现在:①多发区在蓄水前主要位于宜昌城区附近,而蓄水后则位于三峡坝区附近;②年均频次的平均值由蓄水前的 1.5 次/a 增加到蓄水后的 1.8 次/a;③蓄水前年均频次的最大值为宜昌站 2.8 次/a,而蓄水后为三峡站 3.4 次/a,从蓄水前到蓄水后有所上升。

近坝区 ≥50 mm/3 h、≥100 mm/6 h 强降水年均频次在蓄水前后也发生了明显的变化(图 4.2.64、图 4.2.65),与 20 mm/h 以上强降水年均频次在蓄水前后变化情况较为一致,也体现在多发区、年均频次平均值及年均频次最大值的变化上。其中 50 mm/3 h 以上和 100 mm/6 h 以上强降水多发区也是由蓄水前的宜昌附近转移到三峡坝区附近;年均频次的平均值分别由蓄水前的 0.4 次/a、0.08 次/a 增加到蓄水后的 0.5 次/a、0.09 次/a;但年均频次最大值中心蓄水前分别为宜昌 0.97 次/a、宜昌 0.21 次/a,而蓄水后分别为三峡 0.94 次/a、三峡 0.19 次/a,从蓄水前到蓄水后略有下降。

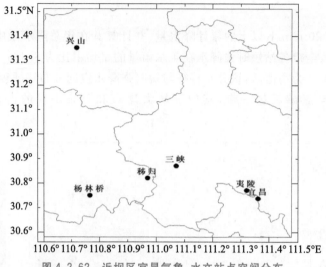

图 4.2.62　近坝区宜昌气象、水文站点空间分布

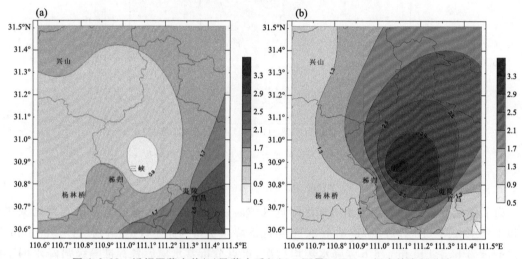

图 4.2.63　近坝区蓄水前(a)及蓄水后(b)1 h 雨量≥20 mm 频次的空间分布

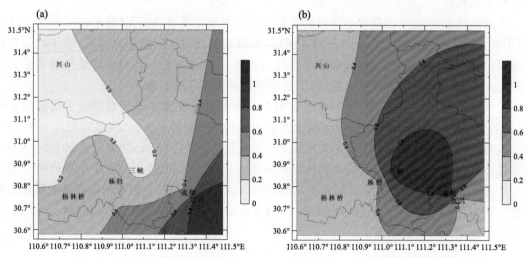

图 4.2.64　近坝区蓄水前(a)及蓄水后(b)3 h 雨量≥50 mm 频次的空间分布

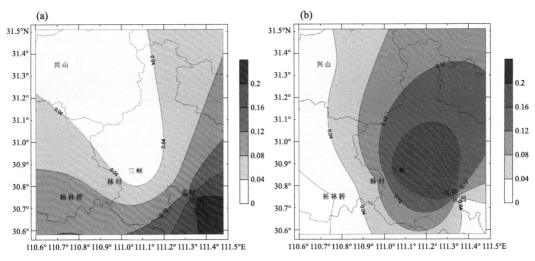

图 4.2.65　近坝区蓄水前(a)及蓄水后(b)6 h 雨量≥100 mm 频次的空间分布

近坝区各站≥20 mm/h、≥50 mm/3 h 强降水年均频次的变化趋势非常接近,均呈一致增多趋势,蓄水前后无显著变化;而≥100 mm/6 h 强降水年均频次无明显变化趋势。≥20 mm/h 和≥50 mm/3 h 强降水的变化趋势与长江中下游极端降水事件呈增长趋势的气候背景一致(图 4.2.66)。

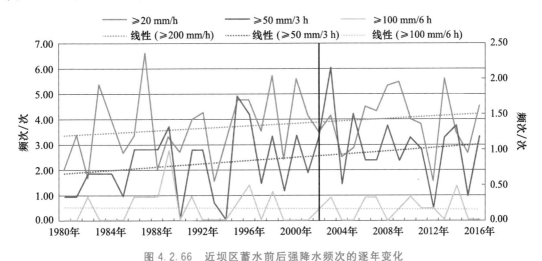

图 4.2.66　近坝区蓄水前后强降水频次的逐年变化

(≥20 mm/h 及≥50 mm/3 h 频次以左侧纵坐标为准,≥100 mm/6 h 频次以右侧纵坐标为准)

从蓄水前后近坝区强降水的时空特征可以看出,该区域强降水年均频次的变化趋势与大范围极端降水事件的变化趋势基本保持一致,但蓄水前后该区域强降水的高发中心由宜昌城区附近转移至三峡坝区附近。

6. 地形和河谷对强降水分布的影响

宜昌市位于湖北省西南部,地处长江上游与中游的结合部,鄂西山区向江汉平原的过渡地带。山区占全市总面积的 69%,主要分布在兴山、秭归、长阳、五峰和夷陵区的西部,大部分山脉在海拔千米左右,少量山脉海拔高度在 2000 m 以上。

根据以上分析,对于 20 mm/h 以上的强降水,宜昌市有 5 个强降水中心(图 4.2.67)。

沮河河谷至当阳西部一带:该强降水中心位于山脉到平原的过渡地带,偏东或东南暖湿气流可沿山脉爬升,使雨量加大;同时由于地形的阻挡,降水系统移动减慢,雨时延长;并且地形的热力作用可以导致该处出现山谷风辐合,形成局地地面气旋,从而使降雨增强。

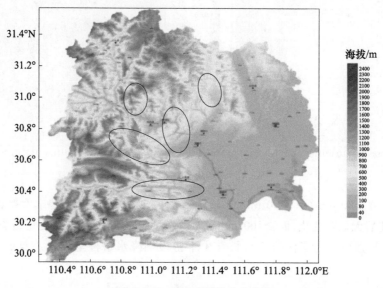

图 4.2.67 宜昌市强降水分布图

夷陵区小溪塔至宜都红花套一带:小溪塔三面环山,向南开口,当有强降水回波出现时,冷出流只能向南流出,与南部的偏南暖湿气流相遇时,易出现后向传播,使雨时延长;宜昌城区至红花套一带位于河谷地区,河谷附近水面和陆地的热容不同,导致在水面和陆地附近易产生局地环流,从而有利于降水的出现和加强。

三峡坝区周边至邓村一带:此处既有地形的作用也有河谷的作用,地形导致的热力环流以及河谷导致的热力环流使得该处易出现对流性降水,同时迎风坡的作用可使降水加强。

清江干流贺家坪至磨市一带:该处地形复杂,清江北岸为巫山余脉,从长阳固里溪开始,直沿着清江与长江分水线延伸到秭归的石坪至巴东绿葱坡,长约 150 km,其海拔高程均在 1900 m 左右,山脉呈西北至东南向,有利于偏东气流的迎风坡,配合宜昌市大的地形特征,当偏东气流从东部平原进入,经山丘到西部的半高山或高山区时,该迎风坡就会迫使气流抬升而产生暴雨;磨市东西临水,北面靠山,局地热力环流复杂,更易生成强降水。

五峰渔洋关至松木坪一带:此处位于宜昌最南端,是典型的峡口河谷区,降水较多,具有沿河源方向地势逐渐增高的特点,当气流越强盛就越有利于改变气流的进程,沿河谷源源不断输送水汽,且当西南暖湿气流进入时,沿迎风坡抬升,使得降水加强。

4.3 蓄水对气温日变化影响

日变化是气候的基本特征之一,日最高温度、最低温度出现时间的迟早与水汽蒸发、凝结等大气物理过程的关系十分紧密,受太阳辐射日变化的影响,近地面气温一般在 14 时至 15 时出现最高值,日出前后出现最低值,气温在日出后升温较快,夜间温度变化渐缓。但是,地表状况的差异、天气状况的不同等因素使日最高、最低气温的出现时间以及变温速率受到一定程度的影响(吕达仁 等,2002;任国玉 等,2005;赵娜 等,2011)。例如,城市化进程导致城市的下垫面的改变及城市热岛环流的形成,从而影响日最高、最低气温的出现时间以及气温的日变化速率(Peterson et al.,1999),城区最高温度出现的时间偏晚,而最低温度出现的时间城区偏早于郊区,日变化特征更为一致,最高(低)温度出现的时间更加集中(杨萍 等,2013)。对洋山港区和上海市区的气温日变化分析显示,四季市区气温日变化幅度均大于港区,说明港区气温受海洋的调节变化较为温和,由于市区下垫面对太阳辐射的响应快,日出之后,市区增温更快,夜间城市对气温的调节作用小于海洋,市区的气温低于港区。同时也发现,不管哪种时间间隔,市区的最大升(降)温幅度都要高于港区,港区的温度变化更为平缓(朱智慧 等,2020),表明大型水域,如湖泊、河流或者水库,水体对周边气候的影响同样也会影响到气温的日变化。

　　三峡地区有 33 个国家气象站,具有小时资料记录。从库首到库尾各选取了离水域不同距离的站点,代表不同的区域,主要信息见表 4.3.1 和图 4.3.1。根据蓄水水位变化(冬季高水位,夏季低水位)、资料长度、迁站变化等因素的综合考虑,选取和计算了近库区和江南远库区和江北远库区 2015—2020 年共 6 年的逐年平均小时平均温度、最高和最低温度、最低温度和气温日较差,分析全年和 6 月、7 月、8 月夏季和 12 月、1 月、2 月冬季的变化,给出水位高低对不同地区气候的可能影响有差异。

表 4.3.1　站点分布及离水域远近距离

站点相对方位	站名(字母)	纬度/°N	经度/°E	海拔高度/m	与水面距离/km
近库区	宜昌(YC)	30.74	111.36	256.5	10
	秭归(ZG)	30.83	110.97	295.5	3
	万州(WZ)	30.77	108.40	186.7	1
	忠县(ZX)	30.30	108.02	325.6	2
	涪陵(FL)	29.73	107.27	372.8	2
	沙坪坝(CQ)	29.58	106.47	259.1	1
江南远库区	长阳(CY)	30.47	111.18	177.9	30
	建始(JS)	30.60	109.72	609.2	40
	石柱(SZ)	29.98	108.13	632.3	20
	綦江(QJ)	29.00	106.65	474.7	40
	南川(NC)	29.17	107.12	698.8	50
	武隆(WL)	29.32	107.75	406.9	50
江北远库区	兴山(XS)	31.35	110.73	336.8	40
	巫溪(WX)	31.40	109.62	337.8	40
	开州(KZ)	31.18	108.42	216.5	30
	梁平(LP)	30.68	107.80	454.5	50
	北碚(BB)	29.85	106.45	240.8	30
	垫江(DJ)	30.32	107.40	416.1	45
三峡大坝	大坝(DB)	30.77	111.26	185.0	0

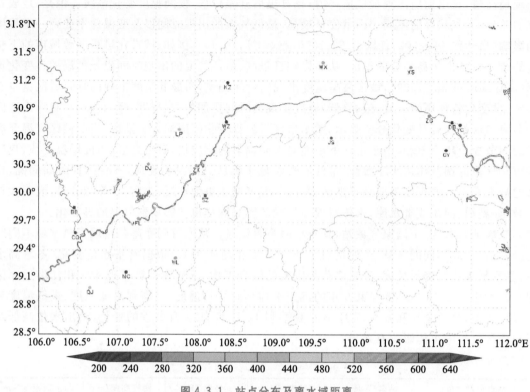

图 4.3.1 站点分布及离水域距离

(字母表征站点见表 4.3.1,色标为海拔高度:m)

4.3.1 温度日变化差异

图 4.3.2 为近 6 年各站观测气象要素的日变化。依旧以距离水库不同位置站点定义成近库区、江南远库区和江北远库区。3 个地区的变化趋势一致,但从年均值来看,江南区气温最低(16.9 ℃),江北区次之(18.0 ℃),近库区气温最高(18.2 ℃),其主要原因是江南区各站海拔较高,位于山地,因此气温相对偏低,而近库区各站主要位于相对谷地,并且如沙坪坝、万州、涪陵、宜昌等均为城镇化程度很高的城市,受到地形影响和城市热岛效应等综合因素的影响,气温相对较高。

但不同位置间小时尺度气温年均日变化尽管在一日内的变化波动趋势一致,却表现出了明显的时间和幅度差异,主要体现在日最高温出现时间和最低温出现时间以及日较差幅度。图中可以清晰看出,近库区的日较差幅度明显小于距离更远地区的远库区的变化幅度,表明水库水体对气温变化具有明显的调节作用。

从年均值来看,午后 15 时,近库区、江南远库区和江北远库区的气温均达到一日中的最高点,但此时近库区气温平均值为 21.2 ℃,而江北远库区平均值为 21.7 ℃,水库北侧的气温要高出库区,差值为 0.5 ℃,与此同时江南远库区的气温为 20.3 ℃,仅比近库区低 0.9 ℃(与年均值相比减少了 0.3 ℃)。江北远库区日气温高于近库区气温延续约 04 时左右,到 19 时气温回落至近库区平均气温以下并将一直持续到次日上午 10 时,在凌晨 06 时附近,各地区的气温

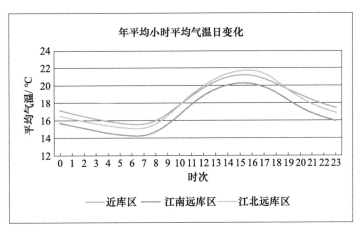

图 4.3.2　三峡地区年平均小时平均气温日变化(2015—2020 年平均)

均达到最小值。其中近库区平均气温为 15.6 ℃,江北远库区为 15.1 ℃,江南远库区为 14.3 ℃。3 个地区的平均日较差分别是 5.6 ℃,6.0 ℃ 和 6.6 ℃,随着距离水域的越远和地形越高,受到水域的影响越小,日较差越大。

这种变化的主要原因在于一方面午后江面风形成,来自江面上空的凉空气造成了近库区气温的相对偏低,另一方面水库巨大的库容量以及水域面积,蒸发量上升,会造成附近地区日夜温差缩小。由于水库白天对气温上升的"缓冲"和夜间气温下降的"调节",升高了最低气温、降低了最高气温,从而在一定程度上减弱了气温的日差。夏季和冬季水体的调节作用更为明显。

4.3.2　最大最小温度出现时间差异

近库区、远库区的日最高温度和日最低温度的出现时间在不同季节存在差异。夏季而言,最高气温出现时次是 15 时,最低气温出现时间是 06 时。而冬季,最高气温出现在 15—16 时,最低气温则出现在 07—08 时(图 4.3.3、图 4.3.4,表 4.3.2)。

表 4.3.2　不同位置代表站高低温度变化

区域及季节		日最低气温/℃ (出现时间)	日最高气温/℃ (出现时间)	均值/℃	平均日较差 /℃
年	近库区	15.60(06)	21.19(15)	18.15	5.59
	江南远库区	14.27(06)	20.27(15)	16.93	6.00
	江北远库区	15.11(06)	21.72(15)	18.01	6.61
夏季	近库区	24.03(06)	31.00(15)	27.38	6.97
	江南远库区	22.45(06)	29.84(15)	25.90	7.39
	江北远库区	23.50(06)	31.66(15)	27.28	8.15
冬季	近库区	6.65(07)	10.76(16)	8.41	4.11
	江南远库区	5.45(08)	10.00(15)	7.37	4.56
	江北远库区	6.06(08)	11.19(16)	8.19	5.12

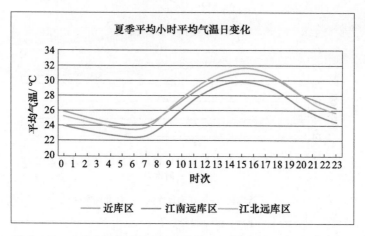

图4.3.3　三峡地区夏季平均小时气温日变化(2015—2020年平均)

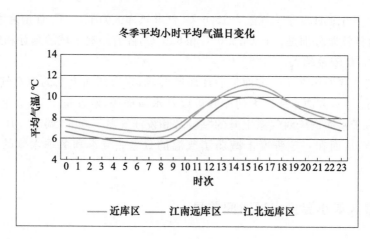

图4.3.4　三峡地区冬季平均小时平均气温日变化(2015—2020年平均)

从已有的对城区和郊区的气温日变化研究中可以看到,日最高温度和日最低温度的出现时间上季节差异明显,其中城区和郊区最低气温出现时间在春、夏、秋三季是一致的,但冬季城区早于郊区,城区最低气温出现在07时,郊区则滞后1 h,同样日最高温度出现的时间城区要偏晚于郊区(杨萍 等,2013)。

这种差异可能一方面是由于城区气溶胶含量较高,白天对太阳辐射加热产生滞后效应,因此最高温度出现时间偏晚,而夜间到凌晨,城区太阳辐射开始启动,加热的时间相对偏早,导致最低温度出现时间偏早,同时这种差异也可能与城区和郊区局地下垫面环境的差异有关,下垫面性质的不同使其具有不同的热容量,也导致了其对自然辐射加热的响应时间有别(刘树华 等,2002;刘熙明 等,2006),日变化特征就会表现出较大的差异性。由于三峡水库水面大、水位高、水体热容量大,其水体升温和降温过程相对缓慢,因此水温和气温的交换也相对变缓,导致形成了近库区站点和远库区站点的最低气温出现时间的差异。

4.3.3　坝区气温日变化差异

此节中主要选用水库面积变化较大的坝区站点和江北地区进行比较,江南地区的气温与近库区和江北地区的气温相比偏低幅度较大,因此在此节中不再选用,以此试图给出坝区位置水库蓄水后水面面积变化最大的地区对局地气温日变化的影响。选取站点信息见表 4.3.3 和图 4.3.5。其中近水库区选取了秭归和三峡站,距离水面距离不到 3 km,海拔均在 300 m 以下,还选取了距离水面接近 40 km 较远的兴山和巫溪站作为对比站,海拔均为 340 m 左右。

表 4.3.3　站点分布及离水域远近距离

站点相对方位	站名(字母)	纬度	经度	海拔高度/m	与长江距离/km
坝区近库区	秭归(ZG)	30.83	110.97	295.5	3
	三峡(SX)	30.87	111.08	139.9	2
北远库区	兴山(XS)	31.35	110.73	336.8	40
	巫溪(WX)	31.40	109.62	337.8	40
三峡大坝	**大坝(DB)**	**30.77**	**111.26**	**185.0**	**0**

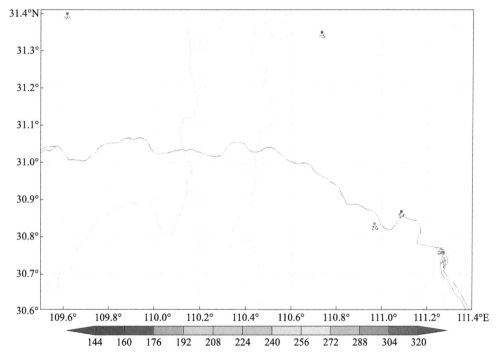

图 4.3.5　站点分布及离水域远近距离

(字母表征站点见表 4.3.3,色标为海拔高度,单位:m)

坝区不同位置的代表站年平均小时气温日变化具有其区域气候特征,主要表现为两者的气温差异基本表现在午后至午夜前,午夜后至次日上午两者的气温差异有但不明显(图 4.3.6)。从年尺度而言,水库蓄水对白天最高温度的降温效应更明显,最大值相差可达到 0.7 ℃左右,夜间最低温度的差异为 0.1 ℃。

夏季库区气温整体偏高,水库的降温效应则愈加凸显,白天最高气温的降温效应达到了 1.1 ℃,夜间北远库区的温度下降则明显大于近库区(图 4.3.7、图 4.3.8),两者温差达到 0.3 ℃。冬季水体对白天温度的调节效应为 0.5 ℃,夜间温度差异为 0.1 ℃。

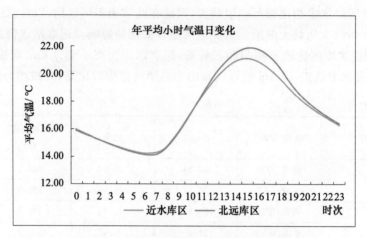

图 4.3.6　不同位置代表站年平均气温日变化

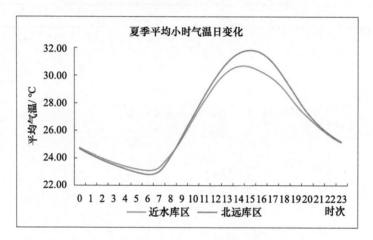

图 4.3.7　不同位置代表站夏季平均气温日变化

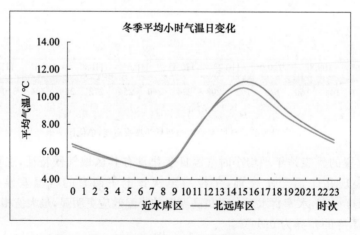

图 4.3.8　不同位置代表站冬季平均气温日变化

表 4.3.4　代表站高低温度变化

区域及季节		日最低气温/℃ （出现时间）	日最高气温/℃ （出现时间）	平均日较差 /℃
年	坝区近库区	14.24(06)	21.21(15)	6.97
	北远库区	14.14(06)	21.94(15)	7.80
夏季	坝区近库区	23.05(06)	30.76(14)	7.71
	北远库区	22.73(06)	31.87(15)	9.14
冬季	坝区近库区	4.86(06)	10.70(15)	5.84
	北远库区	4.79(07)	11.18(15)	6.39

上述分析表明,水库蓄水确实对库区局地范围内的气温产生了一定的影响,在坝区周边的影响大于库区整体影响,夏季影响大于冬季影响,并呈现出明显的日变化特征,白天响应大于夜间响应(表4.3.4)。由于水库的存在,近库区站点的气温日较差与远库区的站点相比,变化幅度减小,年平均日较差减少12%,夏季平均日较差减小幅度14%,冬季平均日较差减小幅度可达到17%。水库蓄水会造成三峡地区日最高气温平均降低0.4~0.7 ℃,夏季更明显,冬季略弱,日最低气温平均升高0.1~0.5 ℃,冬季更加明显(表4.3.5)。坝区附近因水域更大,夏季坝区水体对局地的降温作用可达1.1 ℃,冬季最低气温的局地增温作用约为0.1 ℃。但还需要注意的是,统计得到的气候影响效应值是远近库区的气温差值,三峡地区由于地形的特殊性,河谷地区平均气温高,这种统计结果过于简单,且没有分离出城镇化效应和气候变暖效应,此外还可能是因为选取站点的地理位置、地形地貌,因此还需要用更多的区域站和同化资料进行深入分析研究。

表 4.3.5　水体对气温可能的影响效应

尺度		库区气候效应值/℃	坝区气候效应值/℃
年	日平均效应	+0.14	−0.22
	日最高气温效应	−0.53	−0.73
	日最低气温效应	+0.49	+0.10
夏季	平均效应	+0.53	−0.28
	日最高气温效应	−0.66	−1.11
	日最低气温效应	+0.10	+0.32
冬季	平均效应	+0.22	−0.19
	日最高气温效应	−0.43	−0.48
	日最低气温效应	+0.59	+0.07

4.3.4　年内水位变化对气温日变化影响

利用库区周围站点逐小时气温资料,对近库区代表站点(涪陵、忠县、万州、云阳、奉节、巫山、巴东、秭归)和远库区代表站点(兴山、巫溪、开州、梁平、垫江、北碚、长阳、石柱)的气温在不同时期进行对比分析。因资料时长限制并考虑到2022年作为典型高温伏旱少雨年份,比较了年内不同水位变化时段下,三峡库区不同地区2022年和2016—2021年平均的不同水位变化时段,包括消落期(1—5月)、汛期(6—8月)、蓄水期(9—10月)和高水位期(11—12月)的气温变化、变温等差异。

图 4.3.9 给出了年(a)、汛期(b)、高水位期(c)、蓄水期(d)、消落期(e)5 个不同时期下两个时段(2022 年平均、2016—2021 年平均)平均气温日变化特征。结果显示,气温的日变化 5 个不同时期在 2 个时段均表现出较为一致的变化趋势,最高温均出现在 15—16 时,最低温出现在 06—07 时。其中,年和汛期平均最低温 2 个时段均一致出现在 06 时;高水位期、蓄水期和消落期平均最低温 2 个时段均一致出现在 07 时。从 2 个时段的对比可以看出,汛期和高水位期平均气温差异较大,汛期逐小时气温 2022 年比 2016—2021 年平均偏高 1.52~2.67 ℃,高水位期偏高 0.71~1.24 ℃;蓄水期和消落期 2 个时段平均气温差异相对较小,蓄水期在 02—08 时 2022 年比 2016—2021 年平均略偏低,其他时刻均偏高;消落期平均气温 2022 年比 2016—2021 年平均整体均略偏低,07 时偏低最多为 0.37 ℃;年平均气温整体上 2022 年比 2016—2021 年平均偏高 0.31~1.02 ℃,偏高幅度低于汛期和高水位期。

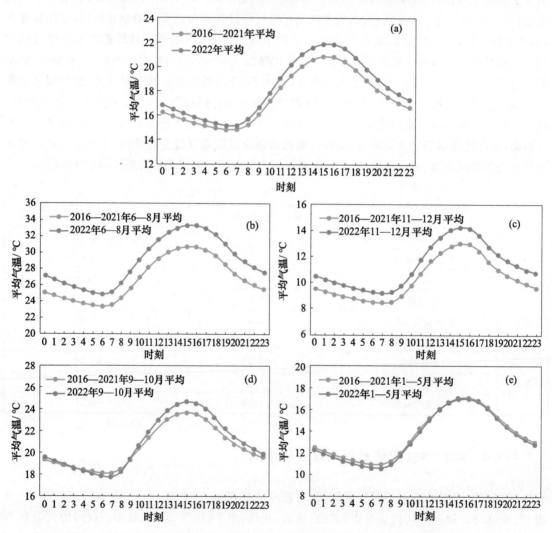

图 4.3.9　全库区的年(a)、汛期(b)、高水位期(c)、蓄水期(d)、消落期(e)平均气温逐小时变化

(年:1—12 月;汛期:6—8 月;高水位期:11—12 月;蓄水期:9—10 月;消落期:1—5 月,下同)

图 4.3.10 给出了 2022 年 5 个不同时期下近库区和远库区平均气温日变化特征。结果显示，2022 年年平均气温(a)一天内在 00—10 时和 18—23 时，近库区年平均气温高于远库区，而 11—17 时近库区低于远库区；近库区和远库区年平均气温最低值出现时间一致，均在 06 时出现最低温；最高值出现时间不同，近库区最高温出现在 16 时，远库区在 15 时。汛期平均气温(b)在 00—08 时和 18—23 时，近库区年平均气温高于远库区，而 09—17 时近库区低于远库区；近库区和远库区年平均气温最低、最高值出现时间一致，均在 06 时出现最低温、15 时出现最高温。高水位期平均气温(c)在 00—12 时和 17—23 时，近库区年平均气温高于远库区，仅 13—16 时近库区低于远库区；近库区和远库区年平均气温最低、最高值出现时间一致，均在 07 时出现最低温、15 时出现最高温。蓄水期平均气温(d)在 00—10 时和 16—23 时，近库区年平均气温高于远库区，而 11—15 时近库区低于远库区；近库区和远库区年平均气温最低、最高值出现时间一致，均在 07 时出现最低温、15 时出现最高值。消落期平均气温(e)在 00—09 时和 20—23 时，近库区年平均气温高于远库区，而 10—19 时近库区低于远库区；近库区和远库区年平均气温最低、最高值出现时间一致，均在 07 时出现最低温、16 时出现最高温。

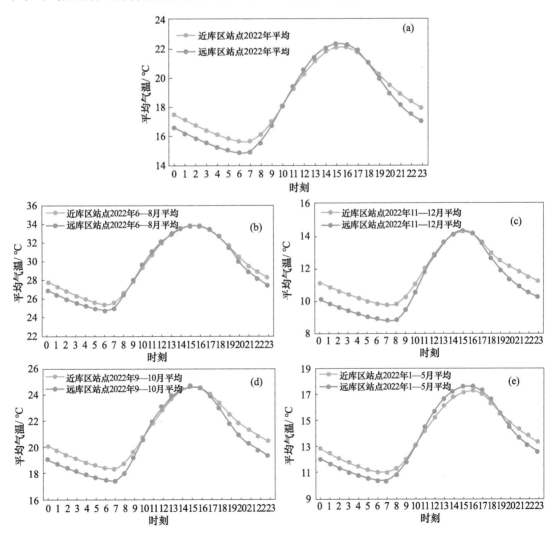

图 4.3.10　2022 年近库区和远库区年(a)、汛期(b)、高水位期(c)、蓄水期(d)、消落期(e)平均气温逐小时变化

从日较差来看,2022年年平均气温日较差远库区(7.43 ℃)比近库区(6.5 ℃)高0.93 ℃,汛期平均气温日较差远库区(9.28 ℃)比近库区(8.54 ℃)高0.74 ℃,高水位期平均气温日较差远库区(5.54 ℃)比近库区(4.53 ℃)高1.01 ℃,蓄水期平均气温日较差远库区(7.34 ℃)比近库区(6.34 ℃)高1.0 ℃,消落期平均气温日较差远库区(7.3 ℃)比近库区(6.33 ℃)高0.97 ℃。总的来说,2022年年平均气温日较差在5个不同时期均表现为远库区大于近库区。

图4.3.11给出了近库区和远库区代表站点最高、最低气温出现率的日分布特征。可以看出,近库区代表站点日最高气温(a)最大出现率的时次基本上均为16时,占出现率的50%以上,最低气温(c)最大出现率的时次为07时或08时,占出现率的50%~70%;远库区代表站点日最高气温(b)最大出现率的时间比较分散,位于15时、16时或17时,占出现率的30%~85%,其日最低气温(d)最大出现率的时次为07时或08时,占出现率比率在40%~70%。对比近库区和远库区的日变化曲线,发现近库区最高、远库区最低气温各时次出现率的日变化曲线较为一致,近乎重合(图4.3.11a和图4.3.11d),近库区最低、远库区最高气温的日变化曲线明显较为分散(图4.3.11c和图4.3.11b)。

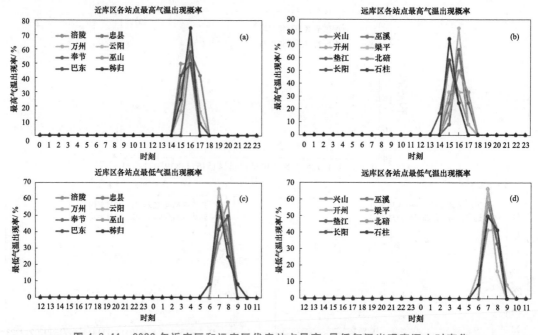

图4.3.11　2022年近库区和远库区代表站点最高、最低气温出现率逐小时变化

为了说明近库区和远库区最高(最低)温度出现时间的差异性,进一步对比了近库区和远库区最高、最低温度出现率的特征(图4.3.12)。结果显示,近库区和远库区最高气温最大出现率是一致的,均在下午14时,但是近库区出现率明显高于远库区,说明最高温出现时次在近库区更为集中;而近库区和远库区最低气温最大出现率也是一致的,均在上午07时,但是远库区出现率明显高于近库区,说明最低温出现时次在远库区更为集中。

变温是指单位时间间隔内温度的变化幅度,是天气变化强度的重要指标,同时变温也会对人体健康产生重要的影响。

图4.3.13给出了2022年近库区和远库区不同单位时间内年平均气温变温逐小时变化,具体包括年平均气温的1 h变温(图4.3.13a)、3 h变温(图4.3.13b)和6 h变温(图4.3.13c)

的日变化特征曲线。从图中可以看到,2022 年近库区和远库区的年平均气温最大正变温出现
时间存在差异性,但最大负变温出现时间一致,然而无论是基于多长的单位时间,近库区变温
的幅度均小于远库区。最大变温出现的时间随着间隔时段的增加而增大,最大变温的大小和
太阳辐射急剧变化有关,即和日出、日落变化的时间相关联,而最高气温和最低气温的出现时
刻具有滞后效应。1 h、3 h、6 h 的年平均气温的最大正变温近库区出现时间分别为 11 时、12
时、14 时,远库区分别为 10 时、11 时、13 时,近库区普遍比远库区晚 1 h;对应的最大负变温近
库区和远库区出现时间一致,分别为 19 时、20 时、23 时。

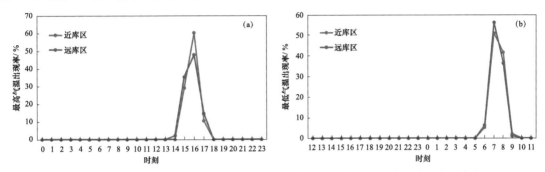

图 4.3.12　2022 年近库区和远库区最高气温(a)与最低气温(b)出现率逐小时变化

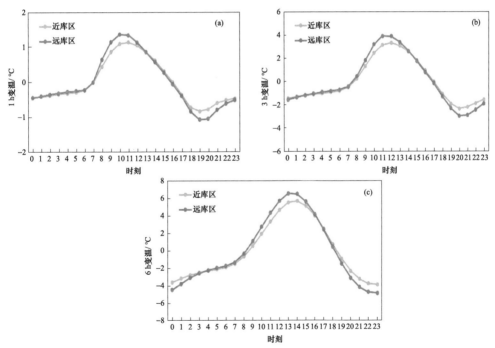

图 4.3.13　2022 年近库区和远库区年平均气温变化的逐小时变化
(a:1 h;b:3 h;c:6 h)

　　图 4.3.14 是 2022 年近库区和远库区不同单位时间内汛期平均气温变温逐小时变化图。
从图中可以看出,2022 年近库区和远库区的汛期平均气温 1 h 和 3 h 最大正变温出现时间存
在差异性,但近库区和远库区的 6 h 最大正变温和所有最大负变温出现时间一致。然而与年
平均气温一样,无论是基于多长的单位时间,近库区变温的幅度均小于远库区。1 h、3 h 的年

平均气温的最大正变温近库区出现时间分别为 10 时、11 时,远库区分别为 09 时、10 时,近库区普遍比远库区晚 1 h;而 6 h 最大正变温均出现在 13 时,1 h、3 h、6 h 的最大负变温近库区和远库区出现时间也是一致,分别为 20 时、21 时、23 时。

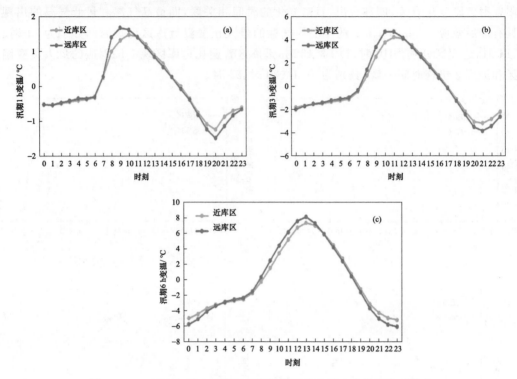

图 4.3.14　2022 年近库区和远库区汛期平均气温变化的逐小时变化
(a:1 h;b:3 h;c:6 h)

2022 年近库区和远库区高水位期(图 4.3.15)平均气温 1 h、3 h 和 6 h 最大正变温出现时间一致,分别为 11 时、12 时、14 时;对应的最大负变温出现时间也一致,分别为 18 时、19 时、22 时。同样无论是基于多长的单位时间,近库区变温的幅度均小于远库区。

2022 年近库区和远库区蓄水期(图 4.3.16)平均气温 3 h 和 6 h 最大正变温出现时间存在差异性,1 h 正变温和最大负变温出现时间一致。同样无论是基于多长的单位时间,近库区变温的幅度均小于远库区。3 h、6 h 的蓄水期平均气温的最大正变温近库区出现时间分别为 12 时、14 时,远库区分别为 11 时、13 时,近库区普遍比远库区晚 1 h;而 1 h 最大正变温均出现在 10 时,1 h、3 h、6 h 的最大负变温近库区和远库区出现时间一致,分别为 19 时、20 时、22 时。

2022 年近库区和远库区消落期(图 4.3.17)平均气温 1 h、3 h、6 h 最大正变温出现时间一致,分别为 11 时、12 时、14 时;1 h 和 6 h 最大负变温出现时间也一致,分别为 19 时和 23 时,仅 3 h 最大负变温出现时间近库区较远库区早 1 h,分别为近库区 20 时、远库区 21 时。同样无论是基于多长的单位时间,近库区变温的幅度均小于远库区。

总的来说,对于所有时期,无论是基于多长的单位时间,近库区变温的幅度均小于远库区;与正变温相比负变温是一个较为缓慢的过程。对于不同单位时间的变温来说,近库区和远库区大部分时段都表现出变温的同步性,负变温的一致性总体好于正变温。其中,年平均气温 1 h、3 h、6 h,汛期 1 h 和 3 h,蓄水期 3 h 和 6 h 的最大正变温出现时间近库区普遍比远库区晚 1 h。

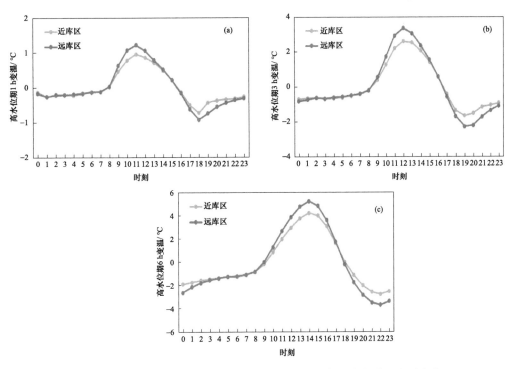

图 4.3.15 2022 年近库区和远库区高水位期平均气温变化的逐小时变化

(a:1 h;b:3 h;c:6 h)

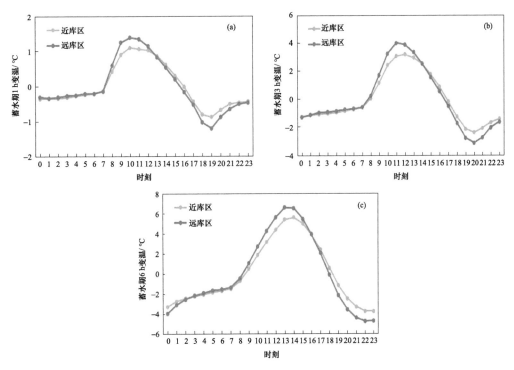

图 4.3.16 2022 年近库区和远库区蓄水期平均气温变化的逐小时变化

(a:1 h;b:3 h;c:6 h)

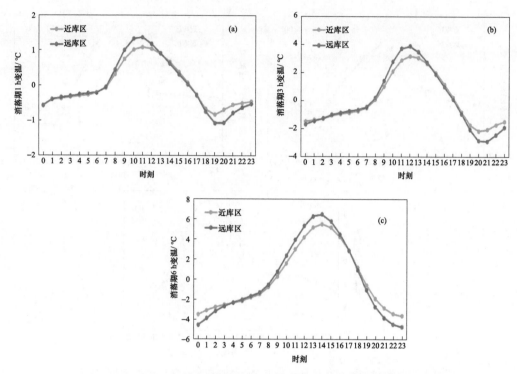

图 4.3.17 2022 年近库区和远库区消落期平均气温变化的逐小时变化

(a:1 h;b:3 h;c:6 h)

4.4 蓄水对降水日变化影响

4.4.1 最大小时降水强度空间差异

三峡水库地处长江中下游平原与四川盆地交界。库区跨越鄂中山区峡谷及川东岭谷地带、北屏大巴山、南依川鄂高原,海拔落差较大,地质条件复杂。库区地处亚热带湿润季风气候区,具有降水丰沛、雨热同期、强降水多发突发的特点。库区多年降水空间分布特点为江河谷少雨,外围山地多雨。有研究对 1998—2020 年三峡地区最大 1 h 降水的空间分布进行统计发现(王雨潇 等,2023),库区年最大 1 h 降水强度的空间分布呈现东西高、中间低的格局。降水强度最高的区域位于库区东部山区建始—长阳一带,年最大 1 h 降水强度多年均值达 40~45 mm/h(图 4.4.1)。以 2000 年和 2010 年为分界,将研究期划分为 3 个年代际,年最大 1 h 降水发生位置呈现自西部上游向东部下游迁移的走势。1998—2000 年,库区年最大 1 h 降水落区位于库区西北部的渝北、梁平、开州站;2001—2010 年,落区移至库区腹地的开州、彭水一线;2011—2020 年,主要强降水落区转移到距三峡坝址更近的湖北省境内,研究认为,如果库区强降水落区向坝址迁移的走势继续发展,对于三峡水库甚至中游荆江段的防洪都十分不利。同样,对夏季 7 月最大 1 h 降水强度空间分布格局也显示出呈东部高、西部低的态势。在库区东部山区建始—长阳一带,7 月最大 1 h 降水强度的多年均值可达 40 mm/h。长江干流沿岸的石柱—丰都一带的 7 月最大 1 h 降水强度最小,低于 28 mm/h。从各站点降水强度的年际变化方向来看,沿长江干流各站的降水强度有所减小,而支流嘉陵江北碚、乌江武隆和彭水、坝址附近的建始和秭归等站降水强度有所增加。但各站降水强度的变化趋势均没有通过趋势显著性检验,统计意义下还没有形成确定性的趋势性变化。

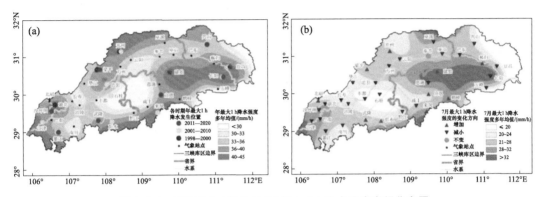

图 4.4.1　库区年(a)和 7 月(b)最大 1 h 降水强度空间分布图

此节将小时降水量的资料延长至 1981—2020 年,给出不同年代的最大小时降水强度的年和夏季 7 月的空间分布。总体上,1981—2020 年,长江三峡地区年最大小时降水强度大部地区在 60~80 mm,最大小时降水强度高值区位于库区东部的湖北宜昌,达 105.0 mm,低值区位于库区西部的重庆长寿,仅 48.6 mm(图 4.4.2a)。7 月的年最大小时降水强度大部地区在 55~80 mm,分布呈"东西多、中部少"的态势;最大小时降水强度高值区位于库区偏东地区的湖北建始(88.5 mm)和恩施(84.4 mm),低值区位于库区西部的重庆丰都(42.5 mm)和长寿(46.0 mm)(图 4.4.2b)。长江三峡地区夏季(7 月)降水强度的空间分布与年降水强度空间分布形态整体相似,但表现出更加鲜明的局地性特征。夏季最大小时降水强度的空间分布更好地表征出了山地降水多、河谷地区降水少的特点,沿长江的南北向上呈现出马鞍形的分布形态。

与王雨潇等(2023)的结果相比,由于增加了 1981—1997 年小时降水资料,1981—2020 年的最大小时降水强度空间分布和量值均略有差异,特别是库区中西部地区的降水强度有所加大,为此对各年代的降水强度空间逐一统计。

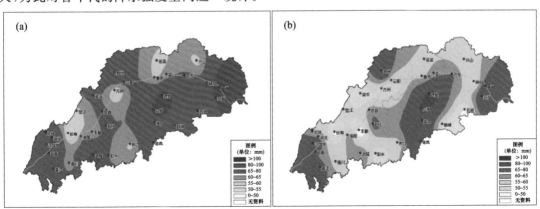

图 4.4.2　长江三峡地区年(a)及 7 月(b)最大 1 h 降水量分布图(1981—2020 年)

20 世纪 80 年代(1981—1990 年),长江三峡地区年最大小时降水量大部地区在 50~65 mm,由东向西呈"东西多、中间少"的分布态势,最大小时降水量高值区位于库区东部的湖北宜昌,达 105.0 mm,低值区位于库区东部的湖北五峰(39.9 mm)和库区西部的重庆涪陵(40.2 mm)(图 4.4.3a)。长江三峡地区主汛期 7 月最大小时降水量大部地区在 40~60 mm 之间,分布与年最大小时降水量基本一致,由东向西呈"多—少—多—少—多"的态势;最大小时降水量高值区位于库区中部的重庆开州(78.1 mm)和库区西部的重庆沙坪坝(77.5 mm),低值区位于库区西部的重庆武隆(29.3 mm)和南川(30.0 mm)(图 4.4.3b)。

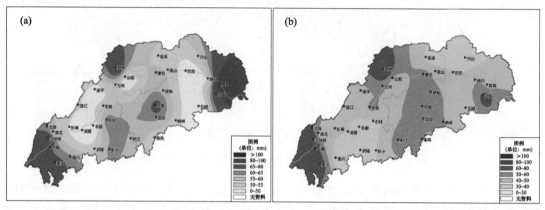

图 4.4.3 长江三峡地区年(a)及 7 月(b)最大 1 h 降水强度分布图(1981—1990 年)

20 世纪 90 年代(1991—2000 年),长江三峡地区年最大小时降水量大部地区在 40~65 mm,分布呈"南多北少"态势,最大小时降水量高值区位于库区西部的重庆渝北,达 88.8 mm,低值区位于库中偏北地区的重庆巫溪(39.1 mm)和湖北兴山(40.0 mm)(图 4.4.4a)。长江三峡地区主汛期 7 月最大小时降水量大部地区在 30~55 mm,分布呈"东多西少"的态势;最大小时降水量高值区位于库区偏东地区的湖北恩施,达 84.4 mm,低值区位于库区西部的重庆丰都,仅 25.7 mm(图 4.4.4b)。

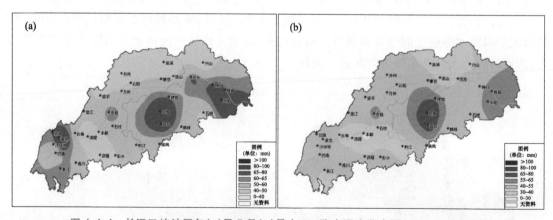

图 4.4.4 长江三峡地区年(a)及 7 月(b)最大 1 h 降水强度分布图(1991—2000 年)

21 世纪 00 年代(2001—2010 年),长江三峡地区年最大小时降水量大部地区在 50~65 mm,分布大体呈"东部多、西北少"态势,最大小时降水量高值区位于库区东部的湖北长阳,达 81.4 mm,低值区位于库中偏西地区的重庆梁平,仅 36.3 mm(图 4.4.5a)。长江三峡地区主汛期 7 月最大小时降水量大部地区在 30～60 mm,分布呈"东多西少"的态势;最大小时降水量高值区位于库区偏东地区的湖北长阳(81.4 mm),低值区位于库区西部的重庆长寿(26.1 mm)(图 4.4.5b)。

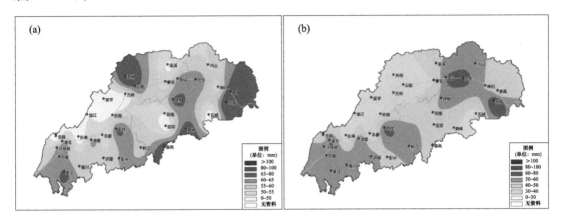

图 4.4.5　长江三峡地区年(a)及 7 月(b)最大 1 h 降水强度分布图(2001—2010 年)

21 世纪 10 年代(2011—2020 年),长江三峡地区年最大小时降水量大部地区在 40～65 mm,分布呈"东部多、中间少"的态势,最大小时降水量高值区位于库区西南部的重庆武隆,达 90.0 mm,低值区位于库区西部的重庆涪陵,仅 32.7 mm(图 4.4.6a)。长江三峡地区主汛期 7 月最大小时降水量大部地区在 30～60 mm,分布呈"东多西少"的态势;最大小时降水量高值区位于库区偏东地区的湖北建始(88.5 mm),低值区位于库区西部的重庆涪陵(21.5 mm)(图 4.4.6b)。

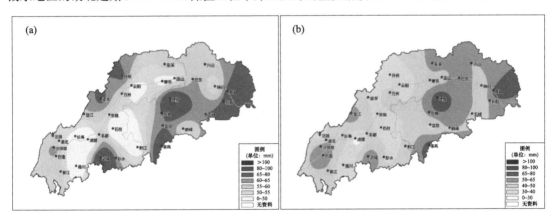

图 4.4.6　长江三峡地区年(a)及 7 月(b)最大 1 h 降水强度分布图(2011—2020 年)

从 4 个年代的小时降水强度空间分布变化来看,最大小时降水的大值区主要是在长江以南地区以及坝址下游的宜昌等地,库尾区的重庆等地在 20 世纪 80 年代出现过小时降水量 60 mm 以上,但近 30 年来强度一般在 50 mm 以内。然而,7 月最大 1 h 则表现出库区中东部以及坝区周边地区的强度有所增加。

4.4.2　降水日变化差异

相关研究表明,中国大陆整体平均的降水日变化峰值位相主要是下午和清晨,但由于受到不同的大尺度环流条件和下垫面特征(如地形、海陆差异和地表类型差异)等因素的影响,我国的小时降水呈现出鲜明的区域特色。青藏高原东部和四川西侧降水量峰值时间也出现在夜间,但夜雨量大,很多台站在夜雨峰值时段的降水量超过 24 h 平均降水量的 2 倍,四川以东地区的夜雨则在清晨达到降水量峰值,但这些地区夜雨峰值振幅相对较弱(宇如聪,2016)。

总体来说,三峡地区的降水日变化存在着三至四峰分布,库区及周边夜雨明显,夜间降水时段多,从子夜延续到上午,平均降水量也更大,降水量最多的时段为上午 08 时(表 4.4.1)。相对而言,三峡地区白天降水少,14 时、17 时和 20 时有小峰值(图 4.4.7)。在第三章中对 1981—2020 年小时强降水量的分析结果显示多年平均逐时强降水主峰出现在 04 时,次峰出现在 17—20 时,也就是说三峡地区强降水主要出现在夜间。分析的小时总降水量峰值虽然也是以夜间为主,但峰值推迟。

表 4.4.1 三峡地区降水日变化形态和降水峰值

尺度		降水日变化形态	日降水峰值出现时间(时)	夜雨出现和持续时间(时—时)
年	近库区	四峰(一主三次)	08、14、17、20	01—08
	江南远库区	三峰(一主二次)	08、14、20	01—08
	江北远库区	三峰(一主二次)	08、14、20	01—08
夏季	近库区	四峰(一主三次)	08、14、17、20	00—08
	江南远库区	三峰(一主二次)	08、14、20	00—08
	江北远库区	三峰(一主二次)	07、16、14	03—08
冬季	近库区	四峰(一主三次)	14、05、20、17	01—05
	江南远库区	三峰(一主二次)	08、14、11	00—05
	江北远库区	三峰(一主二次)	14、08、20	01—04

近库区和远库区白天降水的波动变化也存在一定差异,近库区白天降水峰值主要出现在 14 时和 17 时,但远库区降水无论是江南远库区或者江北远库区的降水峰值则主要出现在 14 时和 20 时。

降水日变化的季节间差异较大。近库区和江北远库区的变化一致,表现为年平均和夏季平均为夜雨整体偏多,其他时次偏少,夏季各时次均有可能出现降水,各时段降水差异不大,冬季降水的最大值出现在午后,表现为明显的单峰结构。而江南远库区的日变化呈现出不同变化特点,夏季表现出明显的三峰变化,08 时为第一高峰值,14 时和 20 时为次峰值(图 4.4.8),冬季降水量整体偏小并表现为双峰变化,主要出现在 08 时和 14 时(图 4.4.9)。

三峡地区降水日变化比较复杂,有研究认为具有不同加热属性地表在白天和晚上加热差异强迫的边界层力管环流是一些地区降水日变化形成的重要原因(Rife et al.,2002),湖陆风与局地热力环流相互作用后也可调节局地降水日变化,辐射加热及局地地形抬升也可能是降雨峰值出现时间发生变化。林春泽等(2016)认为坝区附近的降水日变化可能与青藏高原东移来的天气系统自西向东的滞后性以及局地热力强迫有关。尽管统计分析发现近库区和远库区的降水峰值在白天出现时间存在不一致,但由于三峡地区所处的独特的大气环境、复杂地形以及水陆差异对降水发生发展以及降水日峰值时间和日峰值强度等究竟有何影响还需要深入研究。

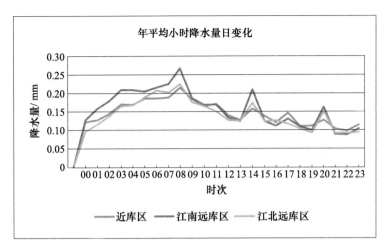

图 4.4.7 不同代表站年平均小时降水量日变化

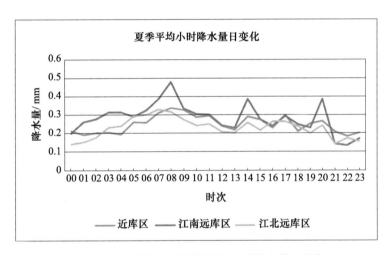

图 4.4.8 不同代表站夏季平均小时降水量日变化

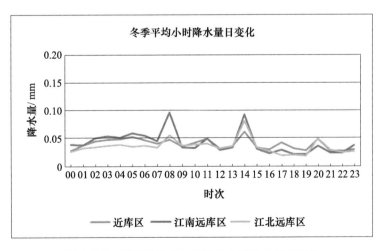

图 4.4.9 不同代表站冬季平均小时降水量日变化

4.4.3 坝区降水日变化差异

考虑到降水的局地性更强,库区站点从库首到库尾跨越不同地形和气候区。根据 Yu 等(2007)的研究表明,长江流域降水峰值呈现出自西向东逐步滞后的特征,长江流域是降水日变化随空间演变的一个典型范例,长江上游地区以夜雨为主,在午夜达到日峰值,中游地区为清晨峰值,主要为持续时间较长的系统性降水。

因此与气温的分析相同,仅选取坝区附近距离水域较近的三峡站和秭归站,在水库北部选取距离水域较远的巫溪和兴山站,进行长江中游地区的远库区与坝区附近降水变化差异的统计分析。

两个区域的降水日变化特征明显不同远库区的降水峰值出现在 08 时和 11 时,依然表现出了明显的夜雨多的特点,但夜雨时段主要发生在凌晨,而近水库区夜雨总体降水量较白天多且各时段均有发生,但降水量峰值出现在 19 时和 24 时(图 4.4.10)。

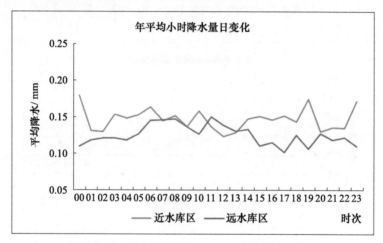

图 4.4.10　坝区代表站年平均小时降水量日变化

夏季来说,近水库区的降水峰值依旧出现在 19 时和 24 时,而远水库区的降水日变化虽然仍然是双峰特征,但主峰和次峰均发生变化,主峰出现时间为傍晚 18 时左右,中午 11 时为次峰出现时间(图 4.4.11、表 4.4.2)。

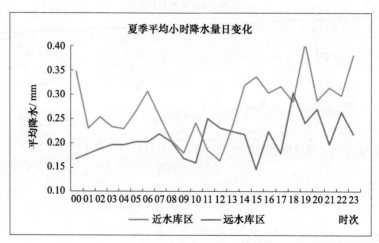

图 4.4.11　坝区代表站夏季平均小时降水量日变化

冬季而言,近水库区的降水日变化则表现出三峰型,上午会出现 2 个量值相当的降水峰值,随后进入相对低值,但傍晚 18 时再次出现降水大值,雨量与上午的峰值接近。但远库区则降水主要发生在白天,集中于上午 08 时至下午 15 时以后,夜晚 21 时以后会出现次峰值。但与近水库区相比,夜雨的量值和持续时间均少和短(图 4.4.12)。

综合年、夏季、冬季的不同地区的降水日变化特征,可以看到,近水库区全年来说夜雨均比远水库区明显,可能与水体的作用有关,水域上空附近湿度大,由于湖陆风等效应造成水面附近狭长区域在夜间为上升气流,出现降水的概率高,而在白天则受下沉气流影响,热力环流发生降水的可能性会减小;夏季远库区的降水主峰出现在傍晚,可能是由于复杂山地下白天形成明显的地形热力辐合流,夜间形成地形热力辐散流,表明水体对远库区降水的影响作用不大。

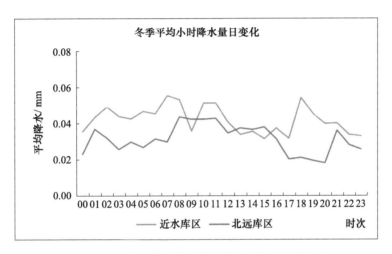

图 4.4.12　坝区代表站冬季平均小时降水量日变化

表 4.4.2　坝区代表站降水日变化形态和降水峰值

尺度		降水日变化形态	日降水峰值出现时间(时)	夜雨出现和持续时间(时—时)
年	近水库区	四峰(二主二次)	19、00、06、10	00—10
	北远库区	三峰(二主一次)	08、11、18、20	05—09
夏季	近水库区	四峰(二主二次)	19、00、15、06	19—06
	北远库区	三峰(一主二次)	18、22、11	18—07
冬季	近水库区	四峰(三主一次)	18、07、11、02	01—08
	北远库区	四峰(二主二次)	08、15、22、01	01—08

以 00—08 时作为夜雨时段,12—17 时作为午后降雨时段,统计夜雨和日雨的差值,发现总体上午后降雨比夜雨减少 30%～50%。夏季的时候,坝区附近虽多发午后强对流等降水天气过程,但与夜间相比,午后降水量减少约 28%,而冬季的时候,由于水库的存在,使得白天降水量较夜间减少接近一半(49%)(表 4.4.3)。降水的形成机理过于复杂,特别是三峡地区,山地多加上长江所形成的狭长河谷地带,动力和热力作用更加复杂。但是三峡水库蓄水对库区附近的夜雨和雨量可能有一定影响。蓄水后,库区湿度增大,但夏季和白天水面上空相对比较

稳定,而冬季和夜间水面上空气层变得不稳定,因此近水库区的降水量比远水库区的降水量多,夜雨的量值更大,持续时间更长。

表 4.4.3　不同区域午后降雨较夜雨量的变化率

尺度		变化率/%
年	近水库区	−37.4
	北远库区	−36.8
夏季	近水库区	−28.2
	北远库区	−30.4
冬季	近水库区	−49.1
	北远库区	−28.8

4.5　库区气温降水变化的多源融合数据评估

由于气象观测资料受到观测环境、仪器变更、迁站等的综合影响,特别是观测站点的空间密度稀疏,因此定量反应水库气候效应有一定的局限性,利用中国气象局陆面数据同化系统 CL-DAS 产品(时间分辨率 1 h,空间分辨率 0.0625°),开展三峡地区的近库区、江南远库区、江北远库区在 175 m 蓄水阶段(2010—2020 年)气温、降水、相对湿度和风速等 4 个要素的变化特征分析。

4.5.1　气温

1. 气温时间变化特征

2010—2020 年,三峡近库区多年平均气温 18.0 ℃,江南远库区多年平均气温 16.8 ℃,江北远库区多年平均气温 17.3 ℃。最近 10 年,三峡近库区、江南远库区和江北远库区的年平均气温均呈上升趋势,其中近库区升温幅度最大,为 0.9 ℃/10a,其次是江南远库区 0.5 ℃/10a,江北远库区升温幅度最小,为 0.3 ℃/10a(图 4.5.1)。

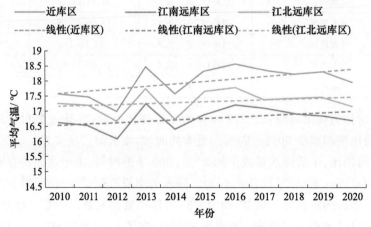

图 4.5.1　2010—2020 年三峡地区年平均气温逐年变化

从三峡近库区、江南远库区和江北远库区多年平均四季气温来看,各区均呈现夏季高冬季低的特点,春季平均气温分别是 18.0 ℃、16.8 ℃和 17.5 ℃;夏季平均气温分别是 27.4 ℃、25.9 ℃和 26.6 ℃;秋季平均气温分别是 18.5 ℃、17.3 ℃和 17.7 ℃;冬季平均气温分别是 7.9 ℃、6.9 ℃和 7.4 ℃(图 4.5.2)。四季平均气温均表现为近库区最高,其次是江北远库区,江南远库区最低。

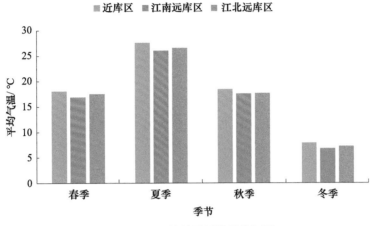

图 4.5.2　三峡地区四季平均气温

具体各月来看,近库区、江南远库区和江北远库区的各月平均气温变化趋势一致,1—7 月气温上升,8 月后气温降低,且近库区各月气温均高于远库区(图 4.5.3)。

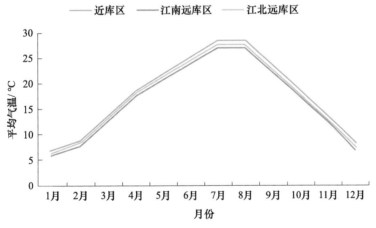

图 4.5.3　三峡地区逐月平均气温

小时数据分析结果显示,近库区、江南远库区和江北远库区的逐小时平均气温变化趋势一致,由 08—15 时,气温上升达到最高值,此后至 20 时,气温迅速下降,20 时后气温缓慢降低。近库区平均最高气温 21.3 ℃,平均最低气温 15.4 ℃,均高于江南远库区和江北远库区(图 4.5.4)。

2. 气温空间变化特征

2010—2020 年,三峡地区不同季节平均气温均呈现西部和东部高,南部和北部低的分布特征(图 4.5.5)。4 个季节中,夏季平均气温最高,大部分区域气温在 20 ℃以上;冬季整个区域的平均气温在 10 ℃以下;春季和秋季平均气温空间分布相同,大部分区域平均气温在10~20 ℃。

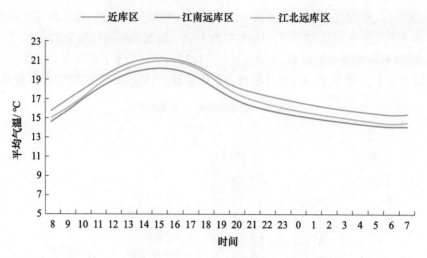

图 4.5.4　三峡地区逐小时平均气温

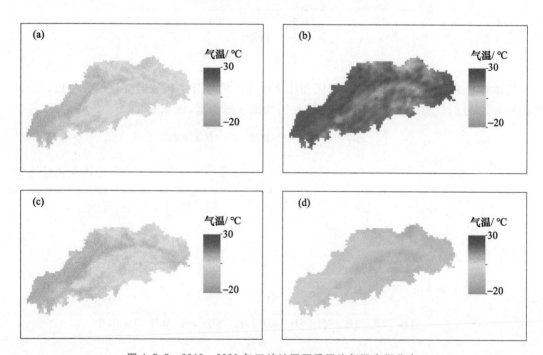

图 4.5.5　2010—2020 年三峡地区四季平均气温空间分布
（a:春季;b:夏季;c:秋季;d:冬季）

4.5.2　降水

1. 降水时间变化特征

2010—2020 年,三峡近库区多年平均降水量 1138.8 mm,江南远库区多年平均降水量 1204.1 mm,江北远库区多年平均降水量 1138.8 mm。最近 10 年,三峡近库区、江南远库区和江北远库区的年降水量总体呈上升趋势,且波动较大(图 4.5.6)。

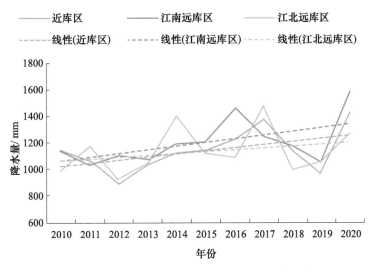

图 4.5.6　2010—2020 年三峡地区降水量逐年变化

三峡近库区春、夏、秋、冬四季降水量分别为 311.0 mm、469.4 mm、280.8 mm 和 60.5 mm，分别占年降水量的 27.7%、41.8%、25.1% 和 5.4%；江南远库区春、夏、秋、冬四季降水量分别为 326.9 mm、511.2 mm、280.8 mm 和 61.9 mm，分别占年降水量的 27.7%、43.3%、23.8% 和 5.2%；江北远库区春、夏、秋、冬四季降水量分别为 302.4 mm、453.6 mm、315.4 mm 和 50.4 mm，分别占年降水量的 27.0%、40.4%、28.1% 和 4.5%（图 4.5.7）。夏季降水量最多，冬季降水量最少；江南远库区四季降水量均高于近库区和江北远库区，除秋季外，其他季节近库区降水量均高于江北远库区。

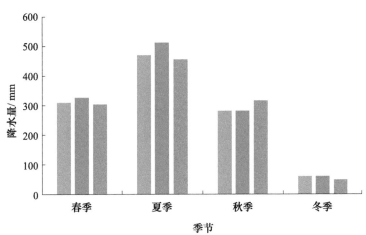

图 4.5.7　三峡地区四季降水量

具体各月来看，近库区、江南远库区和江北远库区月降水量变化趋势基本一致，均在 6 月份最多，分别为 174.2 mm、198.7 mm 和 172.8 mm（图 4.5.8）。

小时数据分析结果显示，近库区、江南远库区和江北远库区的逐小时平均降水量变化趋势一致，降水量较大的时段集中在 0—08 时，其他时段降水量相对较小（图 4.5.9）。

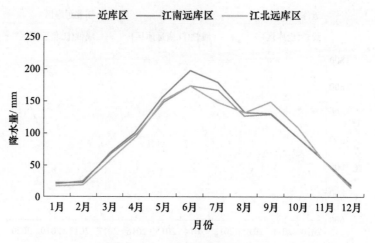

图 4.5.8　三峡地区逐月降水量

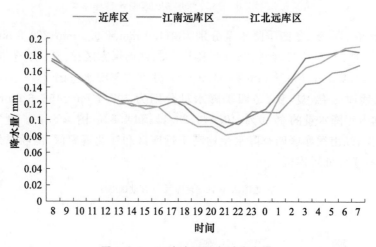

图 4.5.9　三峡地区逐小时降水量

2. 降水空间变化特征

　　从空间分布来看,三峡地区夏季降水量最多,冬季降水量最少;其中,夏季呈东部多西部少的特征,秋季呈北部多南部少的特征,春季和冬季空间分布差异不大(图4.5.10)。

图 4.5.10　2010—2020 年三峡地区四季降水量空间分布

（a：春季；b：夏季；c：秋季；d：冬季）

4.5.3　相对湿度

1. 相对湿度时间变化特征

2010—2020 年，三峡近库区多年平均相对湿度 77.1%，江南远库区多年平均相对湿度 78.6%，江北远库区多年平均相对湿度 75.9%。逐年情况来看，江南远库区相对湿度最大，其次是近库区，江北远库区相对湿度最小。最近 10 年，三峡近库区、江南远库区和江北远库区的平均相对湿度总体呈上升趋势，其中近库区增幅最大，为 4.4%/10a，其次是江北远库区 3.5%/10a，江南远库区最小为 2.9%/10a（图 4.5.11）。

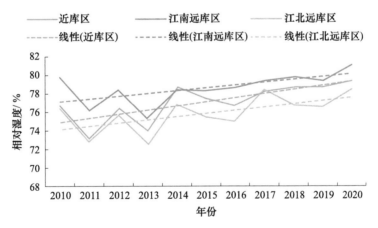

图 4.5.11　2010—2020 年三峡地区相对湿度逐年变化

从三峡近库区、江南远库区和江北远库区多年四季平均相对湿度来看，各区均呈现秋季高春季低的特点，春季平均相对湿度分别是 75.1%、76.8% 和 72.9%；秋季平均相对湿度分别是 80.2%、81.5% 和 79.8%（图 4.5.12）。四季相对湿度均表现为江南远库区最高，其次是近库区，江北远库区最低。

具体各月来看，近库区、江南远库区和江北远库区月相对湿度变化趋势基本一致，3—6 月相对湿度呈上升趋势，6—8 月呈下降趋势，8—11 月呈上升趋势，此后又下降（图 4.5.13）。近库区、江南远库区和江北远库区月相对湿度均在 3 月份最小，分别为 72.9%、74.8% 和

70.7%,在 11 月份最大,分别为 81.6%、82.7%和 81.1%。各月份,均为江南远库区相对湿度最大,其次是近库区,江北远库区最小。

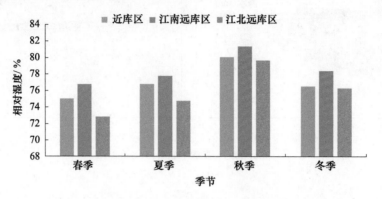

图 4.5.12　三峡地区 2010—2020 年平均四季相对湿度

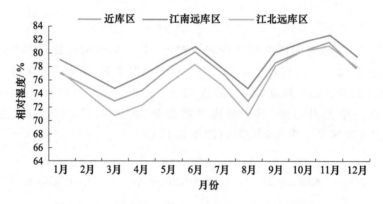

图 4.5.13　三峡地区 2010—2020 年平均逐月相对湿度

　　小时数据分析结果显示,近库区、江南远库区和江北远库区的逐小时相对湿度变化趋势一致,均由 08 时开始下降,在 15 时达到最小值后上升,在 07 时达到最大值。各小时均表现为江南远库区相对湿度最大,其次是近库区,江北远库区最小,近库区、江南远库区和江北远库区在 15 时最小相对湿度分别为 64.4%、64.5%和 62.4%,在 07 时最大相对湿度分别为 86.9%、88.7%和 85.9%(图 4.5.14)。

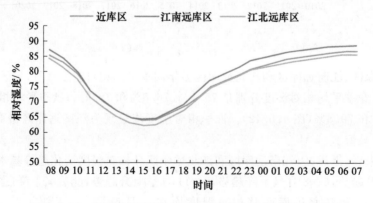

图 4.5.14　三峡地区 2010—2020 年平均小时相对湿度日变化

2. 相对湿度空间变化特征

从空间分布来看,春季相对湿度呈现由北向南增大的特征,夏季呈现西北部低东南部高的特征,秋季和冬季均呈由东向西增大的特征(图4.5.15)。四季中,秋季平均相对湿度最大,春季最小。

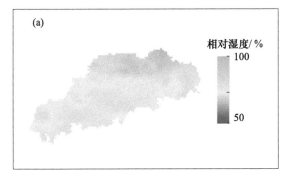

图 4.5.15 2010—2020 年三峡地区四季平均相对湿度空间分布

(a:春季;b:夏季;c:秋季;d:冬季)

4.5.4 风速

1. 风速时间变化特征

2010—2020 年,三峡近库区、江南远库区和江北远库区多年平均风速分别为 0.67 m/s、0.74 m/s 和 0.64 m/s。最近 10 年,三峡近库区、江南远库区和江北远库区的年平均风速均呈上升趋势,但波动较大,其中各区均为 2015 年风速最大,2015—2020 年江南远库区风速最大,其次是近库区,江北远库区最小(图4.5.16)。

从三峡近库区、江南远库区和江北远库区多年平均四季风速度来看,各区均呈现春季大、秋季小的特点,春季平均风速分别是 0.73 m/s、0.80 m/s 和 0.70 m/s;秋季平均风速分别是 0.62 m/s、0.69 m/s 和 0.60 m/s(图4.5.17)。四季风速均表现为江南远库区最大,其次是近库区,江北远库区最小。

从具体各月来看,近库区、江南远库区和江北远库区月平均风速变化趋势基本一致,1—3 月平均风速呈上升趋势,3—6 月呈下降趋势,6—7 月呈上升趋势,此后又下降(图4.5.18)。近库区、江南远库区和江北远库区月平均风速均在 3 月份最大,分别为 0.77 m/s、0.82 m/s 和

0.72 m/s;在 11 月份最小,分别为 0.58 m/s、0.63 m/s 和 0.53 m/s。各月份,均为江南远库区平均风速最大,其次是近库区,江北远库区最小。

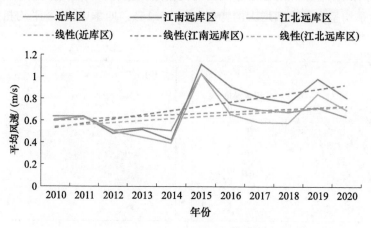

图 4.5.16 2010—2020 年三峡地区平均风速逐年变化

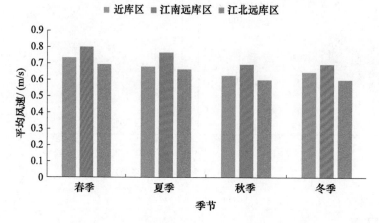

图 4.5.17 三峡地区 2010—2020 年四季平均风速

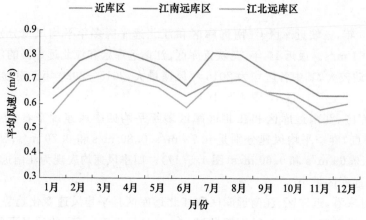

图 4.5.18 三峡地区 2010—2020 年逐月平均风速

小时数据分析结果显示,近库区、江南远库区和江北远库区的逐小时平均风速变化趋势一致,均由 08 时开始上升,分别在 16 时、15 时和 16 时达到最大值后开始下降。各小时均表现为江南远库区平均风速最大,其次是近库区,江北远库区最小。近库区、江南远库区和江北远库区最大平均风速分别为 0.89 m/s、0.98 m/s 和 0.84 m/s,最小平均风速分别为 0.56 m/s、0.61 m/s 和 0.53 m/s(图 4.5.19)。

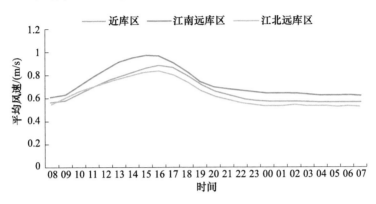

图 4.5.19 三峡地区 2010—2020 年逐小时平均风速

2. 风速空间变化特征

从空间分布来看,三峡地区各个季节的平均风速空间分布基本一致,季节间差异不大(图 4.5.20),各季节均表现为东部、中部和北部高,平均风速在 1.0 m/s 以上,其他区域平均风速在 1.0 m/s 以下。

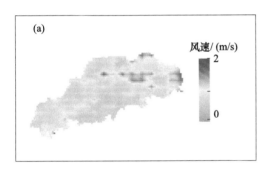

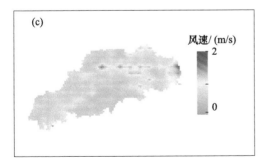
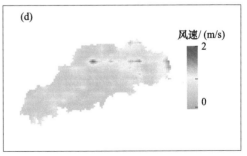

图 4.5.20 2010—2020 年三峡地区四季平均风速空间分布

(a:春季;b:夏季;c:秋季;d:冬季)

4.6 坝区周边地表温度变化

选用 2001—2011 年 TERRA 系列的 MOD11 C3LST 合成影像来分析三峡坝区及周边地区蓄水前后的地表温度分布变化。2006 年是三峡大坝建成并首次蓄水至 156 m。本研究中，以 2006 年前后 5 年的地表温度数据代表蓄水前的情况，本研究以 10 年为时间跨度，5 年为一个研究时段，可以达到研究目的。

NASA 提供的 MOD11C3 标准地表温度产品是使用标准分裂窗 LST 算法，MODIS 共有 8 个热红外通道，选取 31 和 32 两个波段来反演地表温度，计算公式如下：

$$T_S = A_0 + A_1 T_{31} - A_2 T_{31} \tag{1}$$

式中，T_S 是地表温度，单位（K），T_{31} 和 T_{32} 分别是 MODIS 第 31 和 32 通道的亮度温度，A_0、A_1、A_2 是劈窗算法的参数，其定义如下：

$$
\begin{aligned}
A_0 &= E_1 a_{31} - E_2 a_{32} \\
A_1 &= 1 + A + E_1 b_{31} \\
A_2 &= A + E_2 b_{32}
\end{aligned}
\tag{2}
$$

式中，a_{31}、a_{32}、b_{31}、b_{32} 是常数，当地表温度 0~50 ℃时候，可取固定值。其他中间参数计算公式分别为：

$$
\begin{aligned}
A &= D_{31}/E_0 \\
E_1 &= D_{32}(1 - C_{31} - D_{31})/E_0 \\
E_2 &= D_{31}(1 - C_{32} - D_{32})/E_0 \\
E_0 &= D_{32} C_{31} + D_{31} C_{32} \\
C_i &= \varepsilon_i * \gamma_i(\theta) \\
D_i &= (1 - \gamma_i(\theta))(1 + (1 - \varepsilon_i * \gamma_i(\theta)))
\end{aligned}
\tag{3}
$$

式中，i 是 MODIS 的第 31 和 32 波段，$\gamma_i(\theta)$ 是视角为 θ 的大气透光率，ε_i 是波段 i 的地表比辐射率，这两个参数是反演的核心参数。

通过反演生成空间分辨率为 0.05 * 0.05 格点日值产品，最后基于一个日历月内的 30 日左右日值产品合成和平均，得到月值的 MOD11C3 三级产品。该数据集提供的是每个像素点的温度和发射率值，温度单位为 1 K，精度为 1 K，包含白天地表温度、夜间地表温度、31 和 32 波段的通道发射率等。对于已知比辐射率特性的均匀地表，利用推广的分裂窗 LST 算法反演的 LST 的误差＜0.5 K。

4.6.1 地表温度空间分布

三峡库区首次蓄水 156 m 前后作为 2 个时间段，按照 5 年作为一个滚动周期平均处理，按月计算得到蓄水前和蓄水后，日间月尺度地表空间统计特征表。

总体来看，2001—2005 年和 2006—2011 年三峡地区地表温度的地域分布呈现了一致性，温度分布范围基本无明显的大趋势突变，库区东部宜昌地区有一个明显高值区，而北部神农架地区是明显的低值区，分布格局呈现东南高、西北低且团状分布特征（图 4.6.1）。高温中心是宜昌市区周边,而低温中心是神农架林区,可见,人类社会经济活动对地表温度的分布改变有显著影响。

　　蓄水前后,日间温差范围在 0.56~0.75 K,由图 4.6.2 和图 4.6.3 可见,沿长江水系沿岸地区在蓄水前后温度降幅最大,宜昌市周边温度增幅最大,呈现热岛效应。

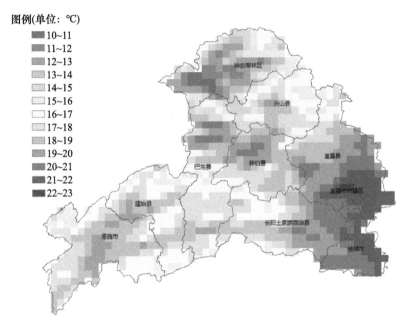

图 4.6.1　2001—2005 年三峡地区湖北段年平均日间地表温度分布

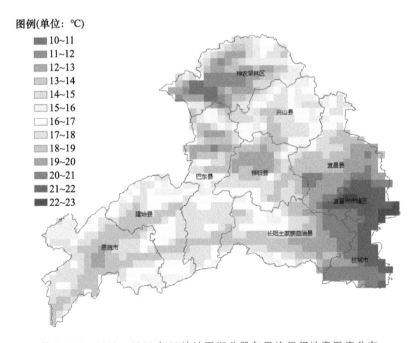

图 4.6.2　2006—2011 年三峡地区湖北段年平均日间地表温度分布

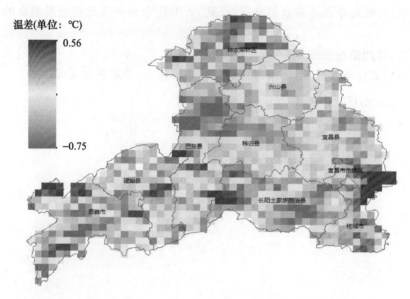

图 4.6.3　蓄水前后的三峡地区湖北段年平均日间地表温度差分布

4.6.2　地表温度季节变化

为了研究地表温度季节变化的空间分布情况，对三峡地区地表温度进行季节变化分析。按照季节的气象划分法，把 3 月、4 月、5 月作为春季，6 月、7 月、8 月作为夏季，9 月、10 月、11 月作为秋季，12 月、1 月、2 月作为冬季，把 2001—2005 年春季、夏季、秋季和冬季的地表温度图作为变化前的图像，2006—2011 年春季、夏季、秋季和冬季的地表温度图作为变化后的图像，通过数据融合，得到研究区蓄水前和蓄水后地表温度的季节变化空间分布图（图 4.6.4）。

三峡地区蓄水前后，除冬季外，其他三个季节都是呈现降温趋势，其中夏季平均降温幅度最大，达到 -0.75 ℃，冬季增温 0.22 ℃，呈现了冬暖夏凉趋势。地域分布范围来看，冬季增温明显的地方主要是宜昌市辖区和枝城市，恩施地区呈现气温呈现下降趋势；在春、秋两季，恩施地区呈现增温趋势，宜昌地区呈现下降趋势，而夏、冬两季正好趋势相反，形成比较鲜明的对比（表 4.6.1）。

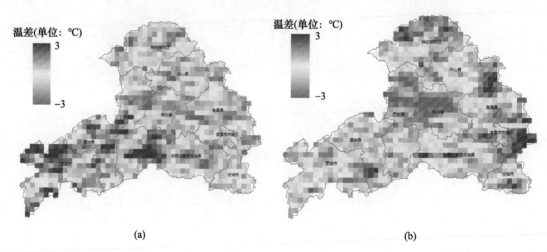

(a)　　　　　　　　　　　　　　　　　　　　　(b)

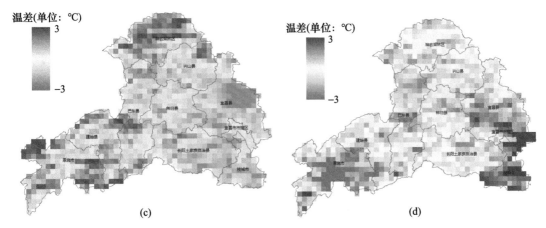

(c)　　　　　　　　　　　　　　(d)

图 4.6.4　三峡地区蓄水前后不同季节的日间地表温度差变化

（a:春季白天;b:夏季白天;c:秋季白天;d:冬季白天）

表 4.6.1　蓄水前库区湖北段季平均地表温度统计表　　　　　　　（单位:℃）

	蓄水前				蓄水后				蓄水前后比较			
	平均	最高	最低	方差	平均	最高	最低	方差	平均	最高	最低	方差
春季	19.39	24.21	11.92	2.13	19.24	23.96	11.50	2.08	−0.15	1.07	−1.16	0.40
夏季	25.16	30.93	17.42	2.40	24.41	30.09	16.71	2.38	−0.75	0.21	−2.23	0.36
秋季	18.64	23.79	11.30	2.33	18.39	23.50	11.50	2.16	−0.25	0.63	−1.23	0.33
冬季	7.66	11.56	−0.19	2.21	7.88	12.51	0.23	2.30	0.22	2.75	−1.99	0.51

4.6.3　不同土地利用类型下地表温度变化

库区下垫面类型,如植被、水体、建筑物等具有不同的热容量,其空间分布特征与变化对地表温度有不同的影响。分析库区蓄水前后的地表温度变化必须考虑不同土地利用类型下的地温变化特征。本研究采用了基于 2005 年 Landsat 卫星影像资料制作的土地利用类型数据,共 6 种土地覆被类型,分辨率为 30 m,对影像数据进行重采样,重投影以及叠加分析处理。

在不同土地覆被类型下,可以看出,城镇用地的地表温度最高,蓄水前后分别为 18.78 ℃ 和 18.95 ℃,林地温度最低,分别为 16.1 ℃ 和 16.33 ℃,森林植被对地表起到了明显的降温效果,库区中也呈现热岛效应;在蓄水前后年日均温差比较中可见,水域变化最大,未利用地和城镇用地变化幅度最小;在季节上,各种土地类型在夏季降幅最大,春季降幅最小;林地夏季降幅最高达到−1.49 ℃,未利用地面积较小,不具有代表性,由此可见,各种土地利用类型在三峡水库蓄水后地表温度均呈下降趋势(表 4.6.2、表 4.6.3)。

表 4.6.2　库区蓄水前后不同土地利用下的年平均日间温差统计表　　　（单位:℃）

	蓄水前		蓄水后		温差	
	平均	方差	平均	方差	平均	方差
耕地	16.63	0.56	16.88	0.44	−0.25	0.23
林地	16.10	0.46	16.33	0.35	−0.23	0.19

续表

	蓄水前		蓄水后		温差	
	平均	方差	平均	方差	平均	方差
草地	17.03	0.64	17.28	0.34	−0.25	0.23
水域	17.66	0.74	17.93	0.54	−0.27	0.26
城镇用地	18.78	0.86	18.95	0.63	−0.17	0.22
未利用地	18.50	0	18.56	0	−0.06	0

表 4.6.3　库区蓄水前后不同土地利用下的季平均日间温差统计表　　　　（单位：℃）

	春季		夏季		秋季		冬季	
	温差	方差	温差	方差	温差	方差	温差	方差
耕地	−0.14	0.40	−0.78	0.40	−0.33	0.31	−0.36	0.26
林地	−0.30	0.80	−1.49	0.69	−0.47	0.67	−0.43	0.41
草地	−0.16	0.40	−0.87	0.39	−0.15	0.31	−0.25	0.42
水域	−0.46	0.34	−0.82	0.44	−0.39	0.23	−0.23	0.27
城镇用地	−0.30	0.36	−0.69	0.33	−0.37	0.22	−0.39	0.22
未利用地	0.39	0	−0.69	0	−0.02	0	−0.19	0

4.7　库区遥感监测评估

4.7.1　地表温度的变化

地表温度（Land Surface Temperature，LST）作为区域和全球尺度上地表物理过程的关键因子之一，被用于综合表征陆地—大气相互作用，以及研究物质、能量交换过程。卫星遥感是目前地表温度获取的主要手段之一，可用于区域尺度上的地表温度演变趋势分析。为了反映三峡水库对于其周边的地表温度变化的影响，基于 Aqua/MODIS 的 LST 长时间序列数据，对比了三峡水库的近库区、长江以南远库区和长江以北远库区在蓄水期和蓄水后等不同阶段的 LST 时空演变规律，在年尺度和季节尺度上分别评估三峡工程对于库区的增（减）温效应。

1. 三峡库区地表温度的时间变化特征

（1）地表温度的年际变化特征

图 4.7.1 为三峡库区多年的平均地表温度及地表温度距平，三峡库区在 2004—2020 年间的平均地表温度在 [292.5,294.5]（K）之间上下波动，LST 的多年平均值为 293.56，最大值（294.21）出现在 2006 年，最小值（292.60）出现在 2012 年。在年际变化规律上，三峡库区年 LST 总体呈现波动中略微降低的演变趋势，且波动幅度自 2015 年以来呈减小趋势。地表温度的距平结果表明，不同年份的 LST 距平值介于 [−1.0,0.8]（K）之间，偏冷的年份有 2005 年、

2012 年、2014 年,偏暖的年份有 2006 年、2013 年等,2015 年以来的 LST 距平值均小于 0.4 K,说明三峡工程在年尺度上未对其周边地区产生明显的增(减)温效应。

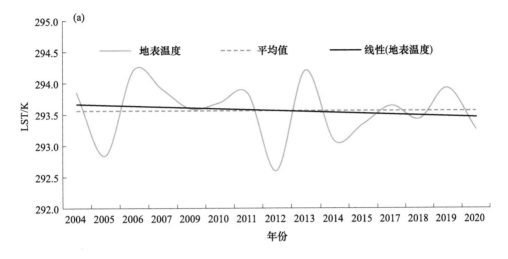

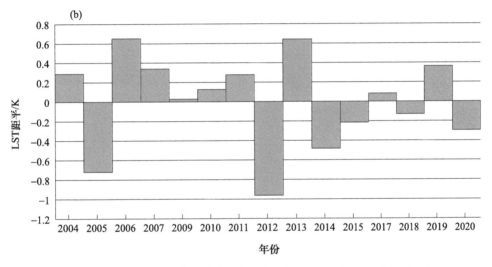

图 4.7.1　2004—2020 年三峡库区年平均 LST(a)及其距平(b)的年际变化

为了进一步分析三峡水库对于近库区和远库区地表温度变化影响的差异,分别绘制了三峡水库的近库区、长江以南远库区和长江以北远库区的地表温度及其距平的年际变化趋势图。图 4.7.2 为三峡近库区的年平均 LST 及其距平的年际变化特征,可以看出近库区的 LST 年际变化规律与整个库区的年际变化特征类似,年均 LST 在[293.0,295.0](K)之间上下波动,近库区 LST 年均值为 294.22 K,相对整个库区的 LST 均值(293.56)略高(图 4.7.2a)。近库区的 LST 距平值介于[-1.2,0.8](K)之间,变化幅度相对整个三峡库区略大,近几年 LST 整体的变化幅度偏小,距平值均小于 0.5 K(图 4.7.2b)。

图 4.7.3 为三峡长江以南远库区和长江以北远库区的 LST 年际变化曲线。可以看出,长江以南远库区多年的 LST 总体呈现波动中略微降低的年际变化规律,且波动幅度相对长江以北远库区更大。长江以南远库区的 LST 均值(292.70 K)相对长江以北远库区的 LST 均值

(292.01 K)略高,这主要受到地理位置不同的影响。长江以北远库区的年均LST主要在其均值附近上下波动,波动幅度偏小,说明三峡工程远库区在年尺度上的增(减)温效应也不显著。

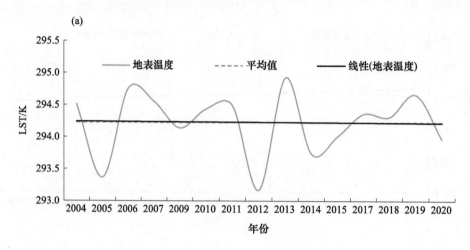

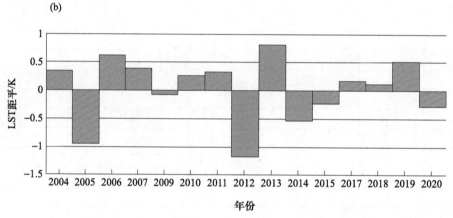

图4.7.2　2004—2020年三峡近库区(a)年平均LST及(b)距平的年际变化

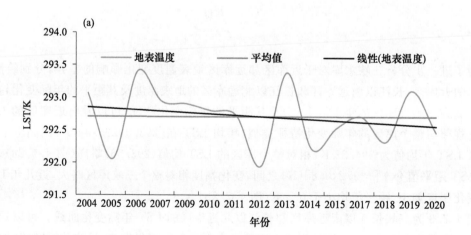

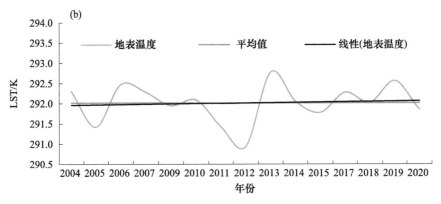

图 4.7.3　2004—2020 年三峡远库区年平均 LST 的年际变化

（a：长江以南远库区；b：长江以北远库区）

（2）地表温度的季节性变化规律

对三峡库区地表温度的季节性变化趋势进行统计分析，依据三峡库区地表温度的季节变化趋势曲线（图 4.7.4），4 个季节（春季、夏季、秋季和冬季）的平均 LST 在近 20 年的增（减）趋势不明显。其中，春季 LST 均值相对历史均值的波动幅度相对其余季节较大，并在近 5 年呈现波动中上升的变化趋势，说明三峡工程在蓄水后阶段春季的地表温度提升明显。相对春季，夏季 LST 的值整体较高（300.0～302.5 K），波动性相对春季偏小，尤其是 2008—2012 年间，近几年 LST 均值的上下浮动幅度偏小，与历史均值之间的差异小于 0.8 K。秋季和冬季的 LST 均值波动特征相似，总体呈现出略微降低或基本不变的年际变化趋势。

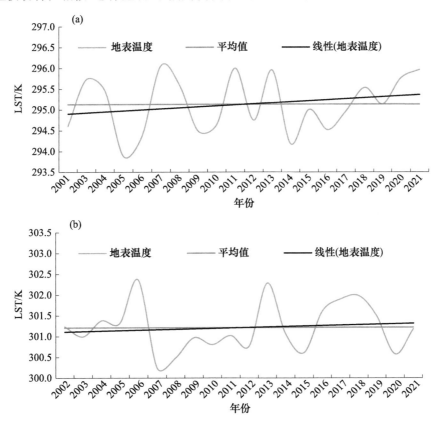

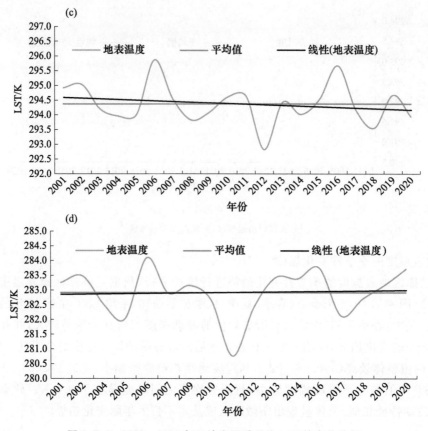

图 4.7.4　2001—2020 年三峡库区季平均 LST 的变化特征

（a：春季；b：夏季；c：秋季；d：冬季）

（3）不同地表覆盖类型的地表温度年际变化特征

本节通过叠加 MODIS LST 产品和地表覆盖分类产品，逐像素统计了三峡库区 7 种地表覆盖类型（森林、草地、湿地、耕地、城市建筑、裸地和水体）的年平均 LST 值，并绘制了不同地表类型的 LST 变化特征（图 4.7.5）。由图 4.7.5 可以看出，不同的地表覆盖类型中，以裸地的年平均 LST 最高，介于[21.6,24.0]（℃）之间；耕地次之，介于[20.7,22.1]（℃）之间；水体的年平均 LST 最低，介于[7.4,9.8]（℃）之间。从变化幅度来看，各种地表覆盖类型下 LST 的变化幅度较小，均在 2 ℃左右，并以城市建筑的 LST 变化幅度最小，说明三峡工程对城市及其他地表类型均没有产生明显的热效应。

2. 三峡库区地表温度的空间分布特征

（1）年平均地表温度的空间分布

为了分析三峡库区的年平均地表温度空间分布及其与地形和地表覆盖类型之间的关系，绘制了库区的多年平均 LST、库区高程和地表覆盖类型分布如图（图 4.7.6）。由图 4.7.6（a）可知，整个三峡库区的年平均 LST（日间）均在 10 ℃以上，北部地区的年 LST 最低，小于 20 ℃；中部的 LST 次之，为 20～25 ℃；东部和西部的 LST 最高，达到 25 ℃以上，西部局部地区达到 30 ℃及以上。通过对比年均 LST 与地表覆盖类型及高程图（图 4.7.6b 和图 4.7.6c），可以看出，年均地表温度的空间分布特征主要与地形和地表覆盖类型的有关，如北部地区的海拔相对其他地区偏高,因此 LST 值最低;西部地区的城市和建筑用地的 LST 相对其周边地区偏高。

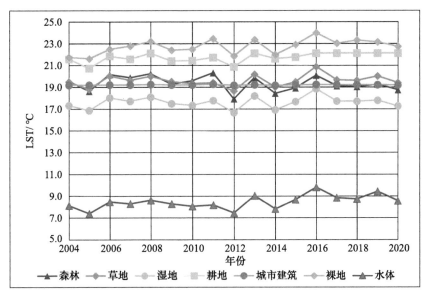

图 4.7.5　2004—2020 年三峡库区不同地表类型的 LST 变化特征

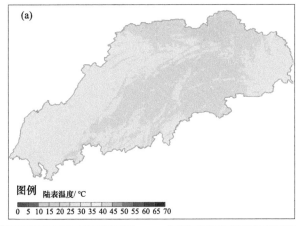

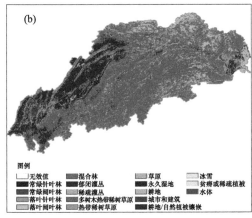

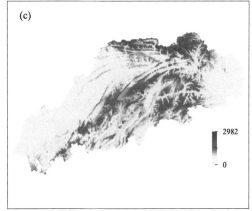

图 4.7.6　2004—2020 年三峡库区(a)年平均 LST、(b)地表覆盖类型和(c)高程的空间分布特征

（2）不同季节地表温度的空间分布

不同季节内地表温度的空间分布特征（图4.7.7）与全年相似，高值区分布于东部和西部，中值区和低值区分别位于南部和北部。4个季节中，夏季的平均LST最高，绝大部分区域的LST达到25℃以上，东、西部局部达到了40℃及以上；冬季整个区域的平均LST低于20℃，中部和北部局部地区的LST分别低于15℃和10℃；春季和秋季的平均LST为15～35℃，大部分区域为25～30℃，其空间分布特征与全年及其他季节的一致。

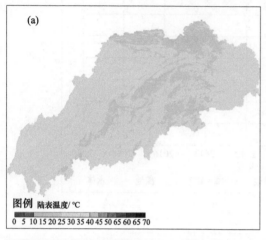
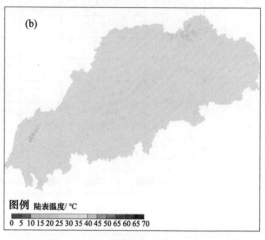
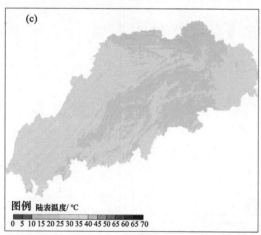
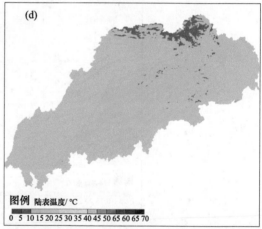

图4.7.7　三峡库区多年季节平均LST空间分布特征
（a：春季；b：夏季；c：秋季；d：冬季）

3. 蓄水前后库区的地表温度对比

为了进一步定量分析蓄水前后地表温度的变化特征，分别统计了三峡库区在蓄水后（2012年以来）和蓄水前（2012年以前）的年平均LST、各季节平均LST，LST的年最大值、年最小值、各季节最大值和各季节的最小值，以及年LST和各季节LST的方差（表4-1）。总体而言，在年尺度和季节尺度上，蓄水前后的LST差别较小，平均LST的差值介于[−0.30,0.30]（℃）之间，蓄水前后LST的方差值介于[0.40,1.0]（℃）之间，蓄水前后库区LST的变化无显著差异。年尺度上，蓄水后的平均LST、最高LST和最低LST均略低于蓄水前，说明三峡库区在蓄水后对周围环境产生了一定的降温效应。在季节尺度上,4 个季节的 LST 最大值在蓄水后相对蓄水前均有所降低,降低幅度分别达到 −0.10 ℃(春季)、−0.10 ℃(夏季)、−0.20 ℃(秋季)和 −0.40 ℃(冬季);除秋季外,蓄水后的 LST 最低值相对蓄水前均有所增高,且以冬季的增幅最大(表 4.7.1)。

表 4.7.1　蓄水前后库区地表温度统计表　　　　　　　　　　(单位:℃)

	蓄水前				蓄水后				蓄水前后比较			
	平均	最高	最低	方差	平均	最高	最低	方差	平均	最高	最低	方差
年	20.6	21.1	19.7	0.43	20.3	21.0	19.5	0.50	−0.3	−0.1	−0.2	0.07
春季	21.9	22.9	20.7	0.77	21.9	22.8	21.0	0.58	0.0	−0.1	0.3	−0.19
夏季	27.9	29.2	27.1	0.57	28.2	29.1	27.4	0.64	0.3	−0.1	0.3	0.07
秋季	21.3	22.7	20.7	0.62	21.1	22.5	19.7	0.79	−0.3	−0.2	−1.0	0.17
冬季	9.7	11.0	7.6	0.91	10.0	10.6	9.0	0.60	0.3	−0.4	1.4	−0.31

注:"蓄水前后比较"为蓄水后与蓄水前之间的差值。

4.7.2　降水量时空变化

鉴于遥感卫星降水资料具有空间连续监测的优势,以三峡地区为研究对象,利用高分辨率长时间序列日尺度的 PERSIANN-CCS-CDR 遥感降水量产品,对近 20 年降水量的空间分布特征和时间变化趋势进行了分析,以进一步探讨三峡工程对周边气候要素的可能影响。PERSIANN-CCS-CDR 遥感降水量数据的空间分辨率为 4 km,该产品是利用遥感近红外波段数据经由 PERSIANN-CCS 算法处理得到,并经过 GPCP v 2.3 的月降水量数据的偏差订正处理。其中 1983—2000 年(2000 年 1 月和 2 月)的日降水量数据通过 NCDC/NCEI 的 GridSat-B1 卫星数据处理得到,2000(2000 年 3—12 月)—2020 年的降水量数据来源于 CPC/NCEP 数据集。

1. 三峡地区降水量的时间变化特征

本部分从降水量的年际变化与分季节变化两个方面对三峡地区的降水量变化趋势进行分析。同时,为了更加详细地分析不同地理位置降水量的不同,对整个三峡地区、近库区、长江以南远库区、长江以北远库区的降水量变化进行了对比分析。

(1)三峡地区降水量年际变化特征

1994—2019 年,三峡地区年均降水量在 527.8～1253.7 mm 波动,多年平均值为 859.8 mm,最大值出现在 1998 年,最小值出现在 1999 年,年降水量总体上呈现下降趋势(图 4.7.8)。

(2)三峡近库区降水量年际变化特征

1994—2019 年,三峡近库区年均降水量在 534.8～1291.0 mm 波动,多年平均值为 881.1 mm,最大值出现在 1998 年,最小值出现在 1999 年,年降水量总体上呈现下降趋势(图 4.7.9)。

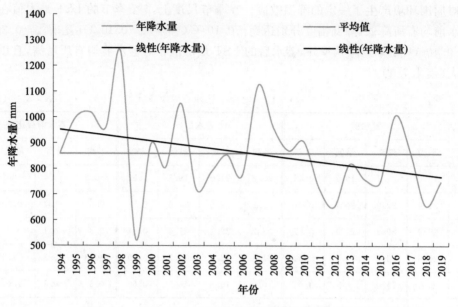

图 4.7.8　1994—2019 年三峡地区年平均降水量历年变化

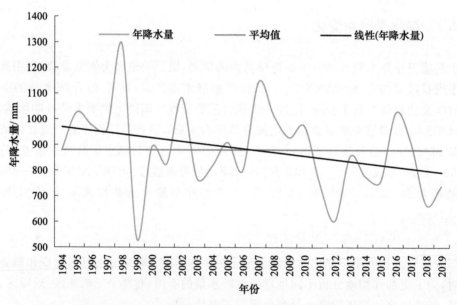

图 4.7.9　1994—2019 年三峡近库区年平均降水量历年变化

（3）三峡远库区降水量年际变化特征

1994—2019 年，长江以南远库区年均降水量在 526.3～1277.2 mm 波动，多年平均值为 857.1 mm，最大值出现在 1998 年，最小值出现在 1999 年，年降水量总体上呈现下降趋势（图 4.7.10a）。

1994—2019 年，长江以北远库区年均降水量在 501.3～1083.6 mm 波动，多年平均值为 850.3 mm，最大值出现在 1998 年，最小值出现在 1999 年，年降水量总体呈现下降趋势（图 4.7.10b）。

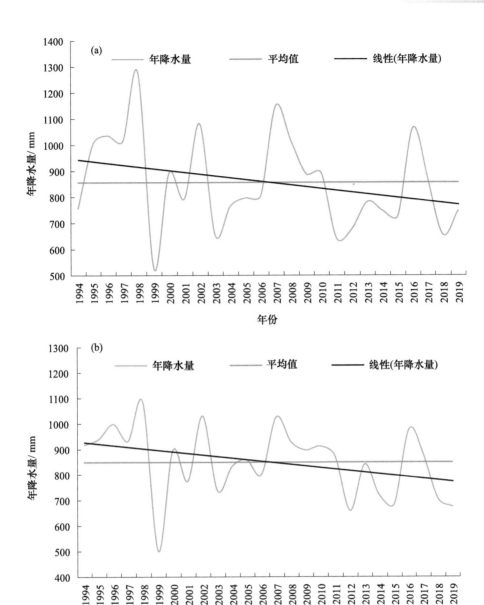

图 4.7.10　1994—2020 年三峡远库区年均降水量历年变化

（a：长江以南远库区；b：长江以北远库区）

2. 不同蓄水阶段三峡地区年降水量的空间分布特征

本部分对三峡地区蓄水前（1994—2002 年）、蓄水期（2003—2011 年）和蓄水后（2012—2020 年）不同时间阶段年降水量的空间分布规律进行分析。

不同蓄水阶段三峡地区多年平均降水量空间分布如图 4.7.11 所示。三峡地区年降水量在 500～1200 mm，大致呈现近库区年降水量多、南北远库区年降水量少的空间特征。蓄水前（1994—2002 年），近库区年降水量在 800 mm 以上，部分区域超过 1200 mm，南北远库区部分区域年降水量在 500～800 mm。

相比于蓄水前,蓄水期(2003—2011年)和蓄水后(2012—2019年)三峡地区大部分区域年降水量减少。

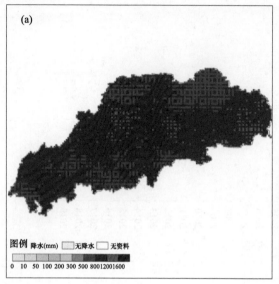

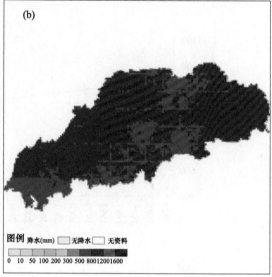

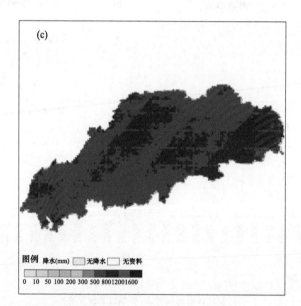

图4.7.11　蓄水前(1994—2002年)(a)、蓄水期(2003—2011年)(b)、蓄水后(2012—2019年)
(c)三个阶段三峡地区多年平均降水量空间分布特征

1994—2019年,三峡地区年降水量总体呈现东部和西北部减少、中部和西南部增多的趋势(图4.7.12)。

总体上来说,遥感监测的三峡地区年降水量变化规律与气象观测站点观测的结果基本一致,库区大部分区域呈现变干趋势。

图例　降水气候斜率
　　　　(mm/a)　□无资料
　　　−20−15−10−5　0　5　10　15　20

图 4.7.12　1994—2019 年三峡地区年降水量气候变化趋势的空间分布特征

4.7.3　水体面积时空变化

利用 Landsat 数据建立的长时间序列 30 m 分辨率水体数据集,区分不同蓄水阶段、不同季节分析三峡地区水体面积变化时空特征。由于 1994—1999 年三峡地区 Landsat 水体数据集缺失值较多,仅对 2000 年以来三峡地区的水体面积变化特征进行分析。

1. 三峡地区水体面积的时间变化特征

三峡地区年最大水体面积年际变化特征为:2000 年以来,三峡地区年最大水体面积呈增大趋势(图 4.7.13)。三峡工程建设阶段的 2000—2002 年 3 年内,年最大水体面积多年平均值为 1127.9 km²;三峡初期蓄水阶段(2003—2009 年),年最大水体面积多年平均值为 1304.6 km²;175 m 蓄水阶段(2010—2020 年,2012 年数据少部分区域受云影响,剔除该年份,下同),年最大水体面积多年平均值为 1533.8 km²。175 m 蓄水阶段和三峡初期蓄水阶段多年平均的最大水体面积较三峡工程建设阶段(2000—2002 年,下同)分别增加 176.7 km² 和 405.9 km²。2020 年最大水体面积达 1747.8 km²,为 2000 年以来最大值。

2. 三峡地区年最大水体面积变化空间分布特征

三峡初期蓄水阶段多年最大水体面积较三峡工程建设阶段明显增加,水体增大区域主要分布于近库区。增大的区域主要分布于三峡大坝至云阳县的近库区,包括秭归县、巴东县、巫山县、奉节县和云阳县(图 4.7.14),图 4.7.15 为三峡大坝库区周边水体面积变化分布图。

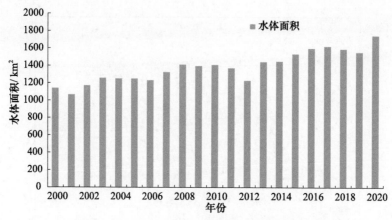

图 4.7.13　三峡近库区年最大水体面积历年变化

（注：2012 年受云影响，少部分区域缺测，因此监测到的最大水体面积数据偏小。）

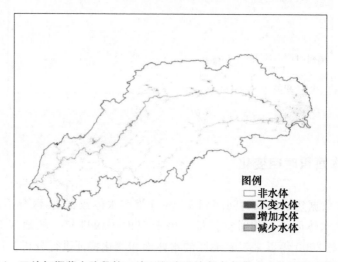

图 4.7.14　三峡初期蓄水阶段较三峡工程建设阶段多年最大水体面积变化空间分布

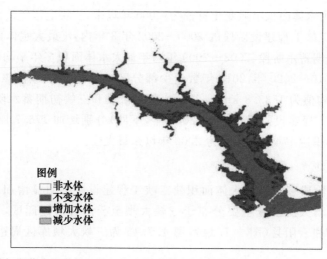

图 4.7.15　三峡初期蓄水阶段较三峡工程建设阶段大坝库区周边多年最大水体面积变化空间分布

175 m 蓄水阶段较三峡工程建设阶段多年最大水体面积明显增大。增大的区域主要分布于三峡大坝至云阳县的近库区,包括秭归县、巴东县、巫山县、奉节县和云阳县,此外,长江南岸支流清江沿线水体面积增大明显,包括鹤峰县、建始县和恩施市(图 4.7.16),图 4.7.17 为三峡大坝库区周边水体面积变化分布图。

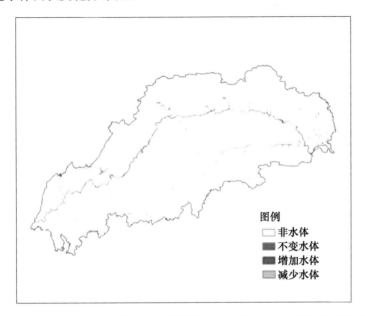

图 4.7.16　175 m 蓄水阶段较三峡工程建设阶段多年最大水体面积变化空间分布

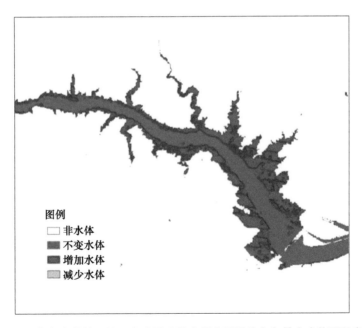

图 4.7.17　175 m 蓄水阶段较三峡工程建设阶段大坝库区周边多年最大水体面积变化空间分布

175 m 蓄水阶段较初期蓄水阶段多年最大水体面积增加。总体上来说,水体面积增大区域分布较为分散(图 4.7.18),图 4.7.19 为三峡大坝库区周边水体面积变化分布图。

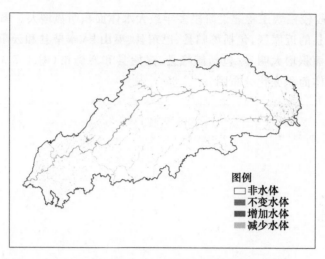

图 4.7.18　175 m 蓄水阶段较初期蓄水阶段多年最大水体面积变化空间分布

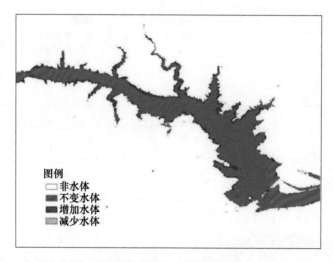

图 4.7.19　175 m 蓄水阶段较初期蓄水阶段三峡大坝库区周边多年最大水体面积变化空间分布

4.7.4　生态环境变化

植被指数(VI)常被用于反映区域植被覆盖的变化,并以归一化植被指数(NDVI)的应用最为广泛。鉴于卫星资料的客观、宏观以及数据易获取的优势,以三峡地区为研究对象,NASA EARTHDATA 提供的 MODIS/Terra NDVI 16-Day 250 mV006 数据,采用平均值合成方法,得到年尺度 NDVI 数据,对近 20 年的植被覆盖的空间分布特征和时间变化趋势进行了分析,以进一步探讨三峡工程对周边气候要素的可能影响。

1. 植被覆盖的时间变化特征

本部分从植被覆盖的年际变化与分季节变化两个方面对三峡地区的植被覆盖变化趋势进行分析。同时,为了更加详细地分析不同地理位置的植被覆盖的不同,对整个三峡地区、近库区、长江以南远库区、长江以北远库区的植被覆盖变化进行对比分析。

(1)植被覆盖的年际变化特征

三峡地区多年(2001—2020 年)的平均植被指数在[0.55,0.66]之间上下波动,NDVI 的多年平均值为 0.606,NDVI 最大值(0.654)出现在 2015 年,最小值(0.550)出现在 2001 年(图4.7.20)。在年际变化规律上,三峡地区年 NDVI 总体呈现上升趋势,说明该区域的植被覆盖在近 20 年逐渐增长,并以蓄水后阶段(2012 年以来)的增幅更大,该阶段的 NDVI 的线性增幅达到了 0.054/10a,远高于蓄水期(2003—2011 年)的 NDVI 增幅(0.020/10a),说明随着三峡工程的兴建和投入使用,三峡地区实行的全面退耕还林和天然保护政策已取得了较为明显且日益显著的成效。

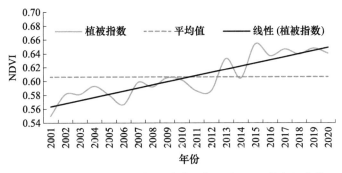

图 4.7.20 2001—2020 年三峡地区年平均 NDVI 的年际变化

三峡近库区年 NDVI 的变化趋势呈现波动中增长的变化趋势,与整个库区的 NDVI 变化规律一致(图 4.7.21)。近库区的 NDVI 最小值、均值和最大值分别为 0.54、0.59 和 0.64,相对整个库区的 NDVI 最小值、均值和最大值(0.55、0.61 和 0.65)略微偏低。近库区在蓄水期和蓄水后的 NDVI 增幅不同,近库区在蓄水期的 NDVI 增幅为 0.024/10a,低于蓄水后的 ND-VI 增幅(0.046/10a),相对整个库区的蓄水期 NDVI 增幅(0.020/10a)略高。上述结论表明,三峡工程对于近库区的植被覆盖未产生不利影响,且蓄水后的近库区植被提升幅度得到了进一步增强。

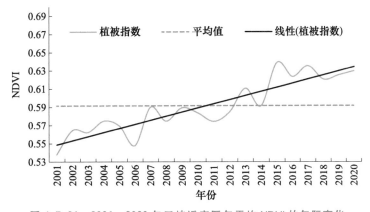

图 4.7.21 2001—2020 年三峡近库区年平均 NDVI 的年际变化

三峡远库区(长江以南远库区和长江以北远库区)多年的 NDVI 总体呈现波动中增长的年际变化规律,且以长江以南远库区的波动幅度更大(图 4.7.22)。对比而言,长江以北远库区的 NDVI 均值(0.640)相对长江以南远库区的 NDVI 均值(0.629)略高,说明长江以北远库区的植被覆盖略高于长江以南远库区。从波动幅度来看,在蓄水期阶段,长江以南远库区和长江以北远库区的 NDVI 增幅相同,二者均为 0.016/10a;在蓄水后阶段,长江以南远库区的 NDVI 增幅达到 0.062/10a,高于长江以北远库区(0.041/10a),说明在蓄水后长江以南的远库区植被覆盖的增加更为显著。

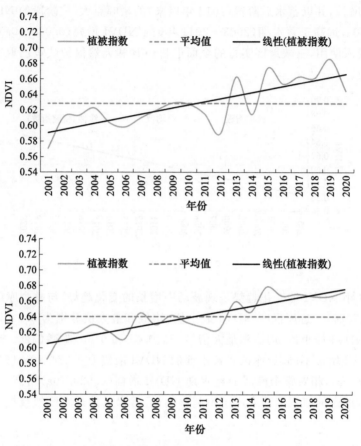

图 4.7.22　2001—2020 年三峡远库区年平均 NDVI 的年际变化

(a:长江以南远库区;b:长江以北远库区)

(2)植被指数的季节性变化规律

依据三峡地区植被指数的季节变化趋势(图 4.7.23),四个季节(春季、夏季、秋季和冬季)的平均 NDVI 在近 20 年均呈现明显的上升趋势,春季植被覆盖较好的年份有 2007 年、2013 年、2016 年、2018 年和 2020 年,较差的年份有 2001 年、2003 年、2006 年、2014 年,蓄水后(2012—2020 年)的春季 NDVI 增幅相对蓄水前和蓄水期明显增大,说明蓄水后春季的植被覆盖提升显著。同时,蓄水后春季 NDVI 的波动更大。例如,2014 年的春季植被覆盖明显偏差,这与全球范围内的长期气候变化、极端天气事件增加及其综合效用的影响有关。相对春季,夏季 NDVI 的值整体较高(0.72~0.80),波动性偏小,尤其是 2002—2014 年间,NDVI 显著增加的年份始于 2015 年,在近几年维持一个历史均值(0.763)以上的植被水平。秋季和冬季的 NDVI 均值波动性大于春季和夏季,并在不同的蓄水阶段(蓄水期、蓄水后),总体均呈现出明显的增长趋势。

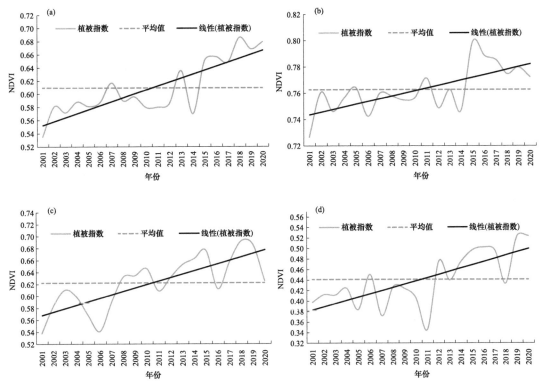

图 4.7.23　2001—2020 年三峡地区各季节平均 NDVI 的变化特征

（a：春季；b：夏季；c：秋季；d：冬季）

2. 植被覆盖的空间分布特征

本部分从植被覆盖的年平均植被指数的空间分布与分季节空间分布两个方面对三峡地区的植被覆盖空间分布特征进行分析。为了更详细地评估不同蓄水阶段的植被覆盖情况，本部分对三峡地区近 20 年（2001—2020 年）的蓄水前期（2001—2002 年）、蓄水期（2003—2011 年）和蓄水后（2012—2020 年）不同时间阶段的 NDVI 空间分布进行了分析。

（1）年平均植被指数的空间分布

三峡地区多年平均 NDVI 的空间分布及其气候变化趋势如图 4.7.24 所示。由图 4.7.24（a）可知，三峡地区整体处于较高的植被覆盖水平，大部分区域属于中高植被覆盖（NDVI>0.6）和高植被覆盖（NDVI>0.75）。总体上呈现中部优于东部和西部的空间分布特征，这与地表覆盖类型的分布有关，西部地区（渝中等）分布有城市和建筑，东部地区（当阳等）的农业发达，植被随季节的更替和变化较大，NDVI 年均值偏小；中部地区则以自然植被为主，NDVI 在年内的变化幅度较小，年均 NDVI 值较大。由图 4.7.24（b）可知，除东、西部零星分布的负值外，三峡地区的 NDVI 气候变化趋势在大部分区域均为正值，且西部的气候变化趋势值（0.006～0.008）高于东部（0.002～0.006），表明该区域在近 20 年的植被覆盖总体呈现增长趋势。

由三峡地区在不同蓄水阶段下的 NDVI 气候变化趋势（图 4.7.25）可知，蓄水后的植被气候变化趋势值普遍大于蓄水期，气候变化趋势为负的区域大幅缩小，说明蓄水后阶段的三峡地区的植被覆盖速度明显增长。

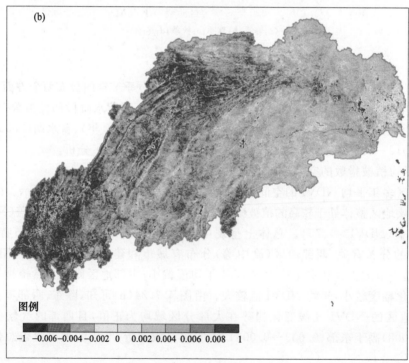

图 4.7.24　2001—2020 年三峡地区(a)年平均 NDVI 及(b)气候变化趋势的空间分布特征

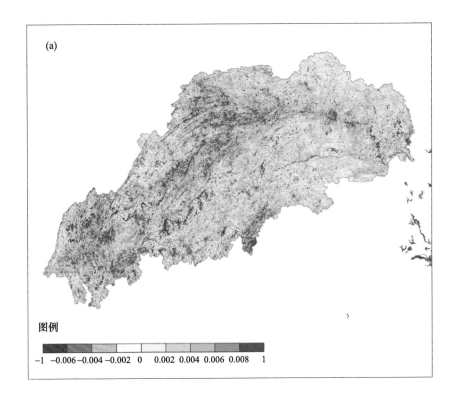

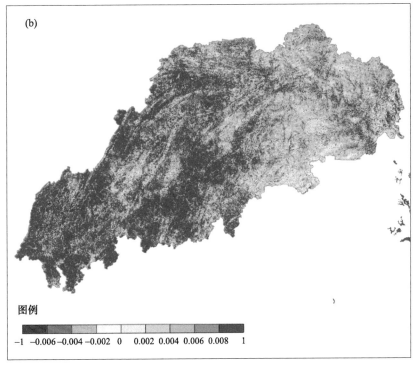

图 4.7.25　三峡地区不同蓄水阶段 NDVI 气候变化趋势的空间分布特征

（a：蓄水期 2003—2011 年；b：蓄水后（2012—2020 年））

（2）不同季节植被指数的空间分布

三峡地区近 20 年的季节平均 NDVI 的总体空间分布特征与年平均相似（图 4.7.26），即中部植被覆盖好于东部和西部，NDVI 值偏低的区域为西部的城市和建筑，以及东部的耕地。从季节性演变规律来看，以夏季的 NDVI 值最高，大部分区域的 NDVI 值在 0.7 以上，植被覆盖度较高，东部农用地的 NDVI 相对春季明显提高；冬季的 NDVI 值最低，为 0.2～0.6，中部地区由于分布有常绿植被（马尾松、柏木林等）而仍保持较高的 NDVI；春季和秋季的 NDVI 值较为接近，介于夏、冬之间。

 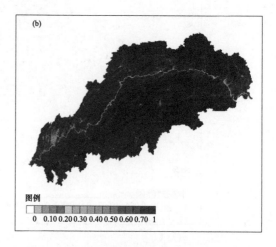

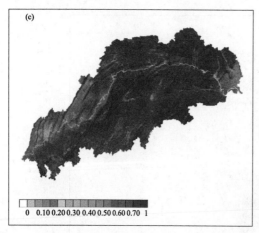 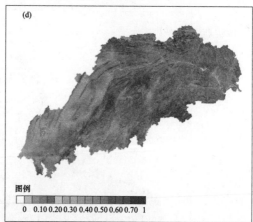

图 4.7.26　三峡地区多年各季节平均 NDVI 空间分布特征

（a：春季；b：夏季；c：秋季；d：冬季）

各季节的 NDVI 气候变化趋势在空间上均以正值为主，植被覆盖呈增加趋势的面积远大于呈下降趋势的面积（图 4.7.27）。4 个季节中，以冬季的 NDVI 增加幅度最大，西部和北部地区的气候变化趋势值达到了 0.008 以上，东部耕地的气候变化趋势值则相对其他季节偏低；春季和秋季的植被覆盖变化总体呈现西部增幅大于东部增幅的空间分布特征，其中秋季的植被变化明显的区域相对集中，西部整体植被覆盖变化趋势值较高，大部分区域达到 0.008 以上，而东部区域的值则大部分小于 0.004，明显低于西部；夏季的 NDVI 增幅最小，增幅较大的区域主要位于中北部长江沿岸附近。

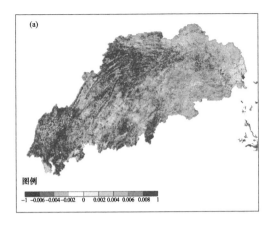
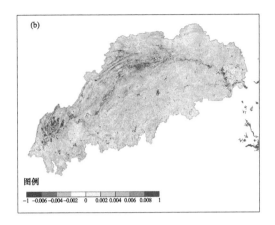
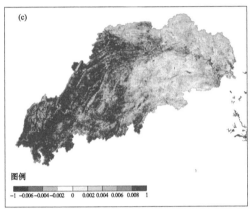
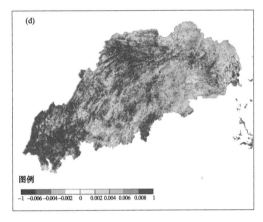

图 4.7.27　三峡地区多年各季节平均 NDVI 气候变化趋势的空间分布特征

(a:春季;b:夏季;c:秋季;d:冬季)

3. 蓄水前后库区的植被覆盖对比

为了进一步定量分析蓄水前后植被覆盖的变化特征,分别统计了三峡地区在蓄水后(2012年以来)和蓄水前(2012年以前)的年平均 NDVI、各季节平均 NDVI、NDVI 的年最大值、年最小值、各季节最大值和各季节的最小值,以及年 NDVI 和各季节 NDVI 的方差与增长率(表 4.7.2)。在年尺度和季节尺度上,蓄水后的 NDVI 平均值、最大值和最小值均高于蓄水前,蓄水后的平均 NDVI 相对蓄水前增高 0.04,在春、夏、秋、冬四个季节分别增高 0.06、0.02、0.06 和 0.08。

表 4.7.2　蓄水前后库区植被指数统计表

	蓄水前					蓄水后					蓄水前后比较			
	平均	最高	最低	增长率	方差	平均	最高	最低	增长率	方差	平均	最高	最低	增长率
年	0.59	0.61	0.55	0.032	0.016	0.63	0.65	0.59	0.054	0.022	0.04	0.04	0.04	0.022
春季	0.58	0.62	0.53	0.030	0.019	0.64	0.69	0.57	0.117	0.040	0.06	0.07	0.04	0.087
夏季	0.75	0.77	0.73	0.021	0.012	0.77	0.80	0.75	0.031	0.018	0.02	0.03	0.02	0.010
秋季	0.59	0.64	0.54	0.070	0.036	0.65	0.69	0.61	—	0.027	0.06	0.05	0.06	—
冬季	0.40	0.45	0.34	—	0.029	0.48	0.52	0.43	0.060	0.033	0.08	0.07	0.07	—

注:"蓄水前后比较"为蓄水后与蓄水前之间的差值;增长率为"—"表示未通过显著性检验。

蓄水后的 NDVI 增长率在年尺度、春季和夏季分别达到了 0.054/10a、0.117/10a、0.031/10a,相对蓄水前的 NDVI 增长率均有所提升,提升幅度分别达到了 0.022/10a、0.087/10a、0.010/10a,说明三峡地区在蓄水后植被覆盖状况更好,且植被长势改善的幅度高于蓄水前。

参考文献

林春泽,刘琳,林文才,等,2016 湖北省夏季降水日变化特征[J].大气科学学报,39(4):490-500.

刘树华,李洁,文平辉,2002.城市及乡村大气边界层结构的数值模拟[J].北京大学学报(自然科学版),38(1):90-97.

刘熙明,胡非,李磊,等,2006.北京地区夏季城市气候趋势和环境效应的分析研究[J].地球物理学报,49(3):689-697.

吕达仁,周秀骥,李维亮,等,2002.30年来我国大气气溶胶光学厚度平均分布特征分析[J].大气科学,26(6):721-730.

任国玉,郭军,徐铭志,等,2005.近50年中国地面气候变化基本特征[J].气象学报,63(6):642-956.

王雨潇,孙营营,张天宇,等,2023.1998—2020年三峡库区最大1h降水的时空变化特征[J].河海大学学报(自然科学版),51(1):10-18.

杨萍,肖子牛,刘伟东,2013.北京气温日变化特征的城郊差异及其季节变化分析.大气科学,37(1):101-112.

宇如聪,李建,2016.中国大陆日降水峰值时间位相的区域特征分析[J].气象学报,74(1):18-30.

赵娜,刘树华,虞海燕,2011.近48年城市化发展对北京区域气候的影响分析[J].大气科学,35(2):373-385.

朱智慧,王琴,李丽,2020.上海市区与洋山港区气温日变化差异分析[J].气象科技进展,10(3).

PETERSON T C,GALLO K P,LAWRIMORE J,et al,1999. Global rural temperature trends [J]. Geophys Res Lett,26(3):329-332.

RIFE D L,WARNER T T,CHEN F,et al,2002. Mechanisms for diurnal boundary layer circulations in the Great Basin Desert[J]. Mon Wea Rev,130(4):921-938.

YU R C,ZHOU T J,XIAONG A Y,et al,2007. Diurnal variations of summer precipitation over contiguous China[J]. Geophys Res Lett,34(1):L01704.

第 5 章

水库气候效应的模拟评估*

5.1 引言

针对以往三峡水库气候效应数值模拟研究中,水库参数化方案简节及模拟时段未涉及成库以来高水位运行阶段等不足,在中尺度气象模式中,通过扩宽水体面积和抬升水位高度的方式对三峡水库引起的陆面参数变化进行描述,进而采用敏感性数值试验及统计分析等手段,评估了三峡水库成库以来高温干旱(2013 年)和低温洪涝(2020 年)年景下,关键气象要素对水库运行的响应特征,结果表明:两种典型年景下水库运行均会造成近地层气温降低(0.98～1.27 ℃)、相对湿度增加(3.9%～5.5%)和风速增大(0.43～0.68 m/s),且夏季的响应强度强于冬季,同时响应强度的日变化导致近地层气温和相对湿度的日较差减小、平均风速的日较差增大;尽管上述变量的变化幅度与该地区气候的自然变率相当,但水库运行对气温和相对湿度的影响范围基本限制于水库周边约 2 km,垂直方向则大多低于 200 m,对风速的影响范围可扩展至水库周边约 12 km,垂直方向延伸至 200 m 左右,且响应强度均随水平距离和垂直高度的增加而显著减小。尽管数值试验放大了三峡水库的气候效应,但作为典型的河道型水库,三峡水库成库以来的不同气候年景下,水库运行产生的气候效应基本限制在近地层、局地范围内,未对区域气候产生明显影响。

三峡库区位于长江上游,是长江上游重要生态屏障和国家战略性淡水资源库,也是全世界最大的水力发电站和清洁能源生产基地,在我国社会经济发展中具有极为重要的战略地位。随着三峡工程的建设发展,三峡水库地区的气候和环境变化得到了广泛的关注。大规模下垫面的改变,造成地表粗糙度、反照率的改变,从而引起局地和区域气候的变化(Gao et al.,2003;高学杰 等,2007)。三峡库区内地表起伏、地形破碎,库区的水体变化使得区域内下垫面发生变化,三峡库区下垫面的变化一定程度上会引起区域气候特征的改变。因此开展三峡库区气候变化研究非常有必要。

利用高分辨的数值模式研究三峡水库对周边局地气候的影响是非常有效的手段,因此国内外学者使用数值模拟开展了相关研究。张洪涛等(2004)设计了三维大气—土壤耦合模式对三峡三斗坪地区小气候状况进行模拟,结果发现风、温、湿气象要素场在离岸近 10 km 范围内均发生了改变,这种改变发生的范围夏季比冬季大。Miller 等(2005)使用 MM5 模式对 1990

---

　　* 本章节核心内容作为学术论文《模拟分析揭示三峡水库成库以来的气候效应:局地和近地层,而不是区域》发表在《湖泊科学》2023 年第 2 期,作者:艾泽,常蕊*,肖潺,陈鲜艳,张强,李威,李帅,龚文婷。

年3月2日—5月16日中的无雨日进行模拟,结果发现三峡水库的蒸发会引起周边气温降低(2.9 ℃),对降水没有明显影响。Wu 等(2006)使用 MM5 模式进行模拟发现三峡水库蓄水会造成三峡大坝附近降水略微减小,大坝以北和以西地区的降水量增多。马占山等(2010)使用 MM5 模式通过修改下垫面对三峡库区进行模拟,结果发现三峡水库附近气温春季降温、冬季升温,不同季节对库区不同区域有不同影响,春季库区相对湿度增加。吴佳等(2011)使用 RegCM3 区域气候模式通过修改三峡水库下垫面的方法对2005—2006年夏季气温和降水进行模拟,结果发现三峡水库引起的地面气温和降水变化很小。李强等(2011)使用 WRF 模式开展了三峡地区局地下垫面对降水的影响,设计了4组试验分别对在有、无降水事件下的水体下垫面、地形高度进行修改、模拟,结果表明三峡水体的存在为降水提供了更充分的水汽条件和不稳定能量,有降水事件下,地形和下垫面作用对局地降水和落区有重要影响;无降水事件下,长江水体在白天(夜晚)有降温(保温)作用。李艳等(2011)利用 WRF 模拟三峡大坝气候效应发现,下垫面的改变对近地面变化最显著,冬季日平均气温变化较小,日平均风速在长江河道附近风速增强,库区北部部分区域降水增加。王中等(2012)利用 WRF 模式通过修改下垫面数据对2002年和2005年的两次强降水过程进行模拟,结果表明水体变化对气温没有明显影响,对水体附近的风速产生影响,对当地水汽来源有着重要影响。鱼艇等(2015)使用 WRF 改变库区的形状、面积,选择晴好天气来进行模拟,结果发现水库使得宜昌地区夜间温度升高,白天温度降低。

尽管研究中使用的模式工具从边界层模式、静力平衡区域气候模式,逐渐升级为先进的非静力平衡中尺度天气预报模式,但数值模拟试验中,主要通过修改地表覆盖类型的方式对水库进行简约粗放的参数化,未考虑狭长低谷地形下水库水位变化的影响;将无水体覆盖的情景设置为参考试验,这与长江自然水体的实际情景存在差异;积分时段为单一的代表季、代表月、甚至代表日,个例模拟试验使得最终的评估结论具有一定的不确定性;且仅覆盖水库正式蓄水(2012年)前的阶段,缺乏水库蓄水后高水位运行阶段的气候效应评估。

鉴于此,本章节将通过优化三峡水库的气候效应数值参数化方案,加密模式水平网格和垂直分层、格点同化技术、重叠积分改善模式冷启动效应等数值模拟技术,评估三峡水库成库以来不同气候年景下,近地层气象要素对水库运行的响应特征,以期为三峡水库的高效管理提供技术支撑。

5.2 数值模拟基本设置

选择三峡水库周边33个气象站用于检验中尺度数值模式对三峡地区气候特征的模拟能力,包括湖北省内11个气象站和重庆市内22个气象站。根据《地面气象观测站气象探测环境调查评估方法》(GB/T 35219—2017)的相关规定,采用百分制对上述33个地面气象站的探测环境进行定量评分(图5.2.1)。气象站观测数据来自国家气象信息中心建设的全国综合气象信息共享平台,包括33个气象站1991—2021年的逐小时气温、风速和相对湿度。本章节使用33个气象站1991—2021年气象要素的标准差代表三峡地区气候的自然变率。

驱动中尺度数值模式的初始场和边界条件是 0.5°×0.5°、逐6 h分辨率的 CFSv2 全球再分析场(Saha et al.,2014),模拟范围内的土壤分类、土地利用、地形高度、土壤湿度、植被、反照率等静态数据来自于中尺度气象数值模式 WRF 自带的 MODIS 卫星遥感数据集。

本章节研究中,通过气象站位置处的模拟值与观测值的相关系数和绝对偏差来评估数值模式的模拟能力;采用 t 值来检验水库水体变化引起的气象要素变化的显著程度,即通过计算出来每个格点上的 t 值与 t=0.05 对应的值进行比较,来确定差异置信度为 95% 的格点。

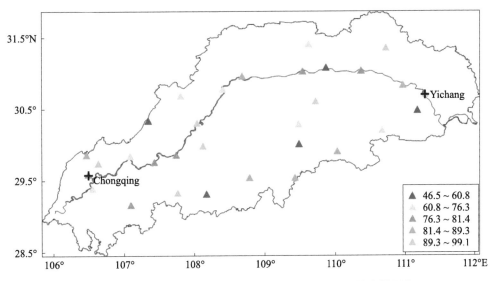

图 5.2.1 三峡水库周边 33 个气象站分布及其观测环境定量评分

采用 WRF4.1 中尺度模式三层嵌套网格,区域中心点为(30.55°N,109.1°E),水平网格数分别为 103×97、196×151 和 313×202,水平分辨率分别为 18 km、6 km 和 2 km,模拟区域覆盖包含三峡库区在内的中国东南部地区,其中最内重嵌套范围覆盖整个三峡库区(图 5.2.2)。WRF 模式顶高度为 50 hPa,垂直方向共 32 层,为精细模拟边界层物理过程,离地 1 km 以内加密设置 9 层。

尽管中尺度 WRF 模式的最新版本中使用了来自 IGBP_MODIS 的地形数据资料,但在 2 km 水平分辨率的模拟范围内,仍然不能真实反映长江水体的下垫面特征,即最内重嵌套 D03 区域的土地利用类型中"水体"占比为 0,如图 5.2.2 和表 5.2.1 所示。

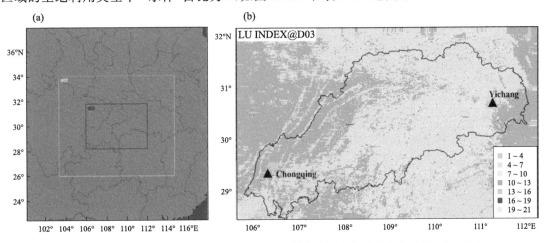

图 5.2.2 三峡库区数值模拟嵌套范围(a)及最内重嵌套范围内的土地利用类型(b)

表 5.2.1　模拟区域内主要土地利用类型及其占比

图 5.2.2(b)中色块编号	分类名称	中文表述	占比(%)
5	Mixed Forests	混交林	44.2
12	Croplands	作物	34.6
8	Woody Savannas	多树的草原	8.4
4	Deciduous Broadleaf Forest	落叶阔叶林	4.0
1	Evergreen Needleleaf Forest	常绿针叶林	1.9
14	Cropland-Natural Vegetation Mosaic	作物和自然植被的镶嵌体	1.9
10	Grasslands	草原	1.3
6	Closed Shrublands	郁闭灌丛	1.3
13	Urban Areas	城市和建成区	0.6
17	Water Bodies	水体	0.0

5.3　三峡水库气候效应数值模拟方案

5.3.1　非静力平衡 WRF 数值模式物理参数化方案

参考李艳等(2011)在三峡库区气候特征模拟时的物理参数化方案组合,并进行局部优化后,本章节研究的数值试验所选取的主要物理过程参数化方案为:WSM5 微物理参数化方案;Kain-Fritsch 积云参数化方案(粗网格);ACM2 边界层参数化方案;RRTM 长波辐射参数化方案;Dudhia 短波辐射参数化方案;Noah LSM 陆面参数化方案;MYNN 边界层参数化方案和MM5 M-O 近地层方案(表 5.3.1)。

表 5.3.1　模式中主要物理过程参数化方案设置

主要物理过程	D01	D02	D03
微物理过程	WSM5	同 D01	同 D01
长波辐射	RRTM	同 D01	同 D01
短波辐射	Dudhia	同 D01	同 D01
边界层方案	MYNN	同 D01	同 D01
近地层方案	MM5 M-O	同 D01	同 D01
陆面过程	Noah LSM	同 D01	同 D01
积云过程	Kain-Fritsch	/	/

(注:D01、D02、D03 分别代表 WRF 模式数值试验从外到内的三重嵌套模拟区域。)

5.3.2　模拟积分时段和积分方案

图 5.3.1 给出了三峡水库蓄水阶段逐年气温和降水变化。图中可见,三峡地区 2013 年夏季(7月)呈现高温干旱特征,而 2020 年夏季(7月)则表现为降水偏多气温偏低的特征(Cui et al.,2020);2013 年和 2020 年冬季(1 月)的降水也呈现与夏季类似变化特征。年平均而言,2013 年和 2020 年分别是三峡地区高温干旱和低温洪涝的典型代表年份。

综合《城市总体现规划气候可行性论证技术》(GB/T 37529—2019)等相关工程气候效应评估技术规范要求及上述气候年景特征,本章节将分别开展三峡水库蓄水阶段,典型高温干旱年景(2013 年)和低温洪涝年景(2020 年)条件下,冬季(1 月)和夏季(7 月)的数值模拟试验,包括参考试验和敏感性试验,对比诊断三峡水库蓄水运行对周边气温、风速和降水等气候要素的影响程度和影响范围。

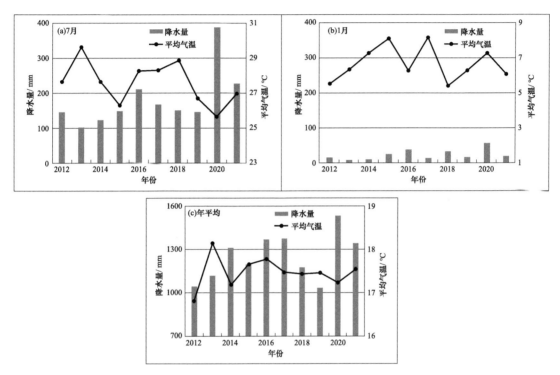

图 5.3.1　三峡水库蓄水阶段(2012—2021 年)7 月(a)、1 月(b)和年平均(c)
降水量(柱状)及平均气温(曲线)变化

为改进模式长时间积分过程中的不完善及误差在计算中的累积增长,提高初始场的精度,数值模拟积分过程中,采用牛顿松弛逼近的格点同化方法对 CFSv2 再分析资料进行同化。在此基础上,每 10 天冷启动一次 WRF 模式,每次连续积分 11 天,前一次模拟的最后 1 天与后一次模拟的第 1 天重叠;以每次模拟结果的前 24 h 作为模式 spin-up 时间,保留后 10 天的模拟结果;循环启动运行 3 次,完成整月模拟。

5.3.3　水库调节的气候效应数值参数化

由于水库的气候效应主要体现在地表下垫面由原来的陆地改为水体及蓄水水位上升,所带来的热力性质、辐射平衡和热量平衡等诸多方面的差异对库区及其周围的局地小气候所产生的影响。因此,数值模拟过程中将通过调整土地利用类型、优势植被系数和地形高度等对三峡水库的气候效应进行数值参数化。

(1)土地利用类型及其占比系数

参考试验中,在 WRF 模式默认土地利用类型情景下(图 5.3.2b),加入三峡水库水体的实际位置(图 5.3.2a 蓝点线)。该试验中,水面宽度设置为 1 个格点,即 2 km。与图 5.3.2b 相比,共替换了 292 个格点,占模拟范围总格点数的 0.5% 左右。同时,对应调整水面格点处的优势类型占比系数,将"水体"系数设置为 100%,其余土地利用类型的占比系数均设置为 0.0。

敏感性试验中,将水库平均宽度扩宽 1 个格点,即拓宽至 4 km,库首区(110°—111.5°E)和库尾区(106.3°—107°E)扩宽 2 个格点,即拓宽至 6 km(图 5.3.2b)。与图 5.2.2b 相比,共替换了 626 个格点,占模拟范围总格点数的 1% 左右。类似地,对应调整水面格点处的优势类型占比系数,将"水体"系数设置为 100%。

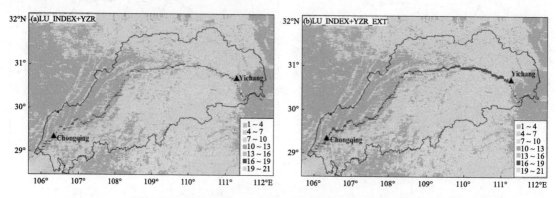

图 5.3.2 参考试验(a);敏感性试验(b)中的土地利用类型
(蓝点线代表水体位置)

(2)三峡水库蓄水水位相关的地形高度参数

三峡水库建成前,平均水位高度为 60 m,建坝后夏季蓄水水位 145 m,冬季蓄水水位 175 m(图 5.3.3a)。参数化数值模型中通过抬高水体位置的方式对水库水位变化进行描述,即将水体覆盖位置处的地形高度抬升 120 m(图 5.3.3b)。

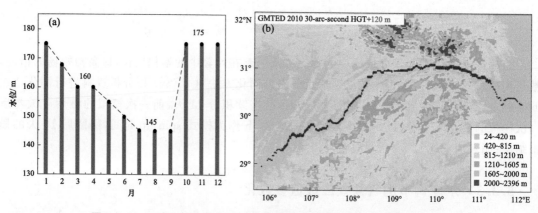

图 5.3.3 三峡水位年变化(a);数值试验中的高水位水体位置(b,红点)

总体而言,三峡水库两岸地形切割非常明显,是典型的河道型水库(图 5.3.3b),其气候效应远小于圆形或椭圆形湖区水库。这里假设水库宽度拓宽 4~6 km,较实际增大了两倍多,且假设水库一直在高水位运行(表 5.3.2),在一定程度上放大了库区的局地气候效应。

表 5.3.2　三峡库区气候效应数值参数化试验设计

	参考实验	敏感性试验
下垫面类型	长江自然水体下垫面 （水面宽度 2 km）	库首和库尾区水面扩宽至 6 km 中游水面扩宽至 4 km
优势类型占比	水体类型占比 100% 其余类型占比均为 0.0	水体类型占比 100% 其余类型占比均为 0.0
地形高度	默认值	水体覆盖的格点地形高度抬高 120 m

5.4　三峡水库的季节平均气候效应数值模拟评估

　　水库水体面积扩大,局地下垫面由陆地转变成水面,由于水体的反照率、粗糙度及辐射性质、热容量、导热率等不同于陆地,可以改变地表与大气间的动量、热量和水分交换,进而对局地小气候产生影响。以下重点分析模式模拟的三峡水库水体面积及水位高度变化后,气温、风速和相对湿度等的时空变化特征,即三峡水库的气候效应。

5.4.1　模式对水库气候特征的模拟能力

　　已有研究表明 WRF 模式对区域气候具有较好的模拟能力,该模式模拟的近地层气象变量,如 2 m 气温、10 m 风速、短波辐射和气压等的时空变化特征与实测资料具有较高的一致性(Sun et al.,2018;Chang et al.,2020)。针对本章节的研究目标与需求,这里进一步利用三峡地区 33 个地面气象站观测资料对 WRF 模式在该区域的模拟性能进行评估。考虑气象站 10 m 高度风速观测资料受观测环境影响较大,风速分析中剔除了三峡地区气象站探测环境不佳的 5 个站点(图 5.2.1 红色三角)。图 5.4.1 给出了三峡地区 2013 年和 2020 年冬/夏季代表月(1 月/7 月)地面气象站观测的逐日气温、相对湿度和风速序列与数值模拟序列的相关系数分布图,统计分析的样本量为 60。

　　1 月份,三峡地区 33 个地面气象站气温和相对湿度的观测值与模拟值的时间相关系数大多超过 0.6,部分站点甚至超过 0.8,区域内所有站点均通过了 95% 的统计信度检验(图 5.4.1a 和图 5.4.1b)。量值上来看,数值模拟的平均气温系统性偏高约 0.8 ℃(图 5.4.2a),约为气候平均值的 11.7%,区域内平均气温的空间相关系数接近 0.9;模拟的相对湿度则呈现系统性偏低特征,区域平均的相对湿度模拟偏差为 −7.6%(图 5.4.2b),空间相关系数为 0.61。中尺度数值模拟风速的空间平滑及站点观测风速易受地形环境影响的局地特征,给近地层风速的模拟检验工作带来了较大挑战。尽管如此,三峡地区超过八成台站的 1 月份风速模拟值与观测值的时间相关系数通过 95% 的统计信度检验,其中一半以上站点的相关系数超过 0.5,部分台站甚至超过 0.7(图 5.4.1c)。与气象台站观测相比,模拟的近地层风速呈现系统性偏高特征,平均偏高约 0.6 m/s(图 5.4.2c),区域内平均风速的空间相关系数达 0.74。

　　7 月份,区域内所有台站的气温和相对湿度的观测值与模拟值的时间相关系数普遍超过 0.6,部分站点甚至超过 0.8,均通过了 95% 的统计信度检验(图 5.4.1d 和图 5.4.1e)。量值上来看,模拟的平均气温系统性偏高约 0.45 ℃(图 5.4.2d),超过 8 成台站的气温模拟偏差低于 5%,区域内平均气温的空间相关系数达 0.84;区域平均的相对湿度模拟偏差为 -2.8%(图 5.4.2e),空间相关系数为 0.52;区域内超过五成台站的风速模拟值与观测值的时间相关系数通过 95% 的统计信度检验,部分台站相关系数超过 0.6(图 5.4.1f),模拟的近地层风速系统性偏高约 0.8 m/s(图 5.4.2f),空间相关系数超过 0.83。

可见,本章节所用的中尺度数值模式能较好地重现三峡地区台站观测到的 2 m 气温、10 m 风速和相对湿度的时空变化特征,尽管在绝对量值上存在系统性偏差,但由于本章节重点关注三峡水库运行前后的差值变化,因此,所用数值模式对近地层气候变量的模拟性能基本能满足研究需求。

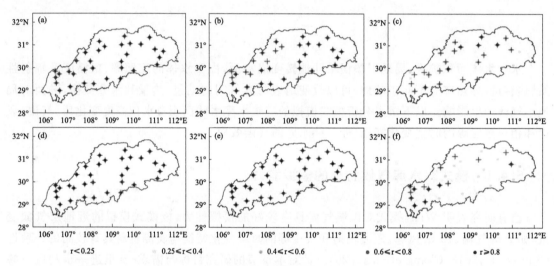

图 5.4.1 三峡地区 1 月和 7 月数值模拟的逐日 2 m 气温(a,d)、相对湿度(b,e)和 10 m 风速(c,f)与气象站观测值的相关系数分布图
(相关系数超过 95% 统计信度检验的站点用黑色十字标注)

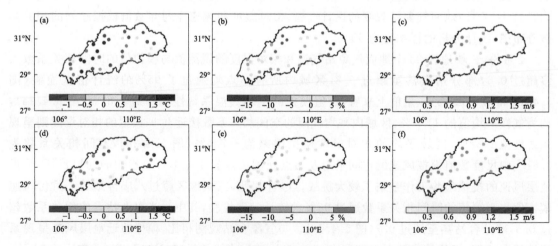

图 5.4.2 三峡地区 1 月和 7 月数值模拟的逐日 2 m 气温(a,d)、相对湿度(b,e)和 10 m 风速(c,f)与气象站观测值的模拟偏差分布图

5.4.2　水库运行对气温的影响

图 5.4.3 给出了高温干旱年景(2013 年)与低温洪涝年景(2020 年)下冬、夏季敏感性试验与参考试验 2 m 温度差值分布图。总体而言,水库运行后,两种典型气候年景下库区水体附近的 2 m 气温均呈现降低特征,且降温幅度受气候背景影响,其中高温干旱年景降温幅度大于低温洪涝年景,夏季大于冬季,气温日较差减小。夏季,高温干旱年平均减小幅度为 1.27 ℃,而低温洪涝年的气温减小了约 1.25 ℃;冬季库区水体位置处,高温干旱年和低温洪涝年的 2 m 气温分别减小 1.08 ℃ 和 0.98 ℃,而水库周边的陆地区域则出现增温特征,尤其在低温洪涝年的冬季更明显(图 5.4.3b)。将图 5.4.3 中通过显著性检验的格点温度进行空间平均,得到三峡地区 2013 年和 2020 年冬季代表月(1 月)、夏季代表月(7 月)2 m 温度日变化曲线发现,两种典型气候年景下平均温度白天降温程度更明显,夜间降温弱,水库运行导致气温日较差变小(图 5.4.4)。夏季降温程度更明显,14 时(北京时,下同)降温最明显,为 3.0 ℃,20 时降温程度最弱。

水库建成后,水位抬升(120 m),这一水位高度差带来的气温垂直递减作用主导了上述库区水体位置处的降温效应。一方面,水体表面粗糙度小,风速增大,蒸发加强,带走更多热量(吴佳等,2011),高温干旱年库区水体与气温的温差更大,库区水体冷却效应更明显,加强了上述降温效应;另一方面,库区周边下垫面由陆面转化为水面,由于水体的辐射性质、热容量和导热率不同于陆地,因此改变了库区与大气间的热交换(马占山 等,2010;李艳 等,2011),造成库区周边陆地区域夏季降温,冬季增暖。与冬季库区周边陆地区域的增暖相联系,两种典型年景相比,低温洪涝年景下,地表热量通量减小,且土壤含水量增加,库区水面与山地陆面的温度差异大于高温干旱年,水库对周边大气的增温效应更明显。上述水库运行给附近陆地区域带来的"冬暖夏凉"小气候效应与前人研究结果基本一致(马占山 等,2010;李艳 等,2011;陈鲜艳 等,2009),而本研究揭示的水库水位抬升造成的水体局地 2 m 气温降低特征则是对现有认识的一个补充。

尽管上述气温变幅与三峡地区气温的自然变率相当(气象站平均气温的年际变率约为 1.10 ℃),但降温的范围基本限制在水体区域附近。夏季,模拟区域内温度降低通过显著性检验的格点数约为 600 个,占三峡水体格点的 50%,其中仅有 8% 位于库区外(图 5.4.3c 和图 5.4.3d),尽管在水库区域外也出现局部气温异常区,但这一变化未通过统计显著性检验。冬季 2 m 气温变化特征与夏季也基本一致,即气温显著偏低的区域基本限制在水库范围内,约占水体格点的 44%。值得注意的是,水库运行后,宜昌东南部平原地区(海拔 50 m 以下)的气温呈现小范围增暖特征,尤其冬季更明显(图 5.4.3a 和图 5.4.3b),这一地区的增暖原因及其影响值得未来开展更多的工作进行探索。

为了定量分析三峡库区对局地气候影响的范围,选择库区水体南北 0~50 km 各个格点上平均气温的变化,得到了距三峡水库不同距离上气温的变化图(图 5.4.5)。如图所示,在两种典型气候年景下三峡水库引起库区内气温变化基本限制于距离水库 2 km 的水平范围内,距离水库 2 km 以外,气温变化明显减弱。冬季,水体附近气温降低约 1.0 ℃,距离水体 2 km 以外的周边区域,呈现弱增温特征,变化幅度低于 0.1 ℃(图 5.4.5a);夏季,两种典型气候年景下变化特征基本一致,库区内温度减小 1.2 ℃,距离库区 2 km 范围开始,降温幅度明显减弱(图 5.4.5b)。

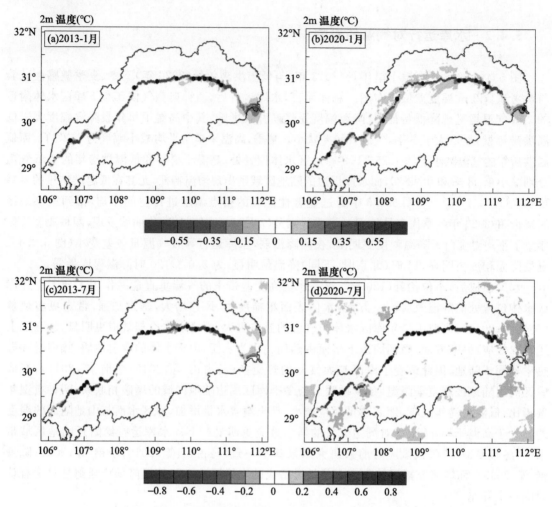

图 5.4.3 高温干旱年景(2013)与低温洪涝年景(2020)冬季、夏季敏感性试验与
参照试验 2 m 温度差值(单位:℃)

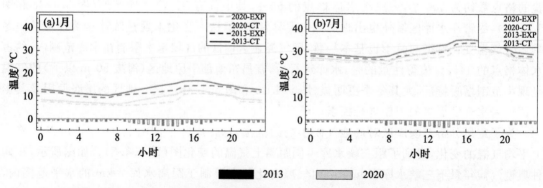

图 5.4.4 区域平均 2 m 气温(曲线)及差值(柱状)的日变化(单位:℃)
(a)1 月;(b)7 月

(实线和虚线分别代表参考试验和敏感性试验)

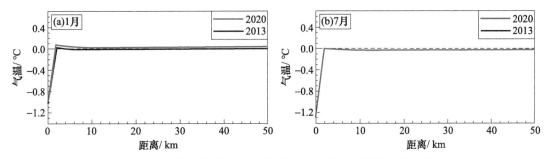

图 5.4.5　敏感性试验与参照试验 2 m 气温差值随距离的变化

(a)1月；(b)7月

(黑色虚线代表 0 线)

区域平均而言，两种典型气候年景下水库运行带来的降温幅度均随高度增加而减弱，降温基本限制在近地层 200 m 以内(图 5.4.6)。冬季，离地 200 m 高度处，高温干旱年景、低温洪涝年景下日平均气温分别减小了 0.04 ℃、0.03 ℃(图 5.4.6a)；夏季，离地 200 m 高度处，高温干旱年景、低温洪涝年景下日平均气温分别减小了 0.07 ℃、0.06 ℃(图 5.4.6b)。白天和夜间的平均温度垂直变化特征与日平均温度的变化特征类似，白天降温变化较夜间更明显。

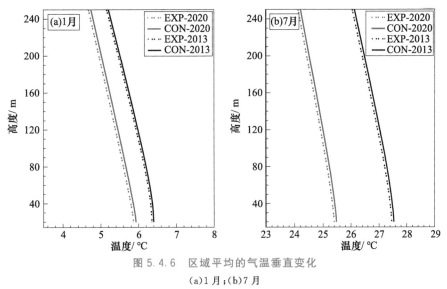

图 5.4.6　区域平均的气温垂直变化

(a)1月；(b)7月

(实线和虚线分别代表参考试验和敏感性试验)

5.4.3　水库运行对风速的影响

图 5.4.7 为高温干旱年景(2013 年)与低温洪涝年景(2020 年)冬、夏季代表月敏感性试验与参考试验 10 m 风速差值分布图。由图可知，水库运行后，两种典型年景下，水体附近的 10 m 风速以增加特征为主，但呈现出一定的空间差异性，可能与近地层风速易受局地微尺度环流影响有关。水库范围平均而言，水库运行引起风速增大的幅度受气候背景特征影响，夏季风速增加的幅度大于冬季。近地层风速的响应特征对气候背景(高温干旱或低温洪涝)不敏感。冬季，高温干旱年平均增加幅度为 0.43 m/s，而低温洪涝年的风速增加幅度为 0.57 m/s；夏季，

高温干旱年风速平均增加幅度为 0.68 m/s,而低温洪涝年的增大幅度约为 0.62 m/s。将图 5.4.6 通过显著性检验的格点风速进行空间平均,得到三峡地区平均风速的日变化曲线,发现水库运行带来的平均风速夜间增加程度更明显,冬季夜间约 0.33~0.58 m/s,夏季夜间增加幅度可超过 0.6 m/s,水库运行导致平均风速的日较差变大(图略)。上述风速变幅略大于三峡地区风速的自然变率(气象站平均风速的年际变率约为 0.37 m/s)。

空间上来看,冬季风速影响的水平范围基本限制在水库区域内,而夏季风速增加的影响范围则超出水体区域,最远影响范围可达约 12 km(图 5.4.8b),甚至延伸至宜昌东南部的平原地区。具体而言,冬季,高温干旱年和低温洪涝年,模拟区域内风速增加通过显著性检验的格点数分别为 587 个和 690 个,其中占水库格点的 30.5% 和 33.1%(图 5.4.6a 和图 5.4.6b);而夏季,高温干旱年,模拟区域内风速增加通过显著性检验的格点数为 843 个,水体范围内格点有 211 个(33.7%),最远影响范围可达约 12 km(图 5.4.8b),低温洪涝年,模拟区域内风速增加通过显著性检验的格点数为 1191 个,影响范围较广(5.4.7d 和图 5.4.7b),风速的响应强度随距离增加而显著减弱(图 5.4.8)。

区域平均而言,水库运行带来的风速增加幅度随高度增加而减弱,夏季风速响应的垂直高度更高,但基本限制在近地层 200 m 以内(图 5.4.9)。日平均而言,冬季,离地 100 m 高度处,水库运行带来的风速增加不足 0.01 m/s(图 5.4.9a);夏季,两种典型年景下,200 m 分别增大了 0.04 m/s、0.05 m/s(图 5.4.9b)。

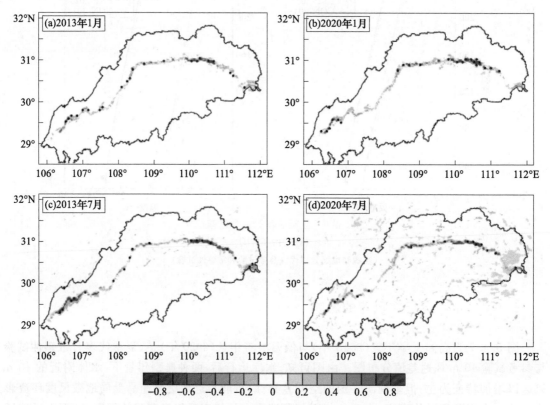

图 5.4.7　高温干旱年景(2013 年)与低温洪涝年景(2020 年)冬季、夏季代表月敏感性试验与参照试验 10 m 风速差值(单位:m/s)

(a:2013 年 1 月;b:2020 年 1 月;c:2013 年 7 月;d:2020 年 7 月)

可见,水库运行对风速的影响范围不再局限于水库区域,水平影响范围可达 10 km 以外,垂直高度的影响范围基本限制在近地层 200 m 以内。水库运行带来的风速增加主要与下垫面动力学粗糙度减小及水陆温差加大有关。

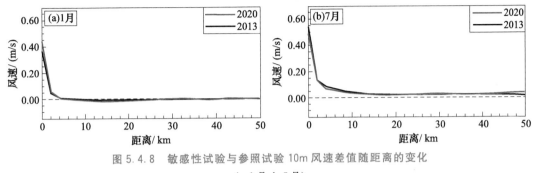

图 5.4.8　敏感性试验与参照试验 10m 风速差值随距离的变化

(a:1 月;b:7 月)

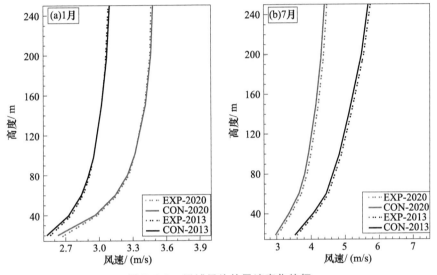

图 5.4.9　区域平均的风速变化特征

(a:1 月;b:7 月)

(实线和虚线分别代表参考试验和敏感性试验)

5.4.4　水库运行对相对湿度和降水量的影响

图 5.4.10 为高温干旱年景(2013 年)与低温洪涝年景(2020 年)冬季、夏季代表月敏感性试验与参照试验 2 m 相对湿度差值分布图。由图可知,水库运行后,两种典型年景下,水体位置处的 2 m 相对湿度均呈现增大的变化特征,相对湿度增大的幅度受气候背景特征影响,增湿强度冬季大于夏季,高温干旱年景大于低温洪涝年景。区域平均而言,高温干旱年冬季、夏季分别增加 5.5% 和 5.3%,而低温洪涝冬季和夏季相对湿度分别增大约 4.3% 和 3.9%。将图 5.4.10 通过显著性检验的格点相对湿度进行空间平均,得到三峡地区相对湿度的日变化曲线。发现白天相对湿度增加程度较夜间明显,水库运行导致相对湿度的日较差变小(图略)。与气温的变化类似,水库运行后,宜昌东南部平原地区(海拔 50 m 以下)的相对湿度呈现小范

围变干特征,尤其冬季更明显。高温干旱年景(2013 年)与低温洪涝年景(2020 年)冬季、夏季水体相对湿度通过显著性检验的格点变化不大,约占水体格点的 35.6%。上述相对湿度变幅与三峡地区相对湿度的自然变率相当(气象站相对湿度的年际变率约为 4.8%),但其影响范围限制于距离水库 2 km 的水平范围内,距离水库 2 km 以外,相对湿度变化明显减弱,且冬季、夏季具有较好的一致性(图 5.4.11)。

水库运行对相对湿度的影响主要是由于陆面转化为水面,改变了库面与大气间的水分交换,库面加强了水分蒸发,使库区附近的空气湿度增加(吴佳 等,2011;李艳 等,2011)。高温干旱年景的气温较低温洪涝年偏高,增加了库区水体的蒸发,同时降水偏少,土壤含水量减少,水库水面与山地陆面之间的湿度差异增大,水库的增湿效应更明显。

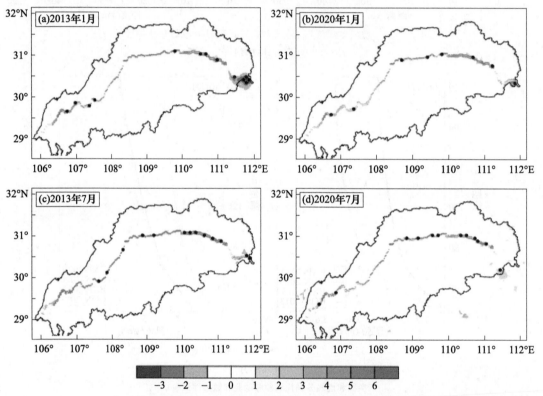

图 5.4.10 高温干旱年景(2013)与低温洪涝年景(2020)冬季、夏季代表月敏感性试验与参照试验 2m 相对湿度差值(%)

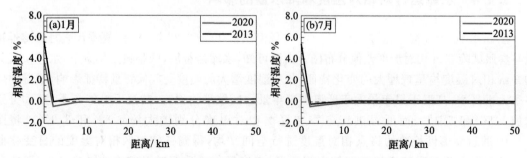

图 5.4.11 敏感性试验与参照试验 2m 相对湿度差值随距离的变化

(a:1 月;b:7 月)

(黑色虚线代表 0 线)

综上所述,三峡水库运行在一定程度上降低了气温、增加了相对湿度和近地层平均风速,但其影响的水平及垂直范围非常有限,且三峡水库本身是典型的河道型水库,长条型水库特点叠加上述气候影响后,使得水库运行难以对大尺度背景环流产生有效影响,对水库周边的降水模态未产生明显影响(Li et al.,2017)。在特定大气条件下,三峡地区的环流的异常会造成降水增多,背景大气状态可能是造成区域降水增加的主要原因(Li et al.,2019)。而对大尺度环流依赖度较高的降水也难以对水库运行产生明确的响应特征,表现在水库运行前后,降水异常区的分布比较零散,且正负相间,空间异质性较强,且大多未通过统计显著性检验(图5.4.12)。总体上来看,低温洪涝气候背景下,局地降水的响应强度及空间范围较高温干旱情景更强。

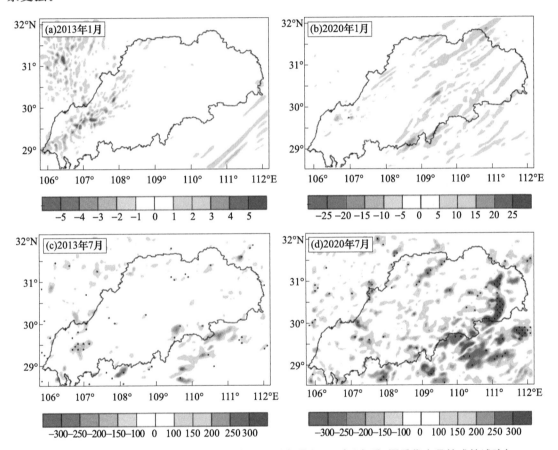

图 5.4.12　高温干旱年景(2013 年)与低温洪涝年景(2020 年)冬季、夏季代表月敏感性试验与
参照试验 2 m 降水量差值(单位:mm)
(a:2013 年 1 月;b:2020 年 1 月;c:2013 年 7 月;d:2020 年 7 月)

5.5　三峡年内蓄水位变动气候效应数值模拟评估

三峡水库作为集防洪、发电、航运、水资源利用等为一体的大型水利工程,防洪是三峡水库的首要任务,汛期防洪蓄水低水位运行,汛末兴利蓄水高水位运行,年水位在 145~175 m 调

节,年内水位是动态变化(徐其勇,2018),一般以 11 月 1 日—12 月 31 日的水位高度年内达到最高(175 m),也称为汛期,而 6 月 11 日—9 月 10 日的水位高度年内最低(145 m),也称为高水位期,其他时段为水位的消落或者蓄水期。但目前针对三峡的数值模拟气候效应研究主要基于季节尺度的平均状态,缺少三峡水库实际运行时不同水位高度变化的分析和研究,在模拟过程中亦未考虑水体高度参数变化。本节选取典型极端气候年份利用中尺度数值模式 WRF 开展高水位丰水期和汛期低水位条件下的数值模拟试验,在 WRF 模式默认土地利用类型情景下,在参照试验设计中加入三峡水库水体实际位置,水面宽度设置为 2 km。敏感性试验中抬高水体位置的方式对年内水库运行的水位动态变化进行描述,其中高水位期将水体格点高度提高 120 m,汛期将水体格点高度提高 80 m,对比分析年内水库运行不同蓄水位高度变化下局地气候效应。

5.5.1 典型年份选取和模拟效果检验

比较 2010—2022 年三峡地区高水位期和汛期两个时段的气温和降水量变化,发现 2011 年高水位期和汛期的气温均较气候平均值(1981—2020 年平均值)偏高 0.7~0.8 ℃,但 2011 年汛期降水偏少,高水位期降水显著偏多 8 成以上,因此将 2011 年 11 月 1 日—12 月 31 日作为高水位丰水代表年份。2022 年高水位期和汛期的降水均明显偏少 8 成以上,而气温则有不同程度的偏高,其中 2022 年汛期气温显著偏高 2.4 ℃,长江流域发生罕见高温伏旱,将 2022 年 6 月 11 日—9 月 10 日作为汛期枯水代表年份。基于两个典型极端气候背景年份,分别开展高水位丰水期和汛期低水位条件下的数值模拟试验,对比分析年内水库运行不同蓄水位高度变化下局地气候效应。

图 5.5.1 为高水位期和汛期地面气象站观测的逐日气温、相对湿度和风速序列与数值模拟序列的相关系数分布图。如图所示,高水位期三峡地区 33 个地面气象站气温的观测值与模拟值的相关性均大多超过 0.9,相对湿度相关系数大多超过 0.6,区域内所有站点在这两个气

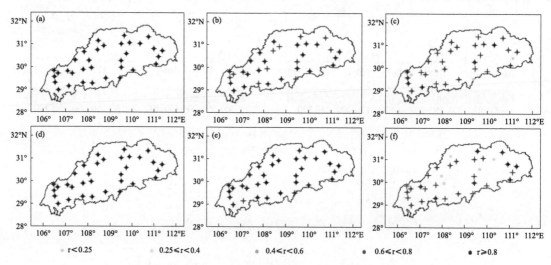

图 5.5.1 三峡地区高水位期和汛期数值模拟的逐日 2 m 气温(a,d)、相对湿度(b,e)和
10 m 风速(c,f)与气象站观测值的相关系数分布图
(相关系数超过 95% 统计信度检验的站点用黑色十字标注)

象要素上均通过了 95％的统计信度检验(图 5.5.1a 和 5.5.1b)。数值模拟气温值偏高 0.63 ℃,60.6％台站偏差小于 1.0 ℃,相对湿度模拟值偏低 17.5％。风速上,63.6％的台站相关系数超过 0.4,87.9％的台站通过 95％显著性检验(图 5.5.1c)。汛期 33 个台站气温相关系数大多超过 0.85,相对湿度相关系数大多超过 0.6,区域内所有站点在这两个气象要素上也均通过了 95％的统计信度检验(图 5.5.1d 和 5.5.1e)。数值模拟的平均气温偏低约 0.5 ℃,58.0％台站偏差低于 1.0 ℃,相对湿度偏低 4.85％,78.8％台站偏差低于 8.0％。84.8％的台站风速通过 95％显著性检验(图 5.5.1c),风速模拟值偏大 0.40 m/s,72.7％台站风速偏差低于 0.70 m/s。总体来看,所用数值模式能够较好地反映近地层气候变量特征,虽然台站的模拟数据与观测数据存在系统性偏差,但大部分地区均通过了显著性检验,并不影响对气象要素的变化分析。

5.5.2　近地层气候效应

图 5.5.2 为高水位期与汛期敏感性试验与参照试验 2 m 温度差值分布图。总体而言,水库运行后,两个阶段下库区水体上的 2 m 气温均呈现降低特征,汛期降温幅度大于蓄水期。汛期的气温减小了约 0.68 ℃,并在库首区降温影响范围较大。高水位期水体上空气温平均减小0.36 ℃,但水体周围呈现增温变化,在库首及库尾这一特征更加明显,增温幅度为 0.25 ℃。这与前人的研究中指出的三峡库区对气温的影响主要受季节的影响,水体的存在改变了下垫面特征,比热容增大,表现出明显的季节性差异,冬季(高水位期)呈现增温效应,夏季(汛期)则为降温效应(马占山 等,2010;李艳 等,2011)是一致的。在高水位期也出现了一定的降温(艾泽 等,2023),在库区的中东部风速增量大的水体附近更加明显,可能是由于水位高度增加产生的气温垂直递减作用叠加水体风速上空增加导致(图 5.5.3)。此外,可以看到图 5.5.2 中三峡水库两个不同典型年份的水位变化后三峡蓄水对离库区较近范围的气温产生了一定影响,但是对于较大范围的空间影响均不明显,表明三峡水库蓄水无论在高水位期还是低水位期,其影响主要集中在水域附近。

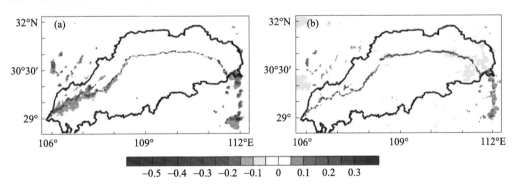

图 5.5.2　高水位期与汛期敏感性试验与参照试验 2 m 温度差值(单位:℃)
(a)高水位期;(b)汛期

图 5.5.3 为高水位期与汛期敏感性试验与参照试验 10 m 风速差值分布图。可以看出,在三峡水体上主要呈现风速增强的现象,存在局地差异性。高水位期风速增大幅度强于汛期,高水位期增大幅度约 0.34 m/s,汛期约为 0.25 m/s。高水位期由于水体高度增加,水体与周边气温温度梯度增大,增强了区域内的对流运动,水体风速增大。研究指出,风速的改变还与大

气层结有关,汛期(夏季)陆上空气较不稳定,地面风速大,水上空气则比较稳定,水面风速较小。这种因水陆大气稳定度差异而产生的风速变化与水陆粗糙度造成的风速改变相抵消,而高水位期(冬季)情况正好相反,大气层结加强粗糙度的影响,使得风速改变加大(张静 等,2019)。

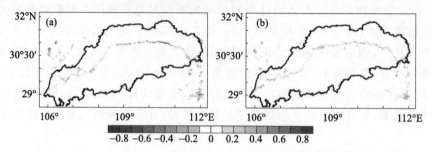

图 5.5.3　高水位期与汛期敏感性试验与参照试验 10 m 风速(单位:m/s)差值
(a)高水位期;(b)汛期

图 5.5.4 为高水位期与汛期敏感性试验与参照试验 2 m 相对湿度差值分布图。如图所示,两个蓄水阶段下库区水体 2 m 相对湿度变化具有一致性,均呈现增加特征,说明水库运行使得周边空气湿度增加。高水位期增大幅度约 7.05%,汛期约为 8.76%。近地层汛期对湿度增大幅度略大于高水位期,主要由于汛期时段与夏季时段时间基本一致,平均温度高,加速了水汽蒸发,使得水体周边相对湿度增加更明显。

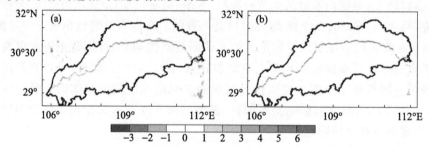

图 5.5.4　高水位期与汛期敏感性试验与参照试验 2 m 相对湿度(单位:%)差值
(a)高水位期;(b)汛期

图 5.5.5 为高水位期与汛期敏感性试验与参照试验累计降水量变化率差值分布图。两个阶段水位高度下库区内累计降水量变化率存在明显差异,汛期累计降水量变化幅度强于高水位期。高水位期累计降水量变化率变化不大,在库首降水量增大约 20%,其他地区变化不明

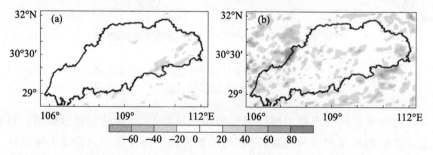

图 5.5.5　高水位期与汛期敏感性试验与参照试验累计降水量变化率(单位:%)
(a)高水位期;(b)汛期

显。汛期降水变化局地差异明显,库区内降水增大的区域主要沿着水体及附近地区(马占山等,2010),但是整体来看库区范围内以降水偏多变化为主,其可能原因是夏季大气层结不稳定,绝对水汽含量高,容易产生局地对流性降水。作为典型的河道型水库,蓄水后水体面积扩大,使得其与局地特殊地形相耦合造成水汽与风场的变化,也使得蓄水后降水量呈增加趋势(李艳 等,2011;张静 等,2019)。由于库区所处的地区地形地貌多样,降水空间分布比较复杂,蓄水水位抬升水库上空及沿岸的背风地段降水量会有所减少,但气流迎风坡降水量将增加,因此蓄水后降水总量变化不大,但对降水空间分布会产生一定影响。此外,降水的变化主要受到大气环流水汽输送的影响(陈鲜艳 等,2013),汛期时正值夏季,影响库区的大气环流变化频繁而复杂,大气环流异常的发展也会对降水多寡和落区产生影响。

参考文献

艾泽,常蕊,肖潺,等,2023. 模拟分析揭示三峡水库成库以来的气候效应:局地和近地层,而不是区域[J]. 湖泊科学,35(2):16.

陈鲜艳,宋连春,郭占峰,等,2013. 长江三峡库区和上游气候变化特点及其影响[J]. 长江流域资源与环境,22(11):1466.

陈鲜艳,张强,叶殿秀,等,2009. 三峡库区局地气候变化[J]. 长江流域资源与环境,18(1):5.

高学杰,张冬峰,陈仲新,等,2007. 中国当代土地利用对区域气候影响的数值模拟[J]. 中国科学:D辑,37(3):397-404.

李强,李永华,周锁铨,等,2011. 基于WRF模式的三峡地区局地下垫面效应的数值试验[J]. 高原气象,30(1):83-91.

李艳,高阳华,陈鲜艳,等,2011. 三峡下垫面变化对区域气候效应的影响研究[J]. 南京大学学报(自然科学版),47(3):330-338.

马占山,张强,秦琰琰,2010. 三峡水库对区域气候影响的数值模拟分析[J]. 长江流域资源与环境,19(9):1044-1052.

王中,杜钦,白莹莹,2012. 三峡下垫面变化对重庆气象要素影响的数值模拟[J]. 西南大学学报:自然科学版,34(3):102-109.

吴佳,高学杰,张冬峰,等,2011. 三峡水库气候效应及2006年夏季川渝高温干旱事件的区域气候模拟[J]. 热带气象学报,27(1):44-52.

徐其勇,2018. 基于遥感影像三峡大坝蓄水对库区水域面积的变化分析[D]. 成都:四川师范大学.

鱼艇,朱克云,张杰,等,2015. 三峡水库对宜昌地区天气影响的数值模拟[J]. 成都信息工程学院学报,30(4):378-384.

张洪涛,祝昌汉,张强,2004. 长江三峡水库气候效应数值模拟[J]. 长江流域资源与环境,13(2):133-137.

张静,刘增进,肖伟华,等,2019. 三峡水库蓄水后库区气候要素变化趋势分析[J]. 人民长江(3):5.

CHANG R,LUO Y,ZHU R,2020. Simulated local climatic impacts of large-scale photovoltaics over the barren area of Qinghai,China[J]. Renewable Energy(145):478-489.

CUI T,CHEN X,ZOU X,et al ,2020. State of the climate in the Three Gorges Region of the Yangtze River basin in 2020[J]. Atmospheric and Oceanic Science Letters,15(2):9-14.

GAO X,LUO Y,LIN W,et al,2003. Simulation of effects of land use change on climate in China by a regional climate model[J]. Advances in Atmospheric Sciences,20(4):583-592.

LI Y,WU L G,CHEN X Y,et al,2019. Impacts of Three Gorges Dam on regional circulation:A numerical simulation[J]. Journal of Geophysical Research:Atmospheres,124(14):7813-7824.

LI Y,ZHOU WC,CHEN XY,et al,2017. Influences of the Three Gorges Dam in China on precipitation over surrounding regions[J]. Journal of Meteorological Research, 31 (4):767-773.

MILLER N L,JIN J,CHIN-FU TSANG,2005. Local Climate Sensitivity of the Three Gorges Dam[J]. Geophysical Research Letters(32):L16704.

SAHA S,MOORTHI S,WU X,et al,2014. The NCEP Climate Forecast System Version 2 [J]. Journal of Climate(27):2185-2208.

SUN H,LUO Y,ZHAO Z,et al,2018. The impacts of Chinese wind farms on climate[J]. Journal of Geophysical Research:Atmosphere(123):5177-5187.

WU L,ZHANG Q,JIANG Z,2006. Three Gorges Dam affects regional precipitation[J]. Geophysical Research Letters,331(13):338-345.

第 6 章

三峡地区重大异常气候事件成因分析

6.1 引言

在全球变暖的气候背景下,极端事件频繁发生,并且未来其发生频率、发生强度以及持续时间还会继续增强。近年来,长江流域、三峡地区的周边极端事件发生频率、持续时间和范围都在增加,长江流域和三峡地区的极端气候,与三峡水利工程有没有关系?有多大关系?这些问题尽管在第一次的阶段报告中已经有了初步的解析和揭示,但随着全球气候变暖背景下,我国旱涝灾害加剧以及频发,科学家、社会公众依然非常关注和关心三峡水库周边不同时间尺度上的气候异常事件。

影响三峡地区气候演变的主要因素,既有全球气候变暖大背景的影响,也与自身特殊的地形有关,但大气环流异常是最直接和最主要的原因,同时也明显受到外强迫因子(如海温、积雪等)的影响。

6.2 三峡地区气候主要影响因子

6.2.1 地形影响

地形、地势是影响天气变化及气候形成过程的重要因素之一。河谷地形效应使最高温度的增幅最大,最低温度的增幅最小,故气温日较差增大,从年变化看,地形使气温的增幅冬半年最大,夏半年最小(甚至降低),即年较差缩小;降雨量、降雨日数和暴雨日数多为北坡(江南)多于南坡(江北),上游受秦岭阻挡且地形崎岖,风力小。

地形对三峡地区温度产生的影响。三峡河谷受山脉阻隔,具有明显的温度效应,而且地形的温度效应对不同温度项目表现是不一样的,大多数情况下,三峡坝区由于地形封闭、风速小,日出升温后热量不易散失,使河谷地区的最高气温升高;冬季三峡河谷相对温暖,因此极少冰雪、霜冻,山区日落后由于地面长波辐射冷却,使坡面冷空气下沉,山区河谷地带最低气温相对较低,即地形温度效应造成气温的日较差增大;对于平均气温而言,使冬半年变暖,夏半年变凉,即气温的年变化趋缓;从增(降)温幅度看,冬季使平均气温升高、最高气温升高,夏季则使平均气温降低、最低气温降低(杨荆安 等,2002)。

研究得到,同一时间河谷地形效应使最高温度的增幅最大,最低温度的增幅最小,故气温日较差增大;从年变化看,地形使气温的增幅冬半年最大,夏半年最小(甚至降低),即年较差缩小(张强 等,2005)。

地形对三峡地区降水存在影响。峡谷地形对谷坡上部和下部暴雨的增幅作用机制。一般随着海拔高度增加,24 h 最大降雨量增加。由于短时局地强降雨与地形地貌下垫面状况和局地小尺度天气系统等因素有关,该指标随高度变化不是简单的线性关系,往往峡谷地形对谷坡上、下部暴雨都有明显的增幅作用,但作用机制不同。即在其暴雨期的迎风坡和白天,当谷坡上下同时发生暴雨时,由于气流爬坡抬升作用和白天沿坡上升的局地环流,平均说来,在谷坡上的暴雨强度可比谷底增加;在暴雨期的夜间,当谷坡上下同时发生暴雨时,由于夜间局地冷迳流、狭管效应及过山回流的原因,谷坡下部与上部的暴雨强度差随各地地形高差增大而增大,即地形高差越大或谷地愈深,谷坡下部的暴雨强度可比上部增大(陈正洪 等,2005;彭乃志等,1996)。

一般来说,同一高度的南坡降雨量总多于北坡,但因三峡河谷地形切割显著,带有水汽的南来气流越过南边的山体后,在三峡河谷出现一个背风向的雨影区,从江南向江北雨量逐渐减少,从而出现了长江以南(北坡)降雨大于长江以北(南坡),北坡全年多出南坡 213.4 mm,达总量的 19.1 %。其中 3—8 月增幅明显大于 10 月—次年 2 月,全年各月增幅相对值差别大,规律不明显。降雨日数和暴雨日数多为北坡(江南)多于南坡(江北),此与降雨量分布特征一致(陈正洪 等,2005)。

此外,暴雨日数的分布与地形条件以及海拔高度之间具有较好的对应关系,表现为沿长江为暴雨事件低值地带,随海拔高度升高暴雨日数逐渐增加。这表明,在夏季风控制的环流背景下,暴雨日数的地域性分布差异与局地地形特征密切相关(郭渠 等,2011)。

6.2.2　大气环流影响

三峡地区是长江流域的一部分,是我国气候敏感区域之一。夏季长江流域降水量变化大,最多降水量是最少降水量的 2 倍,导致降水量异常的有前期冬季的因子和春季的因子:冬季影响因子主要包括海温、青藏高原积雪等外源强迫因子;而春季影响因子主要体现在北极涛动(北半球中纬度气压和高纬度气压此消彼涨的一种跷跷板现象)、西北太平洋副热带高压等大气环流的异常,其中冬季海温、积雪和贝加尔湖地表气温通过影响东亚夏季风环流系统,进而对夏季长江流域特别是长江中下游地区降水产生影响。长江上游在有的年份也出现很严重的秋汛或干旱,秋汛期降水异常则主要受到西风急流、副热带南印度洋偶极子(热带西印度洋和赤道东南印度洋的平均海表温度的距平之差)和赤道中东太平洋海温异常的影响。根据多年的业务和科研的研究成果,国家气候中心总结出了影响长江流域夏季降水异常的多因子概念模型(图 6.2.1),即赤道太平洋和印度洋海温异常(厄尔尼诺和拉尼娜)、西太平洋副高的强弱、亚洲夏季风、高原积雪和热状况、北极海冰等因子在不同时间尺度上的异常,共同影响了东亚大气环流的异常,进而导致长江流域地区(包括三峡地区)的旱涝灾害的发生和发展。

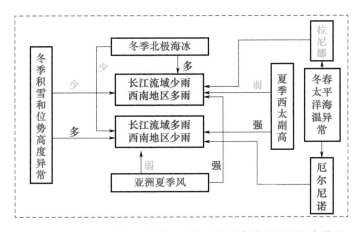

图 6.2.1　影响夏季长江流域(三峡)降水异常的多因子概念模型

6.2.3　典型旱涝年大气环流

　　根据 1961—2021 年三峡地区夏季降水量距平百分率异常(图 6.2.2),各选取降水序列的最多和最少的前十名作为三峡地区夏季旱涝典型年(涝年:1998 年、2020 年、1980 年、1982 年、1983 年、2016 年、2007 年、2021 年、2008 年、1984 年;旱年:2006 年、2012 年、1966 年、2001 年、1972 年、1992 年、1961 年、1990 年、1976 年、2018 年),通过对 500 hPa 位势高度距平和 850 hPa 环流风场距平的合成结果做旱涝典型年环流的对比分析,得出以下结论。

　　典型旱涝年北半球欧亚 500 hPa 位势高度距平基本呈相反分布(图 6.2.3),涝年东亚自北向南呈"+-+"的距平中心分布,副高偏强、偏西,而旱年呈相反的"-+-"分布,副高偏弱、偏东。

　　典型旱涝年 850 hPa 风场距平在欧亚也呈相反分布(图 6.2.4),涝年副热带反气旋式距平风场明显,夏季风正常偏弱,全国降水呈"南北少中间多"分布,而旱年副热带气旋式距平风场明显,夏季风偏强,全国降水呈"南北多中间少"形态分布。

　　涝年 850 hPa 风场距平显示三峡地区风场为南北风交汇区,旱年三峡地区风场呈现南风距平异常强,南北风交汇区在我国西北。

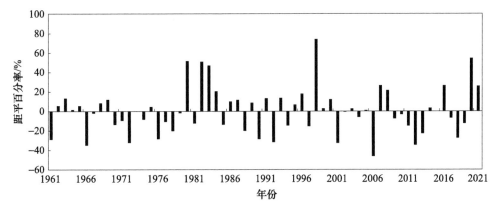

图 6.2.2　三峡地区夏季降水量距平百分率历年变化(1961—2021 年)

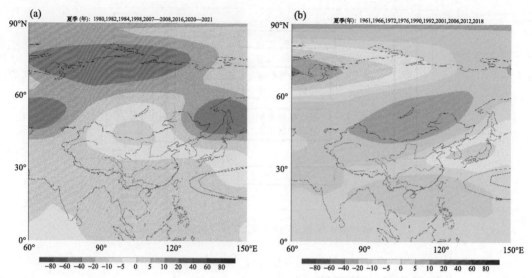

图 6.2.3　1991—2020 年旱涝典型年夏季 500 hPa 距平环流(单位:gpm)
(a:涝典型年;b:旱典型年)

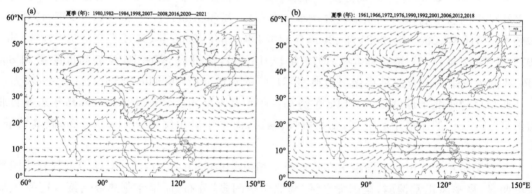

图 6.2.4　1991—2020 年旱涝典型年夏季 850 hPa 距平风场(单位:m/s)
(a:涝典型年;b:旱典型年)

6.2.4　典型高温年大气环流

2022 年,三峡地区乃至我国南方大部地区都出现极端高温,图 6.2.5 是三峡地区 1961—2022 年夏季平均气温和高温日数历史曲线,夏季平均气温没有明显的年代际变化,高温日数呈微弱的增长趋势。

由图 6.2.5 可以看出,三峡地区夏季平均气温(柱状)与高温日数(折线)有很好的对应关系,两者的相关系数高达 0.94,远超 95％置信度。从 1961—2022 年中选出夏季平均气温超过 28 ℃,高温日数超过 40 d 的年份,共有 4 年,分别是 2022 年、2013 年、2006 年和 1961 年,这 4 年的夏季平均气温和高温日数见表 6.2.1。

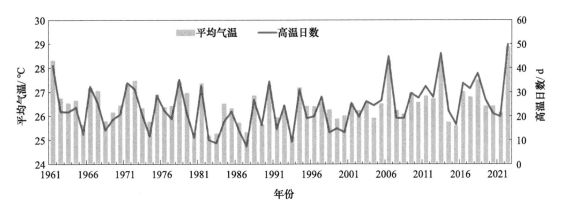

图 6.2.5　三峡地区夏季平均气温和高温日数历史曲线(1961—2022 年)

表 6.2.1　三峡地区夏季平均气温和高温日数排名(1961—2022 年)

排名	平均气温		高温日数	
1	2022 年	28.85 ℃	2022 年	49.7 d
2	1961 年	28.29 ℃	2013 年	45.9 d
3	2006 年	28.28 ℃	2006 年	44.7 d
4	2013 年	28.26 ℃	1961 年	41.0 d

因 1961 年的资料不足,选取 2006 年、2013 年和 2022 年 3 个典型高温年做对比分析。图 6.2.6 是 2006 年、2013 年和 2022 年夏季 500 hPa 高度距平场,可以清楚地看到,这 3 年 500 hPa 距平环流形势非常接近,具有相似的特征。东亚地区自北向南基本呈现"－＋－"距平分布,50°—60°N 为负距平控制,25°—40°N 为正距平控制,虽然正距平中心位置 3 年都略有不同,但中低纬度的正距平带很清晰,20°N 以南地区转为负距平或弱的正距平控制,这样的环流配置结构,导致中高纬地区以纬向环流为主,西风带环流较为平直,冷空气活动偏北,冷空气难以进入我国南方地区。在低纬地区,西太平洋副热带高压面积偏大、强度偏强、西伸脊点偏西,2022 年副高偏强偏西的特征明显强于 2013 年和 2006 年。同时我们还注意到,这 3 年夏季伊朗高压也明显强盛,西亚至我国青藏高原与我国东部的正距平带连成一片,在这样的大气环流条件下,我国南方大部地区受副热带高压和大陆高压的影响,南方地区上空整体盛行下沉气流,天空晴朗少云,白天在太阳辐射的影响下,近地面加热强烈,造成了较大范围的持续性高温天气。

与蓄水初期的 2006 年和 175 m 蓄水启动的 2013 年相比,2022 夏季 500 hPa 距平环流形势与前两个年份非常接近,具有相似的特征。低纬地区,西太平洋副热带高压面积偏大、强度偏强、西伸脊点偏西;伊朗高压强盛,西亚至我国青藏高原与我国东部的正距平带连成一片。在这样的大气环流条件下,我国南方大部地区受副热带高压和大陆高压的影响,南方地区上空整体盛行下沉气流,天空晴朗少云,白天在太阳辐射的影响下,近地面加热强烈,造成了较大范围的持续性高温天气。水位的变化,并不能影响高空的大气环流,因而蓄水前后库区及周边大范围极端高温天气与蓄水无关。

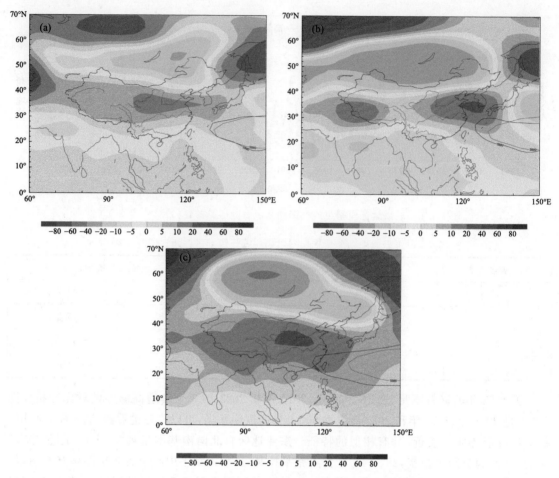

图 6.2.6 2006 年(a)、2013 年(b)、2022 年(c)夏季 500 hPa 高度距平场(单位:gpm)

由于这 3 个三峡地区高温典型年处在三峡工程建设运行的不同阶段,对比分析也能够在一定程度上反映和验证三峡工程的建设对三峡地区夏季气温尤其是高温发生的影响主要还是归因于大气环流条件,与三峡工程的建设无明显关系。

6.3 长江上游降水异常的主要影响因子

表 6.3.1 给出了长江上游流域夏季极端降水气候事件表。

表 6.3.1 长江上游流域夏季极端降水气候事件表

	极端多雨气候事件年份(面雨量/mm)	极端少雨气候事件年份(面雨量/mm)
夏季	2020 年(670.1)、1998 年(623.4)、1984 年(559.5)、1983 年(554.3)、1980 年(552.9)	2006 年(313.4)、1972 年(346.7)、1997 年(366.8)、1994 年(386.4)、2011 年(386.7)

从极端多雨年 500 hPa 高度距平合成场可以看到,东亚地区从高纬到低纬表现为典型的"十一十"的遥相关距平型,东亚中高纬地区有两个正距平中心,分别位于乌拉尔山地区和鄂霍

次克海地区,表明阻塞高压发展;东亚中低纬地区是一个明显的负距平带,即从贝湖南部延我国东北至日本一带高度偏低,表明中纬度低槽十分活跃;30°N 以南的西太平洋地区高度场显著偏高,偏高的范围还往西包括南海及中南半岛地区,说明西太平洋副热带高压偏强,位置偏西,西太平洋副高面积偏大,强度偏强,脊线位置正常偏南的状态。

700 hPa 风场形势能够在一定程度上表征水汽及冷暖空气输送。从合成图可见,水汽主要来自南海上空的由西南向东北的异常输送,另一支水汽来自我国北方,为由北向南的异常输送,这两支异常的水汽输送在长江流域汇合;另外,由于副高偏南偏西,热带季风偏弱,在 15°N以南的亚洲地区,有异常的偏东气流水汽输送,而来自印度洋的水汽输送偏弱(图 6.3.1)。

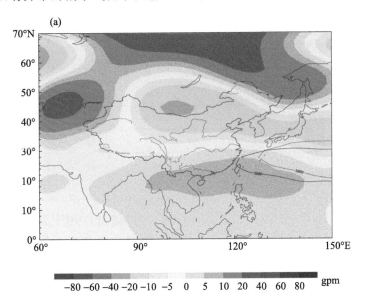

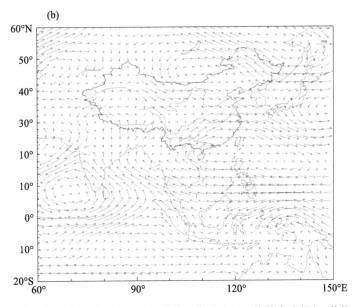

图 6.3.1 夏季长江上游极端多雨气候事件同期 500 hPa 位势高度场(a,单位:gpm)和
700 hPa 矢量风场(b,单位:m/s)距平合成图

从副热带环流指数来看，1984年与其他4年的指数表现相反，其他4年表现为全流域呈现极端多雨，西太平洋副热带高压强度异常偏强、偏大，西伸脊点偏西，高原高度场偏高，印缅槽偏弱，东亚夏季风偏弱，而1984年各指数均与之相反。指数也说明在全流域降水大部偏多的情况下上游水汽输送主要来自于南海和西太平洋地区。而1984年为上游降水异常偏多，而中下游降水偏少，其环流特征主要表现为中下游降水偏少，西太平洋副高强度偏弱、面积偏小、脊线偏北、西伸脊点偏东，东亚夏季风偏强，印缅槽偏强、高原高度场偏低（表6.3.2）。

表6.3.2　夏季长江上游极端多雨气候事件同期环流指数距平值

环流指数	2020年	1998年	1983年	1980年	1984年
西太平洋副热带高压强度距平/hPa	86.8	70.7	43.9	29.5	−64.8
西太平洋副热带高压面积	277.4	233.2	107.2	81.6	−187.3
西太平洋副热带高压脊线距平/°	0.9	−2.0	−1.4	−1.0	1.9
西太平洋副热带高压西伸脊点距平/°	−17.0	−10.8	−8.2	−4.4	11.2
青藏高原高度场距平/gpm	32.8	29.7	12.2	12.7	−17.5
印缅槽距平/gpm	1.3	33.1	24.3	2.4	−24.4
东亚夏季风距平	−0.6	−2.0	−1.3	−1.7	1.4

海洋对我国夏季降水的影响主要为间接作用，海洋通过作用于大气环流的一些关键成员，而引起我国夏季降水的异常。从前期冬季至同期夏季极端多雨年海表温度距平合成场上可见，中东太平洋处于暖水位相，春季暖水范围减小，到了夏季转为冷水位相，说明涝年中东太平洋海温处于El Niño的衰减阶段（图6.3.2）。从El Niño事件也可知，1983年和1998年是历史上极强的两次El Niño事件，2020年上年秋末出现一次弱的El Niño过程维持到当年初春，1980年在上年秋季出现一次弱的El Niño过程维持到当年初夏，但未达到El Niño事件标准。而1984年则是出现了一次弱的La Nina过程，与其他4年海温特征不一致。

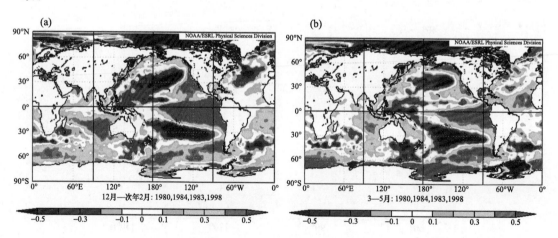

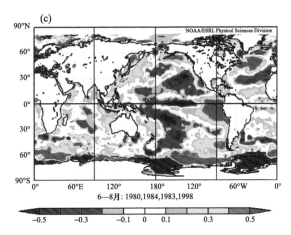

图 6.3.2　长江上游极端多雨气候事件前期冬季(a)、春季(b)、同期夏季(c)
海温距平合成图(若是用 NCEP 数据,应需注明)

从前期冬季的海温指数来看,几个极端多雨气候事件年份比较一致的指数为副热带南印度洋偶极了(TIOD)冬季均表现为负值(表 6.3.3)。根据(肖子牛 等,2002)研究表明,当热带印度洋偶极子处于正位相时,赤道印度洋东风距平,Walker 环流(沃克环流)减弱,西南季风偏弱,西太平洋副高偏强偏西偏南,这与前面分析的环流特征比较一致。热带印度洋全区一致海温模态与赤道中东太平洋有 El Niño 事件关系密切,当 El Niño 发展时,在冬季至次年春、夏季,热带印度洋海温往往表现为全区一致增暖,与 2020 年、1998 年和 1983 年的印度洋海温一致。热带印度洋全区一致增暖(变冷)通过海气相互作用激发赤道印度洋—西太平洋异常 Walker 环流圈,加强(减弱)西太平洋副热带高压的强度,进而有利于南海夏季风爆发的推迟(提前)。由此,热带印度洋全区一致海温模态对维持 ENSO 对第二年南海夏季风爆发的影响起到了重要的传递作用。(庞铁舒 等,2021)研究表明,当秋季 TIOD 增强,长江上游大部地区年降水偏多,其中夏季长江上游流域大部降水增多,且除金沙江和乌江流域小部分地区外降水均显著增多,反之排清。秋季 TIOD 对次年长江上游年径流量多寡的影响,是通过调制降水,尤其是夏季降水来实现的。当秋季 TIOD 增强时,赤道印度洋海温呈东西"－＋"分布,其中偏暖区延伸至南北纬 20°,偏冷区与西太平洋的偏冷区相通。赤道印度洋至西太平洋上空激发出增强的 Walker 型环流,中心位于印度洋正上方。随着时间的发展,暖性 Kelvin 波产生并向东传播,印度洋偏暖区以及冷暖海温差异中心东移。至次年夏季,西印度洋暖海温中心移动至东印度洋边缘至南海区域,偏冷海温区东退至日界线附近。印度洋上空增强的 Walker 型环流消失,高层转为偏东气流与 105°E 附近加强爬升的气流相连。与此同时,105°E 以东的 Walker 环流加强,高层为西风,400 hPa 以下为深厚的东风区。高低空环流相互耦合并配合科氏力的影响,赤道以北副热带地区负涡度增强,西太平洋副热带高压偏大偏强,异常反气旋北扩,系统外围的西南气流加强南海和孟湾水汽的输送,使得次年夏季长江上游全流域处于水汽辐合上升区,降水显著偏多,从而影响了长江上游年径流量的多寡。

虽然青藏高原积雪指数在极端年份中表现的不一致,2020 年、1998 年和 1983 年为异常偏多,1980 年和 1984 年为异常偏少,但是从前人研究中可知,青藏高原积雪偏多,夏季风偏弱,有利于长江上游降水偏多。

表6.3.3　夏季长江上游极端多雨气候事件前期(冬季)海温和积雪指数

指数	2020年	1998年	1983年	1980年	1984年
热带印度洋海温/℃	0.5	0.5	0.1	−0.1	−0.4
热带印度洋海温偶极子/℃	0.5	0.5	−0.3	0.2	0.0
副热带南印度洋偶极子/℃	−1.8	−0.7	−0.9	−0.6	−0.6
Nino3.4/℃	0.45	2.2	2.1	0.3	−0.5
黑潮区海温/℃	1.1	0.6	0.2	−0.2	−0.8
西风漂流区海温/℃	1.0	−0.5	−0.1	0.2	−0.7
大西洋海温三极子/℃	0.7	−1.3	1.1	−0.3	0.0
青藏高原积雪面积/(10^6 km²)	56.3	37.8	33.5	−48.2	−30.4
欧亚积雪面积/(10^6 km²)	−2.0	0.2	0.4	−0.9	−0.7

从上游极端少雨年的夏季500 hPa高度场距平合成来看,东亚中高纬地区为负距平区,表明阻塞高压不显著,东亚地区从高纬到低纬表现为典型的"－＋－"的遥相关距平型,鄂海为负距平中心,在我国华北至日本为正距平中心,表明大陆高压偏强,30°N以南为负距平,西太平洋副热带高压面积偏小、强度偏弱、西伸脊点偏东。

在700 hPa矢量风场上,西太平洋副高的南边盛行东风气流,而西北边缘则盛行西南气流,当副高偏东、偏北,我国南海地区为气旋性环流,副高西南向水汽输送减弱而东风水汽输送增强,整个上游水汽输送偏东,表现为南海南部至菲律宾地区水汽输送偏强,同时,阿拉伯海至印度半岛中部为异常气旋性环流,也使得印度季风槽显著偏弱,孟加拉湾附近的水汽向我国西南地区输送偏弱。西南地区东部出现近似由北向南的水汽输送异常,表明与常年相比,长江上游地区来自南方的暖湿,水汽输送有所减弱(图6.3.3)。

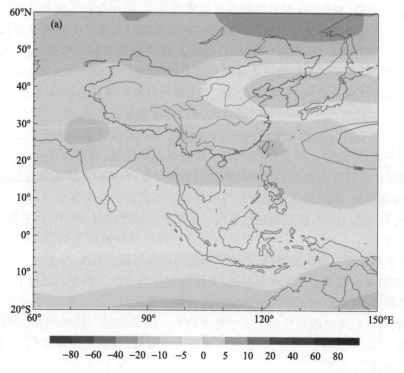

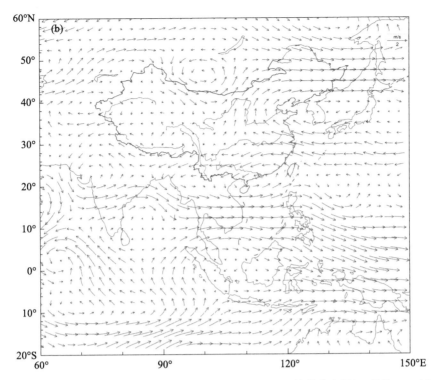

图 6.3.3　夏季长江上游极端少雨气候事件同期 500 hPa 位势高度场(a,单位:gpm)和
700 hPa 矢量风场(b,单位:m/s)距平合成图

从夏季环流指数上可以看到,西太平洋副热带高压强度偏弱,面积偏小,脊线偏北,西伸脊点偏东,东亚夏季风偏强,说明来自于南海和西太平洋地区的水汽输送偏弱。高原高度场偏高,印缅槽偏强,其中 2006 年各指数与其他年份不同(表 6.3.4)。

表 6.3.4　夏季长江上游极端少雨气候事件同期环流指数距平值

环流指数	2006 年	1972 年	1997 年	1994 年	2011 年
西太平洋副热带高压强度距平/hPa	18.9	−65.2	−6.5	−16.8	−0.4
西太平洋副热带高压面积距平	52.4	−182.1	−54.7	−62.1	32.1
西太平洋副热带高压脊线距平/°	1.0	0.2	−1.0	3.0	1.5
西太平洋副热带高压西伸脊点距平/°	−8.6	14.6	−4.7	1.0	1.7
青藏高原高度场距平/gpm	23.5	−65.8	0.5	7.2	−1.0
印缅槽距平/gpm	1.4	−31.0	10.1	−19.1	−5.8
东亚夏季风距平	0.2	1.7	1.2	1.2	0.04

从前期冬季至同期夏季极端少雨年海表温度距平合成场上可见,冬季赤道中东太平洋负距平异常,春季负距平异常减弱,夏季转为正距平异常,从 Nino3.4 海温指数上一年 1 月至当年 12 月的演变曲线可见,都为 La Nina 衰减年,即在前期冬季达到峰值,春季结束,夏季开始转为 El Niño 状态。热带印度洋海温也为负距平异常,青藏高原积雪面积偏小,其中 2011 年

偏大,影响的区域主要是长江中下游地区(图 6.3.4)。夏季长江上游极端少雨气候事件前期(冬季)海温指数见表 6.3.5。

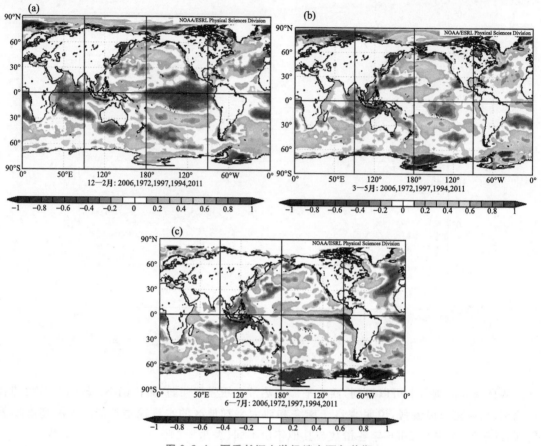

图 6.3.4　夏季长江上游极端少雨年前期
冬季(a)、春季(b)、同期夏季(c)海温距平合成图

表 6.3.5　夏季长江上游极端少雨气候事件前期(冬季)海温和积雪指数

指数	2006 年	1972 年	1997 年	1994 年	2011 年
热带印度洋海温/℃	−0.1	−0.3	−0.2	−0.2	0.0
热带印度洋海温偶极子/℃	−0.4	0.3	−0.1	−0.1	0.1
副热带南印度洋偶极子/℃	0.5	−0.4	0.2	0.4	0.6
Nino3.4/℃	−0.9	−0.8	−0.5	0.1	−1.4
黑潮区海温/℃	−0.3	0.0	−0.1	−0.1	−0.3
西风漂流区海温/℃	−0.3	0.6	0.0	−0.2	1.2
大西洋海温三极子/℃	−1.0	0.6	−0.4	1.7	−1.8
青藏高原积雪面积/(10^6 km^2)	−14.0		−4.3	−10.5	17.3
欧亚积雪面积/(10^6 km^2)	1.1		−0.7	−0.1	1.4

6.4　三峡地区蒸发对降水的贡献

三峡大坝的建造形成开阔的水面,改变了库区下垫面的性质,也在一定程度上改变了库区及周边地区的能量和水分平衡状态,更多的水分蒸发形成水汽扩散到大气中。蒸发的水汽以降水的形式再次返回本地的过程称之为水分再循环,属于水文大循环的重要组成部分之一。水分再循环将蒸发、降水和水汽输送等水文要素有机联系起来,可清晰地回答降水的来源问题,为土地利用变化、库区水面面积变化等人类活动条件下区域水资源的开发利用、极端降水来源判断等提供理论依据。同时,水分再循环也是评估陆—气反馈作用的一种度量,其时空分布可以用于评估大气水分的补偿机制,更精细地评估陆—气水量平衡及其动态演变特征。以三峡库区水分再循环为研究目标阐述库区蒸发对本地降水的贡献。

6.4.1　水分再循环基本理论

水汽输送、降水、蒸发和径流是水循环过程的主要环节,各环节遵循水量平衡方程(Oki et al.,1995):

$$\frac{\partial W}{\partial t} + \frac{\partial W_c}{\partial t} = -\nabla_H \cdot \vec{Q} - \nabla_H \cdot \vec{Q_c} + (E - P) \tag{1}$$

$$\frac{\partial S}{\partial t} = -\nabla_H \cdot \vec{R_o} - \nabla_H \cdot \vec{R_u} - (E - P) \tag{2}$$

公式(1)为大气水汽守恒方程,式中 t 为时间;W 为大气水汽含量,也称大气可降水量;W_c 为大气液态和固态水分含量;∇_H 为水平散度;$\vec{Q}$ 为水汽输送通量;$\vec{Q_c}$ 为大气液态和固态水分输送通量;E 为蒸散发;P 为降水。公式(2)为地表水量平衡方程,式中 S 为下垫面蓄水量(包括土壤水及地下水等);$\vec{R_o}$ 为地表径流量;$\vec{R_u}$ 为地下径流;其他符号同方程(1)。在时间尺度和空间尺度允许的情况下,上述方程的某些变量可忽略(Schaake et al.,1996;Trenberth et al.,2007)。水量平衡方程是全球及区域/流域尺度的水循环研究的基础方程,水循环各项要素是否闭合也是检验各类水文模型、气候模式精确性的基本准则之一。

降水由大气水汽凝结而成,对某一区域来讲,大气水汽的来源无外乎本地蒸发和外部水汽输入两部分。公式(1)各变量可根据水分来源的差异划分为再循环和外循环两部分:

$$\begin{cases} W = W_m + W_a \\ Q = Q_m + Q_a \\ P = P_m + P_a \\ E = E_m + E_a \end{cases} \tag{3}$$

各式中,下标 m 表示来源于区域内部,下标 a 表示水分来源于区域外部(对于蒸发,E_m 表示蒸发的水分中形成本地降水的部分,E_a 表示蒸发的水分中输出至区域外的部分)。

若忽略大气中量级较小的液态和固态水分含量 W_c 及其输送通量 $\vec{Q_c}$,则方程(1)可拆分为两部分(Eltahir et al.,1994):

$$\begin{cases} \dfrac{\partial W_a}{\partial t} = I_a - O_a - P_a \\[2mm] \dfrac{\partial W_m}{\partial t} = I_m - O_m + E - P_m \end{cases} \tag{4}$$

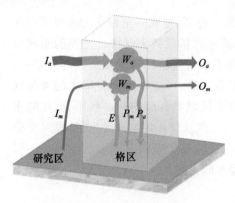

图 6.4.1　水分再循环示意图

式中,I 表示水汽输入,O 表示水汽输出,其他符号同前。公式(1)中的水汽输送通量散度在公式(4)中表示为计算单元边界处的水汽输入和水汽输出之差,此处"计算单元"指研究区内部的小范围区域。由于常用气象数据大都为具有一定分辨率的格点资料,因此常设定四个格点包围的四边形为一个计算单元,称之为"格区(Grid cell)"(图 6.4.1)。

水分再循环的大小可用本地蒸发的水分产生的降水占总降水的比例来衡量,称之为降水再循环率。由本地蒸发形成的降水称之为再循环降水,也称为内循环降水(Lettau at al.,1979),与之对应的即为由外部输入的水分形成的降水,称之为外循环降水。降水再循环率可表示为:

$$\rho = \frac{P_m}{P_m + P_a} = \frac{P_m}{P} \tag{5}$$

需注意的是,某一格区的再循环降水包括格区内蒸发水汽形成的降水和格区外研究区内蒸发并输入格区的水汽形成的降水两部分,即研究区内任意位置的蒸发水分形成的某一格区的降水均为该格区的再循环降水。同时,水分再循环的大小也可用形成本地降水的蒸发量占总蒸发量的比例来衡量,称之为蒸发再循环率(Van der ent et al.,2010),即:

$$\varepsilon = \frac{E_m}{E_m + E_a} = \frac{E_m}{E} \tag{6}$$

6.4.2　降水再循环率计算模型

本项研究中,降水再循环率的计算采用 Eltahir 和 Bras(1994)二维模型:

$$\rho = \frac{I_m + E}{I_m + E + I_a} \tag{7}$$

式中,I 为格区水汽输入,下标 m 表示输入格区的水汽来自于研究区内,下标 a 表示输入格区的水汽来自于研究区外;E 为蒸发量。其假设条件为:①大气可降水量 W 的变化相对于蒸发量和水汽输送通量来说是小量($\partial W/\partial t \approx 0$);②大气水汽充分混合,外循环降水量与内循环降水量之比等于大气水汽含量中的平流水汽与蒸发水汽之比。该模型可计算月尺度水分再循环率,并可获得研究区水分再循环率的空间分布。

降水再循环率具有尺度依赖性,即降水再循环率随研究区规模的增大而增加(Brubaker et al.,1993)。为解决这一问题,我们提出一种"等尺度"计算方案,即对于任意格区(i,j)的水分再循环率,其计算范围为周边固定数量的格区组成的区域(Wu et al.,2019)。此处"格区(Grid cell)"表示为 4 个格点包围的四边形区域。采用半径 r 为 10 个格区,则计算范围为周边 253 个格区组成的区域(图 6.4.2),对于三峡库区,每个计算单元的面积尺度约为 16 km²。在等尺度计算方案下,任一格区的再循环降水均来自研究区内相同面积区域的蒸发水汽,整个研究区降水再循环率的空间分布得以更加科学合理的分析。

本项研究中所用资料包括:①中国区域地面气象要素驱动数据集(CMFD)中的 1979—2018 年日降水量产品,CMFD 数据集是以 Princeton 再分析资料、GLDAS、GEWEX-SRB 以及 TRMM 降水资料为背景场,融合中国气象局常规气象观测数据制作而成(He et al.,2020),水平分辨率为 $0.1°×0.1°$。②欧洲中期天气预报中心(ECMWF)发布的第五代再分析数据集 ERA5,水平分辨率为 $0.25°×0.25°$。要素包括:风场、地表气压、比湿、蒸发等。本研究中,一年中以 3—5 月为春季,6—8 月为夏季,9—11 月为秋季,12 月至次年 2 月为冬季。

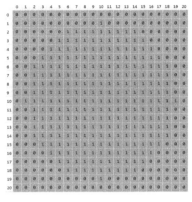

图 6.4.2　水分再循环率等尺度计算方案示意图

6.4.3　水分再循环时空变化

图 6.4.3 给出三峡库区降水再循环率的时间变化。可以看出,三峡库区的降水再循环率平均约为 10.1%,夏季最高平均为 22%,表明三峡库区降水绝大部分来自于区域外部。但其呈现增加趋势,年增加速率为 0.6%/10a,夏季最为明显,达 1.9%/10a,表明库区蒸(散)发对本地降水的贡献正在增加。

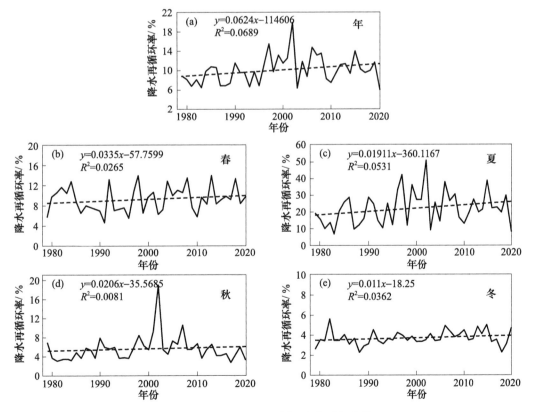

图 6.4.3　三峡库区降水再循环率的时间变化(%)

空间上,三峡库区降水再循环呈现西北高东南低的空间分布特征(图6.4.4)。总体来看,库区长江干流河道北岸再循环相对较高,这可能与库区地形地貌有关。北岸低海拔区域相对较多,下垫面蒸发更多的水汽,则形成本地降水的几率更大,特别是北岸近上游区域,位于四川盆地的东缘,盆地蒸发的水汽收到周边大地形的阻挡,水汽难以输出区外,则形成本地降水的比例相对较高。而库区主干河道南岸,地形以山地、丘陵为主,海拔相对较高,蒸发的水汽量不及北岸,同时高海拔也使得更多的水汽更容易流出区外,则形成本地降水的比例变低。

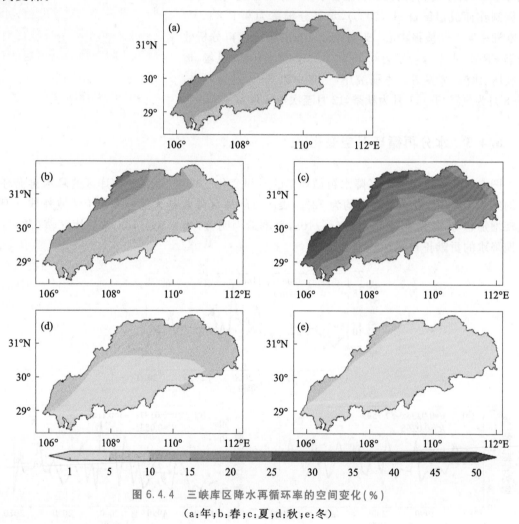

图6.4.4 三峡库区降水再循环率的空间变化(%)

(a:年;b:春;c:夏;d:秋;e:冬)

从全年来看,几乎三峡库区全域降水再循环率均呈现增加的变化趋势,其中中东部区域增加趋势最为明显,中东部大部分区域降水再循环率增加趋势通过了95%置信度水平的显著性检验(图6.4.5)。从四季变化来看,夏季降水再循环率的空间分布主导了年降水再循环率的空间分布,其高低值分布与年降水再循环率变化趋势空间分布基本一致。春秋季全流域降水再循环率均呈增加趋势,但未通过显著性检验。冬季大部分地区降水再循环率呈明显增加趋势,较为明显的地区同样位于中东部。

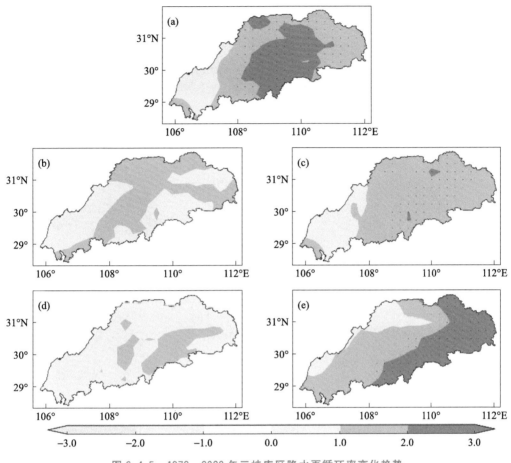

图 6.4.5　1979—2020 年三峡库区降水再循环率变化趋势
(MK 值,黑点表示通过 95% 置信度检验;a:年;b:春;c:夏;d:秋;e:冬)

6.4.4　蒸发变化

降水再循环率的变化是本地蒸发变化和外部水汽输送共同作用的结果。图 6.4.6 给出了三峡库区蒸发量的空间分布情况。可以看出年蒸发量大致在 600~1000 mm,夏季最高为 200~400 mm,春季次之,约为 100~300 mm,秋季约为 100~200 mm,冬季较低,在 100 mm 以内。年和四季蒸发空间差异不大。图 6.4.7 给出三峡库区蒸发量时间变化。在全球变暖的背景下,三峡库区蒸发量呈现较为明显的增加趋势,增加速率为 8.8 mm/10a。主要体现在春季和冬季,增加速率分别为 4.7 mm/10a 和 3.4 mm/10a,而夏季和秋季变化趋势不明显。由于这里我们直接采用了 ERA5 蒸发量,所以并不能精确的判断其增加的原因,但普遍认为气温升高会增加地表水分的蒸发,这也是全球各地水循环加速的证据之一。也有研究认为,气温并不是影响蒸(散)发变化的唯一因素,辐射、风速、云量、下垫面供水条件等多种因素的影响,使得蒸(散)发的变化非常复杂,不同的区域其变化特点也有差异。但库区下垫面性质的变化导致水面的增加显然是蒸发增加的重要原因。

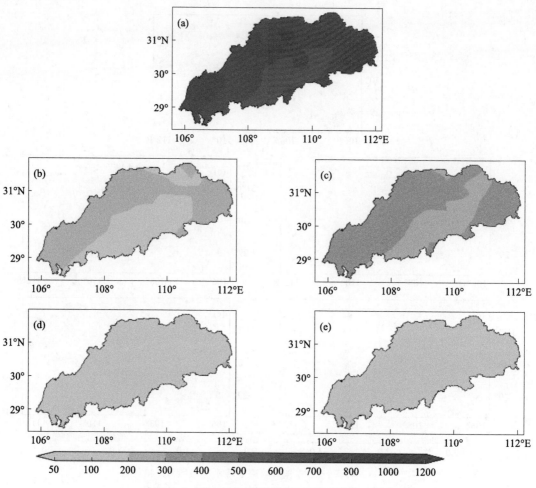

图 6.4.6　长江流域蒸发量空间分布(单位:mm)

(a:年;b:春;c:夏;d:秋;e:冬)

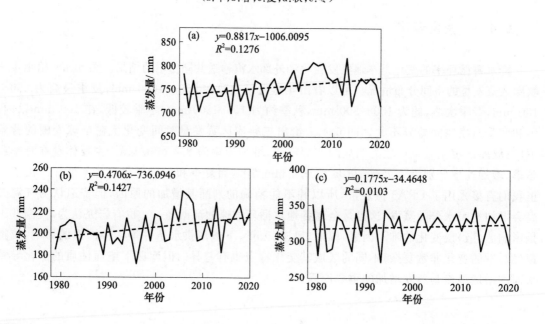

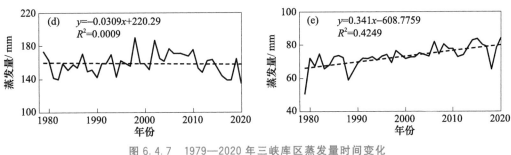

图 6.4.7　1979—2020 年三峡库区蒸发量时间变化

（a:年;b:春;c:夏;d:秋;e:冬）

6.4.5　水汽输送变化

以 107°E 和 110.75°E 两条经线以及 30°N 一条纬线把三峡库区边界划分为东南西北 4 个边界,计算了各边界水汽收支情况。总体来看,三峡库区水汽主要来自于南边界(平均 364.2 km³/a)和西边界(平均 307.5 km³/a),而东边界(平均 461.3 km³/a)和北边界(平均 150.4 km³/a)为水汽输出。近年来南边界和西边界水汽输送通量呈现下降趋势,下降速率分别为 9.6 km³/10a 和 7.1 km³/10a。东边界水汽输出呈现增加趋势,增加速率约为 9.3 km³/10a,北边界变化趋势不明显。1979—2022 年,三峡库区经水汽收支约为 59.9 km³/a,呈现较为明显的下降趋势,下降速率为 9.3 km³/10a,通过 0.05 显著性水平检验(图 6.4.8)。

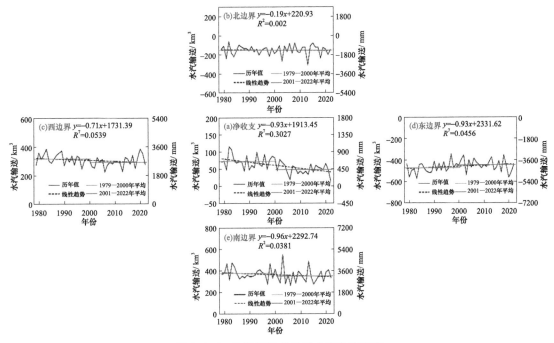

图 6.4.8　三峡库区各边界水汽收支变化

从季节来看,三峡库区夏季净水汽收支最高,约为 26.7 km³/a,春季、秋季基本接近,分别为 16.3 km³/a 和 14.1 km³/a,冬季净水汽收支最低,约为 2.7 km³/a。四季净水汽收支均呈现下降趋势,以夏季最为明显,下降速率为 5.7 km³/10a(图 6.4.9)。

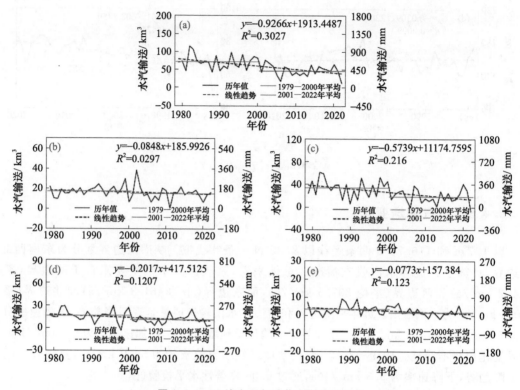

图6.4.9　三峡库区各季节水汽收支变化

(a:年净收支;b:春季净收支;c:夏季净收支;d:秋季净收支;e:冬季净收支)

6.4.6　内外循环降水演变特征及贡献

三峡库区年均降水量约为1253.4 mm(基于CMFD格点数据,1979—2018年),总体呈现减少趋势,减少速率为12.3 mm/10a(未通过显著性检验)。将总降水拆分为内(再)循环降水(P_w)和外循环降水(P_o)两部分。表6.4.1列出三峡库区总降水量(P)、内(P_w)、外(P_o)循环降水的变化情况。可以看出,三峡库区再循环降水(即由本地蒸发水汽凝结形成的降水)约为162.9 mm/a,呈现增加趋势,增加速率约为9.2 mm/10a,外循环降水(由外部输入水汽凝结形成的降水)约为1090.5 mm/a,呈现减小趋势,减小速率约为21.5 mm/10a。

从各季节来看,P_w和P_o的变化具有明显的差异。由于季风气候的典型特点,三峡库区以夏季降水为主,约为552.1 mm/a,占全年的44%。其中,夏季再循环降水约为109.6 mm/a,呈现6.1 mm/10a的增加趋势,夏季外循环降水约为442.5 mm/a,呈现−40.5 mm/10a的减小趋势。库区春季降水约为332.3 mm/a,占全年的26.5%。其中,再循环降水约为33.4 mm/a,呈现微弱增加趋势,外循环降水约为298.8 mm/a,呈现增加趋势,增加速率约为13.4 mm/10a。三峡库区秋季降水约为291.3 mm/a,占全年的23.7%。其中再循环降水约为17.1 mm/a,呈现微弱增加趋势,外循环降水约为274.2 mm/a,也呈现微弱增加趋势。三峡库区冬季降水较少,约为77 mm/a,仅占全年的6.1%。其中,再循环降水仅为2.7 mm/a,外循环降水约为74.3 mm/a。总体来看,三峡库区的降水春、秋季为增加,夏、冬季为减小,由于夏季占比较高,所以主导了年均降水量的变化趋势。其中外循环降水季节变化主导了总降水的变化,而外循环总体来说对总降水的减小趋势起到一定的减缓作用。

表 6.4.1　三峡库区总降水量(P)及内(P_w)、外(P_o)循环降水的变化

	P			P_w			P_o		
	平均值 /mm	变化率 /(mm/10a)	累计变化 /mm	平均值 /mm	变化率 /(mm/10a)	累计变化 /mm	平均值 /mm	变化率 /(mm/10a)	累计变化 /mm
年	1253.4	−12.3	−49.3	1090.5	−21.5	−86.0	162.9	9.2	36.7
春	332.3	14.7	58.9	298.8	13.4	53.4	33.4	1.4	5.5
夏	552.1	−34.4	−137.6	442.5	−40.5	−162.0	109.6	6.1	24.5
秋	291.3	6.8	27.2	274.2	5.2	20.9	17.1	1.6	6.3
冬	77.0	−2.5	−9.9	74.3	−2.5	−10.0	2.7	0.0	0.1

表 6.4.2 给出了三峡库区设计、建设及运行各阶段总降水量(P)及内(P_w)外(P_o)循环降水量的对比,此处初步设计阶段指 1979—1990 年,建设阶段指 1991—2002 年,2003—2009 年为初期蓄水阶段,2010 年至今为 175 m 蓄水阶段。从对内循环降水的年尺度上看,建设阶段、初期蓄水阶段及 175 m 蓄水阶段内循环降水量相较于初步设计阶段均有所增加,但增加并非是线性持续的,在所有时间段中,以建设阶段(1991—2002 年)内循环降水最高,可达 183.3 mm/a,而其后两期蓄水阶段反而比建设阶段略低(图 6.4.10),这表明三峡库区蓄水对内循环降水的影响是复杂的,尽管大坝建设带来库区水面的增加,引起库区蒸发量的增加(由前文可知这一增加是基本线性持续的),但增加的蒸发量并不能等比例的转化为本区的内循环降水。水汽分子在脱离陆表后快速的向大气中扩散,有研究表明,大气分子可以在 15 min 时间内扩散至 1000 m 高空。因此蒸发水汽在与外部来源水汽充分混合后,大部分会随着空气平流运动离开本地。

表 6.4.2　三峡库区各阶段总降水量(P)及内(P_w)、外(P_o)循环降水量的对比

		初步设计阶段 (1979—1990 年)	建设阶段 (1991—2002 年)	初期蓄水阶段 (2003—2009 年)	175 m 蓄水阶段 (2010 年以来)
年	P	1281.9	1236.6	1230.5	1255.6
	P_w	1141.4	1053.3	1056.3	1099.0
	P_o	140.6	183.3	174.3	156.6
春	P	315.0	328.9	341.9	352.3
	P_w	282.5	298.2	304.2	317.3
	P_o	32.4	30.7	37.7	35.0
夏	P	593.0	560.9	534.2	499.9
	P_w	501.8	428.9	420.4	398.6
	P_o	91.2	132.0	113.7	101.3
秋	P	303.0	259.7	264.4	338.8
	P_w	288.4	242.1	245.1	320.9
	P_o	14.6	17.6	19.3	17.9
冬	P	74.6	86.4	84.7	61.5
	P_w	72.2	83.5	81.4	59.1
	P_o	2.4	3.0	3.4	2.4

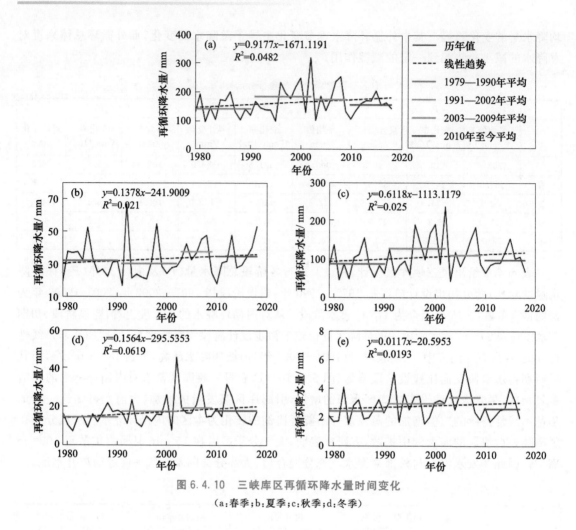

图 6.4.10　三峡库区再循环降水量时间变化

（a：春季；b：夏季；c：秋季；d：冬季）

6.5　重大气候事件的成因解析

2020 年三峡地区气温偏低，降水异常偏多，长江流域发生历史罕见的流域性暴雨。2022 年三峡地区气温异常偏高，降水偏少明显，南方地区发生 1961 年以来最严重的高温干旱事件。2021 年气温和降水的年平均值均接近常年并没有明显异常偏离平均值，但年内出现明显的旱涝急转，主汛期前期降水少，但后期区域性强降水过程频繁，长江流域发生持续"倒黄梅"天气，年暴雨日数为 1961 年以来历史第五多，8 月降水量为历史同期第二多。

6.5.1　2020 年夏季长江流域性暴雨

1. 2020 年长江流域降水实况

2020 年夏季长江流域降水量为 718.4 mm，与 1981—2010 年的气候平均值相比偏多 38.5%，是 1961 年以来历史同期最多值，1951 年以来历史同期第二多（图 6.5.1）。其中三峡地区夏季降水量 796.2 mm,为 1961 年以来历史同期第二多,仅次于 1998 年(898.8 mm)。

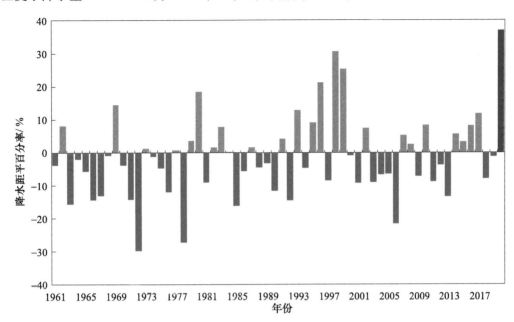

图 6.5.1 长江流域夏季降水距平百分率历年时间序列

长江流域降水多的主要原因是梅雨期降水特别多。按照梅雨监测指标国家标准(GB/T 3367—2017),梅雨监测区为自西至湖北宜昌,东至华东沿海,南段在南岭以北,北抵淮河沿线,又可分为江南区、长江中下游区、江淮区。依据国家气候中心的梅雨监测结果,2020 年我国入梅时间早,出梅时间晚,梅雨期持续时间长,梅雨量大,极端降水事件频发。雨量为 759.2 mm,仅次于 1954 年的 789.3 mm,较常年(343.4 mm)偏多 1.2 倍,为 1961 年以来历史最多(图 6.5.2);同时,梅雨季持续时间长,达 62 d,较常年(40 d)偏长 22 d,与 2015 年并列为 1961 年以来历史最长(图 6.5.3)。各梅雨区的降水均表现出一致的入梅早,出梅晚,雨期长,雨量大的特点(表 6.5.1)。

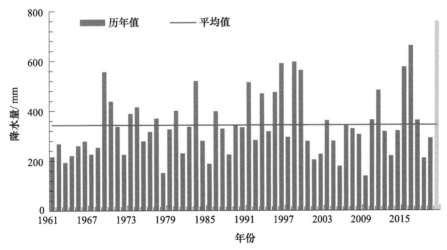

图 6.5.2 1961—2020 年梅雨季降水量历年变化

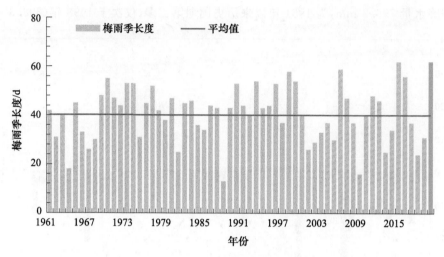

图 6.5.3　1961—2020 年梅雨季长度历年变化

表 6.5.1　我国 2020 年不同地区梅雨的监测信息

区域	年份	入梅时间	出梅时间	梅雨期/d	梅雨量/mm
江南区	2020	6 月 1 日	7 月 11 日	40	615.6
	气候平均	6 月 8 日	7 月 8 日	30	365.4
长江中下游区	2020	6 月 9 日	7 月 31 日	52	753.9
	气候平均	6 月 14 日	7 月 13 日	29	297.7
江淮区	2020	6 月 10 日	8 月 2 日	53	659.0
	气候平均	6 月 21 日	7 月 15 日	24	264.4
		偏早	偏晚	偏长	偏多

从各月降水量来看,6 月我国长江中下游地区降水较常年同期偏多 40%～100%,江淮部分地区偏多 100%以上;7 月降水异常偏多区仍然分布于长江中下游及江南地区,与 6 月相比,7 月的雨带更偏南,主要在长江及以南;8 月我国雨带明显北移至黄河中下游、华北以及东北地区,长江中下游地区降水较常年同期明显偏少(图 6.5.4)。

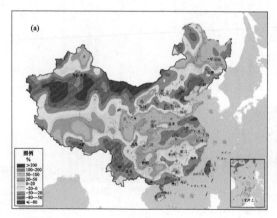

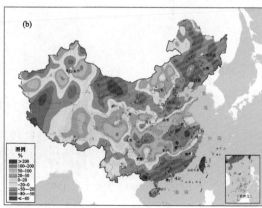

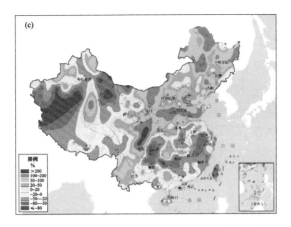

图 6.5.4　2020 年全国 6 月(a)、7 月(b)及 8 月(c)降水距平百分率(%)

　　从整个夏季平均来看(图 6.5.5),长江流域仍呈现出降水的显著偏多,特别是在流域的东部和北部地区。提取出长江流域的 716 个台站的逐年夏季的降水量,构建出长江流域夏季平均累计总降水量的时间序列。显示 2020 年夏季长江流域平均降水量 718.4 mm,比 1981—2010 年历史常年值(518.8 mm)偏多 38.5 %,是 1961 年以来降水最多的。1961 年以来长江流域夏季降水量呈现逐年增加的趋势,但趋势并不显著(图 6.5.6)。

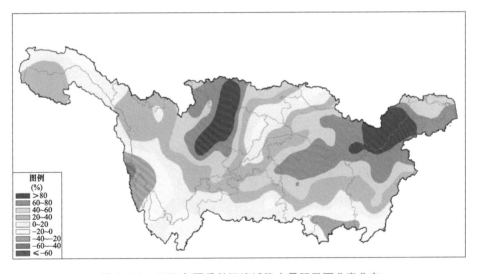

图例
(%)
> 80
60~80
40~60
20~40
0~20
-20~0
-40~-20
-60~-40
< -60

图 6.5.5　2020 年夏季长江流域降水量距平百分率分布

2. 成因分析

(1)西太平洋副热带高压

　　诸多研究发现,长江流域夏季降水异常必然对应着异常的大气环流特征,西太平洋副热带高压的位置、形状和强度是直接决定中国长江中下游地区旱涝的条件之一。2020 年 6—7 月,西太平洋副热带高压(以下简称西太副高)相较于历史同期来说,其面积偏大且强度偏强,其西伸脊点的位置显著偏西(图 6.5.7)。因此 2020 年 6—7 月副热带高压(以下简称副高)在西脊点附近由东南气流转向西南气流的贡献。异常偏西且位置稳定,有利于冷暖空气在江淮流域一带交汇,形成了多次大范围暴雨过程,并且梅雨区水汽输送主要来自副高。

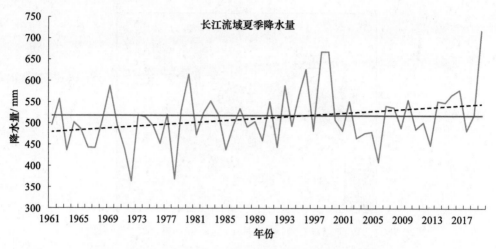

图 6.5.6　1961—2020 年长江流域夏季降水量历年变化

（单位：mm；红色实线为 1981—2010 年平均值，黑色虚线为线性变化趋势）

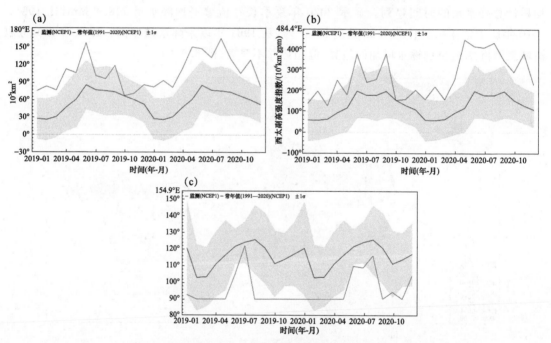

图 6.5.7　2019 年 1 月—2020 年 12 月西太平洋副热带高压面积指数(a)、
强度指数(b)、西伸脊点(c)的月变化

　　副高在 6 月中旬和 7 月中旬前后的两次显著北跳是梅雨开始和结束的标志。当副高脊线位于 18°—26°N 范围时，非常有利于梅雨发生和维持。2020 年梅雨期间西太副高表现出显著的准双周振荡的特征，共经历了 6 次北抬和南落的阶段性变化过程（图 6.5.8）。而我国东部的主雨带位置和强降水过程均与副高脊线的准双周振荡表现出很好的对应关系。西太副高的第一次北抬发生在 5 月 30 日前后，6 月 1 日副高脊线越过 18°N，促使江南区入梅显著偏早。经过短暂的南落和停留后，西太副高于 6 月 8 日再次迅速北抬至 20°N 附近，促使长江中下游区和江淮区分别在 6 月 9 日和 10 日入梅。副高的这两次北抬过程均较常年明显偏早，且振幅偏强。6 月 24 日,副高第三次北抬,并于 6 月 25 日—7 月 10 日期间稳定维持在 20°—23°N,为长江中下游沿江出现持续性强降水过程提供了非常有利的环流条件。7 月中旬,副高再次出现两次波动,对应江淮流域主雨带发生南北跨度较大的摆动,强降水过程频繁。直至 7 月 28—31 日,副高第六次北抬到 26°N 以北,主雨带移出梅雨区。持续近 2 个月的梅雨趋于结束。

由此可见,副高南北位置异常变化是导致 2020 年出现超强梅雨的一个关键环流因子。6 次北抬和南撤的阶段性变化,表现出明显的准双周振荡特征,其周期性变化与梅雨的开始和结束、主雨带的北抬和停滞、强降水过程的发生与维持都有很好的对应关系。

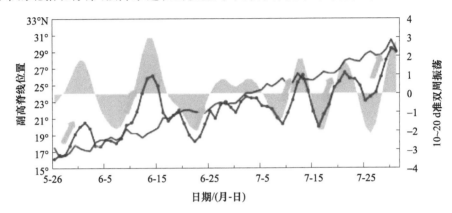

图 6.5.8　2020 年梅雨期间副高脊线位置的逐日变化
(绿色箭头代表北抬过程)

(2)高空大气环流

2020 年 6 月 500 hPa 高度场在中高纬度地区呈现"两脊一槽"的分布型,脊的位置比较靠北,位于乌拉尔山以西和东西伯利亚至鄂霍次克海;槽的位置位于乌拉尔山以东向南延伸至我国新疆地区(图 6.5.9)。我国中东部的北方地区为弱的高压脊,脊前偏北气流有利于北方高空冷空气向我国江淮及长江中下游地区输送(图 6.5.10)。低纬度的西太平洋副热带高压较常年历史同期异常偏西偏强,西太副高脊线的位置稳定在 20°N,其南侧的偏东气流以及西侧偏南气流能够将西北太平洋和孟加拉湾及北印度洋的水汽向我国东部地区输送。

7 月 500 hPa 高度场在中高纬度为"两槽两脊"。槽的位置偏北,主要在乌拉尔山以东和贝加尔湖以北;脊的位置偏南,一个在乌拉尔山,一个在我国东北及以北地区。我国河套地区是一个弱的高压脊,而其下游的江淮和江南地区是一个明显的低压槽,西高东低的配置有利于高空冷空气的南侵。西太平洋副热带高压的位置仍较历史同期异常偏西偏强,并且脊线位置也稳定在 20°N,有利于西太平洋以及孟加拉湾的水汽向我国长江中下游地区输送。与 6 月相比,7 月我国东北地区由低压槽转为高压脊,因此 6 月我国南方的雨带更加偏南,主要在长江以南,而 6 月的雨带主要在江淮地区。

8 月 500 hPa 高度场在中高纬度为"一槽一脊"。脊的位置靠北,位于贝加尔湖以北;槽的位置位于鄂霍次克海。较低纬度的我国新疆至内蒙弱的高压脊区,低纬度的西太平洋副热带高压明显北跳,但其西伸脊点位置仍较常年同期明显偏西,588 线包裹的面积较常年同期明显偏大。由于西太副高北跳,我国长江流域的雨带也北跳至华北和东北地区,长江中下游地区受西太副高主体影响,高温少雨,雨季结束。

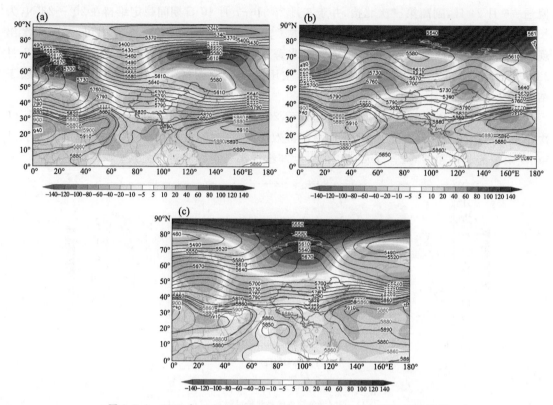

图 6.5.9 2020 年 6 月(a)、7 月(b)及 8 月(c)500 hPa 高度场及距平

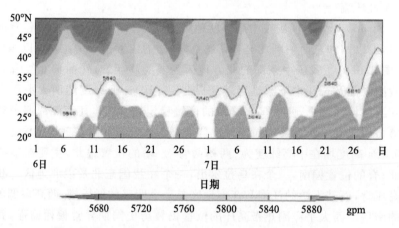

图 6.5.10 110°—125°E 平均 500 hPa 位势高度逐日演变

2020 年 6 月 850 hPa 风场距平显示我国东南沿海至西北太平洋的反气旋式环流(图 6.5.11),这是西太副高压异常偏西造成的,从而使得我国长江中下游尤其江淮地区至东海都有很强的水汽辐合,水汽主要来自西北太平洋(图 6.5.11)。7 月西北太平洋的反气旋式环流仍然很强,虽然反气旋环流中心在日本以东的洋面,但西伸的西太副高仍然促使反气旋式环流影响至我国东南地区,使得西北太平洋水汽从西太副高西南侧转向北上,携带充沛的水汽至我国长江中下游及其以南地区,使得那里的水汽辐合明显。8 月西太平洋反气旋式环流北跳至30°N,这是西太副高北跳的结果,这使得其西侧的偏南气流携带水汽输送至我国华北以及东

北,长江中下游地区受反气旋环流主体的影响盛行下沉气流,雨带移至我国华北和东北地区。值得注意的是,8 月孟加拉湾形成一个明显的反气旋环流,其西侧的偏南气流使得北印度洋和孟加拉湾水汽向我国西南地区和长江上游输送,从而在西南地区和长江中游地区有较强的水汽辐合,造成上述地区的降水较常年同期明显偏多。

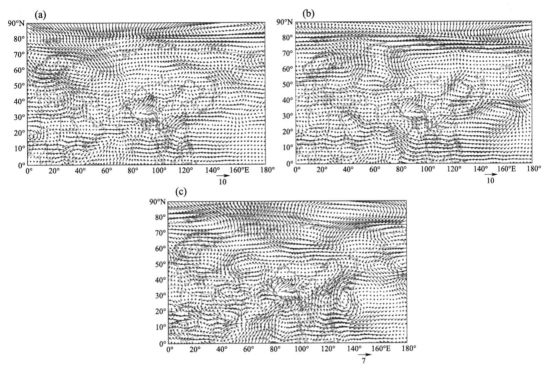

图 6.5.11　2020 年 6 月(a)、7 月(b)及 8 月(c)850 hPa 距平风场(单位:m/s)

（3）水汽输送

来源于低纬度地区暖湿气流的向北输送是梅雨发生和维持的重要水汽条件。2020 年梅雨期间南方低空西南急流活跃,与副高脊线的准双周振荡对应的,共出现了 5 次明显加强北伸的过程。随着西南急流的一次次加强,经向风大值中心北侧的南风经向强梯度带也相应次次向北推进,而降水落区基本位于经向强梯度中。每次南风大值中心的形成,并在其北侧建立经向风强梯度带,都为梅雨期间的暴雨过程提供了有利的低层动力条件,且降水强度与经向风梯度的强弱对应。另外,低空西南急流也是强水汽输送带,它不仅将自来阿拉伯海、孟加拉湾和南海的暖湿气流输送到我国南方,为梅雨的形成提供必要的水汽条件和不稳定能量,而且西南急流北侧的南风经向强梯度带还促成了源自低纬地区的水汽在此区域的强烈辐合(图 6.5.12),上升运动发展,促使西南季风气流的不稳定能量释放,为梅雨的形成提供了必须的动力条件。西南急流的周期性不断加强、南风大值中心的反复建立和位置的相对稳定,使得低层水汽输送一次次加强、辐合上升运动反复发展,从而导致梅雨不仅长时间持续,并且期间暴雨过程也频频发生。

我国东部地区 500 hPa 冷空气活动逐日变化可以清楚看到,冷空气多次南下入侵到 30°N 附近或以南地区(图 6.5.13),正好与低层的西南暖湿水汽对应,并在此交汇,造成了长江中下游地区持续性的强降水过程。

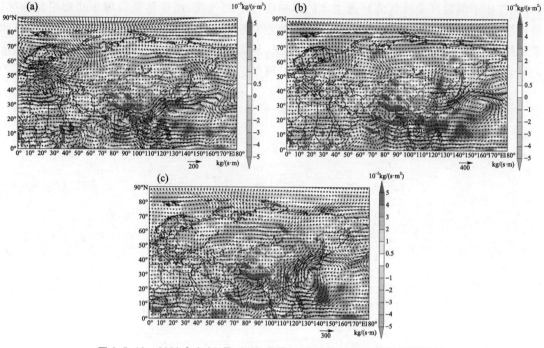

图 6.5.12 2020 年(a)6 月、(b)7 月及(c)8 月整层水汽输送场距平场

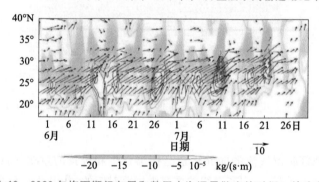

图 6.5.13 2020 年梅雨期经向风和整层水汽通量散度的时间—纬度剖面图

(4)海洋外强迫影响

2019 年前冬至 2020 年春季,赤道中东部太平洋出现了一次弱 El Niño 事件,但江淮流域梅雨季降水量异常大。这就表明除了我们熟知的赤道中东太平洋海温外,可能还存在其他的外强迫因子,在某种程度上造成了 2020 年夏季我国长江流域的降水异常偏多。

有研究表明中东太平海温与太平洋副高的主要的耦合模态显示:在前期(前冬和春季)海温为 El Niño 型分布,且其强度从冬至夏呈减弱趋势时,太平洋副高的主体仍为偏强、位置偏南状态,且热带辐合带偏弱,1998 年长江流域洪水时就符合这个海温减弱变化与副高偏强偏南的最佳模态,主要原因是副高对赤道中东太平洋海温的响应要滞后 3～6 个月,所以虽然 2020 年前冬至春季赤道中东太平洋 ENSO 监测指数呈现出由中部型 El Niño 逐渐减弱,并向 La Nina 转变(图 6.5.14),但副高不会马上转弱,这符合夏季西太平洋副热带高压偏强时赤道中东太平洋海温的主要模式,这种耦合模态在 1998 年夏季长江流域大洪水时表现的最为显著,因为 1997 年/1998 年冬季为超强东部型 El Niño,中东太平洋海温距平最大值在 4 ℃以上,El Niño 3 区的平均温度距平也在 3.5 ℃,虽然夏季已经转为负距平了,但受其前期异常正距平的影响,1998 年夏季副高仍异常的偏强偏南。2019 年/2020 年冬季为中部型 El Niño,虽然强度不是很强,但在前冬仍是 El Nino 的背景下,夏季长江中下游的降水如此异常偏多,这与其他地区海温的异常有关。

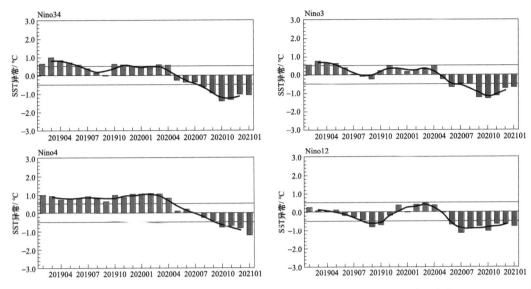

图 6.5.14　2019 年 2 月至 2021 年 1 月 ENSO 监测多个指数事件的月变化

图 6.5.15 显示,2018 年 11 月以来热带印度洋全区一致海温模态指数均为正值,表明长期以来热带印度洋一直都处于暖海温的模态,这种模态在 2020 年春季到夏季也一直持续着。2020 年夏季北印度洋和热带印度洋的海温距平均为正距平(图 6.5.16),偏暖的海温在热带西印度洋更为显著,激发出 60°—80°E 热带西印度洋地区异常的上升气流,使得热带西印度洋低层大气的辐合,而热带东印度洋地区(80°—100°E)弱的异常下沉气流及低层大气的辐散(图 6.5.17)。从而赤道西太平洋地区(120°—140°E)出现异常强的上升气流,上升气流在赤道高空向北至副热带地区再下沉的经向环流增强,增强的经向环流和西北太平洋副热带地区的下沉运动又会造成西太平洋副热带偏强。因此热带印度洋的持续性增暖也是西太平洋副高加强的主要外强迫因子。

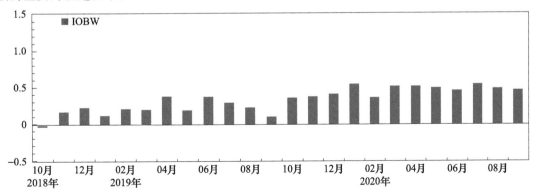

图 6.5.15　2018 年 10 月—2020 年 9 月热带印度洋全区一致海温模态指数

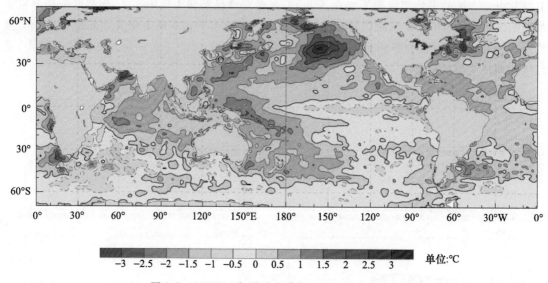

图 6.5.16　2020 年夏季全球海温距平空间分布图

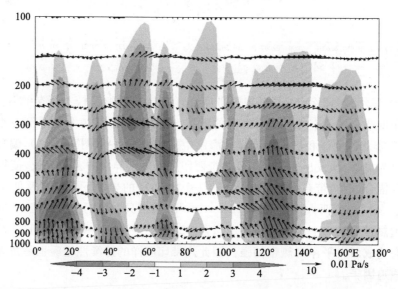

图 6.5.17　2020 年 6—7 月赤道地区(5°S—5°N)平均沃克环流异常特征(阴影为垂直速度异常)

6.5.2　2021 年夏季长江流域旱涝急转

1. 2021 年长江流域降水实况

2021 年 5 月,中国东部多雨带主要位于华南北部至长江中下游。6 月中旬,随着南海夏季风暴发,雨带推进至中国江淮流域,江南地区、长江中下游地区和江淮地区分别于 6 月 9 日、10 日和 13 日陆续入梅,中国进入梅雨季节。随着东亚夏季风系统的进一步北推,副高脊线北抬至 25°N 以北,江南地区、长江中下游地区和江淮地区于 7 月 11 日出梅。7 月 12 日,华北雨季开始。8 月副高脊线南落且长时间维持,导致长江流域发生持续的"倒黄梅"天气(图 6.5.18)。

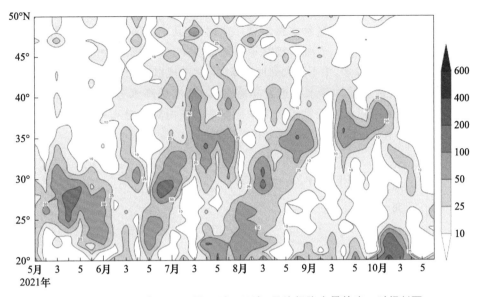

图 6.5.18 2021 年 5—10 月 110°—120°E 平均候降水量纬度—时间剖面

提取出长江流域的 706 个台站的逐年夏季的降水量,构建长江流域夏季平均累计总降水量的时间序列(图 6.5.19)。显示 2021 年夏季长江流域平均降水量 555.9 mm,比 1981—2010 年历史常年值(518.1 mm)偏多 7.3%,降水量排位历史第十三。从图中的趋势线也可以看出,近 60 年长江流域夏季降水量呈增多趋势,但年代际和年际变化复杂。

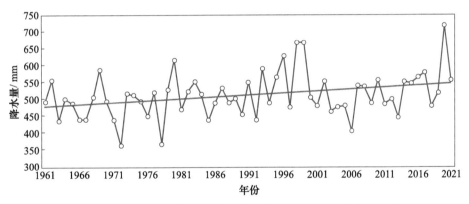

图 6.5.19 长江流域夏季降水量历年时间序列(红色线为线性趋势)

2021 年夏季长江流域总体降水偏多,降水偏多区域分布差异较大,降水主要集中在长江中游和下游的北部地区,其中上海、江苏南部、浙江北部、安徽西南部局部、湖北中西部、河南西南部、陕西南部、重庆大部、四川东部等地降水偏多 2~5 成,江苏南部局部、浙江北部局部、湖北西部、重庆北部、四川东北部等地偏多 5 成以上。其余大部地区降水接近常年或偏少,其中江西南部、湖南南部等地降水偏少 2~5 成。

从夏季各月降水量看,6 月长江流域降水量为 149.7 mm,较常年同期偏少 19.4%(图 6.5.20),降水量偏少,历史排位第五。从分布来看,长江流域除中游北部和上有部分地区偏多外,其余大部地区降水偏少,长江中下游及江南大部降水偏少 2 成以上,部分地区偏少 5~8 成。

7 月长江流域降水量为 194.7 mm,较常年同期偏多 7.3%,降水量偏多,历史排位第十八,属于正常偏多年份。7月长江流域降水分布与夏季降水分布相似,降水主要集中在长江中游和下游的北部地区,其余大部地区降水接近常年或偏少,其中江南东南部偏少明显。

8月长江流域降水量为211.7 mm,较常年同期偏多40.3%,降水量偏多,历史排位第三。8月长江流域大部地区降水偏多,中下游大部地区降水偏多5成以上,中游部分地区偏多超过1倍。

2021年夏季长江流域整体降水接近常年略偏多,全流域降水分布不均,中下游北部地区降水偏多,其余大部地区降水接近常年或偏少。夏季季节内降水分布差异巨大,6月和7月整体降水不多,但8月全流域降水异常偏多(图6.5.21)。

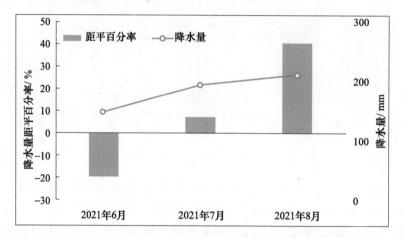

图 6.5.20 长江流域 2021 年夏季各月降水量和距平百分率

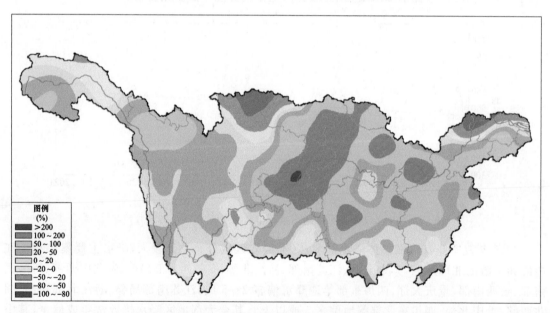

图 6.5.21 2021 年 8 月长江流域降水量距平百分率分布

长江中下游降水的主要贡献一般来自梅雨。按照《梅雨监测指标国家标准》(GB/T 33671—2017),梅雨监测区为自西至湖北宜昌,东至华东沿海,南段在南岭以北,北抵淮河沿线,又可分为江南区,长江中下游区,江淮区。依据国家气候中心的梅雨监测结果,2021年梅雨于6月9日开始,7月11日出梅,梅雨期32 d,梅雨量267.2 mm;与常年相比,入梅时间偏晚 1 d,出梅时间偏早 7 d,梅雨期偏短 8 d,梅雨量偏少 22%。江南入梅时间偏晚 1 d,出梅偏晚 3 d,雨量偏少 15%;长江中下游入梅偏早 4 d,出梅偏早 2 d,雨量偏少 8%;江淮区入梅时间偏早 8 d,出梅时间偏早 4 d,梅雨量偏少 14%。

2. 降水成因

(1)西太副高

诸多研究发现,长江流域夏季降水异常必然对应着异常的大气环流特征,西太副高的位置、形状和强度是中国长江中下游地区旱涝的决定条件之一。

2021 年夏季,西北太副高较常年同期显著偏强、面积偏大,西伸脊点位置偏西;强度指数为 1961 年以来历史同期第 4 强,仅次于 2010 年、2017 年和 2020 年。但夏季内各月有明显变化,各月面积和强度都是正异常,6 月和 8 月脊线偏南、西伸脊点偏西,7 月脊线略偏北,脊点偏东(图 6.5.22)。可以看出副高在季节内还是有较为明显的南北移动,这样也就直接造成了长江流域各月截然不同的降水分布形态。

2021 年夏季逐日监测结果(图 6.5.23)显示,西北太平洋副热带高压脊线季节内变化明显,6 月上旬至中旬前期较常年同期略偏北,6 月中旬后期至下旬转为偏南,7 月中旬迅速北跳。受其影响,江淮流域入梅和出梅均偏早、梅雨量偏少,华北雨季开始偏早。7 月底至 8 月中旬,副高脊线明显南落且长时间维持,导致长江流域发生持续的"倒黄梅"天气。

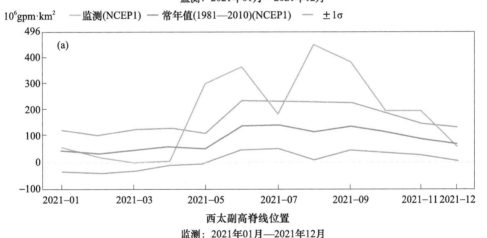

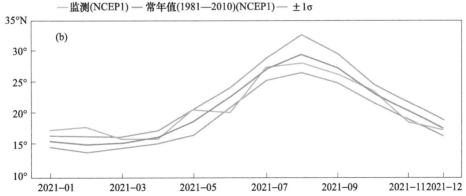

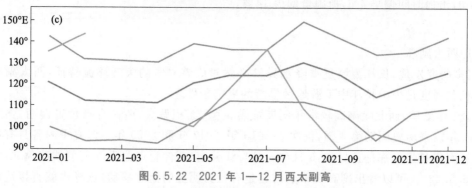

图 6.5.22　2021 年 1—12 月西太副高
强度(a)、脊线(b)和西伸脊点(c)指数

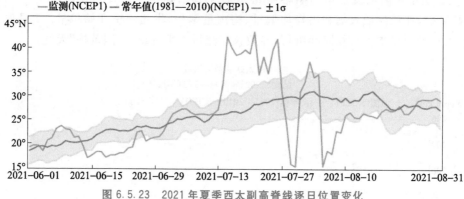

图 6.5.23　2021 年夏季西太副高脊线逐日位置变化

(2)高空大气环流

2021年夏季,东亚大气环流异常存在显著的季节内变化。6月,欧亚中高纬环流呈"两脊两槽"型,乌拉尔山高压脊和东北亚高压脊明显偏强,巴尔喀什湖至中国东北上空和勘察加半岛以东为低压槽区,东北上空为低压中心之一,冷涡异常活跃。副高较常年明显偏强、偏西、偏南(图 6.5.24a)。日本以南的西北太平洋对流层低层为异常气旋性环流,日本上空为异常反气旋性环流(图 6.5.24b)。来自西北太平洋北部的东南水汽输送偏强并与东北冷涡配合,中国北方偏东地区为水汽通量异常辐合区,造成降水偏多。

7月,欧亚环流形势明显调整,欧亚中高纬度呈"两脊一槽"型,两个高压脊分别位于欧洲和贝加尔湖至鄂霍次克海地区,乌拉尔山北部为低压槽,贝加尔湖至中国北方的大陆高压偏强,中高纬度环流经向度较 6月减小。副高略偏强、偏东、偏北(图 6.5.24c)。台湾岛以东的对流层低层为异常气旋环流,日本列岛以北为异常反气旋环流,气旋和反气旋中心相比 6月均西移(图 6.5.24d)。7月下半月,夏季风强度异常偏强。副高和东亚夏季风月内的变化与强台风"烟花"密切相关,"烟花"生命期长达 13 d,长时间盘踞在西北太平洋副热带地区,导致副高偏东、偏北,东亚夏季风偏强。同时,台风"烟花"发挥了巨型"水泵"的作用,将西北太平洋的暖湿水汽源源不断地向中国输送(图 6.5.24b)。7月 17—22 日,受偏强的大陆高压、偏东偏北的副高及太行山、伏牛山等地形的共同作用,河南发生持续性强降水。"烟花"于 7 月 25 日登陆之后北上,给华东、黄淮东部、华北东部和东北西部等地带来强降水过程。

8 月,欧亚环流形势较 7 月出现显著转折。500 hPa 高度场上,欧亚中高纬位势高度呈"北高南低"异常分布,乌拉尔山和鄂霍次克海上空为强高压脊,中国北方地区上空为负距平,华北至东北地区为低压槽,东北冷涡活跃,即西风带环流的经向度明显增大。副高异常偏强、偏西、偏南(图 6.5.24e)。对流层低层,台湾岛以东为异常反气旋性环流(图 6.5.24f)。副高引导的南海和西北太平洋水汽输送明显偏强,中国长江流域为水汽通量异常辐合区(图 6.5.25),导致长江中下游出现持续的"倒黄梅"天气,降水异常偏多。

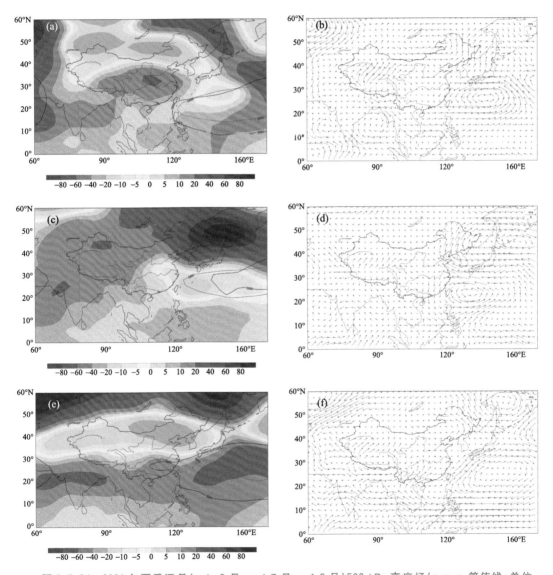

图 6.5.24 2021 年夏季逐月(a、b,6 月;c、d,7 月;e、f,8 月)500 hPa 高度场(a、c、e,等值线;单位:gpm;红色等值线表示常年的 5880 gpm 和 5860 gpm)和距平场(a、c、e,阴影区;单位:gpm)及 850 hPa 风场距平(b、d、f;单位:m/s;AC:反气旋;C:气旋)

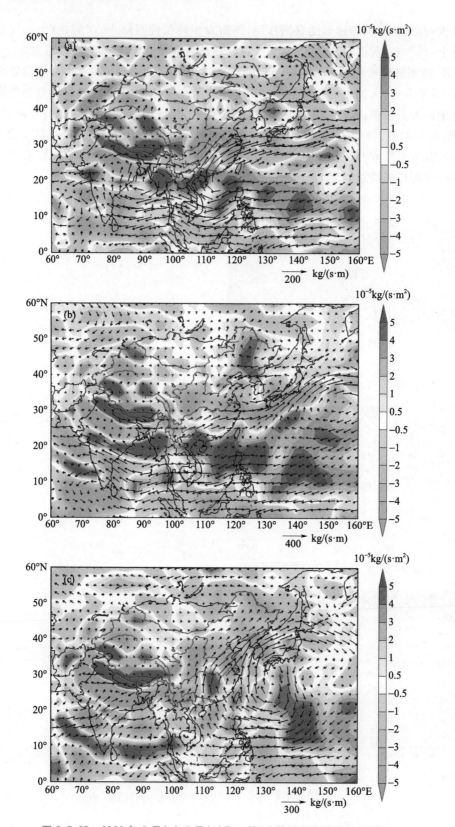

图 6.5.25　2020 年 6 月(a)、7 月(b)和 8 月(c)整层水汽输送场距平场

(3)海洋外强迫影响

就海洋外强迫因子来说,当前期冬季赤道东太平洋海温、同期夏季西太平洋暖池和赤道印度洋海温偏高时,热带季风偏弱,副热带季风偏强,冷暖气流在长江流域交汇,梅雨锋加强,有利于长江流域夏季降水偏多。研究表明春季赤道东太平洋海温异常是长江下游夏季降水变化趋势的前期预测信号。春季赤道东太平洋海温与长江下游夏季降水存在稳定的正相关。历史上梅雨季持续时间长、梅雨量大的年份有:1954 年、1969 年、1983 年、1998 年、2016 年等,其中后面 3 年分别与 1982/1983、1997/1998、2015/2016 的 3 次超强厄尔尼诺有关。简单来说,前期冬、春季发生 El Niño,则夏季长江流域容易出现降水偏多,而前期冬、春季发生 La Nina,则夏季长江流域以少雨为主。

根据国家气候中心监测到的数据,2020 年 8 月,赤道中东太平洋进入 La Nina 状态,11 月达到 La Nina 事件标准,正式形成一次中等强度的东部型 La Nina 事件。2020 年 8—12 月,Niño3.4 指数滑动平均值(3 个月滑动平均,8 月的滑动平均值为 7—9 月平均,以此类推,下同)分别为$-0.64\ ℃$、$-0.99\ ℃$、$-1.22\ ℃$、$-1.25\ ℃$和$-1.14\ ℃$。2021 年 1—5 月 Niño3.4 指数分别为$-1.06\ ℃$、$-0.94\ ℃$、$-0.54\ ℃$、$-0.44\ ℃$和$-0.25\ ℃$,5 月较 4 月上升 0.19 ℃,3—5 月指数滑动平均值为$-0.41\ ℃$。至此,2020 年 8 月开始的 La Nina 事件结束。此后,中东太平洋海温距平上升(图 6.5.26)。2021 年 7 月,赤道东太平洋海温正距平中心值超过 0.5 ℃,Niño3.4 区海温指数为 0 ℃;8 月,赤道中东太平洋海温距平再次下降;10 月,Niño3.4 指数下降至$-0.80\ ℃$,指数滑动平均值为$-0.52\ ℃$,表明赤道中东太平洋于 10 月进入 La Nina 状态。11—12 月,赤道东太平洋海温负距平中心值超过$-1.0\ ℃$,Niño3.4 指数分别为$-0.75\ ℃$和$-0.97\ ℃$,赤道中东太平洋 La Nina 状态持续。

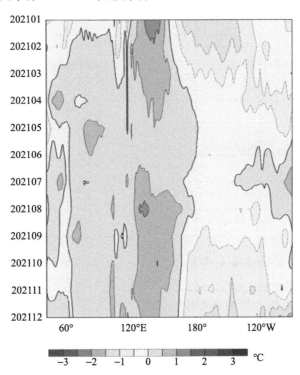

图 6.5.26　2021 年 1—12 月赤道印度洋和太平洋(5°S—5°N)海表温度距平时间—经度剖面

2021 年 1—3 月,南方涛动指数(SOI)为正异常,4—5 月接近正常,6 月之后维持稳定的正异常,热带大气表现出对赤道中东太平洋冷海温异常的响应。

ENSO 作为年际尺度上热带海气系统的最强信号,对东亚夏季风有重要的影响。2020 年 8 月至 2021 年 3 月,赤道中东太平洋发生了一次中等强度的 La Niña 事件,峰值出现在 2020 年 10 月(Niño3.4 指数为 −1.39 ℃),事件于 2021 年 4 月结束。2021 年春季赤道中东太平洋海温为大范围的负距平(图 6.5.27),6 月赤道中东太平洋南北两侧海温仍为大范围负距平,但赤道上海温出现了正距平,Niño3.4 指数衰减至 −0.11 ℃。从南方涛动(SOI)的响应来看,2020 年 7 月—2021 年 7 月 SOI 持续正指数,即热带大气对冷水状态表现出持续的响应,尤其是 2020 年秋季和冬季响应最为显著。此外,2021 年 7 月 SOI 指数是 2—7 月的最大值,即春季以来,7 月份热带大气对前期 La Niña 事件结束的滞后响应最为强烈。此外,2021 年 7 月的东亚大气环流异常也与 La Niña 的衰减密切相关,La Niña 衰减年的 7 月,西太平洋副热带地区高度场偏低,西太副高位置明显偏北。

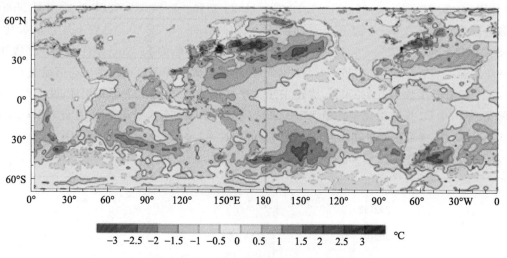

图 6.5.27　2021 年春季海温距平分布

6.5.3　2022 年长江流域高温干旱

1. 三峡地区夏季气温特征

2022 年夏季(6—8 月),三峡地区平均气温 28.9 ℃,较常年同期偏高 2.4 ℃,为 1961 年以来历史同期最高(图 6.5.28)。6—8 月三峡地区的月平均气温分别为 25.7 ℃、29 ℃和 31.8 ℃,较常年同期分别偏高 1.1 ℃、1.5 ℃和 4.5 ℃,其中 6 月为历史同期第四高,7 月为历史同期第五高,8 月为历史同期最高。

从分布来看,夏季三峡大部地区平均气温偏高 2~4 ℃,6 月和 7 月大部地区气温均偏高 1~2 ℃;8 月气温普遍偏高 2~6 ℃,其中,三峡中西部地区偏高 4~6 ℃。

2022 年夏季三峡地区平均高温日数 49.7 d,较常年同期偏多 25 d,为 1961 年以来历史同期最多。从空间分布看,大部地区高温日数有 40~60 d,重庆大部地区高温日数有 50~60 d;与常年同期相比,大部地区高温日数偏多 20~30 d,其中北部和西部部分地区偏多 30 d 以上(图 6.5.29)。

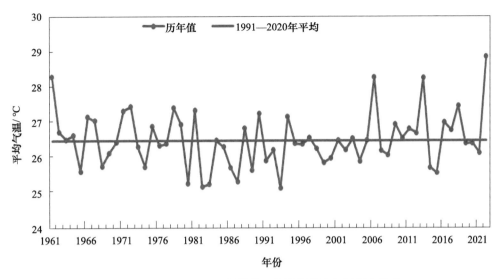

图 6.5.28　1961—2022 年夏季三峡地区平均气温历年变化

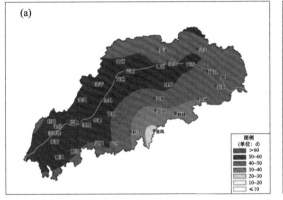
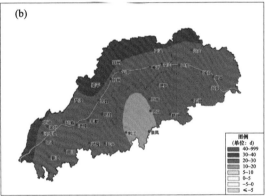

图 6.5.29　2022 年夏季(6 月 1 日—8 月 31 日)三峡地区高温日数(a)及距平(b)分布(单位:d)

　　2022 年 6 月 1 日—10 月 10 日三峡地区日平均最高气温逐日演变显示,在整个时段的大部分时间内,日平均最高气温(柱状)都较常年同期(红色曲线)偏高(图 6.5.30)。季内,三峡地区日平均最高气温超过 35 ℃的有 48 d,约占 52%。综合逐日最高气温和逐日 35 ℃高温覆盖站数(图 6.5.31),有 2 个突出阶段:第一个阶段为 6 月末至 7 月中(6 月 29 日—7 月 16 日),第二个阶段为 7 月下旬后期至 8 月末(7 月 24 日—8 月 28 日)。第二个阶段时间长,历时超过一个月,并在 8 月中旬末达到夏季高温的顶峰期;覆盖范围广,自 8 月初至下旬初,几乎全境各站最高气温都在 35 ℃以上。

　　夏季,三峡地区日平均最高气温超过超过 40 ℃的有 12 d,都出现在 8 月份(8 月 9 日、13—15 日、17—22 日、24 日);几乎所有监测站点的最高气温都达到或超过极端高温事件阈值(图 6.5.32),有 15 个站 39 次打破历史最高气温纪录,其中重庆梁平和湖北来凤分别 6 次打破历史纪录,重庆奉节和北碚、湖北五峰 4 次打破历史纪录,重庆沙坪坝 3 次打破历史纪录,湖北建始、重庆渝北和长寿 2 次打破历史纪录。重庆北碚日最高气温连续 2 d 达到 45 ℃。

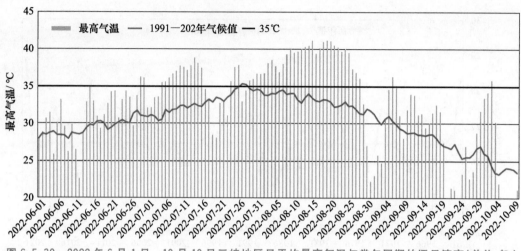

图 6.5.30　2022 年 6 月 1 日—10 月 10 日三峡地区日平均最高气温与常年同期的逐日演变(单位:℃)

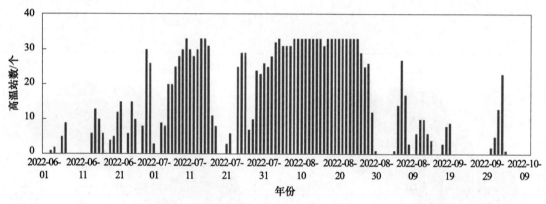

图 6.5.31　2022 年 6 月 1 日—10 月 10 日三峡地区 35 ℃高温覆盖站数逐日演变

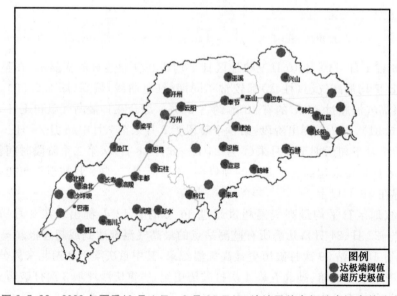

图 6.5.32　2022 年夏季(6 月 1 日—8 月 31 日)三峡地区站点极端高温事件分布

2. 三峡地区高温事件成因分析

(1)全球变暖是高温事件发生的大背景

最近 50 年,全球变暖正以过去 2000 年以来前所未有的速度发生,气候系统不稳定加剧,联合国秘书长古特雷斯称之为"全人类的红色警报"。IPCC 第六次评估报告指出,工业革命以来人类活动排放的温室气体是全球和大多数地区极端高温增多、增强的主要驱动因子。在区域尺度上,除人为影响外,极端高温的变化还受陆面反馈过程、土地利用和土地覆盖变化、气溶胶浓度变化、年代际自然变率等区域过程的调控。城市热岛效应也使城市遭受了更多更强的高温热浪威胁,尤其是发生在夜间的高温热浪事件。在全球大部分地区,人类活动增加了高温热浪的发生概率。IPCC 评估报告还指出,未来全球极端热事件(包括热浪)将继续增多,强度加强。在全球 1.5 ℃温升水平下,在大多数陆地区域,极端温度事件强度的变化与全球增暖幅度成正比;极端高温上升幅度最大的区域位于中纬度和半干旱的一些地区以及南美季风区,为全球增暖幅度的 1.5~2.0 倍。此外,极端热事件频次变化随全球增暖幅度呈非线性增长,越极端的事件,其发生频率的增长百分比越大。我国未来高温热浪也将会发生的更加的频繁,在不同的温室气体排放情景下,21 世纪未来时段,我国极端高温事件均呈增加趋势,且排放情景越高,增速越快。

(2)大气环流异常是高温异常的直接原因

大气环流异常特别是西太副高的稳定少动,是造成持续高温天气最直接的原因。2022 年夏季西太副高异常偏强且西伸明显,同时其南、北边界均外扩,影响范围非常大。受西太副高持续的控制,我国南方地区上空整体盛行下沉气流,天空晴朗少云,白天在太阳辐射的影响下,近地面加热强烈,造成了较大范围的持续性高温天气。

2022 年 6 月 13 日—8 月 30 日 500 hPa 高度及其距平场显示,500 hPa 欧亚中高纬度地区是"两脊一槽"的空间型分布,槽脊的位置都相对偏北,贝加尔湖西侧的低槽位置偏北,也相对较浅,贝加尔湖西侧至东北亚的低值区对我国的影响主要在北方地区,冷空气主要影响我国西部的偏北地区。中纬度环流相对比较平直,我国大部地区受到正距平控制,长江以北的大部地区处于正距平中心。西太副高明显较常年强度偏强,位置偏北,西伸脊点偏西,588 线伸向大陆,西端到达江南中部(图 6.5.33a)。亚洲中纬度地区向西一直延伸至北非形成一条较为稳定的正距平带。在夏季的一些时段内,整个北半球的副热带高压都强大,西太副高甚至与北非副高打通连成了稳定的高压带,这使得该区域盛行下沉气流,我国出现了 1961 年以来最长的高温天气过程。

众所周知,西太副高的西进东退都与上层的南亚高压活动有十分密切的联系,两者活动存在"相向而行"和"相背而去"的关系(陶诗言 等,1964;谭晶 等,2005)。2022 年我国南方高温事件出现时段平均的 100 hPa 位势高度场显示,期间南亚高压异常偏强,其中心位置位于我国青藏高原上,从其距平场(图略)上看欧亚大陆中纬度地区为正距平控制,正距平中心位于我国北方地区。南亚高压特征线(16760 gpm)反映出高层(100 hPa)南亚高压的异常特征,即南亚高压强度偏强且异常东扩,同时段气候态(1991—2020 年)的特征线的东端大体位于 117°E 附近,而 2022 年高温事件时段平均的 16760 gpm 线比气候平均态向东伸展了约 15 个经度,南亚高压的异常东扩与西太副高异常西伸相互应对(图 6.5.33b)。

再看看同时段的对流层低层 700 hPa 距平风场(图 6.5.33c),我国东南部地区(20°—35°N,105°—130°E)范围内存在闭合的较强的反气旋距平风场,西南地区东部至长江中下游地区均受这一反气旋异常所控制。它与500 hPa高度场上异常偏强的副高特征相对应。高、中、低层的配置非常有利于西太副高的稳定且向西伸展,也正是由于整层深厚系统的异常配合,使得西太副高稳定性得到维持,导致我国南方大部地区高温天气的持续。

另外,由对流层高、中、低各层的垂直速度可以看出,受高、中、低层环流异常的共同作用,我国西南东部以东地区都为下沉气流,强下沉中心位置在对流层低层800~900 hPa。大的下沉气流和反气旋式环流,使得大气更加稳定,高温天气形成并稳定持续。

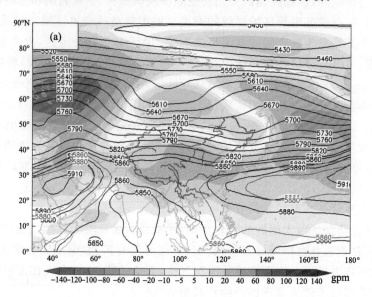

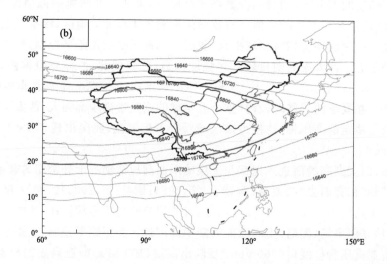

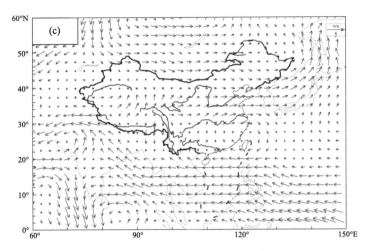

图 6.5.33　(a)2022 年 6 月 13 日至 8 月 30 日 500 hPa 高度场(等值线)及距平场(阴影)
(红色粗线为气候平均值);(b)同期 100 hPa 高度场(等值线,红色粗线为南亚高压特征线,单位:gpm);
(c)同期 700 hPa 风场距平(单位:m/s)

参考文献

陈正洪,万素琴,毛以伟,2005. 三峡库区复杂地形下的降雨时空分布特点分析[J].长江流域资源与环境,14(5):623-627.

郭渠,罗伟华,程炳岩,等,2011. 三峡地区暴雨时空特征及其与洪涝的关系[J],资源科学,33(8):1513-1521.

庞轶舒,秦宁生,罗玉,等,2021. 秋季热带印度洋偶极子年际振荡对长江上游径流量多寡的影响分析[J],高原气象,40(2):353-366.

彭乃志,傅抱璞,刘建栋,等,1996. 三峡地区地形与暴雨的气候分析[J],南京大学学报,32(4):728-730.

谭晶,杨辉,孙淑清,等,2005.夏季南亚高压东西振荡特征研究[J].南京气象学院学报,28(4):22-30.

陶诗言,朱福康,1964.夏季亚洲南部100毫巴流型的变化及其与西太平洋副热带高压进退的关系[J].气象学报(4):387-396.

肖子牛,晏红明,李崇银,2002. 印度洋地区异常海温的偶极振荡与中国降水及温度的关系[J].热带气象学报(4):335-344.

杨荆安,陈正洪,2002. 三峡坝区区域性气候特征[J].气象科技,30(5):8.

张强,万素琴,毛以伟,等,2005.三峡地区复杂地形下的气温变化特征[J],气候变化研究进展,1(4):164-167.

BRUBAKER,K L,ENTEKHABI D,EAGLESON P S,1993. Estimation of Continental Precipitation Recycling[J]. Clim(6):1077-1089.

ELTAHIR E B, BRAS R L, 2010. Precipitation recycling in the Amazon basin[J]. Q. J. R. Meteorol. Soc(120): 861-880.

HE J, YANG K, TANG W, et al, 2020. The first high-resolution meteorological forcing dataset for land process studies over China[J]. Sci. Data(7): 1-11.

LETTAU H, LETTAU K, MOLION L C B, 1979. Amazonia's Hydrologic Cycle and the Role of Atmospheric Recycling in Assessing Deforestation Effects[J]. Mon. Weather Rev (107): 227-238.

OKI T, MUSIAKE K, MATSUYAMA H, et al, 1995. Global atmospheric water balance and runoff from large river basins[J]. Hydrological Processes(9): 655-678.

SCHAAKE J C, KOREN V I, DUAN Q Y, et al, 1996. Simple water balance model for estimating runoff at different spatial and temporal scales[J]. Geophys. Res. Atmospheres(101): 7461-7475.

TRENBERTH K E, SMITH L, QIAN T, et al, 2007. Estimates of the Global Water Budget and Its Annual Cycle Using Observational and Model Data[J]. Hydrometeorol(8): 758-769.

VAN DER ENT R J, SAVENIJE H H G, SCHAEFLI B, et al, 2010. Origin and fate of atmospheric moisture over continents[J]. Water Resour. Res(46): W09525.

WU P, DING Y, LIU Y, LI X, 2019. The characteristics of moisture recycling and its impact on regional precipitation against the background of climate warming over Northwest China [J]. Int Climatol(39): 5241-5255.